Full-Stack Web Development

実装で学ぶ フルスタックWeb開発

エンジニアの視野と知識を広げる「一気通貫」型ハンズオン

株式会社オープントーン 佐藤大輔 伊東直喜 上野啓二

本書内容に関するお問い合わせについて

このたびは翔泳社の書籍をお買い上げいただき、誠にありがとうございます。弊社では、読者の皆様からのお問い合わせに適切に対応させていただくため、以下のガイドラインへのご協力をお願い致しております。下記項目をお読みいただき、手順に従ってお問い合わせください。

ご質問される前に

弊社Webサイトの「正誤表」をご参照ください。これまでに判明した正誤や追加情報を掲載しています。

正誤表　https://www.shoeisha.co.jp/book/errata/

ご質問方法

弊社Webサイトの「書籍に関するお問い合わせ」をご利用ください。

書籍に関するお問い合わせ　https://www.shoeisha.co.jp/book/qa/

インターネットをご利用でない場合は、FAXまたは郵便にて、下記翔泳社 愛読者サービスセンターまでお問い合わせください。

電話でのご質問は、お受けしておりません。

回答について

回答は、ご質問いただいた手段によってご返事申し上げます。ご質問の内容によっては、回答に数日ないしはそれ以上の期間を要する場合があります。

ご質問に際してのご注意

本書の対象を超えるもの、記述個所を特定されないもの、また読者固有の環境に起因するご質問等にはお答えできませんので、予めご了承ください。

郵便物送付先およびFAX番号

送付先住所　〒160-0006　東京都新宿区舟町5

FAX番号　03-5362-3818

宛先　㈱翔泳社 愛読者サービスセンター

Introduction

はじめに

本書は、Webシステムをフルスタックで開発する実践的な解説書です。React（Next.js）、Django（Python）、MySQL、Docker、VSCode、AWSなど、現代の開発現場で使われている技術を駆使してWebシステムを作り上げる方法を学ぶことができます。

執筆にあたっては大きく2つのテーマを掲げました。

まず1つ目のテーマは「初学者にもわかりやすい」ことです。本書は、現代社会で大きな課題になっている「Web系IT技能者の不足」という課題解消の一助となることを目指しています。対象読者は開発経験者ですが、Webシステム開発という分野全体のリスキリングを促進することも狙いとしており、基礎的な技術要素から丁寧に解説を行っています。本書を通じて、フルスタックでのWebシステム開発が可能な幅広いスキルを備えたエンジニアが増えることを期待しています。また、社内SEの育成に取り組む方や、内製化を進めたい事業会社の方にも役立つ一冊となっているはずです。

2つ目のテーマは「実務で役立てられる」ことです。このテーマを形にするために、著者陣には「現場で活躍している現役エンジニア」に参加してもらいました。「非同期処理の実装」「認証機能の実装」「DMLの管理方法」など、実際のプロジェクトで役立てられる機能を厳選して収録し、具体的なコードとともに「現場で生かせるポイント」をわかりやすく解説しています。本書には多くのプログラムコードが掲載されていますが、一つ一つのコードから現役のエンジニアが提供する開発のヒントを数多く持ち帰ることができるでしょう。

また、実際のプロジェクトは、サーバーやDBのコマンド、様々な言語の記法を覚えるだけでは、太刀打ちすることはできません。プログラミング以外にも、開発環境の構築やチームビルディング、設計など、様々なスキルや知識が必要になります。本書ではそうした「プログラミング以外のスキル」も幅広くカバーしています。

ぜひ、駆け出しエンジニアの初学者の方にも、リスキリングを目指すベテランのエンジニアにも、Web開発分野のフルスタックエンジニアを目指すための一冊になればと思います。

本書の構成

本書は、実際にフルスタックでのWeb開発を実践している株式会社オープントーンのエンジニア、アーキテクト、マネージャーの役割を担う、3名の著者が執筆しました。「フルスタックのWeb開発を基礎から学びつつ、かつ実際のプロジェクトに使える知見を提供する書籍」を目指して内容を構成しています。

本書の内容は、全体で3つの部に分かれています。

第I部では主に、基礎的な知識や技術の共有を行います。Webシステムの基本原理に始まり、フルスタックエンジニアの定義や役割、フロントエンド・バックエンド・モデルの3層の基礎知識を解説します。またJavaScriptやHTML、React（Next.js）、Django（Python）、MySQLなど、本書の開発で採用している技術の基礎知識を学びつつ、第II部以降で実際に開発するための環境構築を行います。

第II部では、第I部で構築したフルスタック開発環境（Next.js + Django + MySQL）で、実際にシステムの開発を行います。APIを使った簡単な在庫管理システムを例に、フロントエンド、バックエンドの順で開発を学びます。

第III部では、フルスタックWeb開発を実践するための「現場で必要な様々な知識」を学びます。チームビルディングや開発プロセス、設計、リリース・デプロイのためのインフラ関連技術など、コーディング以外の周辺技術を取り上げます。

第I部では足並みを揃えるために、非常に基礎的な内容の説明からはじまります。実践的な開発を学びたい方は、第II部から読みはじめても構いません。また、第III部は読者の皆さんが所属される開発現場の課題やニーズに照らし合わせて、必要なトピックや興味のある内容を取捨選択して読んでいただくこともできるでしょう。

サンプルコードのダウンロード

本書のハンズオンで使用するサンプルコードを、翔泳社のサイト上でダウンロードできます。下記のURLにアクセスし、リンクをクリックしてダウンロードをしてください。

https://www.shoeisha.co.jp/book/download/9784798179339

謝辞

3名の著者より、本書の完成にあたり大変な御尽力をいただいた編集の翔泳社 大嶋さまに感謝を述べさせていただきます。また、レビューでハンズオンの検証をしていただいた鈴木智大氏（株式会社オープントーン社員）、一章一節単位まで丁寧なレビューをいただいた縣俊貴さま（株式会社ロカオプ CTO、『良いコードを書く技術』著者）に感謝を申し上げます。

最後に全く個人的な想いですが、本書執筆中に執筆者の佐藤の第一子“花音”が誕生し、奇しくもその一歳の誕生日近くに本書を刊行することとなりました。本書には、その子のように多くの方に愛されるとともに、少しでも長く世の中の役に立つ書籍になってほしいと願いを込めています。

著者を代表して　佐藤大輔

Contents

第Ⅰ部

Webシステム開発の基本

第I部の流れ

第I部では、まず第１章でWebシステムの原理やNext.js（JavaScript）やDjango（Python）の基礎知識を説明します。

第２章では、フルスタックWebシステム開発で使用するアーキテクチャによる環境構築を実施します。

第３章では、開発のハンズオンで用いるVSCodeを使用してReact（Next.js）、Django（Python）の環境構築を行います。

第４章では第３章で構築した環境を使用してReact（Next.js）、Django（Python）と双方を使用したフルスタックでのチュートリアル開発を通して基本を学びます。

もしも本書で取り上げているReact（Next.js）、Django（Python）やMySQLについて基本的な知識をお持ちの方は第II部から読み始めても構いません。

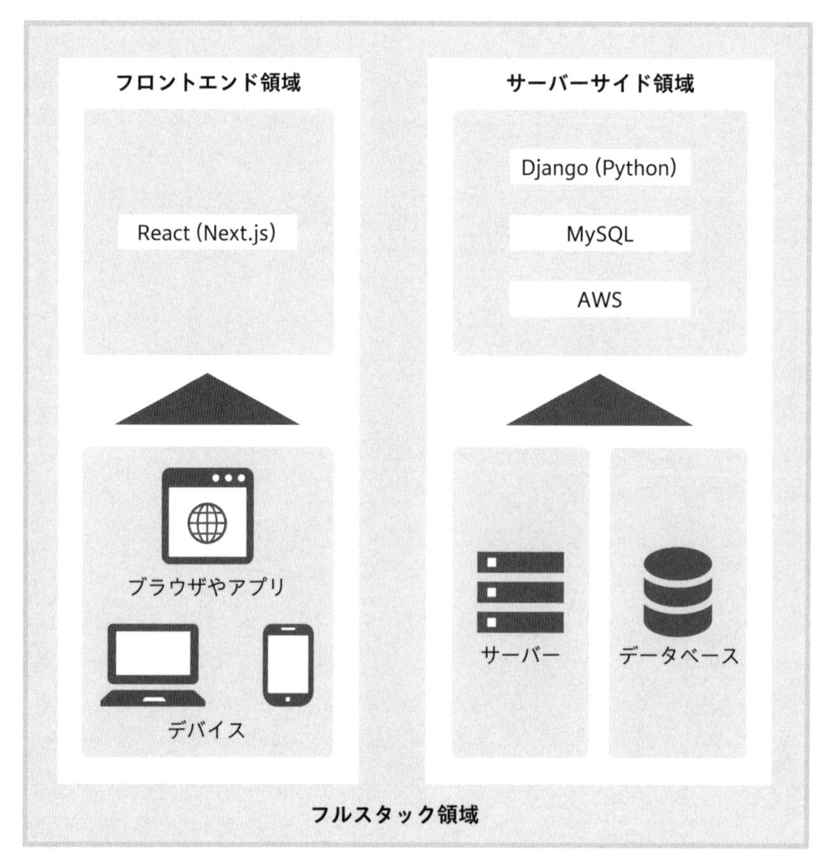

図A　本書のアーキテクチャ構成

第1章 Webシステム開発の基本知識

第1章では、Webシステムの基本構造を説明します。その上で、その基本構造に沿ったアーキテクチャ全般の説明を行い、本書で選定しているReact（Next.js）、Python（Django）、MySQLの解説を行います。

Part I

1-1 学習を始める前に

1-1-1 本書の目的

本書は、ソフトウェア開発やプログラミングの経験を持つ方が、Webシステムのフルスタックエンジニアとしてのスキルを拡充し、新しい開発手法を身につけることを目的としています。フルスタックエンジニアとして必要とされるスキル、つまり**フロントエンドからバックエンドまでの一貫した開発方法**を詳しく解説します。

対象読者は、何らかの開発領域でのプログラミング経験を持っている方を想定しています。例えば、フロントエンドは理解しているが、バックエンドの知識がない方やその逆も含まれます。そういった方々のために、第1章ではWebシステムの基本的な仕組みについて説明し、共通の理解を深めることを目指します。

この書籍では、単に「React」や「Python」「AWS」などの技術をリファレンス的に学ぶだけでなく、実務で必要とされる技術や知識を広範囲にわたって学んでいくアプローチを取っています。

「フルスタックエンジニア」には、フロントエンドからバックエンド（モデル層）までの全ての実装を含むIT技術のノウハウが必要です。 同時に、Webシステム開発のエンジニアとして、設計からテスト・リリースの各工程まで活躍できる幅広いスキルが求められます。

よって本書では「フルスタックエンジニア」を、**システムの各層を一貫して開発できる幅広いIT技術と、開発の各工程をカバーして深くチームに貢献できるスキルを併せ持つエンジニア**として定義しています（**図1-1-1**）。

第I部ではWeb開発の基本知識に始まり、本書で用いる言語やツールなどのアーキテクチャの基本を学びつつ環境を作成します。第II部では4章より実際にフロントエンド、バックエンドと実装を行います。第III部ではアプリケーション・コードの開発以外にフルスタック・エンジニアが実際に活躍するための様々なノウハウ、インフラや運用、設計やチームリーディングについて学びます。

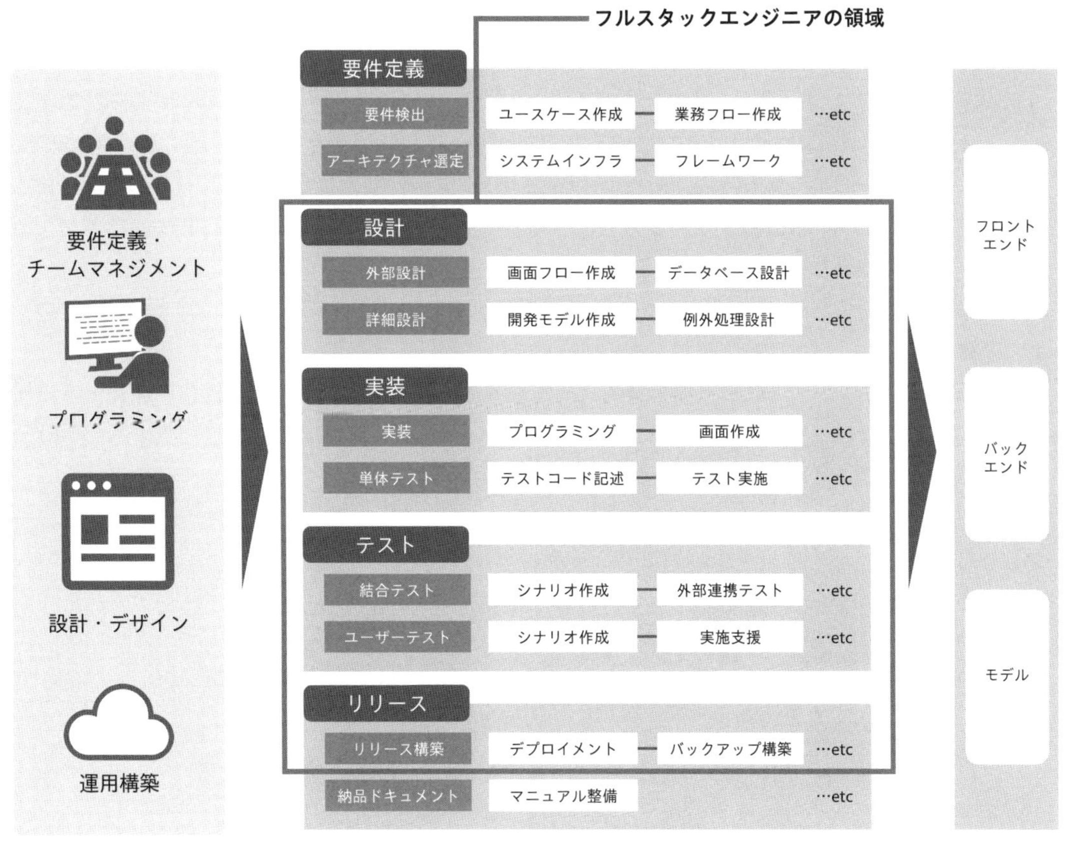

図1-1-1　フルスタックエンジニアのスキル領域

Part I

1-2 Webシステムの基本原理

1-2-1 Webシステムのレイヤー

Webシステムを実現するには、**図1-2-4**のような様々なソフトウェアやミドルウェア、さらにはネットワークや物理的なOSを含むサーバーインフラ（クラウド）などが必要です。こうした技術要素の塊を「**レイヤー**」と呼びます。

以降の解説は、こうしたレイヤー単位で進めていきます。1-2-2項からは、Webシステムのレイヤーを1つずつ取り上げます。各レイヤーの役割と機能について基本知識を押さえていきましょう。

1-2-2 フロントエンド層

フロントエンド層はプレゼンテーション層とも呼ばれ、システムの利用者（ユーザー）とのインターフェースを指します。「**インターフェース**」（interface）とは「境界」や「接点」という意味で、IT用語としてはコンピューターと人、あるいはコンピューターと別のコンピューターとの境界・接点を指します。わかりやすくいえば「モニター」や「キーボード」によって操作される画面などが、コンピューターと人の間のインターフェースです。

本書では、主に画面に映し出される「ユーザー（ヒューマン）インターフェース」（UI）をフロントエンド層と定義し、解説を進めます。

ユーザーインターフェースは様々なデバイス、ハードウェアを通して、人間が操作・閲覧できる機能です。本書ではその中でも「Web」に特化して説明します。イメージをつかむために、「テレビ」と「テレビ局」を例に考えてみましょう（**図1-2-1**）。

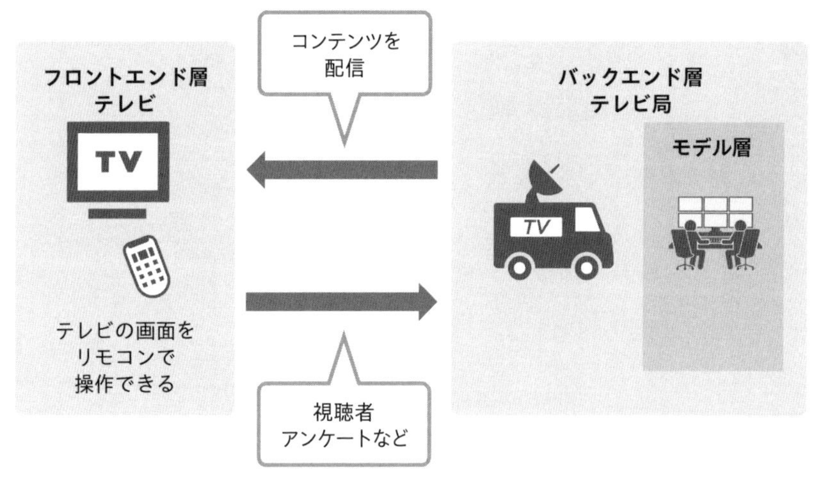

図1-2-1　テレビを例にしたWebシステム解説図（フロントエンド）

フロントエンド層は、いわばテレビの部分です。リモコンで様々な操作ができ、その操作に合わせて映し出される画面は変わっていきます。さらに現在のデジタル放送は「インタラクティブ」（双方向）であり、テレビ局からの放送を受信・表示するだけではなく人気投票を送ったり、じゃんけんゲームをしたりすることができます。この「インタラクティブ性」もWebシステムの重要な要素です。

フロントエンドの主たる役割であるWebでの画面機能の実現方法には、大きく「アプリケーション」と「Webアプリケーション」の2種類があります（**図1-2-2**）。

アプリケーション

スマートフォンやパーソナルコンピューターのオペレーティングシステム（WindowsやmacOS、iOSやAndroidなど）に、実際にネイティブなプログラムをインストールして動作させる方法です。または、オペレーティングシステムが提供する仮想マシン（AndroidのJVMなど）上で実行する場合もあります。そのため、スマートフォンのハードウェアや機能に直接アクセスできます。この方法で作成されたものは一般的に「**アプリケーション**」と呼ばれます。Androidの公式開発言語であるKotlinなどがあります。

Webアプリケーション

一方、HTTP通信を通してHTMLコンテンツとしてブラウザに送り、JavaScriptと呼ばれるプログラムをブラウザ上で動作させる「**Webアプリケーション**」の方法もあります。ブラウザはWebアプリのコードを解釈し、画面に表示したり、動的な機能を実現したりします。この方法で作成されたものは、ユーザーが特定のURLにアクセスするだけで利用できます。

それぞれの方法には特徴があります。アプリはスマートフォンのハードウェアに直接アクセスできるため、高いパフォーマンスやデバイス機能の活用が可能です。一方、Webアプリはブラウザ上で動作するため、特定のオペレーティングシステムに依存せず、アプリの更新や配信が簡単に行えます。それぞれの方法を状況やニーズに合わせて選択することが重要です。

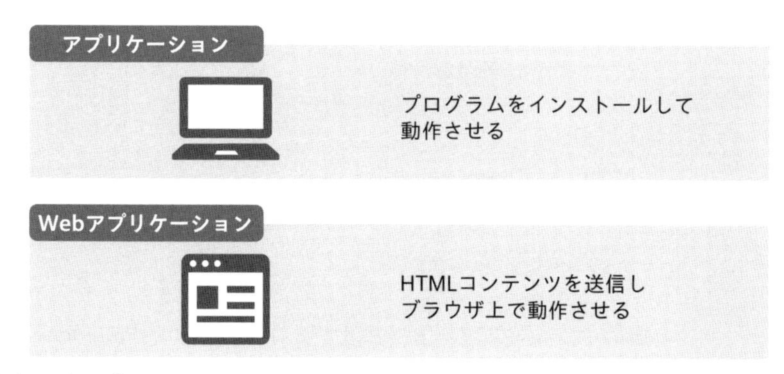

図1-2-2　アプリとWebアプリ

本書の執筆時点（2023年11月）でWebにおけるフロントエンドのアーキテクチャとしては、上述のJavaScriptによって実現されるものが主流となっています。

なお、JavaScriptとJavaには直接の関係はありません。設計思想としてJavaを模倣するという方針でそうした命名が行われましたが、動作原理自体が異なり、全く別のものです。

原則、JavaScriptはWebブラウザ上で動作するスクリプトのため、「ブラウザにできること」の範囲に機能がとどまります。本書執筆の時点でWebシステムでのフロント（＝画面制御）技術の主流はこのJavaScriptであり、本書もフロントエンド技術としてJavaScriptを用いて説明していきます。

1-2-3 バックエンド層

まず「サーバー」という言葉には、様々な意味があります。本書では主に次の3つをサーバーと呼んでいます。

1. 「サーバー」サイドというアーキテクチャの概念
2. アプリケーション「サーバー」のような働きを持つアプリケーション
3. オンプレ「サーバー」のような物理的なデバイス

ここで説明するのは「1」のアーキテクチャとしてのサーバーです。バックエンド層とは、ブラウザやアプリなど、フロントエンド層が動作する元となるデータの送出側の層です。わかりやすくいうとフロントエンドがテレビだとしたら、バックエンドは電波塔やコンテンツをコントロールするテレビ局にあたると考えてよいでしょう（**図1-2-3**）。

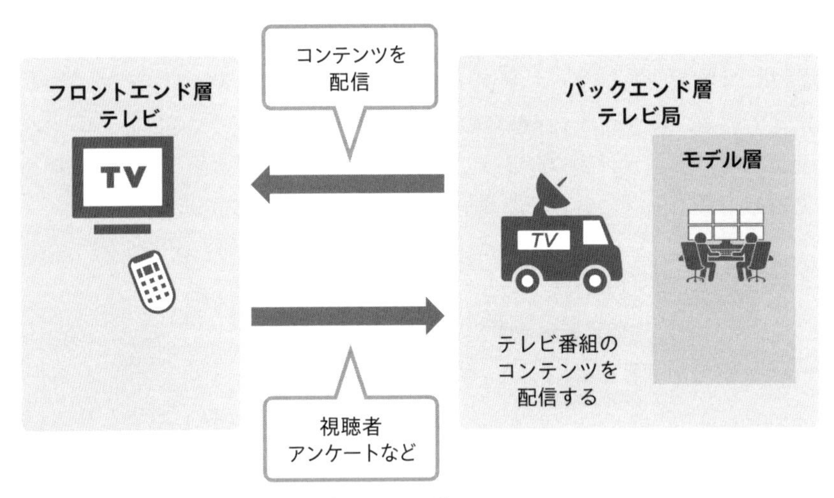

図1-2-3　テレビを例にしたWebシステム解説図（バックエンド）

そのため、バックエンド層はフロントエンド側が表示するコンテンツを作成・配信する存在になります。フロントエンドとバックエンドの間の通信は**HTTP**で行われています。HTTPは「**HyperText Transfer Protocol**」の略で、Web情報をやり取りするためのプロトコル（通信規則）です。通常、HTTPを暗号化したHTTPSが使われています。

バックエンドには多くのプラットフォーム、ハードウェア、アーキテクチャが存在し、さらにいくつかのレイヤーに分かれて構築されています。まず最下層には「**物理層**」として、実際のサーバーやネットワークのケーブル、スイッチなどの物理的な要素があります。これはパブリッククラウドサービスとして一括提供されることも多いです。次に「**OS層**」があり、Linux、Windowsなどのオペレーティングシステムが該当します。さらに、Webサーバーやアプリケーションサーバー、データベースサーバーなどを含む「**ミドルウェア層**」が続きます。そして最上層として、私たちが開発するアプリケーションが配置される「**アプリケーション層**」が存在します。(**図1-2-4**)。

図1-2-4　バックエンドにおける各層の概念図

ここまででフロントエンド・バックエンドというアーキテクチャレイヤーについて説明してきました。さらにバックエンドのサーバーと呼ばれる概念は、先ほど紹介した4つの層から成り立っています。それぞれの層について詳しく見ていきましょう。(**図1-2-5**)。

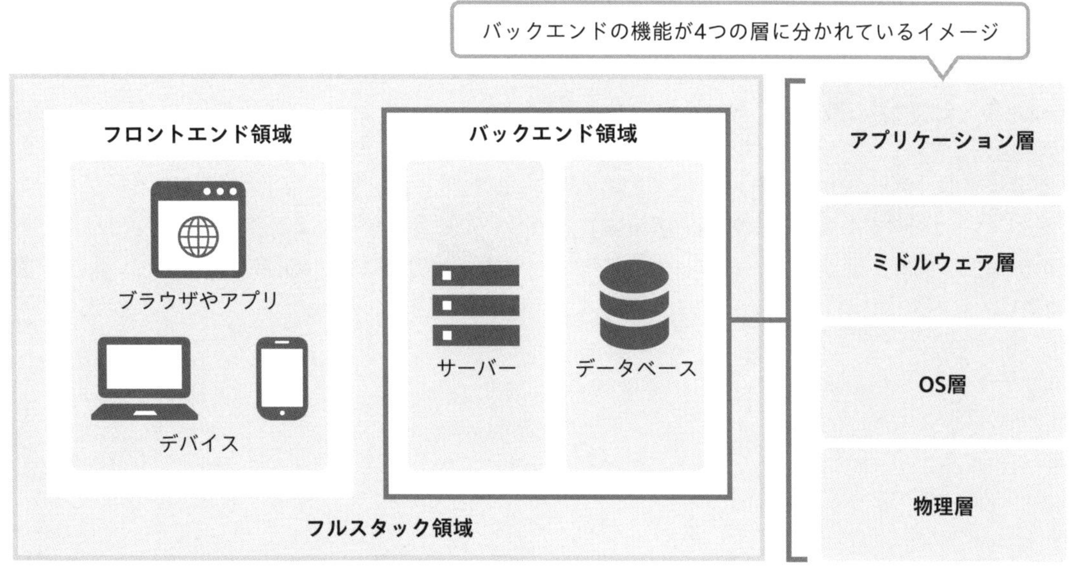

図1-2-5　サーバーサイドを実現する4つの層

物理層／OS層

この層は、物理的なサーバーを設置し、MicrosoftのWindowsサーバーやLinux（Unix）などのOSをインストールして構築するオンプレミスと呼ばれる方法と、本書で取り扱っているようなパブリッククラウドのプラットフォームで実現する方法があります。OSやアプリケーションサーバーには、Virtual Machine（仮想マシン、VM）などのプログラム実行環境が備わっています。

ミドルウェア層

ミドルウェア層には、実際にフロントエンドとやり取りをする「電波塔」にあたるWebサーバーやアプリケーションサーバーがあります。また、後述するデータベースサーバーもレイヤーとしては、この層にあたります。

サーバーやミドルウェアには様々なタイプと役割があり、AWSのようなクラウドサービスも存在します。適切なサービスやプラットフォームや開発言語の選択は、多くの観点や指標に基づくため、一概には決められません。これらの組み合わせは基盤アーキテクチャと呼ばれ、その選定方法については後述します。

アプリケーション層

アプリケーション層は、皆さんが開発したソフトウェアや、導入したパッケージなどを動作させる層です。後ほど詳しく説明しますが、本書ではReact（Next.js）、Django（Python）を使用して開発します。

1-2-4 モデル層（データベース層）

モデル層は「データの保管庫」です。フロントエンド層が「テレビ」で、バックエンド層が「テレビ局」なら、「配信する番組の保管庫＋編集室」が近しいたとえになります。実際に配信するまで、番組のデータを保管・管理している層というイメージです。本書ではMySQL8を使用しています（**図1-2-6**）。

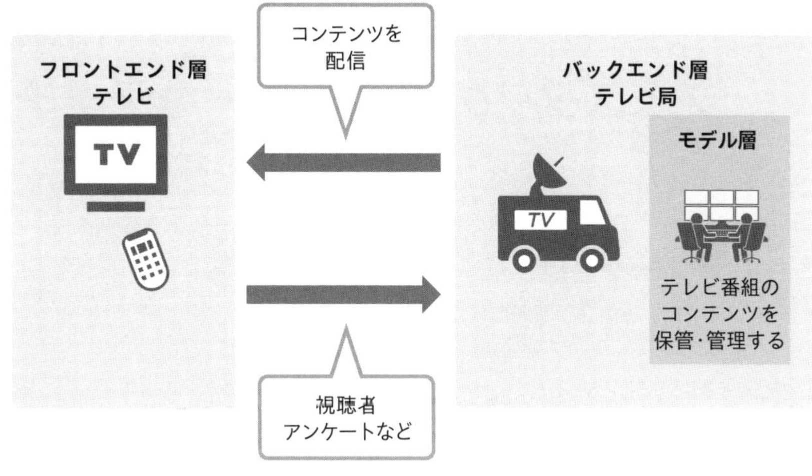

図1-2-6　テレビを例にしたWebシステム解説図（モデル層）

1-2-5 システムの構造

ここまで、Webシステムの基本としてフロントエンド層、バックエンド層、モデル層（データベース層）の基本的な役割について学びました。

それぞれの役割を、アプリケーションのログイン機能を例として整理してみましょう（**図1-2-7**）。まず、ユーザーがアプリを開くと「ログイン画面」が表示されます。ユーザーはこの画面にログインに必要なメールアドレスとパスワードを入力します。ここまではフロントエンド層の責務です。ユーザーがログインボタンを押した後、入力されたメールアドレスとパスワードが、あらかじめ登録されているユーザー情報と一致しているかを確認するのがバックエンド層です。確認の上、問題がなければ「マイページ画面」が表示されます。バックエンド層は会員名簿をチェックしてログイン情報を確認するわけですが、その名簿が保管されているのがモデル層です。

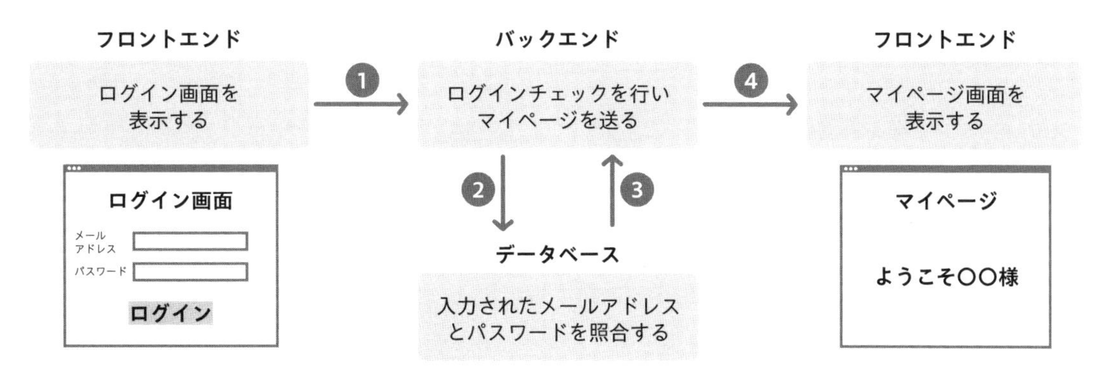

図1-2-7　ログインを例にしたレイヤーの解説図

Part I

1-3 フルスタック開発のアーキテクチャ

1-3-1 アーキテクチャとは

システム開発では、プログラミング言語やプラットフォーム、ツール、フレームワーク、ミドルウェアなどの技術セットを「**アーキテクチャ**」と呼びます。

「フルスタック」をテーマにした本書では、フロントエンド領域からバックエンド領域（モデル層）までをカバーするアーキテクチャを選定します（**図1-3-1**）。Webシステム開発におけるアーキテクチャには、様々な種類があります。必ずしも本書で扱っているReactやPythonなどの組み合わせだけではありません。さらにソフトウェアの開発のためには、IDE（統合開発環境）などのプログラミングツール、テストツール、GitやDockerなどの管理ツールを多用します。そうした開発環境やツールについては、第2章以降で詳しく説明していきます。本節では、フロントエンド／バックエンド／データベースの各層の具体的なアーキテクチャの概念と概要について説明します。

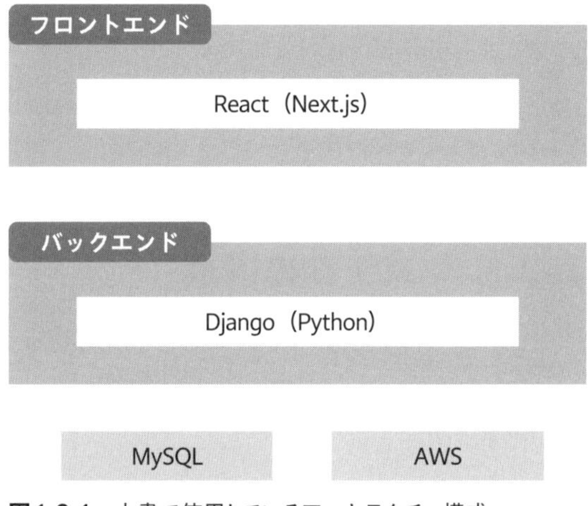

図1-3-1　本書で使用しているアーキテクチャ構成

1-3-2 フロントエンド層のアーキテクチャ

フロントエンド層の役割は、スマートフォンやパソコンのブラウザ、あるいはアプリの「画面上のふるまい」の制御や実現です。また、スマートフォン端末特有のGPSなどのセンサー情報や、カメラ・スピーカーなどのデバイスの制御も行っています。

なお、システム開発の設計概念においては「**ふるまい**」という用語がよく使われます。ふるまいとは、「システムのリアクション」を指すものと考えてください。例えば「画面をタップしたら説明が表示される」「入力して送信ボタンを押したら確認ダイアログが出る」「エラーが出たらトップページに戻る」といったようなシステムの動作がふるまいにあたります。

HTMLとCSS

フロントエンドの技術としてはHTML、CSS、JavaScriptが使われます。Webブラウザ（Google Chrome、Safari、Edgeなど）は、「ブラウザで表示するためのタグづけ言語」であるHTMLを解釈し、画面に表示します。CSSはHTMLの装飾（フォントや見出しの大きさ、背景色など）を効率的に行うための技術です。

HTMLとCSSを別々に管理することで、同じWebサイト内で共通の装飾を使い回すことができます。1ページごとに装飾を記述すると、制作や修正の際に手間がかかるため、CSSとして切り出して管理し、作業を効率化します。

また、次に詳しく説明するJavaScriptは、HTMLの中に<script>タグとして記述することもできます。その方法を使って、簡単なUIや入力チェックなどができます。したがって、複雑な動作や表現が不要な場合は、本書で紹介するようなフロントエンドアーキテクチャ（Reactなど）を採用する必要はありません。バックエンドアーキテクチャ（PHP、Java、Springなど）だけで、HTMLをバックエンドでレンダリングし、<script>タグとして簡単なふるまい（入力チェックなど）を記述します。

JavaScriptの動作原理

JavaScriptは、ブラウザ上で動く「スクリプト」の1つです。主にWebページやアプリケーションにおける動きや機能を実現する役割を持っています。この言語によって、Webページの要素をクリックしたときの表示変更、フォームのデータ検証、アニメーションの作成などが可能となります。

逆にいえば、JavaScriptはクライアントサイドで動作し、ブラウザにできることしかできません。そのため、サーバー内のデータの取得や更新などは、例えばPHPやPython、Javaや、サーバーサイドJavaScriptなどにバックエンドで処理をしてもらう必要があります（サーバーサイドJavaScriptについては第4章で説明します）。（**図1-3-2**）。

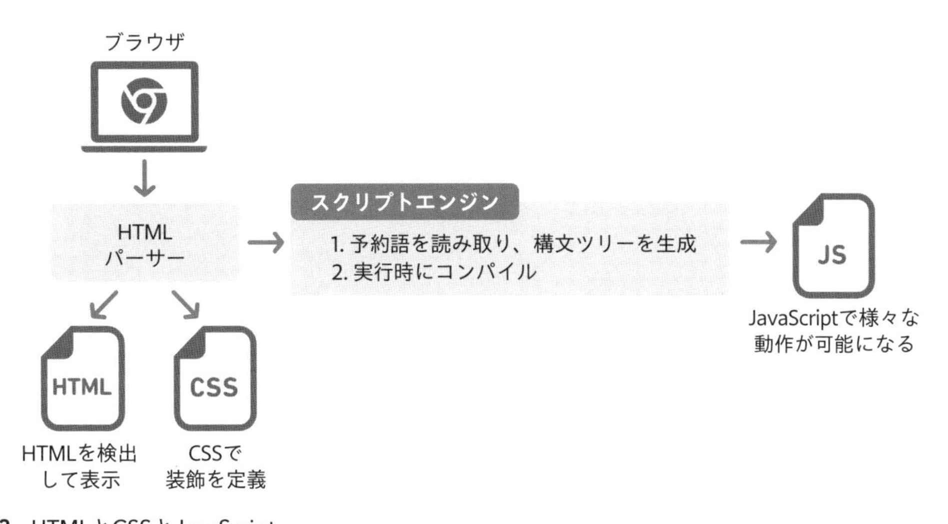

図1-3-2　HTMLとCSSとJavaScript

JavaScriptはHTMLで規定されていない様々な表現や動作（ふるまい）を可能にします。**図1-3-2**の通り、JavaScriptはHTMLパーサーとは別のふるまいをしており、スクリプトエンジンによって解析され、コンパイルを経て動作します。その意味ではPHPなどのインタプリタ言語と同じです。ただし、実行環境がクライアント側のメモリ上（ブラウザ上）というのが大きな特徴です。

HTMLパーサーとはHTML文書を理解し、それをコンピューターが処理できる形に変換する役割を持つプログラムです。JavaScriptは、また別のスクリプトエンジンによってコンパイルされて動作しています。

JavaScriptを用いたフロントエンドアーキテクチャ、と一口にいっても様々な種類があります。主要なものとしては、次のようなものが挙げられます（**表1-3-1**）。

表1-3-1 主要なフロントエンドアーキテクチャ

名称	特徴
React	JavaScriptのライブラリで、ユーザーインターフェースを構築するためのコンポーネントベースのフレームワーク。データに応じて自動的にUIを更新する仮想DOMを使い、高速で柔軟なWebアプリケーションを作成することができる
Angular	Googleが提供しているJavaScriptベースのフレームワーク。動的なシングルページアプリケーション（SPA）を作成するために使用される。データバインディングや依存性注入などの機能を持つ
Vue.js	JavaScriptのフロントエンドフレームワークで、シンプルで直感的なAPIを提供し、柔軟なUIコンポーネントを作成することができる
jQuery	JavaScriptライブラリ。DOM操作やイベント処理、アニメーションなどを簡単に行えるようにするための便利な関数やメソッドを提供する。近年は、使用頻度は低下している
Node.js	バックエンドでJavaScriptを実行するためのプラットフォーム。非同期I/O処理を強化し、高いスケーラビリティを持つ。JavaScriptを使ってバックエンドのアプリケーションを構築することができる
Next.js	Reactベースのフレームワークで、サーバーのレンダリングをサポートし、シングルページアプリケーション（SPA）が実現できる

本書は、こうした多数のアーキテクチャから**React**を選定しています。その理由は、より多くの読者の方にフルスタックエンジニアとして興味を持っていただくために、執筆時点（2023年11月）で最もユーザーが多いアーキテクチャにすべきという判断からです。実務におけるアーキテクチャの選定方法は、第III部にて説明します。

SPAについて

SPA（Single Page Application）は、シングルページアプリケーションの略称で、Webアプリケーションの一種です。従来のWebサイトでは、新しいページに移動するたびにサーバーから新しいHTMLを取得し、ページ全体がリロードされるのが一般的でした。しかし、SPAでは、最初に1つのHTMLページを読み込んだ後、必要なデータだけをサーバーから非同期的に取得し、動的に画面を変化させることができます。

これにより、ページ遷移のたびにサーバーとの通信の必要がなくなり、ユーザーはスムーズに操作でき、快適なユーザーエクスペリエンスが提供されます。SPAの実装には、一般的にフロントエンドでJavaScriptフレームワーク（React、Angular、Vue.jsなど）を使用して、UIの構築やデータの処理が行われます。バックエンドでは、API（Application Programming Interface）を提供して、フロントエンドとのデータのやり取りが行われます。SPAの特徴には次のようなものが挙げられます。

- ページ遷移がなく（画面の一部分のみが更新される）、ユーザーエクスペリエンスが向上する
- サーバーとの通信が非同期的に行われるため、リアルタイムな情報の取得や更新が可能となる
- フロントエンドがJavaScriptを中心に開発され、高度なインタラクティブUIを実現できる
- 初回のページロードには多少時間がかかる場合があるが、その後のページ遷移は高速である

CSRとSSRについて

CSR（Client-Side Rendering）とSSR（Server-Side Rendering）は、Webアプリケーションのフロントエンドにおけるページの表示方法に関連するアプローチです。

CSR（Client-Side Rendering）

CSRは、クライアント（Webブラウザ）側でページの表示やデータの取得・処理を行う手法です。始めに1つのHTMLページを読み込み、その後のページ遷移やデータの取得はJavaScriptを使用して非同期的に行います。JavaScriptフレームワークを使って、クライアント側でページの描画やデータの処理を行います。

- メリット
  - ページ遷移が高速で、ユーザーエクスペリエンスが向上する
  - クライアント側でのレンダリングにより、サーバーの負荷を軽減できる
- デメリット
  - 初回のページロードに時間がかかる場合がある
  - クライアント側のブラウザのバージョンや設定次第でページが正しく表示されないことがある

SSR（Server-Side Rendering）

SSRは、サーバー側でページのレンダリングを行い、その結果をクライアントに送信して表示する手法です。バックエンドでページを事前に組み立てて、クライアントにはレンダリング済みのHTMLが送られます。

- メリット
  - 初回のページロード時にすぐにコンテンツが表示される
  - クライアントのブラウザの設定やバージョンに左右されにくい

- デメリット
  - ページ遷移がクライアント側よりも遅いことがある
  - サーバーの負荷が増加する可能性がある

どちらの手法を選択するかは、アプリケーションの性質や要件によります。CSRは対話的で高度なUIが求められる場合に適しており、SSRはSEO対策や初期表示のパフォーマンスが重視される場合に有効です。

1-3-3 バックエンド層のアーキテクチャ

バックエンド層のアーキテクチャの基本原理

Webブラウザをインターフェースとするバックエンド層のアーキテクチャは、多くのメーカーやオープンソースグループによって開発・提供されており、様々な言語や環境、設計思想で提供されています。Webシステムにおけるバックエンド層の動作原理をログインを例に説明します。(**図1-3-3**)。

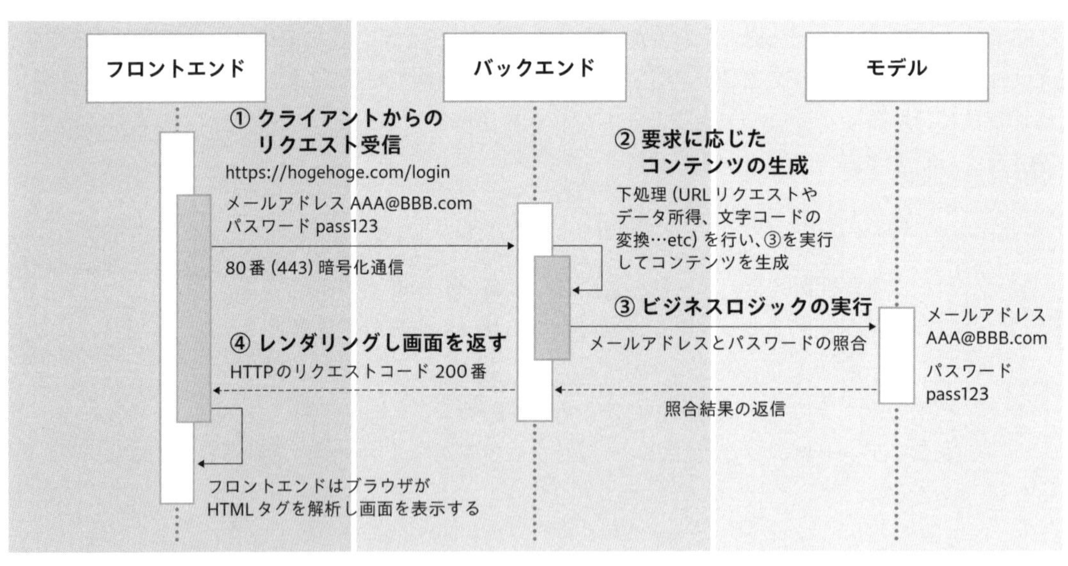

図1-3-3 ログインを例にしたバックエンドの動作原理

① クライアントからのリクエスト受信
  - スマートフォンやパソコンのブラウザからHTTP(HTTPS)通信を使って送信されたリクエストを、バックエンドはインターネット上の80番ポートで待ち構えて受け取る

② 要求に応じたコンテンツ生成
  - 受け取ったリクエストに基づいて、コンテンツを生成する。フレームワークによる「下処理」のサポートがある

③ ビジネスロジックの実行

- フロントエンド層からの「要求」に応じてモデル層からデータを取り出し、ビジネスロジックを実行する。この際にはフレームワークがデータアクセスを支援してくれる

④ レンダリングし画面を返す

- フレームワークやAPIは、HTMLをレンダリングする際にヘッダーや<Body>などのタグを自動的に生成したり、ログファイルをバイトストリームとして自動的に生成するなど、様々な便利な機能を提供してくれる

これらの仕組みにより、バックエンドでは**ビジネスロジック**に専念できるようになり、開発者はフレームワークやAPIのサポートを受けつつ、効率的にWebシステムを開発することが可能となります。ビジネスロジックとは、システム上で業務（ビジネス）を実行するための具体的な手順や処理のことです。例えば「ログインはメールアドレスとパスワードの一致で行われる」などがログインのビジネスロジックです。実現するプログラムを作成することを「**ビジネスロジックを実装する**」と表現します。

バックエンドフレームワーク（API）の「下処理」

皆さんはバックエンドのWebシステム開発においてPHPやRuby、.Net、Javaなどを使用し、フォームの入力値を送信して結果を表示するようなプログラムを作成したことはあるでしょうか。そうした言語でプログラミングする際、生成されるHTMLの< Header >や<Body>といったタグ、またはHTTPのレスポンスを意識してコードを書くことはほとんどなかったのではないでしょうか。

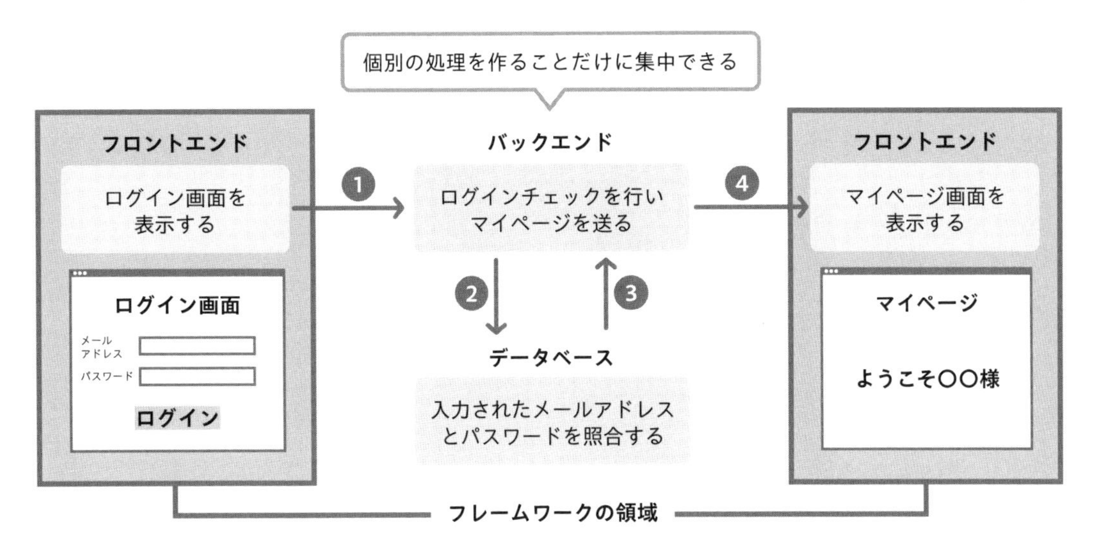

図1-3-4 ログインを例にしたフレームワーク

例えば、多くの方がインターネットを使用していて目にする「404(Page not found)」というHTTPレスポンスコード。これは、存在しないURLへのリクエスト時に表示されるものです。ただ、プログラミングをしながら、404エラーを意識する必要はほとんどないことでしょう。

こうしたサーバーからのレスポンスコードに対する制御やHTMLタグの基本的な構造を意識せずに開発者がビジネスロジックの実装に集中できるのは、アプリケーションサーバーやAPI、フレームワークが裏側で処理を自動化しているからです。

皆さんが普段開発しているアプリケーションは、これらのアプリケーション基盤や、ミドルウェア・クラウドのプラットフォームの上で作成されています。バックエンド層のアーキテクチャは大変多く、本書で説明するには紙幅が足りません。専門的な解説は参考図書に譲り、本書では最低限知っておかなければいけない知識について説明します。

バックエンド層のアーキテクチャ

前節で説明したように、バックエンドアーキテクチャは主に4つの層で構成され、様々な種類があります。

クラウドを含むOS層（LinuxやWindowsなど）には、様々なサービスや種類があります（A群）。そして、ミドルウェア層があり、VMのようなソフトウェアの実行環境が用意されています（B群）。アプリケーション層には言語（C群）と、それを拡張し、上記のような様々な下処理・共通処理をしてくれるフレームワークやAPI（D群）があります。

さらにプログラミング言語はスクリプトやPHP、Ruby やPythonなどのインタプリタ型言語と、コンパイルして仮想マシン上（VM上）で実行するJavaや C#、C++などのコンパイル型言語などに分かれます。

フレームワークとは、システム開発を効率化するために「よくある機能」をあらかじめ開発し、パッケージ化して配布してくれているものです。開発者はフレームワークを活用することで、自分たちが必要な部分だけを開発すれば済むようになり、開発効率が高まります

こうしたレイヤーアーキテクチャによってバックエンド層のアーキテクチャが構成されています。

・バックエンドアーキテクチャの例

A：AWS、Azure、Google CloudPlatform
B：Apache、IIS、TOMCAT、nginx
C：Java、Ruby、PHP、Python
D：Spring、Rails、Laravel、Django

Column

プログラミング言語を理解する上で

インタプリタ言語

スクリプトとも呼ばれ、「人間の読める形で書かれた自然語プログラムを、実行する都度コンピューターが解析して動作する」という特徴があります。一般的に「解析」のオーバーヘッドが実行時にかかるため、パフォーマンスが出にくい言語が多くあります。また、実行時に読み込んで解析する動作の仕組み上、プロセスやスレッドの管理が困難で「アクセス数だけプロセスが立ち上がる」などの特徴を持つ言語もあります。結果、リソースをコントロールしにくく、サーバー資源を圧迫し、パフォーマンスに影響を与えることがあります。

また、一般的に「簡単に動作させる」コンセプトで作られている言語が多く、その分、型の制約が緩い「動的型つけ」言語が多く利用されています。結果、習得の敷居は低いものの、動作時の正確さなどに問題が生じる場合があります。

Python や Ruby、JavaScript などがインタプリタ言語の例です。

コンパイル言語

コンパイル言語のプログラムは、実行する前に自然語のプログラムを機械語（マシンコード）に変換（コンパイル）します。このマシンコードは、対象のプラットフォーム（特定のオペレーティングシステムやハードウェア）で直接実行されます。

インタプリタ言語と異なり、都度解析する負荷がかからないことと、同時多数のスレッドやプロセスを管理できる構造の言語が多く、リソース資源を無駄にしにくい構造が特徴として挙げられます。また、コンパイル時にある程度のエラーチェックが行われるため不具合を減らしやすい性質や、マシンコードで配布することでソースコードを流出させにくい性質も持ちます。

C、C++、Go、Rust、Java などがコンパイル言語の例です。なお、Java や C# のような言語は、「中間言語（バイトコード）」に一旦コンパイルされ、そのバイトコードがインタプリタまたは JIT（Just-In-Time）コンパイラによって実行されるという、インタプリタとコンパイルの両方の特徴を持つ方法を取っています。一般的に、パフォーマンスや動作の正確さをコンセプトに作られている言語が多く、習得コストが高いといわれています。

1-3-4 モデル層のアーキテクチャ

モデル層はデータベースや外部システムを指し、データを管理して提供します。

最も主流となっているモデル層のアーキテクチャはリレーショナルデータベース（RDB）です。他にもNoSQLと呼ばれるいくつかのアーキテクチャがあります。郵便番号から住所を返すようなWebAPIとして値を返す「外部システム」もモデル層といえます。

また、モデル層には情報を永続化させる役割があり、これを「**Entity（エンティティ）**」と呼びます。MVCのモデル層の場合にはアルゴリズムなども含めますが、本書ではわかりやすく「エンティティ」と呼ばれるデータ永続化の役割を持つデータ保管・管理機能として捉えます。また、外部システムのWebAPIなどを指す「外部システム」も、モデル層のアーキテクチャとして位置づけます。

RDBとは

エンティティの役割を果たすモデル層のアーキテクチャで、一番代表的なものが**RDB**です。RDB（リレーショナル（関係）データベース）とは、データを表形式（表またはテーブルと呼ばれる）で保存し、それらの表の間の関係性を定義するデータベースです。行（レコード）と列（カラム）の形式でデータを整理します。ちょうどExcelの表に書いたデータを保管するイメージで考えるとわかりやすいでしょう（**図1-3-5**）。

会社

会社コード	会社名
0001	伊東商事
0002	佐藤工業
0003	上野物産

部署

会社コード	部署コード	部署名
0001	B01	東京本社
0001	B02	大阪支社
0002	B01	本社工場
0003	B01	本店

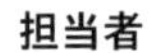

会社コード	部署コード	担当者コード	担当者名
0001	B01	P00001	翔泳花子
0001	B02	P00002	ジョン・フルスタ
0001	B02	P00006	佐藤大輔
0002	B01	P00103	上野
0003	B01	P01209	伊東

図1-3-5　RDB概念図

リレーショナルデータベースの利点は、大量のデータを整理し、高速に検索し、複雑なクエリを実行する能力にあります。これにより、企業の顧客データ管理、金融取引、eコマースの在庫管理など、多くのビジネスアプリケーションで広く使用されています。

本書でも**MySQL**というRDBをモデル層のアーキテクチャとして選定しています。RDBは**SQL**という独特の「データ操作・管理」を目的とする言語でコントロールしています。

こうしたモデル層は一見、データや、ロジックを出し入れするだけの簡単な構造に思われがちですが、実際には「縁の下の力持ち」として非常に多数の機能を持っています。

例えば、数億件にものぼるデータが管理されているようなサービスでも、数秒、数十秒で回答が可能であり、「インデックス」などパフォーマンスを維持するための様々な仕組みを保有しています。

さらにはトランザクションの一貫性などにより、在庫のない商品を売ってしまったり、座席の予約がダブルブッキングしてしまったりするのを防いでいます。MySQLについては次節以降で説明します。

RDBの構成要素

テーブル

データは**テーブル**と呼ばれる単位で格納されます。テーブルはデータの塊（例えば、**図1-3-5**における「会社」「部署」「担当者」）を表し、そのデータの塊の一つ一つのレコード（例えば、**図1-3-5**における3つの会社、4つの部署、5人の担当者）はテーブルの各行（レコード）に対応します。

列とデータ型

各テーブルは複数の**列**を持ちます。列はエンティティの特性（例えば、ユーザーの名前やメールアドレス、製品の価格など）を表し、一貫した**データ型**（文字列、数値、日付など）が定義されます。

主キー

各テーブルには**主キー**と呼ばれる特別な列があります。これは各行を一意に識別するために使用されます。例えば、**図1-3-5**における「会社コード」や「部署コード」などが主キーとして使われることがあります。

リレーション（関係）

テーブル間には**リレーション**（関係）が定義されます。これは1つのテーブルの行が他のテーブルの行とどのように関連しているかを示します。リレーションは「一対一」「一対多」「多対多」の形式を取ることができます。**図1-3-5**における会社マスタと部署マスタの関係は「一対多」となっています。

SQL

SQL（Structured Query Language）は、リレーショナルデータベースのデータを操作（挿入、更新、削除）したり検索したりするための言語です。

Webシステム開発でのモデルの利用方法

データを表で受け渡しするRDBやSQLと、オブジェクトのプロパティとして扱おうとするオブジェクト指向言語のデータモデルは必ずしも相性がよくありません。そのため、プログラムやフレームワークからデータアクセスを行う際にはDAOやORM（Object-Relational Mapping）を使用して、直接SQLをプログラムから発行しない方法が主流になっています。

本書で扱うDjangoでもRDBのデータテーブルをORマッピングし、「モデル」として扱えるようにします（**図1-3-6**）。またセキュリティの観点でも、テキストとしてのSQLをプログラムから生成すると「SQLインジェクション」と呼ばれる脆弱性の原因になりやすいです。

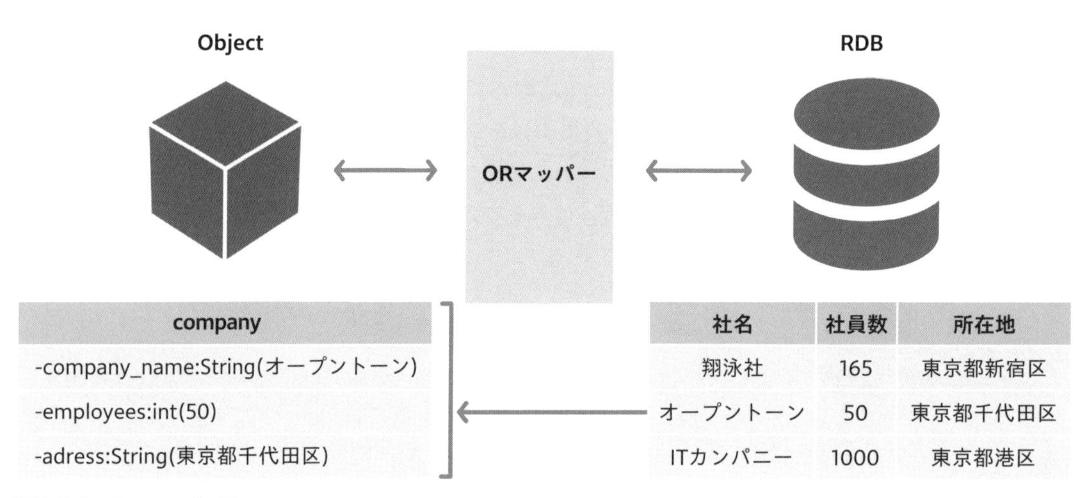

図1-3-6 ORマップの図

例えば、以下のようにしてCompanyモデルのデータを取得できます。

```
from my app.models import Company

companies = Company.objects.all()
for company in companies:
        print(company.company_name)
```

この例では、Company.objects.all()メソッドを使用して、全てのBookオブジェクトを取得し、タイトルを表示しています。

モデル層のアーキテクチャの例

- Amazon DynamoDB、mongoDB、MySQL
- ORACLE、Microsoft SQL Server

1-3-5 フロントエンド／バックエンドを分ける意味と連携方法

フロントエンド／バックエンドを分ける意味

そもそも、フロントエンド、バックエンドといったアーキテクチャを分ける意味は何でしょうか。PHPやRubyのようにわざわざアーキテクチャを分けなくてもWebシステム自体は実現可能です。

近年、地図やグラフなどの表示、あるいは様々な機種のスマートフォンへの対応など「画面UI」(ユーザーインターフェース）に求められるニーズは複雑化・高度化をしています。ブラウザは2〜3年ごとにメジャーバージョンアップし、スマートフォンは毎年のように機種がアップデートされ、画面の形状や大きさ、流行のデザインが変わり続けています。

その結果、フロントエンドアーキテクチャには「変化に強く、高度なUIに対応でき、スマートフォンなどで軽く動作すること」が求められるようになっています（**図1-3-7**）。

デザインやUIの
流行への追従

新しいデバイス
への対応

ブラウザの
アップデートへの対応

図1-3-7　フロントエンドのニーズ

対して、バックエンドは全く異なるニーズに晒されています。まず、世界中のインターネットが高速化し、データは巨大化しました。同時に、デバイスもスマートフォンが主流になり、1人が複数の端末を持つことが当たり前になりました。そして、今や社会インフラの一部となったインターネットサービスは365日24時間の稼働が必須です。同時に、システム自体も多様化し、よりミッションクリティカルな資金決済や医療、行政手続きなどが求められることもあります。結果、「変化に対し堅牢で、可用性が高く、セキュアで正確であること」がバックエンドには求められています（**図1-3-8**）。

世界中からの
アクセスへの対応

24時間365日の
連続稼働

ネットセキュリティ
の向上

図1-3-8　バックエンドのニーズ

フロントエンドとバックエンドでは求められる要件が異なることがわかったでしょうか。必然的に、それぞれに適している技術（アーキテクチャ）も異なります。そこで、フロントエンドとバックエンドを分離し、疎結合にして各々の得意分野を生かせるようにしているのです。

結果的に、フロントエンドは新しいブラウザ、新しいスマートフォンの規格が短期間で広まって更改する必要に迫られても、サービスの土台となるバックエンドは影響なくサービスを継続できるようになります。

また、フロントエンドは変化に強いことが特徴なので、利用者の使用感やビジネスニーズの変化、流行りの変化に柔軟に対応できます。わかりやすくいうなら、フロントエンドは簡単に捨てられて、簡単にまた作れることが重要なのです。

フロントエンドとバックエンドの連携方法

フロントエンドとバックエンドの紐づけは、Webを用いたAPIを作成し、それをフロント側から呼び出す方法で実現することが多いです。その際に最もよく用いられているのが**Restful API**です。HTTPのメソッド（GET、POST、PUT、DELETE）を用いてやり取りを行い、送受信するデータはJSONと呼ばれる形式を取ります。

HTTPリクエストにパラメーターを送付する方法でもバックエンドとフロントエンドとのやり取りは可能ですが、平文でURLに添付されるためセキュリティリスクが高く、データが複雑化すると長大なURLリクエストとなってしまいます。そこで用いられるのがRestful APIです。

RESTとRESTful APIとは

REST（Representational State Transfer）は、WebサービスやAPIを設計するためのソフトウェアアーキテクチャのスタイルの1つです。RESTを使用すると、ネットワーク上のリソースに対して、標準的なHTTPメソッドを使用して操作を行うことができます。

RESTful APIとは、「レストフルなAPI」という名前の通り、RESTの原則に基づいて設計されたAPIのことを指します。これらのAPIは、一般的にWebサービスとして提供され、HTTP通信を介してフロントとサーバー間でデータを交換します。

RESTful APIの設計では以下のHTTPメソッドが使用されます。

- GET：特定のリソースを取得
- POST：新しいリソースを作成
- PUT：既存のリソースを更新
- DELETE：特定のリソースを削除

例えば、書籍の情報を管理するWebアプリケーションがあるとします。その中で書籍に対するRESTful APIを実装すると、次のような操作が可能になります。

- GET/books：全ての書籍のリストを取得
- GET/books/1：IDが1の書籍の詳細を取得
- POST/books：新しい書籍を作成
- PUT/books/1：IDが1の書籍の情報を更新
- DELETE/books/1：IDが1の書籍を削除

RESTful APIの大きな特徴は、そのシンプルさとスケーラビリティ（拡張性）です。また、HTTPプロトコルに基づいているため、様々なプログラミング言語やプラットフォームで広く利用することができます。これにより、異なるシステム間における情報のやり取りが容易になります。

JSONとは

JSONはデータの形式の1つで、人間が読むことができるテキスト形式です。この形式は主にデータの送受信、またはデータの保存に使われます。

JSONは「名前と値のペア」の集合体、または「順序つきの値のリスト」（配列）を表現できます。JavaScriptに由来していますが、多くのプログラミング言語でJSON形式のデータを扱うことができます。以下にJSONの基本的な形式を示します。

```
json
Copy code
{
    "name": "John Doe",
    "age": 30,
    "isStudent": false,
    "subjects": [
        "Math",
        "Science",
        "History"
    ],
    "address": {
        "street": "123 Main St",
        "city": "Tokyo"
    }
}
```

これは次の情報を表しています。

- "name"という名前の値は"John Doe"
- "age"という名前の値は30
- "isStudent"という名前の値はfalse
- "subjects"という名前の値は配列で、"Math"、"Science"、"History"を含む

- "address"という名前の値は別のJSONオブジェクトで、その中に"street"と"city"という名前の値が含まれる

JSONはWebシステムでは一般的なデータ交換方式となっており、多くの言語やフレームワークで採用されています。多くの言語がJSONを解析（読み取り）および生成（書き出し）するAPIなどを提供しています。これにより、異なるプログラミング言語で書かれたアプリケーション間でデータを交換することが容易になります。

また、JSONはXML文書と同じ構造で書かれており、人間が読むことができる形式です。つまり、設計時やデバッグ、テスト時にJSONデータを読んで理解することが容易です。特に、WebアプリケーションではRESTful APIと組み合わせて、クライアントとサーバー間でデータを交換するのによく使われます。

Part I

1-4 本書で扱うアーキテクチャ

本書では、広く多くの読者にとって役立つように、比較的メジャーなアーキテクチャを選定しています（**図1-4-1**）。最後に、本書で選定したアーキテクチャの特徴について、1つずつ見ていきましょう。

- フロントエンド領域 …… React18、Next.js 13
- バックエンド領域 …… Django4、Python3.11
- モデル層 …… MySQL 8
- 基盤 …… Ubuntu（WSL2）、Docker、AWS

図1-4-1　本書でのアーキテクチャ構成

1-4-1 React（Next.js）

React

Reactは、Facebook（Meta社）が2011年に開発したJavaScriptライブラリです。Facebookが社内で使用するために作成されました。Facebookは、膨大な数のユーザーを持つWebアプリケーションを開発しており、そのためには高性能で高速なUIが必要でした。Reactは、それらのニーズに応えるために開発されました。その後、2013年にFacebookがオープンソース化し、それ以降、開発者コミュニティによって多くの改善がなされました。Reactは、Webアプリケーションの開発において非常に人気のあるライブラリとなり、多くの企業やWebサイトがReactを使用しています。

JavaScriptの標準的な機能を使用してUIを構築するための独自のアプローチを採用しており、このアプローチは、Reactを非常に高速で効率的なUIライブラリにしました。本書執筆時点で最も人気のあるフレームワークの1つとなっています。詳しくは読者特典PDFの「特典A アーキテクチャの選定」の「フロントエンドアーキテクチャの比較」を参照してください。

Next.js

Next.jsはReactのフレームワークであり、2016年にZEIT（現Vercel）によって開発されました。Reactの状態管理やルーティング、コード分割、バックエンドレンダリングなどの機能を簡単に実装することができるように設計されています。

バックエンドの環境も提供しているため、Reactアプリケーションをフロントエンドとバックエンドの両方でレンダリングすることができます。

また、Next.jsは静的サイト生成機能を提供しています。これにより、事前にHTML、CSS、JavaScriptを生成しておくことで、ブラウザやWebサーバーのキャッシュ機能を利用しサーバーへの負荷を減らし、高速なページロードを実現することができます。

オープンソースであり、GitHub上でコードが公開されています。様々なプラグインやライブラリが存在し、開発者が拡張することができます。

1-4-2 Django（Python）

Python

Pythonは、汎用プログラミング言語の1つで、簡潔で読みやすい文法を特徴としています。Guido van Rossumが1980年代末に開発を始め、1991年に最初の公式版がリリースされました。言語名は、彼が好きなコメディグループ、Monty Pythonに由来しています。

言語としての特徴は、簡単な構文、動的な型つけ、自動メモリ管理、豊富な標準ライブラリ、そしてオープンソースであることなどです。これらの特徴が、Pythonを初心者にとって理解しやすいプログラミング言語にしています。

Webアプリケーション、機械学習、データサイエンス、自然言語処理、ゲーム開発など、多岐にわたる用途で使用されています。また、多くの大規模企業でもPythonを採用しており、人気が高まっています。最新のPythonバージョンは、Python 3系列です。

Django

Djangoは、Pythonで書かれたオープンソースのWebアプリケーションフレームワークの1つで、高速開発や保守性の高いアプリケーションの構築を可能にするためのツールを提供しています。2003年にAdrian HolovatyとSimon Willisonによって開発されました。彼らは、新聞社でのWeb開発に携わっており、高速で柔軟なWebアプリケーションフレームワークが必要だと考えていました。そこでPythonをベースにしたDjangoを作成し、2005年に初めてリリースされました。

フレームワークとして、Webアプリケーションの構築に必要な基本的な機能を提供しています。例えば、データベースへのアクセス、テンプレートエンジン、セキュリティ機能、フォーム処理、認証、管理画面などが含まれています。また、Djangoは、MVC（Model-View-Controller）アーキテクチャに従って設計されており、開発者はロジックやデータを分離することができます。

執筆時点で、多くの企業やWebサイトで広く使用されています。例えば、Instagram、Pinterest、Mozilla、National Geographic、そしてNASAなどがDjangoを採用しています。最新のDjangoバージョンは、Django 5.0であり、Python 3.10以上をサポートしています。

1-4-3 MySQL8

MySQL（https://www.mysql.com/）は、オープンソースのリレーショナルデータベース管理システム（RDBMS）の1つであり、世界中で多くのWebアプリケーションや企業で使用されています。MySQL8は、2018年にリリースされた最新バージョンで、多くの新機能や改善が加えられています。

MySQLの歴史は、1995年にMichael WideniusとDavid Axmarkによって開発が始まったところに始まります。彼らは、フリーソフトウェアのSQLデータベースエンジンを作成することを目的としていました。最初のバージョンは、1995年にリリースされ、オープンソースコミュニティによって大きな支持を得ました。

MySQLは、高速性、安定性、セキュリティ、スケーラビリティに優れているといわれています。MySQLは、世界中で多くの企業やWebサイトで使用されています。例えば、Facebook、X（旧Twitter）、YouTubeそしてWikipediaなどがMySQLを採用しています。

第2章

React(Next.js)+ Django(Python)環境の構築

第2章では開発の基盤について理解を深めていきましょう。第1章で学んだフロントエンド、バックエンド、データベースの3つの層を通して、フルスタック開発をするための「環境作り」を学びます。実際に本書中盤以降の開発で利用するので、PCに開発環境を作りながら学んでいきましょう。

Part I

2-1 開発インフラの構築

2-1-1 開発（テスト）サーバーをWSLで構築する

アーキテクチャを選定したら、次は開発環境の選定と構築を行います。システム開発におけるフェーズは企画や要件定義、基本設計から詳細設計、実装から単体テスト、さらに結合やシナリオ等、各種テストまで幅広くあります。

本書では、主に実装のフェーズを解説の対象としています（**図2-1-1**）。そのため、本書のカバー範囲は、設計からテスト（リリース）までと考えてください。これらのフェーズをカバーするツールや環境を選定し、構築していきます。

図2-1-1　開発工程と本書のカバー範囲

本書では開発環境として以下を選定しています。

- Windows（10もしくは11）※2-1
- VSCode
- WSL 2（Ubuntu）
- Docker
- Git

実際のプロジェクトでは、チームメンバーにはWindowsやmacOS（iOS）が搭載されているPCが配布されます。開発者は各々のPCで、プログラミングから動作テストまでを行います（**図2-1-2**中①）。

そして、開発したプログラムを資源管理ツール（GitHubなど）で管理し、資源管理ツールを使って、メンバーの開発性成果をマージし、サーバーにデプロイ（設置・配備）します。

次に、テスト環境（テストサーバー）にデプロイし、チーム全体の結合テストを行います（同図中②）。何段階かのテスト環境でのテストを経た後に、ステージング環境（同図中③）を経て、本番環境にリリースします（同図中④）。テストサーバーの環境を何段階用意するかは、開発しているシステムの規模や、ミッションクリティカル性によって決まります。同図のように、テスト環境（サーバー）には開発チーム向け、外部連携などの結合環境向け、さらには本番同等のステージング環境などがあります。なお、テスト環境などのサーバーはLinux OSなどであることがほとんどです。

結果、多くの開発現場ではWindows上で開発したものをLinux上にデプロイし、テストすることになります。無論、Windowsサーバー環境だけで完結できる開発手法・アーキテクチャもありますが、本書ではサーバー環境はLinuxを想定しています。

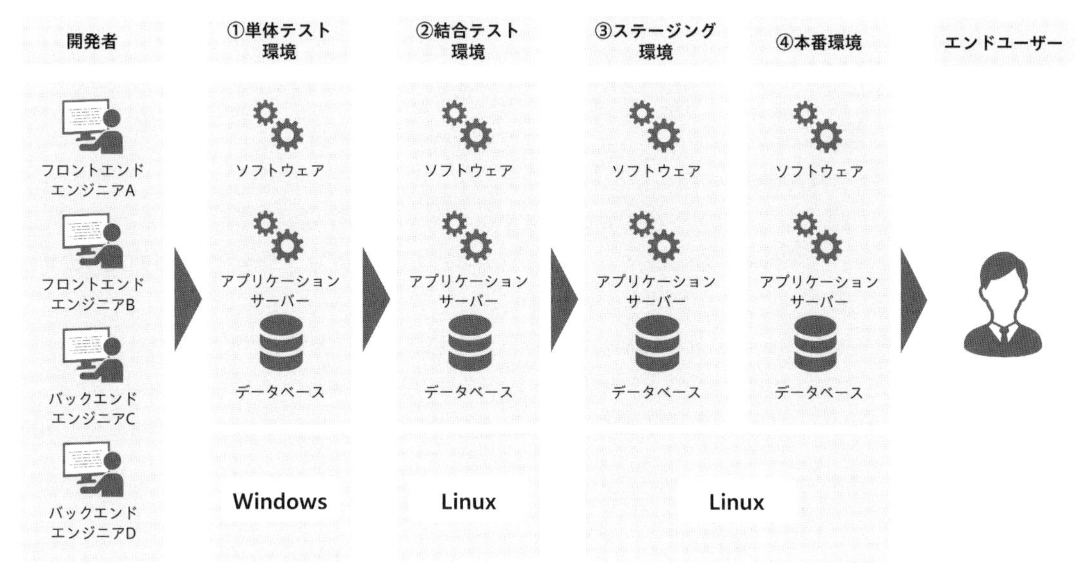

図2-1-2 開発・テスト・本番環境

※2-1 執筆時点（2023年11月）でWSL 2が利用できるバージョンを選定しました。

WSL 2とは?

先ほどの**図2-1-2**のように、開発者が複数人いる場合、テスト作業をスムーズに行うために、実行環境であるLinuxをチームメンバーの数だけ用意する必要が生じてしまいます。物理のサーバーを複数台立ち上げたり、クラウドを借りたりするのは、現実的ではありません。

そこで、用意されているのが**Windows Subsystem for Linux 2**（**WSL 2**）というサービスです。これはMicrosoftによって開発された、Windows PC上から利用可能な「**完全なLinux**」といわれています。Windows上で動作するエミュレーターとしてではなく、Virtual Machine上で実際にLinuxカーネルを動作させているためです。このサービスを使うことで、本書ではUbuntuをWindowsから呼び出して開発に利用しています。

WSL 2は、Windows 10の機能の1つで、Linux環境をWindows上で実行することができるものです。WSL 2は、Windows 10のビルドバージョン2004以降で利用可能であり、2019年に発表されました。

カーネルとは

カーネルはコンピューターシステムの核心部分であり、ハードウェアとソフトウェアの間でコミュニケーションを仲介します。具体的には、ハードウェアリソース（CPU、メモリ、ディスクなど）へのアクセスを管理し、これらのリソースをアプリケーションが効率的に利用できるようにする役割を担っています。ファイルシステムの管理も行っています。

VMとは

Virtual Machine（**仮想マシン、VM**）は、コンピューターの中に別のコンピューターを動作させるイメージに近い技術です。物理的なハードウェアシステムをエミュレート（模倣）したソフトウェアアプリケーションです。これにより、一台の物理的なマシン上で複数の異なるオペレーティングシステムを同時に実行することが可能になります。それぞれのオペレーティングシステムは独立した「マシン」として動作し、他のVMから隔離されています。

WSL 2の前身であるWSLは、2016年に最初にリリースされました。当初のWSLは、WindowsとLinuxの間で橋渡しをするためのサブシステムでした。つまり、Windows上でLinuxバイナリを実行することができましたが、完全なLinux環境を提供するものではありませんでした。具体的な違いは**図2-1-3**をご覧ください。

機能	WSL 1	WSL 2
Windows と Linux の統合	☑	☑
高速の起動時間	☑	☑
従来の仮想マシンと比較して小さなリソース フット プリント	☑	☑
現在のバージョンの VMware および VirtualBox での実行	☑	☑
マネージド VM	✕	☑
完全な Linux カーネル	✕	☑
システム コールの完全な互換性	✕	☑
OS ファイル システム間でのパフォーマンス	☑	✕

図2-1-3　MicrosoftのWSL比較表

出典：https://learn.microsoft.com/ja-jp/windows/wsl/compare-versions

WSL 2では、WSLよりも高速で、さらに多くのLinuxアプリケーションをサポートできます。Windows TerminalやVSCodeなどのツールと組み合わせて使用でき、WindowsとLinuxの間をシームレスに移動できます。本書でもVSCodeを使用し、Windows環境とフロントエンド環境、バックエンド環境を移動してフルスタック開発を行います（**図2-1-4**）。またWSL 2は、Windows上でLinuxアプリケーションを実行するための仮想マシンのセットアップや管理が不要で、非常にシンプルです。

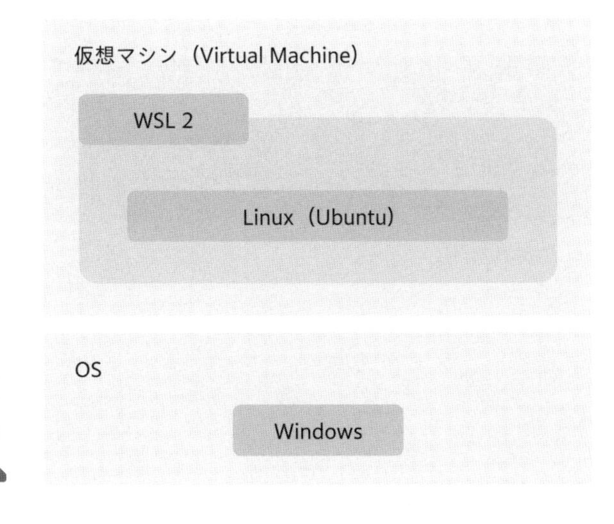

図2-1-4　WSL 2概念図

2-1-2 Ubuntu

それでは実際にUbuntuの環境をWSL上に構築してみましょう。Windows PC画面の左下にある、Windowsマークを右クリックし「Windows PowerShell（管理者）」を選択してください。すると、Windows PowerShellが起動します。（**図2-1-5**、**図2-1-6**）

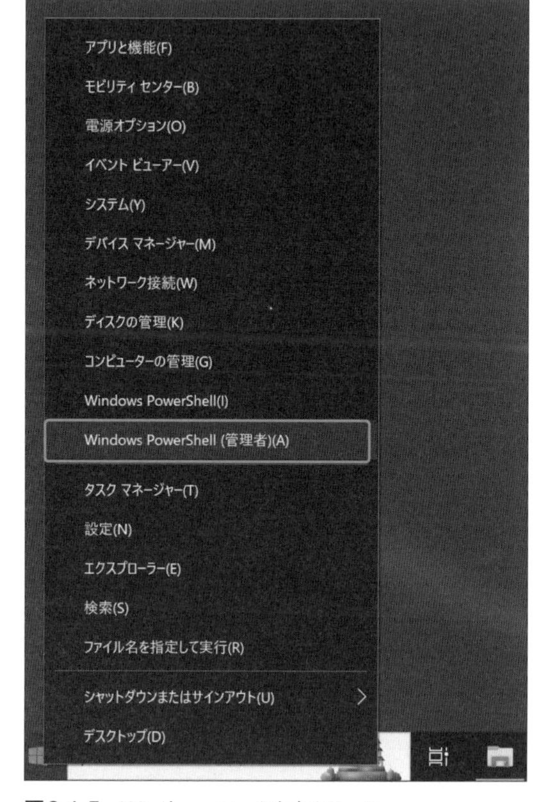

図2-1-5　Windowsマークを右クリック

```
管理者: Windows PowerShell
Windows PowerShell
Copyright (C) Microsoft Corporation. All rights reserved.

新しいクロスプラットフォームの PowerShell をお試しください https://aka.ms/pscore6

PS C:¥WINDOWS¥system32> wsl --install
```

図2-1-6　Windows PowerShell

では、PowerShellのコマンドライン上で次のコマンドを実行してください。

```
$wsl --install
```

このコマンドを実行するとUbuntuのインストールが開始されます。詳しくはMicrosoft社の公式ドキュメント※2-2を参照してください。

※**2-2**　「WSLを使用してWindowsにLinuxをインストールする方法」
https://learn.microsoft.com/ja-jp/windows/wsl/install

Ubuntuとは

Ubuntuは、Linuxディストリビューションの1つであり、現在最も利用されているLinuxです。Canonical Ltd.が開発・サポートしており、2004年に最初のリリースがありました。

Ubuntuの最大の特徴は、初心者にも使いやすく、シンプルなインストール手順と設定のLinuxを無料で利用できることです。Ubuntuは、開発者向けのツールやWebサーバー、デスクトップ、ノートPCなど、様々な用途で使用されます。さらに、Ubuntuはコミュニティによってサポートされており、アップデートやセキュリティパッチなどのパッチが頻繁に提供されています。

インストールはほとんど自動で行われます。初めてインストールする場合は、再起動を求められます。再起動後、Windowsメニューから改めてUbuntuを起動しましょう。なお、インストール手順の途中で尋ねられるユーザーネームとパスワードは、今後Linux上（Ubuntu）上で使用するもので、任意で設定が可能です。ここでは**userを「test」、passwordを「pass」としておきましょう。**

インストールが終了すると、次のような画面が表示されます（**図2-1-7**）。

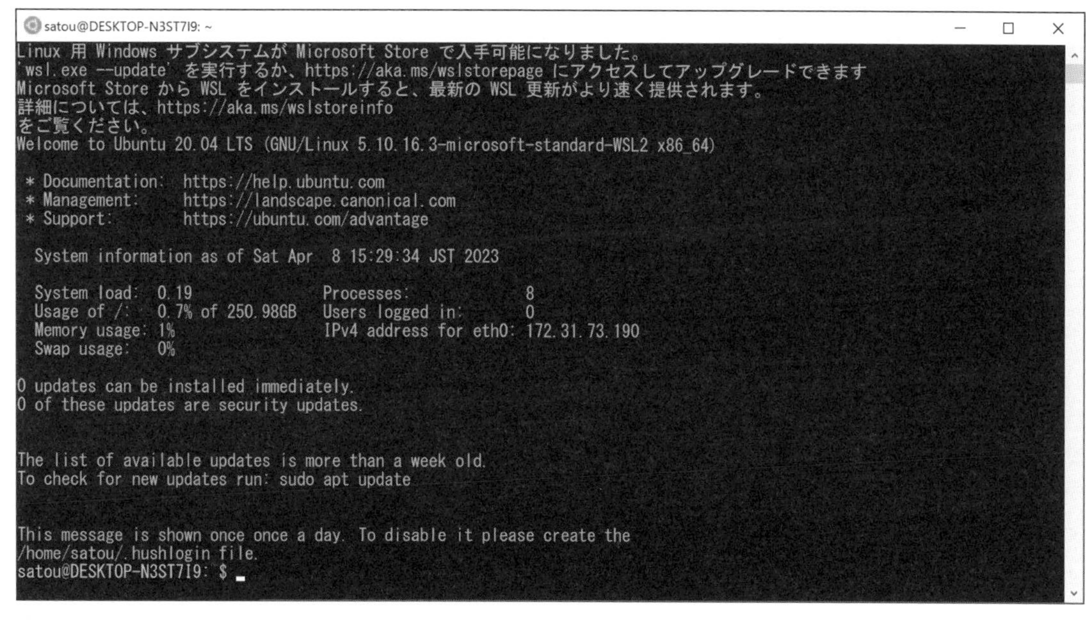

図2-1-7　Ubuntuのインストール後画面

Ubuntuをインストールすると、このようにLinuxをWindows PCで起動させることができるようになります。pwdやcd、lsといったLinuxの基本コマンドも使えます。コマンドラインで、シェルの実行やファイル操作などもできます。

Ubuntu（Linux）の基本操作

今後の操作のために、最低限度必要と思われるLinux（Ubuntu）コマンドをまとめました（**表2-1-1**）。下記に加えて、後に説明する「code」コマンドが使えれば、Linux上での簡単な作業ができます。

表2-1-1 Linux（Ubuntu）コマンドの一例

ls	ディレクトリの内容を一覧表示する
cd	ディレクトリ間で移動する。例えば、cd Documents はDocumentsディレクトリに移動するなど
pwd	現在のディレクトリのパスを表示する
rm	ファイルまたはディレクトリを削除する。ディレクトリを削除するには、-rオプションを使用する
cp	ファイルまたはディレクトリのコピーを作成する
mv	ファイルまたはディレクトリを移動または名前を変更する
cat	ファイルの内容を表示する。また、複数のファイルを連結して表示することもできる
grep	ファイル内で特定のパターンを検索する。正規表現も使用できる
sudo	スーパーユーザーとしてコマンドを実行する。これは、システムファイルを変更するような管理者権限が必要なタスクに使用する
mkdir	任意のディレクトリを作成する
chmod	フォルダやファイルの権限設定を行う
man	マニュアル（ヘルプ文書）を表示する。使用方法がわからないコマンドの詳細を見るために使用できる。例えばman lsと入力すると、lsコマンドの詳細説明が確認できる

Linuxでのコマンド補完

Linuxではコマンド補完が便利です。[Tab] キーを押すと移動先のディレクトリの候補や利用可能なコマンドの一覧が表示されます。

Ubuntu（Linux）のディレクトリ構造

Linux上ではフォルダを￥ではなく/で表します。わかりやすくいえばWindowsのトップディレクトリであるC:￥は/となります。また./はカレントディレクトリを指し、../は上位ディレクトリを指します。

そのため、/usrディレクトリにいるとして、

```
cd  ./src
```

と入力すれば、/usrから/usr/srcディレクトリに移動し、そこから、

```
cd  ../
```

と入力すれば/usr/srcから/usrディレクトリに戻ります。

UbuntuとWindows

Ubuntuのインストールによって作成されたLinuxのファイルシステムは、Windows側からも確認・操作ができます。**図2-1-8**のようにファイルシステムをエクスプローラーから確認してください。「Linux」が表示されています。

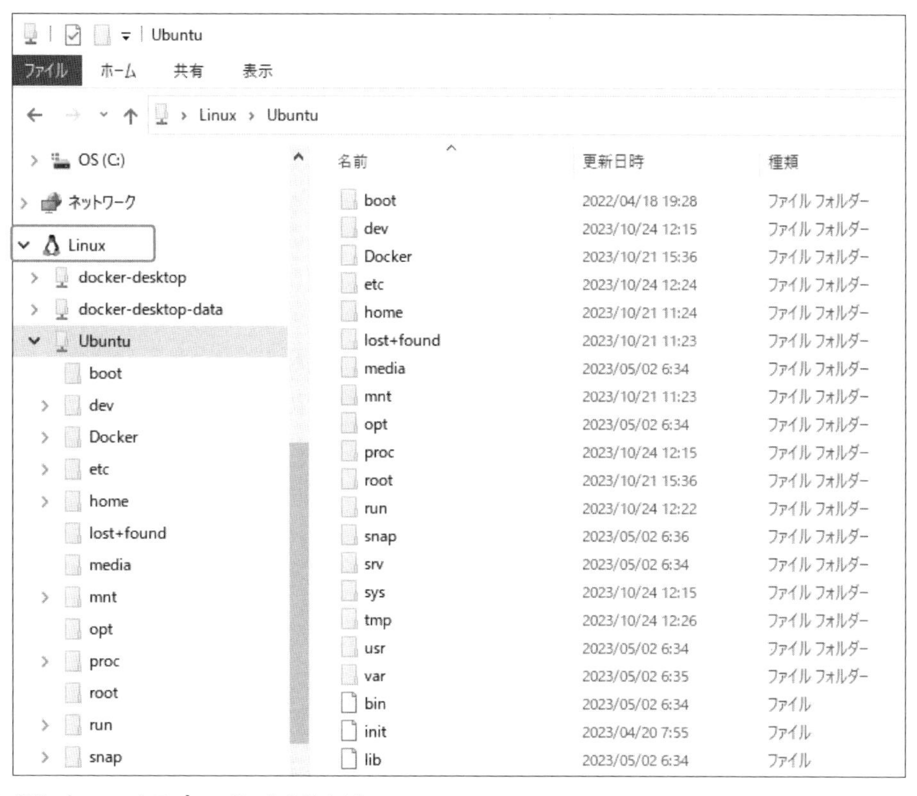

図2-1-8 Windowsエクスプローラーから見たUbuntu

「WSLから切断されました」のエラー

開発作業をしたり、新しいコンポーネントをインストールしたりしていると「WSLから切断されました」という旨のメッセージが出て、何度再接続してもエラーになる場合があります。その場合は、Powerシェルに戻って次のコマンドを実行してから、Ubuntuのアイコンを再度クリックすると、Ubuntuが再起動されます。

```
$wsl --shutdown
```


Part I

2-2 Dockerについて

2-2-1 コンテナとは

近年、開発の書籍やメディアでは当たり前になりつつある「**コンテナ**」。コンテナとは、アプリケーションを実行するための独立した環境を作る技術です。それぞれのコンテナは、アプリケーションのコード、ランタイム、システムツール、ライブラリなど、そのアプリケーションが正しく動作するために必要な全てを含んでいる「イメージバックアップ」に近い存在です。このコンテナを持ち回ることにより、開発者はアプリケーションをあらゆる環境で一貫して動作させることが可能になります。

例えば、アプリケーションが特定のライブラリの、さらに特定のバージョンに依存していて、必ずそのライブラリがないと動作しないとします。そうした「特定のバージョンのライブラリ」はコンテナに含まれているため、開発者はどの環境でもアプリケーションが期待通りに動作することを確認できます。

コンテナの特徴には、次に挙げるようなものがあります。

軽量

コンテナはホストシステムのカーネルを共有するため、1つのコンテナに全てのオペレーティングシステムをインストールする必要がありません。これにより、コンテナは非常に軽量になり、高速に起動し、少ないリソースで多くのコンテナを稼働させることが可能になります。

移植性

コンテナにはアプリケーションが動作するために必要な全てが含まれているため、コンテナを異なるホストマシン間で簡単に移動することができます。

一貫性

開発環境、テスト環境、本番環境で同じコンテナを使うことで、それぞれの環境間で一貫した動作を保証することができます。これにより、「あるマシンでは動いたが、別のあるマシンでは動かなかった」という問題を避けることができます。

隔離性

各コンテナは他のコンテナから隔離されて動作します。これにより、1つのコンテナで何が起きても他のコンテナやホストシステムに影響を与えません。

コンテナの利用

第1節ではWindows上にWSL 2を導入し、Ubuntuによる開発したソフトウェアの実行環境を用意する説明をしました。しかし、それだけでは開発しているソフトウェアのブランチやバージョンを変えるたびに環境を作り直さなければなりません。都度、手順書を作り、環境設定をするのは大変です。また、開発者は別の過去プロジェクトの保守作業を行っていることもあります。そうした「切り替え」のたびに、WSL 2上のUbuntu上のソフトウェアの構成を変えたりするのは手間ですし、何より間違いの元になります。

そこで、実際の開発では「コンテナ」を使用します（**図2-2-1**）。

図2-2-1　コンテナ概念図

Dockerは、コンテナ仮想化技術を提供するオープンソースのプラットフォームで、アプリケーションの開発、配布、実行を簡単かつ効率的に行うことができます。

Dockerの歴史は、2013年にDockerInc.が開発したことから始まります。当初、DockerはLinuxコンテナの一種であり、開発者がアプリケーションを開発、テスト、配布するための環境を提供することを目的としていました。

図2-2-2のように、WindowsPCで開発から単体テストまで行い、それをLinuxサーバーに上げて結合テストを実施、その後本番環境にリリースする……といった開発サイクルを実現する際、Dockerは大きな手助けになります。

かつてエンジニアは、開発環境やテスト環境など、環境が変わるたびに設定や環境変数の変更などを注意深く行い、リリース作業を手動で実施していました。しかし、Dockerの登場により、これらの問題が効率的に改善されました。

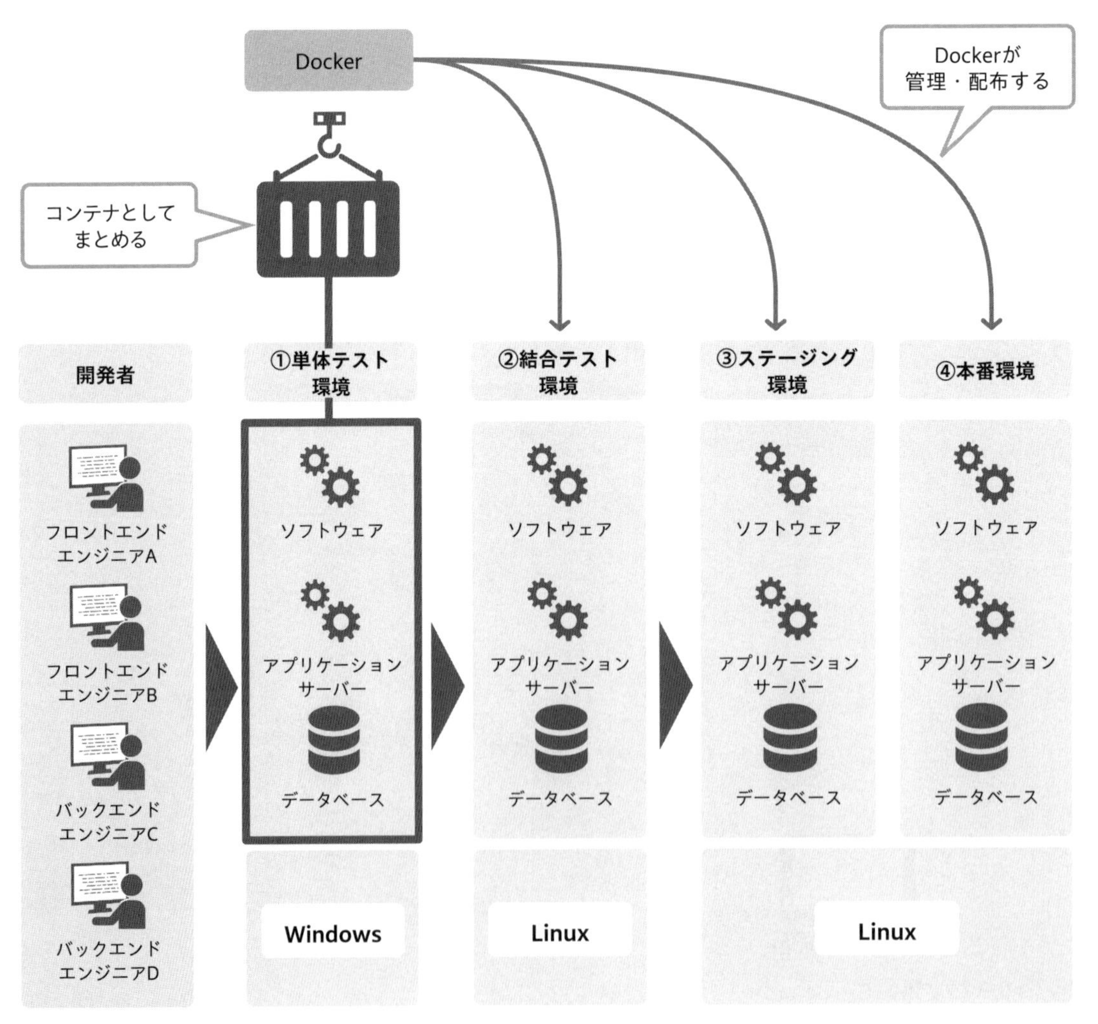

図2-2-2 Docker概念図

Dockerはコンテナという仮想化技術を用いて、アプリケーションが異なる環境でも一貫して動作することを保証します。コンテナにはアプリケーションの実行に必要な全てのコンポーネントが含まれており、これをホストOS上で動かせます。この特性により、開発者はアプリケーションを開発環境、テスト環境、本番環境といった異なる環境へ簡単に移植することが可能となりました。さらに、複数の開発者が関与するプロジェクトでは、一貫した環境情報を簡単に複製して共有することもできます。

WSL 2（Windows上へのLinux）へのDockerのセットアップ

Dockerは日本語のドキュメントも充実しておりWSLへのインストール手順も用意されています。「Dockerドキュメント日本語化プロジェクト」※2-3というドキュメントに該当のページがまとめられているので、次のURLから参照してください。

- 「Docker Desktop WSL 2 バックエンド」
  https://docs.docker.jp/desktop/windows/wsl.html

図2-2-3　Docker Desktop WSL 2 バックエンドダウンロード画面

WSL 2のLinuxカーネルのアップデートパッチをインストールし、Dockerのインストールの準備をしていきましょう。

先ほどのDockerのインストール手順のページで、“動作条件”の「3.Liinux カーネル更新パッケージのダウンロードとインストール」を選択してください。**図2-2-4**のページに移動するので「Linux

※**2-3**　「Dockerドキュメント日本語化プロジェクト」
https://docs.docker.jp

カーネル更新パッケージのダウンロードとインストール」のリンクをクリックします。カーネル更新プログラムパッケージ（wsl_update_x64.msi）をダウンロードし、インストールしてください※2-4。

> **手順 4 - Linux カーネル更新プログラム パッケージをダウンロードする**
>
> 1. 最新のパッケージをダウンロードします。
>   - x64 マシン用 WSL2 Linux カーネル更新プログラム パッケージ

図2-2-4　アップデートパッチのインストールページ

Dockerのダウンロード

続いて、Docker本体をインストールします。次のURLから「Download for Windows」を選択し、「Docker Desktop Installer」をダウンロードして実行しましょう。

- 「Docker Desktopのインストールページ」
  https://www.docker.com/products/docker-desktop/

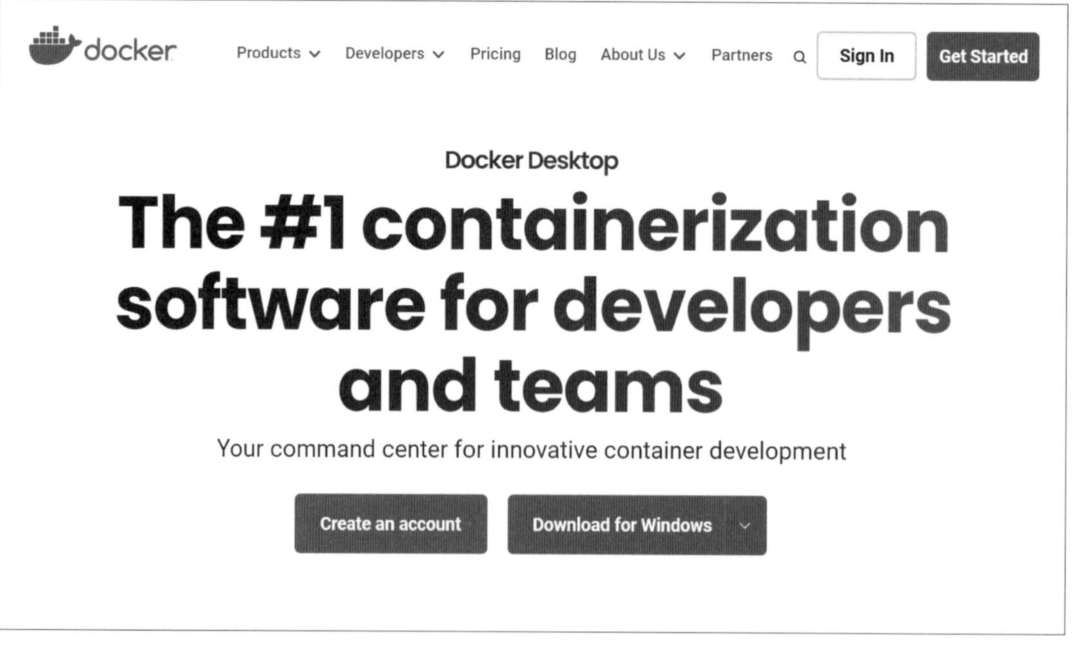

図2-2-5　Docker公式サイトより

※**2-4**　次のURLからアクセスすることもできます。
https://learn.microsoft.com/ja-jp/windows/wsl/install-manual#step-4---download-the-linux-kernel-update-package

図2-2-6　Dockerのインストール完了画面

Dockerが起動しなくなった場合は？

　セットアップした後に、WindowsUpdateなどの理由で環境が更新されたり、開発用のAPIやプラグインを導入・更新したりしているうちに、エラーが発生することがあります（**図2-2-A**）。

　Dockerを起動した際にUbuntuのバージョンとDockerのバージョンが一致していないなどの問題により、「A timeout occured while waiting for a WSL integration agent to become ready.」というコンテナの起動エラーが発生してしまうのです。

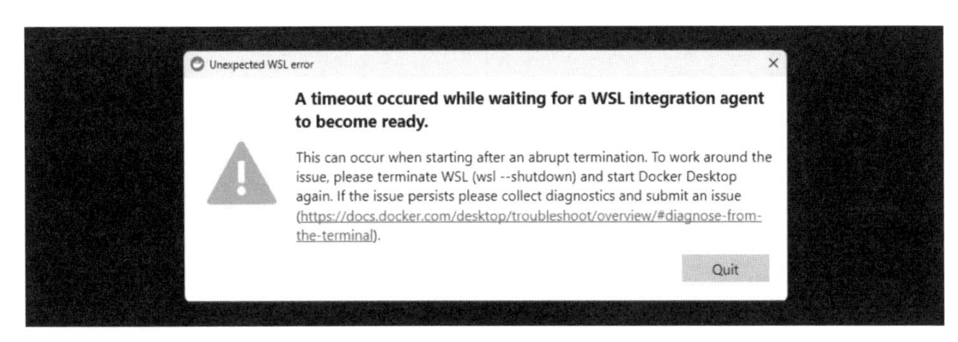

図2-2-A　起動エラー

その場合にはC:\Users\USERNAME\Appdata\Roaming\Dockerの、setting.jsonファイルを開き、`integratedWslDistros`と`enableIntegrationWithDefaultWslDistro`の2項目（大抵最上部にあります）の設定を次のように変更しましょう。

```
"integratedWslDistros" : [ ]
"enableIntegrationWithDefaultWslDistro" : false,
```

Dockerの自動起動設定

Dockerの設定はタイトルバーの歯車マークをクリックすると開けます。その際には、「Start Docker Desktop when you log in」にチェックをつけておくと、都度手動で立ち上げなくても起動するようになります（**図2-2-B**）。

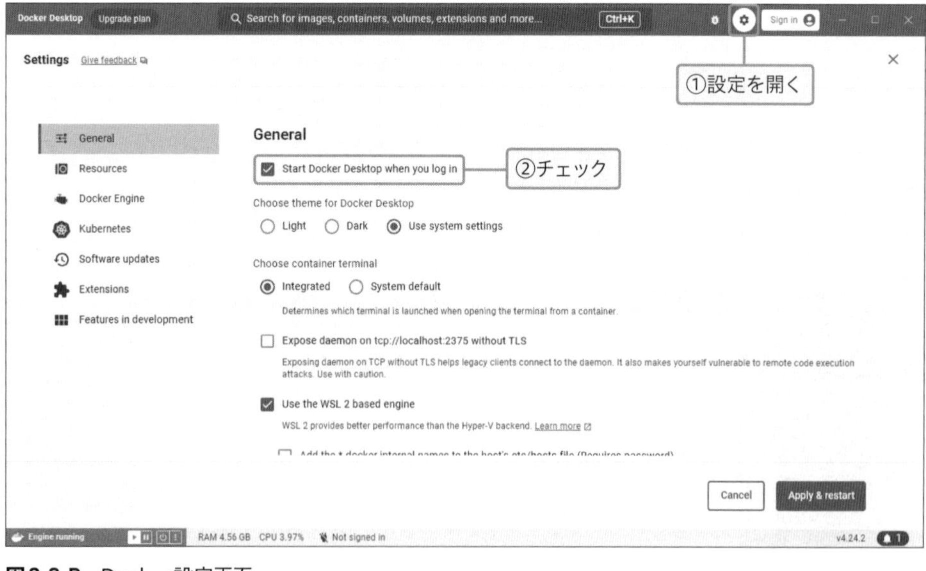

図2-2-B　Docker設定画面

Part I

2-3 MySQL

2-3-1 データベースのインストール

2-1〜2-2節までで、皆さんのPCに用意する開発環境のうち、Linuxサーバー環境、コンテナが揃いました。

次はデータベースをインストールしていきます。本書ではデータベースに**MySQL8**を採用しています。そのインストール手順を説明します。これからMySQL本体と**MySQL Workbench**を導入します。MySQL Workbenchについては第3項で説明します。

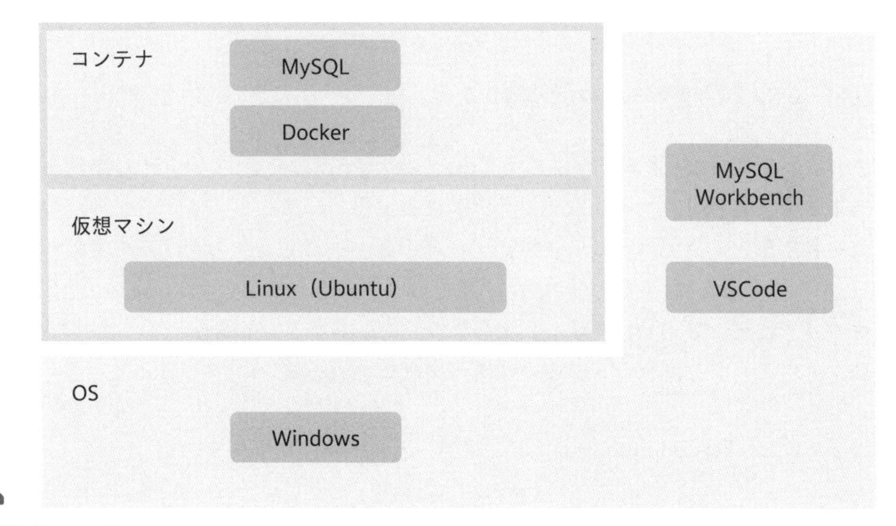

図2-3-1 開発環境構成イメージ

このセットアップによって、あなたのPCの中は**図2-3-1**のようになります。Dockerの中のMySQLは「コンテナ」の中にあり、コンテナは仮想化された1台のサーバーのようなものです。しかし、このときに注意したいのは、IPアドレスは同じなので、どちらもlocalhostや127.0.0.1でアクセスできる点です。そのため、同じポートを使ってしまうとエラーや不正確な動作の原因になります。なお、お手元のPCのWindows（ホストOS）ではなくコンテナにインストールする点に注意してください。そのため、インストールの実行ファイルをダウンロードしてインストールする通常の手順とは異なります。

Docker（WSL 2）にてMySQL8を起動する

設定ファイルより、DockerにMySQLの起動設定を取り込みます。下記の設定ファイルでは例としてポート「53306」を使用しています。使用中の場合には別の空きポートを任意で指定してください。例ではc:\dev\docker-compose.ymlを作成して実行しています。同じように「C:¥」の下に「dev」フォルダを作成してください。devフォルダには、下に示すdocker-compose.ymlファイル（**コード2-3-1**）を作成します。作成するツールはメモ帳などテキストエディターで構いません。

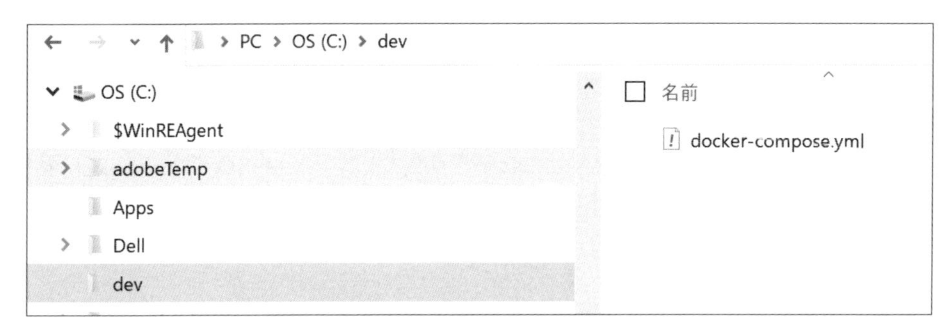

図2-3-2　Cドライブの直下にdevフォルダを作る

Dockerでは**YAML形式**と呼ばれる「docker-compose.yml」ファイルを使用してコンテナを作成できます。このymlファイルはコンテナの「設定書」にあたります。

コード2-3-1は、Docker上にMySQLをインストールし、立ち上げるまでの一連の設定を書いたスクリプトです。いわば下記の「手順書」をDockerに与えることで、Docker上にMySQLが立ち上がります。これだけで「①公式サイトからダウンロードする」「②rootユーザーを設定する」「③ポートを指定する」といったセットアップ作業が自動化されます。

コード2-3-1　docker-compose.yml

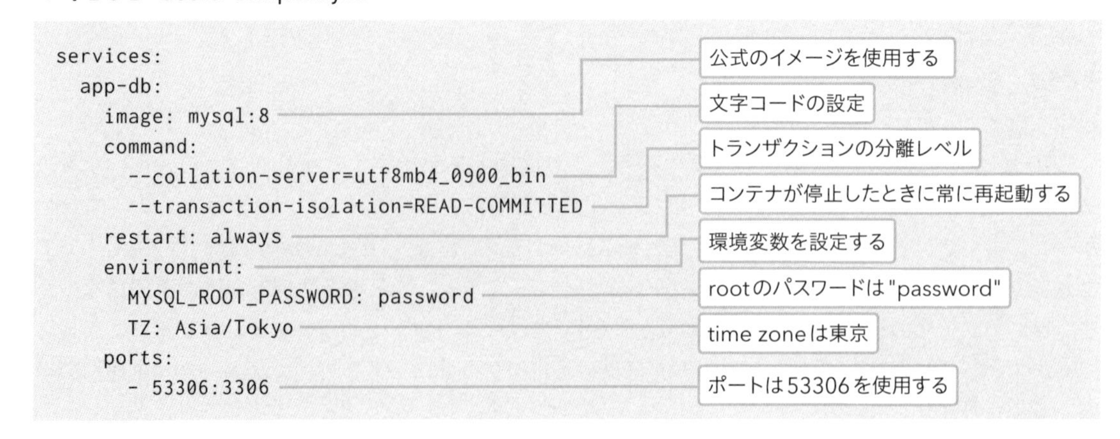

```
services:
  app-db:
    image: mysql:8
    command:
      --collation-server=utf8mb4_0900_bin
      --transaction-isolation=READ-COMMITTED
    restart: always
    environment:
      MYSQL_ROOT_PASSWORD: password
      TZ: Asia/Tokyo
    ports:
      - 53306:3306
```

YAMLは人間が読みやすい記述形式をしており、ホワイトスペースとインデントを使用してデータ構造を表現します。yaml形式の記載例としてシーケンス（配列）、マッピング（連想配列）などを次に挙げます。

シーケンス（配列）

```
fruits:
  - Apple
  - Orange
  - Strawberry
```

マッピング（連想配列）

```
person:
  name: John Doe
  age: 30
```

配列とマッピングの組み合わせ

```
persons:
  - name: John Doe
    age: 30
  - name: Jane Doe
    age: 25
```

それでは、先ほど作成したyamlを使用してMySQLをインストールします。Windowsのコマンドプロンプトを開き、以下の「docker compose up」コマンドを実行してください。

```
cd c:\dev ―― devディレクトリへ移動
docker compose up -d
```

すると、**図2-3-3**のようにアップデートが実行されます。

図2-3-3 DockerへMySQLをインストール

この結果、MySQLのDocker上のインストールが終わりました。実際に起動しているかDockerから確認してみましょう。デスクトップのDockerアイコンをクリックしてDockerを起動してください。**図2-3-4**のように、MySQLがインストールされていることが確認できます。

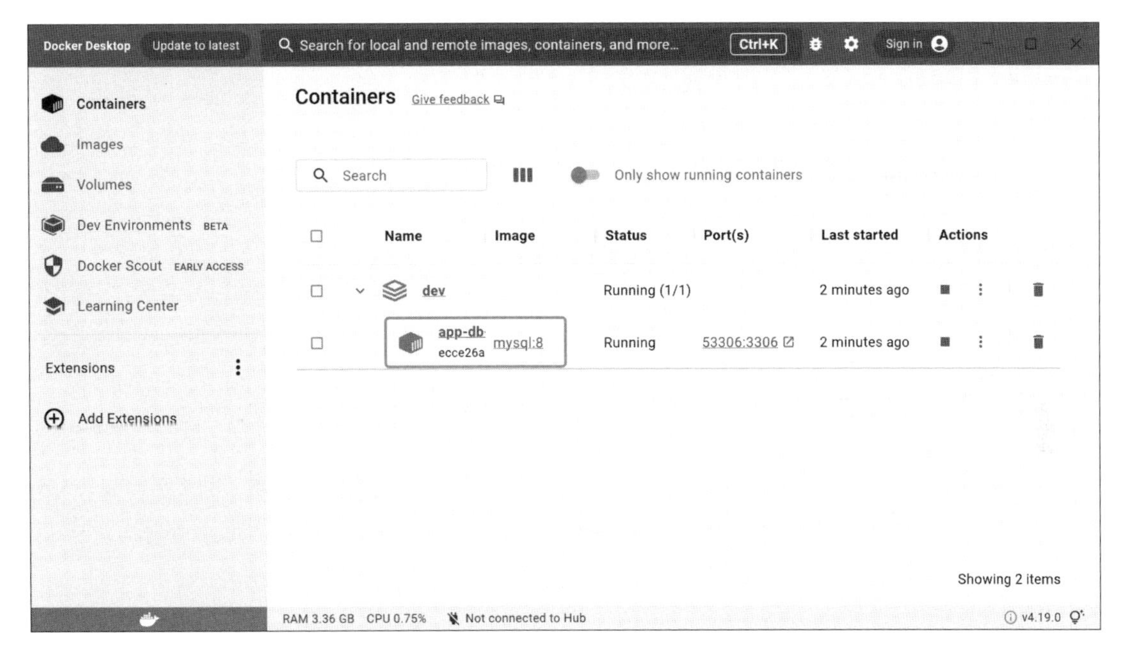

図2-3-4　MySQLをインストールしたDockerの画面

2-3-2 MySQL Workbench

前項ではMySQLのインストールを終えました。それでは、次にそのMySQLの管理ツールを入れて、データベースの管理を可能にしましょう。この管理ツールがMySQL Workbenchです。以降の章や実際の開発でも多く使用するので、使い方を学んでいきましょう。

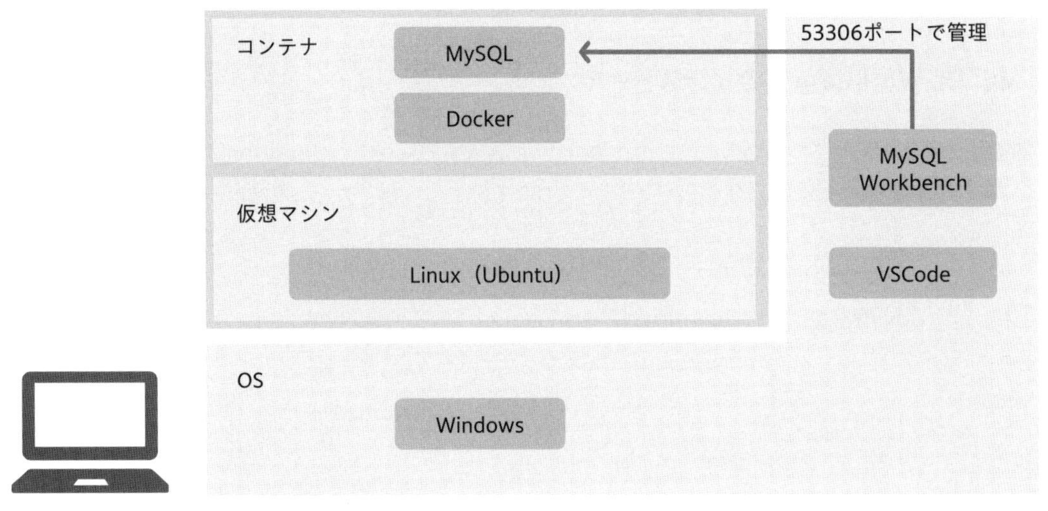

図2-3-5　MySQL Workbench概念図

MySQL Workbenchは、これまでのDocker上のコンテナに導入したMySQLなどとは異なり、Windows上で動作するMySQLサーバーの管理ツールです。

C++ランタイムのインストール

公式のインストールドキュメント※2-5に記載の通り、WindowsでMySQLを使用するためには、Microsoft Visual C++のランタイム環境が必要です。次のURLからダウンロードし、インストールをしてください。

- https://learn.microsoft.com/ja-JP/cpp/windows/latest-supported-vc-redist

本書執筆時点でのダウンロードファイルは「VC_redist.x64」です。なお、全く同名のファイルでMicrosoft Visual C++ 2015というインストールファイルがありますが、そちらでは動作しません。2015-2022版を使用してください。

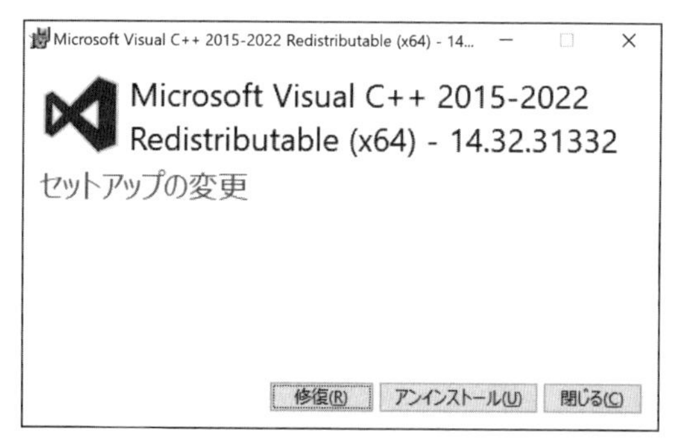

図2-3-6 C++ランタイムダウンロード画面

MySQL Workbenchのインストール

本書執筆時点でのインストールファイルは「mysql-workbench-community-8.0.33-winx64」です。次のURLからページにアクセスし、「ダウンロードはこちら」からダウンロードしてください。

- 「MySQL Workbenchのダウンロードページ」
  https://dev.mysql.com/downloads/workbench/

※2-5 https://dev.mysql.com/doc/refman/8.0/ja/windows-installation.html

図2-3-7 MySQL Workbenchのホームページ

なおサインインしなくても、ダウンロード画面下部の「No thanks, just start my download.」を選択すれば、ダウンロードできます。ダウンロードをした後、ガイダンスに従ってインストールをしてください。デフォルトの推奨インストールで問題ありません。

図2-3-8 インストールの完了画面

図2-3-9のようなスタート画面が表示されればインストールは完了です。完了画面で「Laucnch MySQL Workbench now」をチェックして起動させてください。

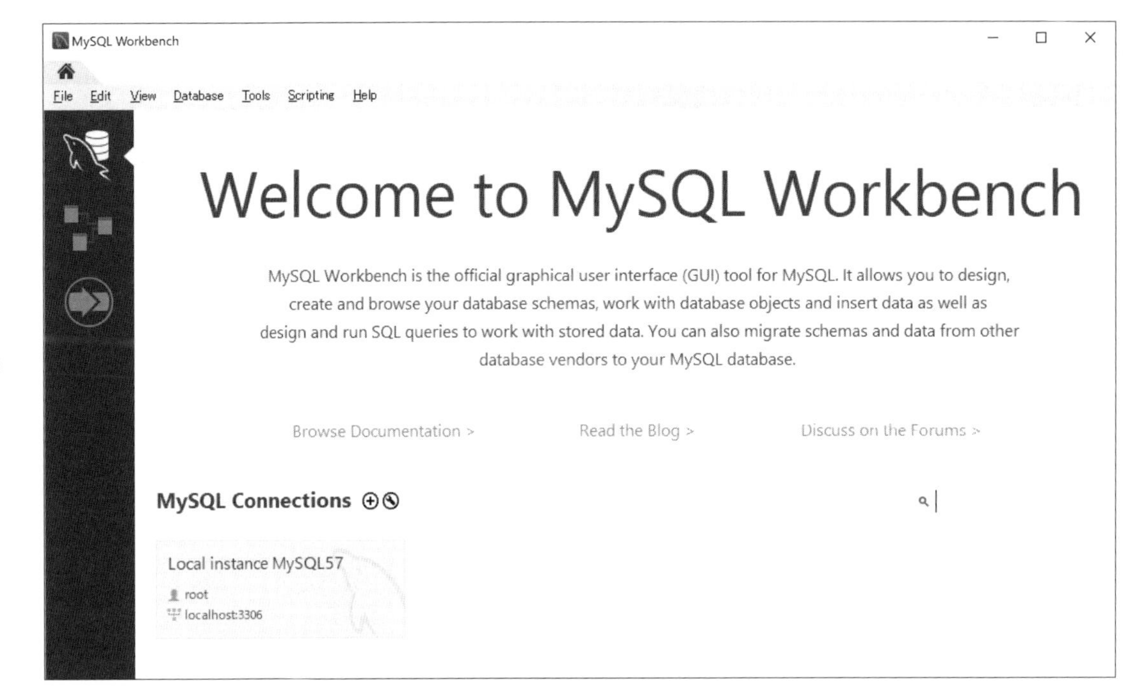

図2-3-9　MySQL Workbenchのスタート画面

それでは、MySQL WorkbenchとMySQL8の接続確認をしましょう。まず、デスクトップのDockerアイコンをクリックして、DockerとMySQLの起動を確認してください。

次にMySQL Workbenchを起動し、スタート画面で「MySQL Connections」の右にある+アイコンを押してください（**図2-3-10**）。

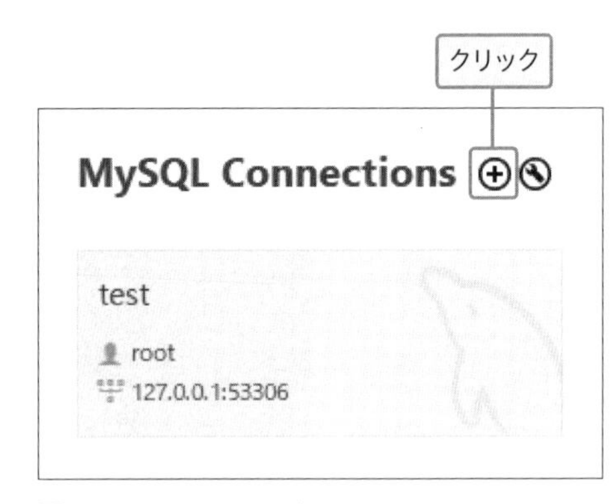

図2-3-10　+アイコンをクリック

すると、MySQL Connections（**図2-3-11**）の画面が開きます。MySQLとの接続はこの画面で行います。次の接続情報を入力してください。例では、接続名称（Connection Name）を「test」にしています。

```
Hostname:127.0.0.1
Port:53306
Username:root
Password:password
```

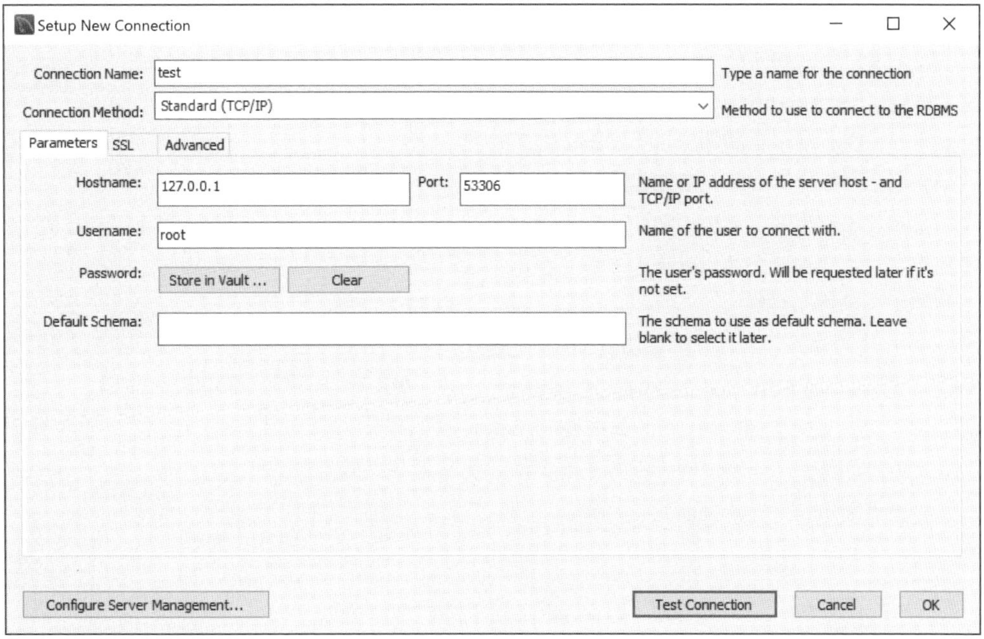

図2-3-11　接続情報の入力

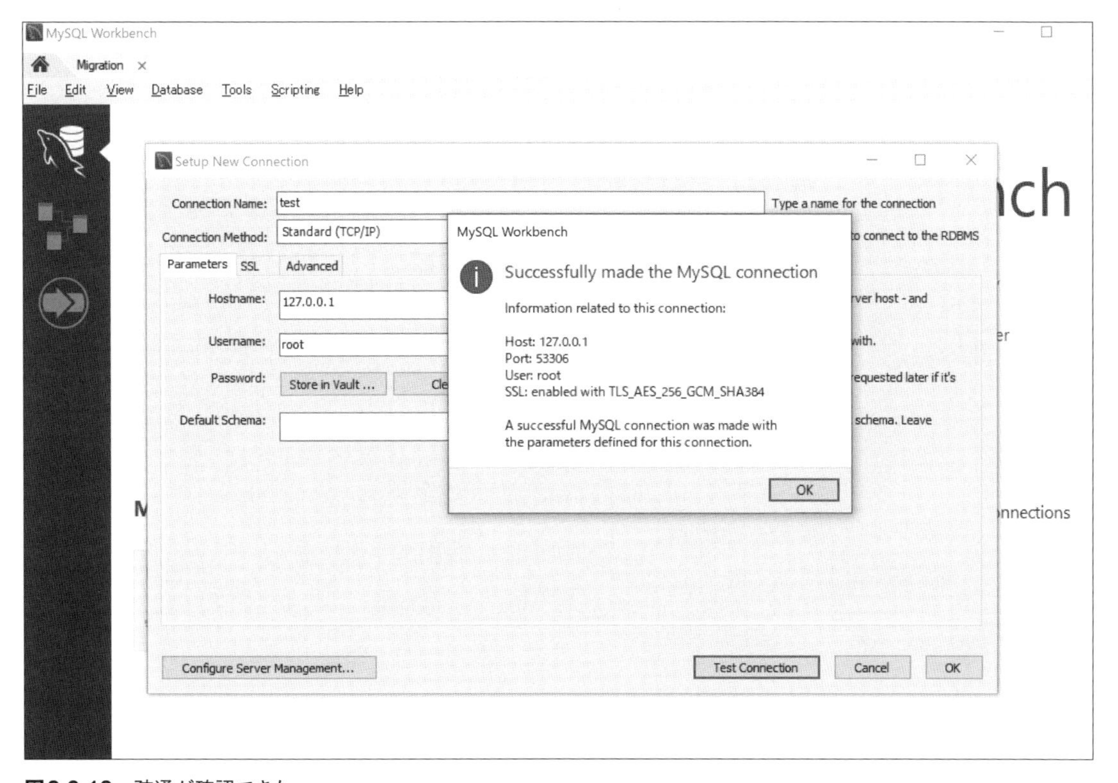

図2-3-12　疎通が確認できた

接続状態を確認する

まずMySQL Workbenchで左上のServer Statusをクリックし、サーバーを閲覧できるか確認してください。MySQLはコンテナ、つまりUbuntuの中で稼働しています。インストール後の初期設定ではコンテナの中を想定していないため、以下のエラーが出ることがあります（**図2-3-13**）。

「MySQLはコンテナ、つまりUbuntuの中で稼働している」ので、MySQL Workbenchの接続先は、WindowsPCではなく、**図2-3-14**のような「Linux」「Ubuntu」の接続設定にする必要があります。後続の作業は、設定を変更してから進めてください。

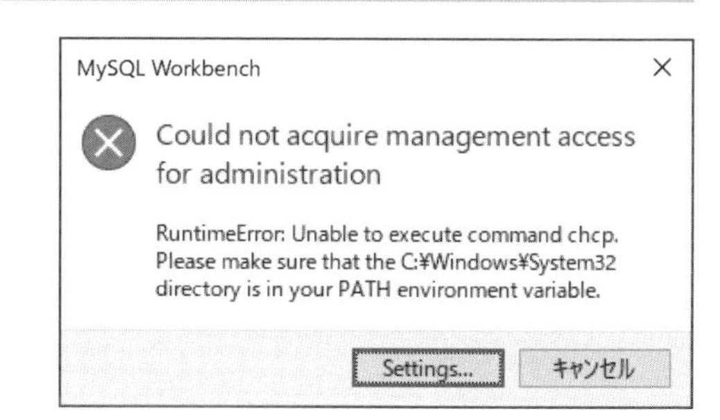

図2-3-13　エラーが出ることがある

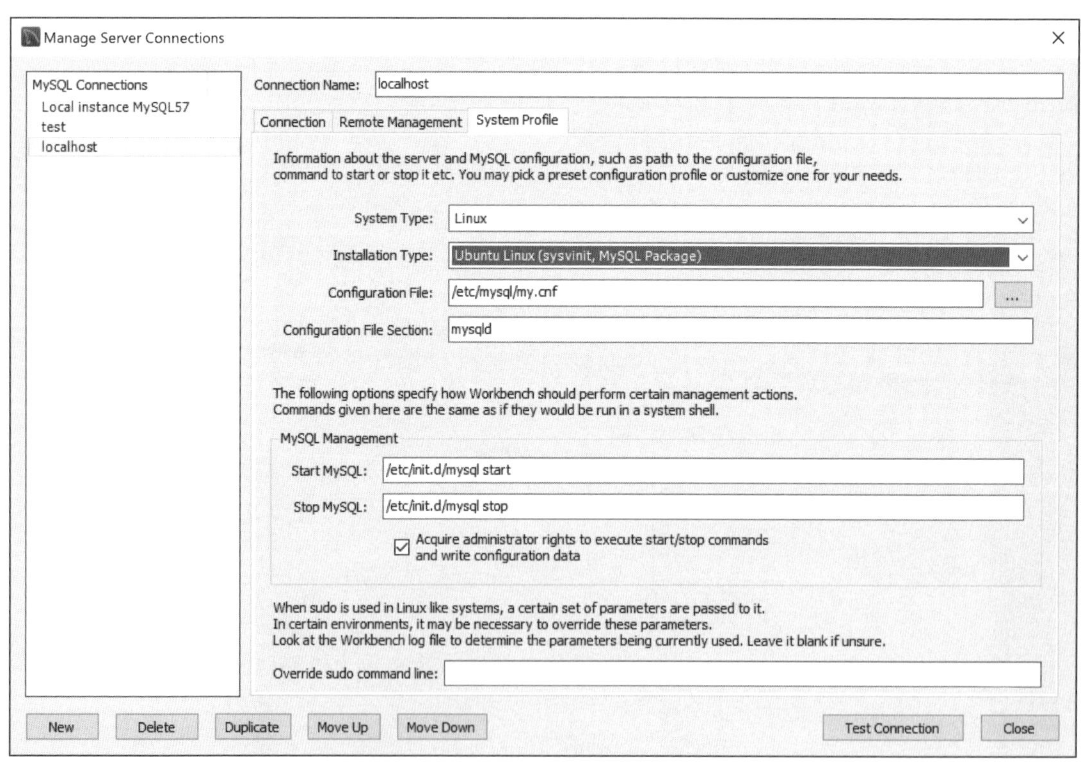

図2-3-14　Workbench接続先OS設定画面

WorkbenchがMySQLへの接続に失敗した場合、次のエラーが出ます（**図2-3-15**）。

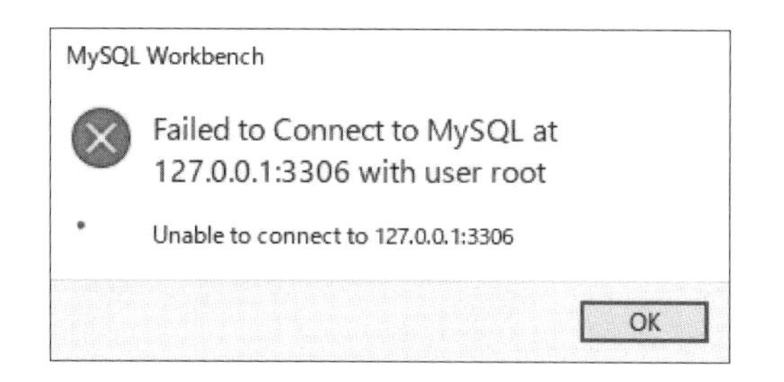

図2-3-15　エラー画面

これは、MySQLが起動していないという意味なので、Dockerを開いてMySQLを停止し、再起動します。

再起動しても次のエラーが出て、失敗した場合は別の対処が必要です。

```
Error: (HTTP code 500) server error - Ports are not available
```

この場合は、Dockerの既知の不具合の可能性があります。Windowsのメニューから管理者権限で起動したPowerShellを立ち上げて、次のコマンドを実行してから、DockerでMySQLを再起動してください。

```
Restart-Service -Name winnat
```

2-3-3 MySQL Workbenchの使い方

MySQL Workbenchとは、簡単に説明するとMySQLの管理画面、マネージャーです。データベースの管理作業を行うための、DDL（Data Definition Language）と呼ばれるSQLコマンドがGUI上で実行できます。また、データを検索して閲覧したり、更新したりといった、データ閲覧・操作作業のためのDML（Data Manipulation Language）と呼ばれるSQLコマンドもGUI上で実行ができます。

開発の実務では、必ずこうしたデータ管理が必要になります。必ずしもMySQL Workbenchを使う必要はありませんが、データ管理はフルスタックエンジニアにとって必須のスキルのため、しっかり学んでおきましょう。

MySQL Workbenchの最初

インストールと接続テストを終えてMySQL Workbenchを起動すると、**図2-3-16**のようなメイン画面が表示されます。

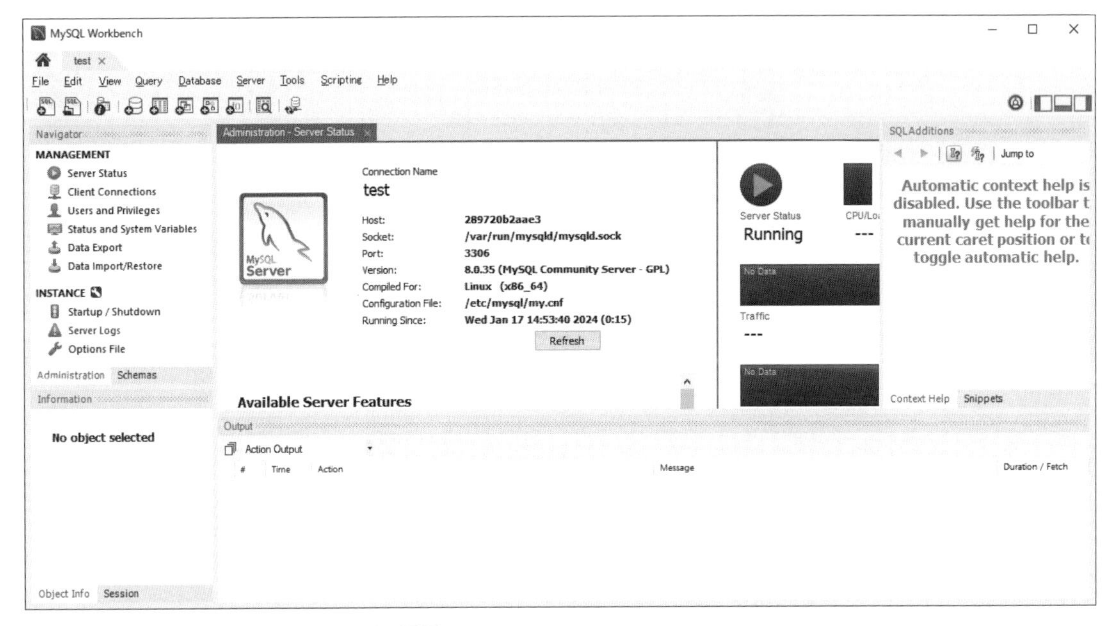

図2-3-16　MySQL Workbenchのメイン画面

画面の左側にはメニューアイコンが記されています。そして、接続するMySQLサーバーの情報が記されており、接続先の設定が行えます。

前段のtest接続により、testというコネクションが利用できる状態になっているはずです。それでは、以降の章で使用するデータベースの作成をしましょう。**図2-3-17**のように「Create a new schema」ボタンを押してください

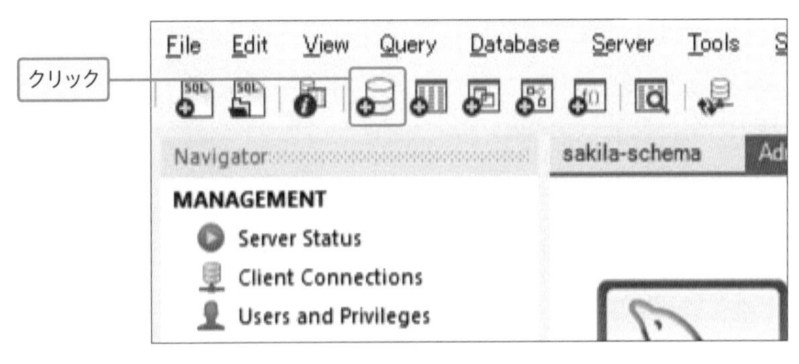

図2-3-17　スキーマ作成

すると、**図2-3-18**のような「スキーマの作成」ダイアログが開きます。スキーマの名前を「app」と指定してください。以降の章でも、この「app」というデータベース名を使用します。

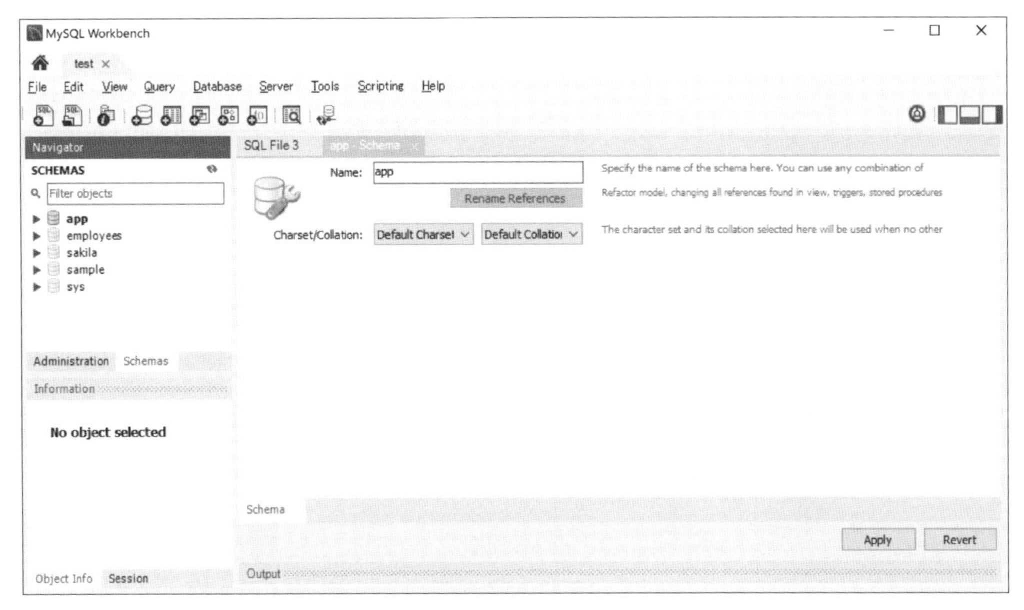

図2-3-18　スキーマの作成ダイアログ

MySQL Workbenchの使い方

MySQL Workbenchのスタート画面を見てください（**図2-3-19**）。①は機能切り替えのメニューになりますが、原則は一番上にあるデータベースボタンを使用します。その上で、作成したスキーマやデータを操作するには②の「test」をクリックします。さらに接続設定を変えたい場合には、③にある設定ボタン（スパナ形のアイコン）をクリックしてください。

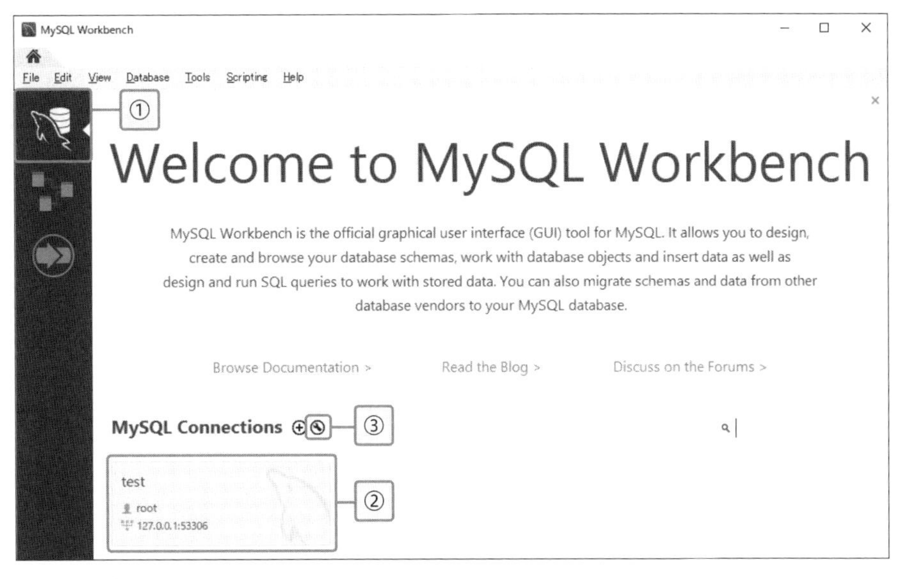

図2-3-19　接続先設定

MySQL Workbenchを使ってみよう

接続設定が完了して接続に成功すると、**図2-3-20**のような「ダッシュボード」に切り替わります。この画面ではサーバーの状態などを確認できます。

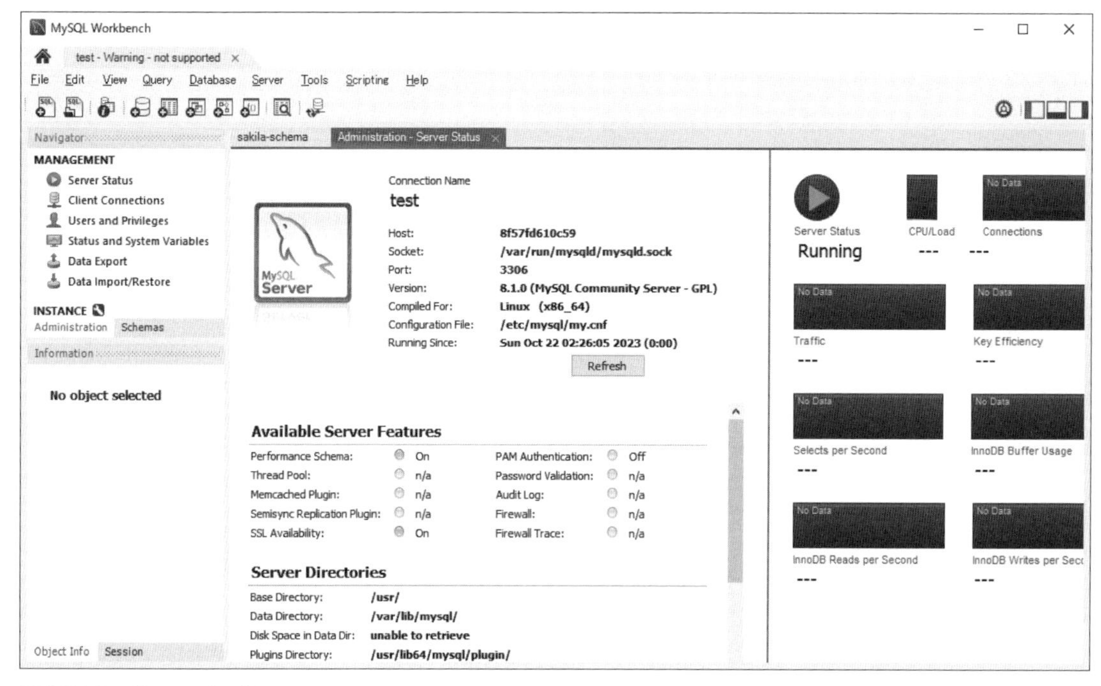

図2-3-20 ダッシュボード

ここからは、MySQLの公式のサンプルデータを投入して基本的な操作説明をします。サンプルデータは公式サイト（https://dev.mysql.com/doc/index-other.html）にアクセスし、「Example Databases」の「sakila database」から取得できます（**図2-3-21**）。Zip形式のファイルをダウンロードして解凍してください。

Example Databases

Title	DB Download	HTML Setup Guide	PDF Setup Guide
employee data (large dataset, includes data and test/verification suite)	GitHub	View	US Ltr | A4
world database	TGZ | Zip	View	US Ltr | A4
sakila database	TGZ | Zip	View	US Ltr | A4
airportdb database (large dataset, intended for MySQL on OCI and HeatWave)	TGZ | Zip	View	US Ltr | A4
menagerie database	TGZ | Zip		

ダウンロード

図2-3-21 サンプルデータのダウンロード

Zipファイルには、次のファイルが格納されています。

- sakila.mwb
- sakila-data.sql
- sakila-schema.sql

ダウンロードができたら、MySQL Workbenchで「sakila-schema.sql」を開きます。次に、稲妻マークの実行ボタンを押すと、スキーマ、いわば「入れ物」ができます（**図2-3-22**）。同じように「sakila-data.sql」を開き、実行します。実行し終えたら「schema」タブから「sakila」がインストールされていることを確認してください。

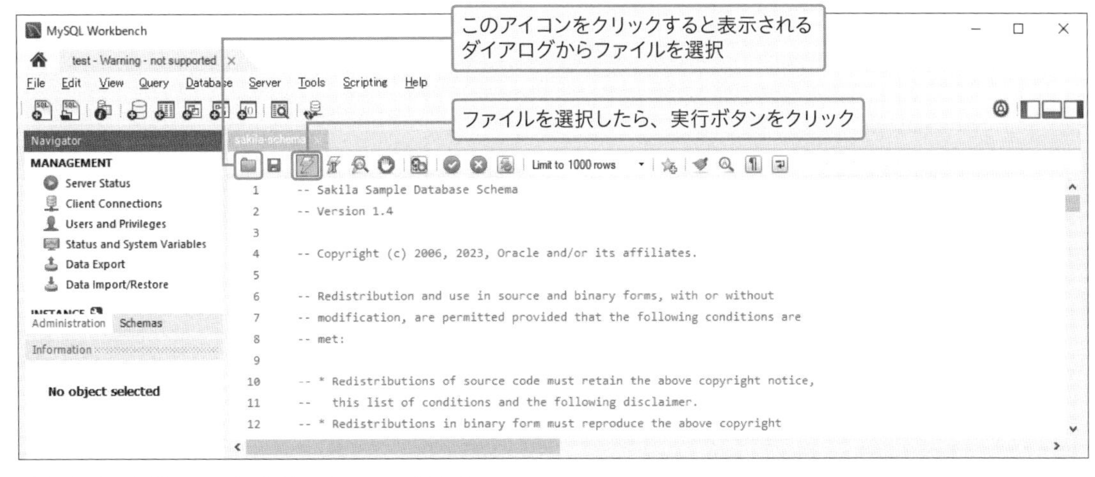

図2-3-22　個別のファイルを開いてスキーマを作成する

それでは、ダッシュボード左上にある「i」マークの「Open inspector for the slected object」アイコンをクリックしてみましょう（**図2-3-23**）。

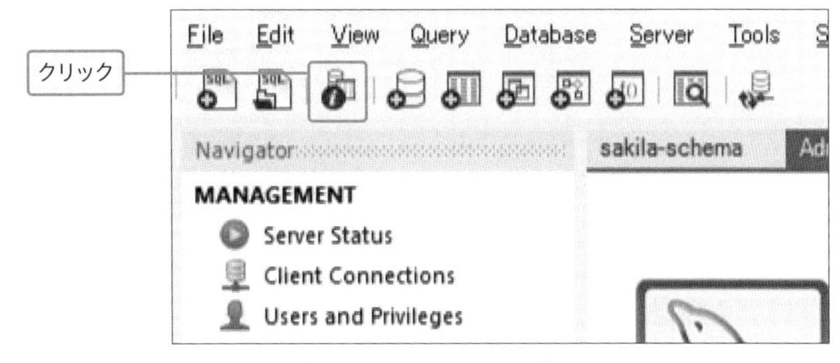

図2-3-23　ダッシュボード左上にある「i」マークのアイコン

図2-3-24のような「スキーマの状態」を確認できる画面が表示されます。なお、こうした操作を行うたびに、図中の枠線部分のタブが開きます。現時点ではサンプルの「sakila」スキーマのタブが開おり、これは先ほどの設定画面で記述されていた「default schema」が開いている状態です。

「app」を開くと、まだappスキーマの中にオブジェクトを作っていないため「空の情報」が表示されます。

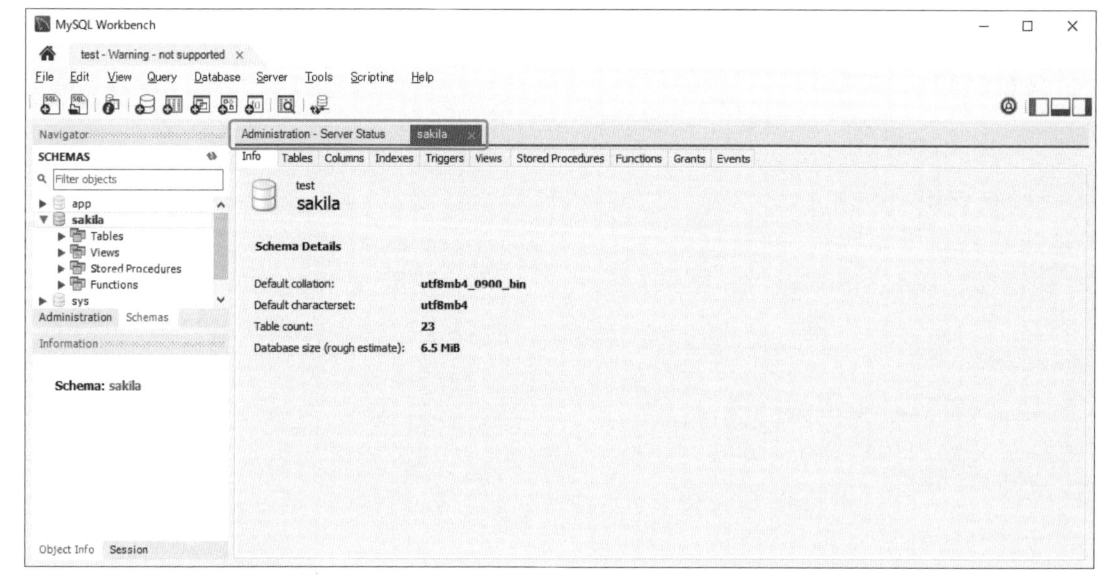

図2-3-24　テーブル画面

そこで「tables」をクリックしましょう。オブジェクトが作成されている場合、**図2-3-25**のようにテーブルの一覧が表示されます。このように管理したいオブジェクトのタブを押し、操作ができます。

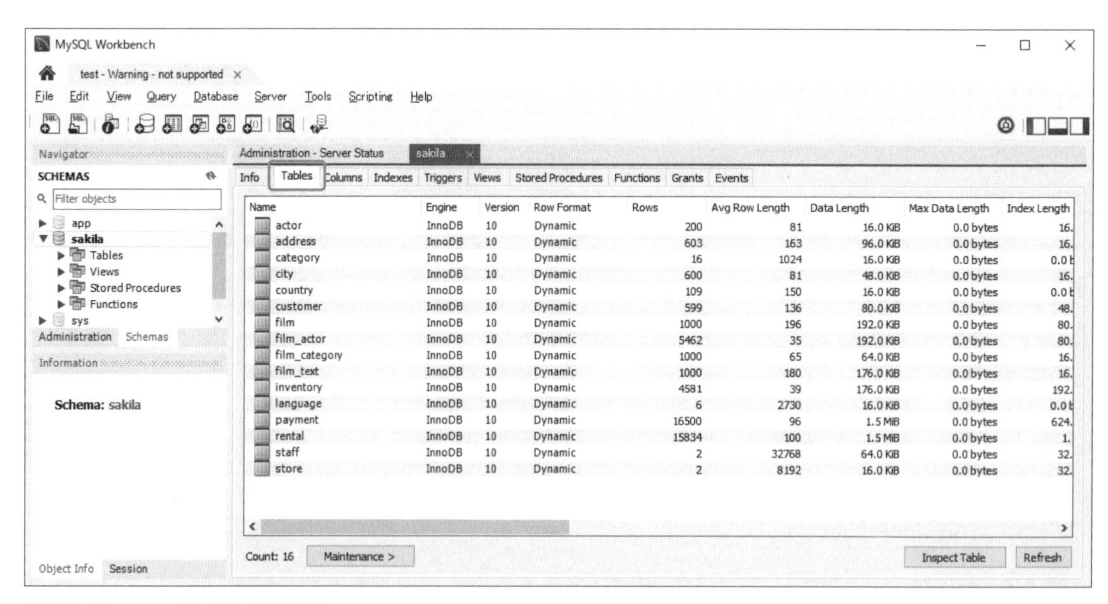

図2-3-25　テーブル詳細項目画面

MySQL Workbenchをでクエリ（コマンド）を実行する

RDB（MySQL）においては、SQLコマンドを「クエリ」と呼びます。「クエリ」を使うことで、あらゆる操作・管理・設定ができるようになっています。「クエリ」を使いこなせば、RDBのほとんどの機能を利用できることになります。「フルスタックエンジニア」の定義の1つとして、フロントエンド／バックエンド双方のプログラミングができるだけでなく、データの管理ができることも重要な要素です。なお「SQLが初めて」という方は、後述のコラム「初めてのSQL」を先に読んでおくことをおすすめします。

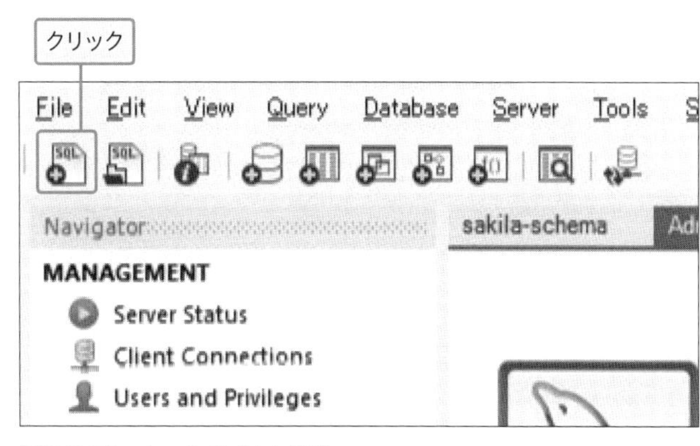

図2-3-26　クエリ呼び出し操作

それでは「クエリ」を実行してみましょう。**図2-3-26**の一番左のアイコンをクリックしてください。**図2-3-27**のように「白紙のクエリ画面」が開きます。

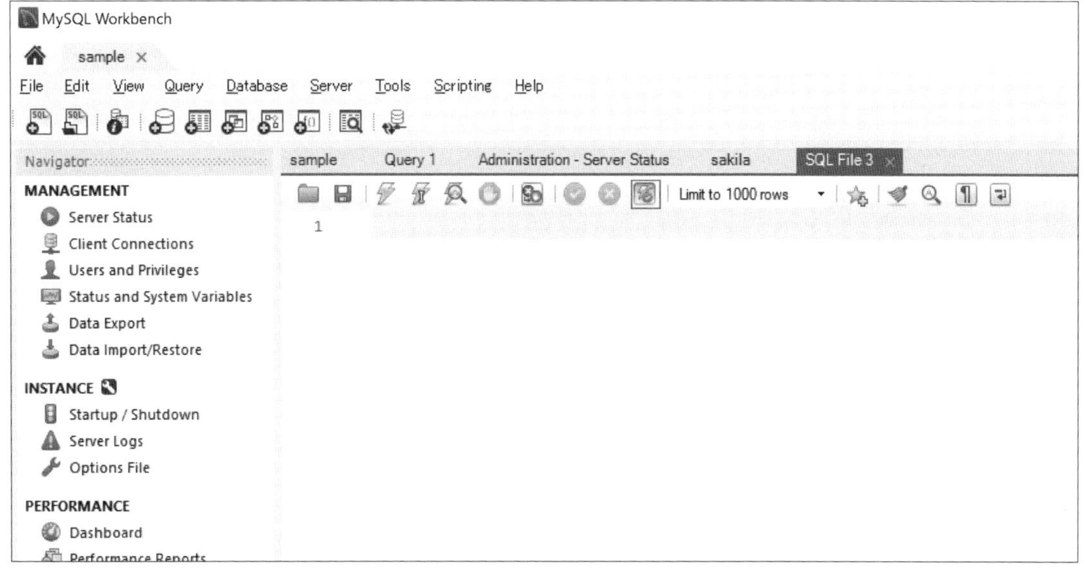

図2-3-27　クエリ実行画面

それでは実際にクエリを実行してみましょう。「白紙のクエリ」に以下のように記述してみます。

```
select count(*) from actor;
```

このクエリの意味は「actorというテーブルに格納されているデータの件数を数えよ」です。記載したら稲妻アイコンをクリックしてください（**図2-3-28**）。

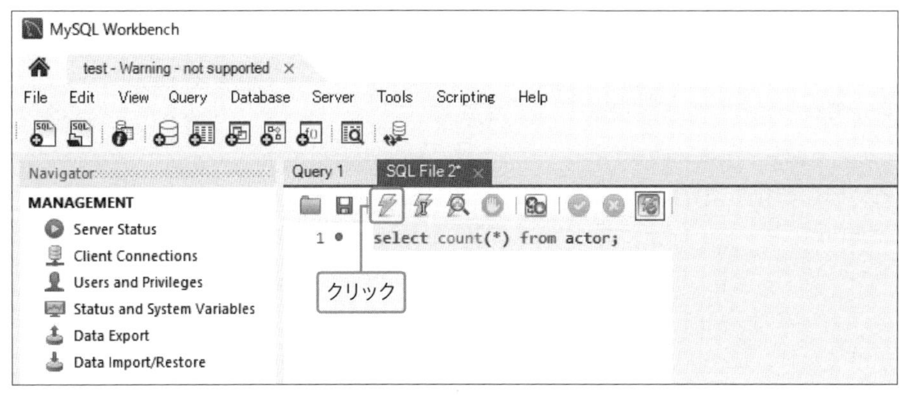

図2-3-28　クエリ実行ボタン

今回、サンプルで検索しているテーブルは下記の赤枠の「actor」テーブルになります。前述の管理画面（**図2-3-25**）で確認した際に、一番上に出ていたオブジェクトです。

実行結果は次のように表示されます（**図2-3-29**）。「200」と表示されており、actorテーブルに200件のレコードが格納されていることがわかります。

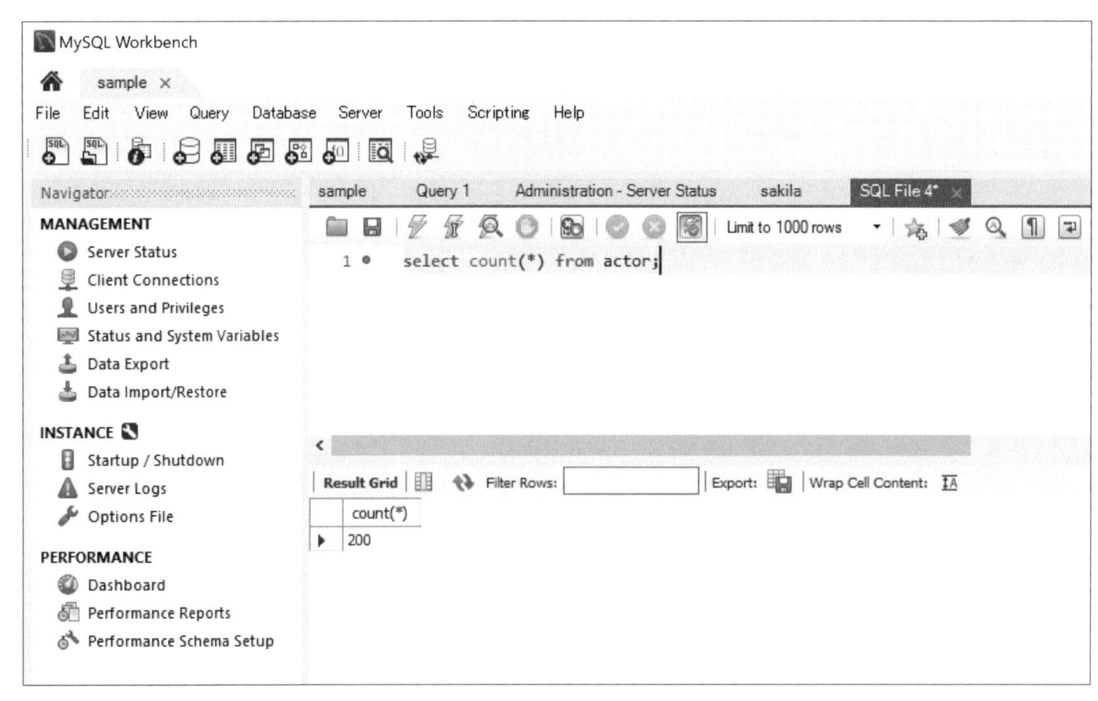

図2-3-29　クエリ実行結果件数確認

それでは次に、実際のデータを見てみましょう。クエリに次の文を追記してください。

```
select * from actor;
```

今度は、「actorテーブルの全てのデータを表示せよ」というクエリです。

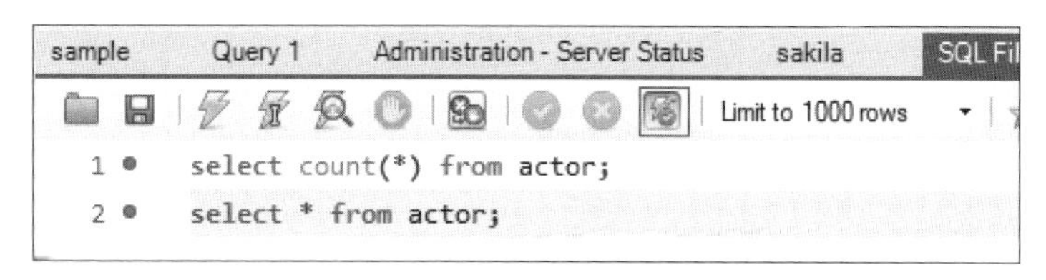

図2-3-30 select count入力画面

実行すると、テーブルの中に格納されているデータ全てが表示されます（**図2-3-31**）。こうして開発作業やテストなどでデータを確認したり、修正や編集を行ったりすることもできます。

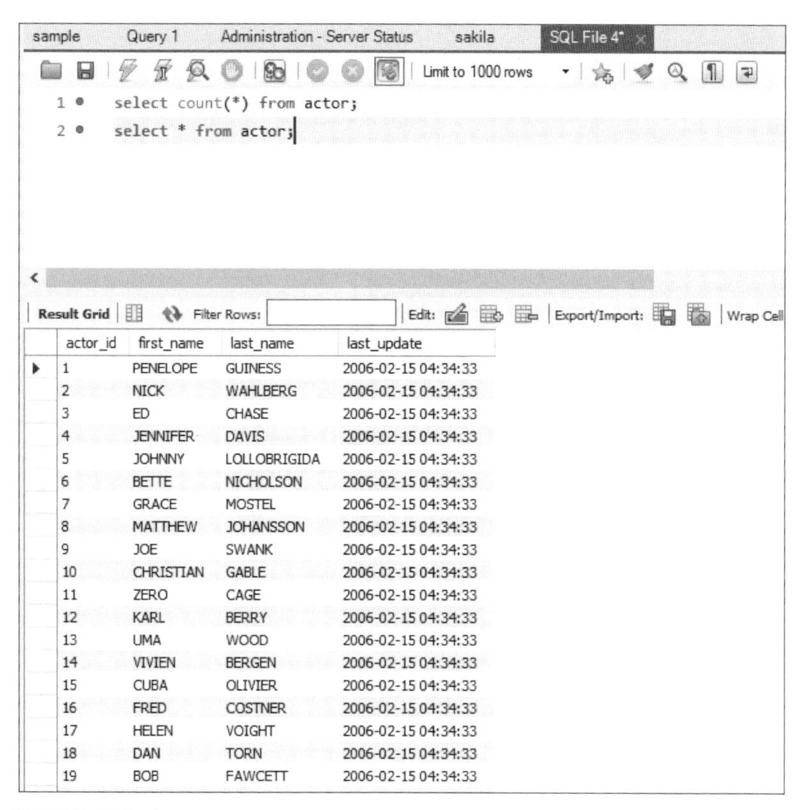

actor_id	first_name	last_name	last_update
1	PENELOPE	GUINESS	2006-02-15 04:34:33
2	NICK	WAHLBERG	2006-02-15 04:34:33
3	ED	CHASE	2006-02-15 04:34:33
4	JENNIFER	DAVIS	2006-02-15 04:34:33
5	JOHNNY	LOLLOBRIGIDA	2006-02-15 04:34:33
6	BETTE	NICHOLSON	2006-02-15 04:34:33
7	GRACE	MOSTEL	2006-02-15 04:34:33
8	MATTHEW	JOHANSSON	2006-02-15 04:34:33
9	JOE	SWANK	2006-02-15 04:34:33
10	CHRISTIAN	GABLE	2006-02-15 04:34:33
11	ZERO	CAGE	2006-02-15 04:34:33
12	KARL	BERRY	2006-02-15 04:34:33
13	UMA	WOOD	2006-02-15 04:34:33
14	VIVIEN	BERGEN	2006-02-15 04:34:33
15	CUBA	OLIVIER	2006-02-15 04:34:33
16	FRED	COSTNER	2006-02-15 04:34:33
17	HELEN	VOIGHT	2006-02-15 04:34:33
18	DAN	TORN	2006-02-15 04:34:33
19	BOB	FAWCETT	2006-02-15 04:34:33

図2-3-31 クエリ実行結果データ

さらに、この表示のままデータの更新ができます。実際のテストや管理の際にとても便利なので、覚えておきましょう。試しに、一番上の「PENELOPE」さんを「fullstack」に変えてみます。セルをクリックし、値を入力して「Enter」を押しましょう。カーソルが別の行に移ると確定されます。その状態で「Apply」を押しましょう（**図2-3-32**）。

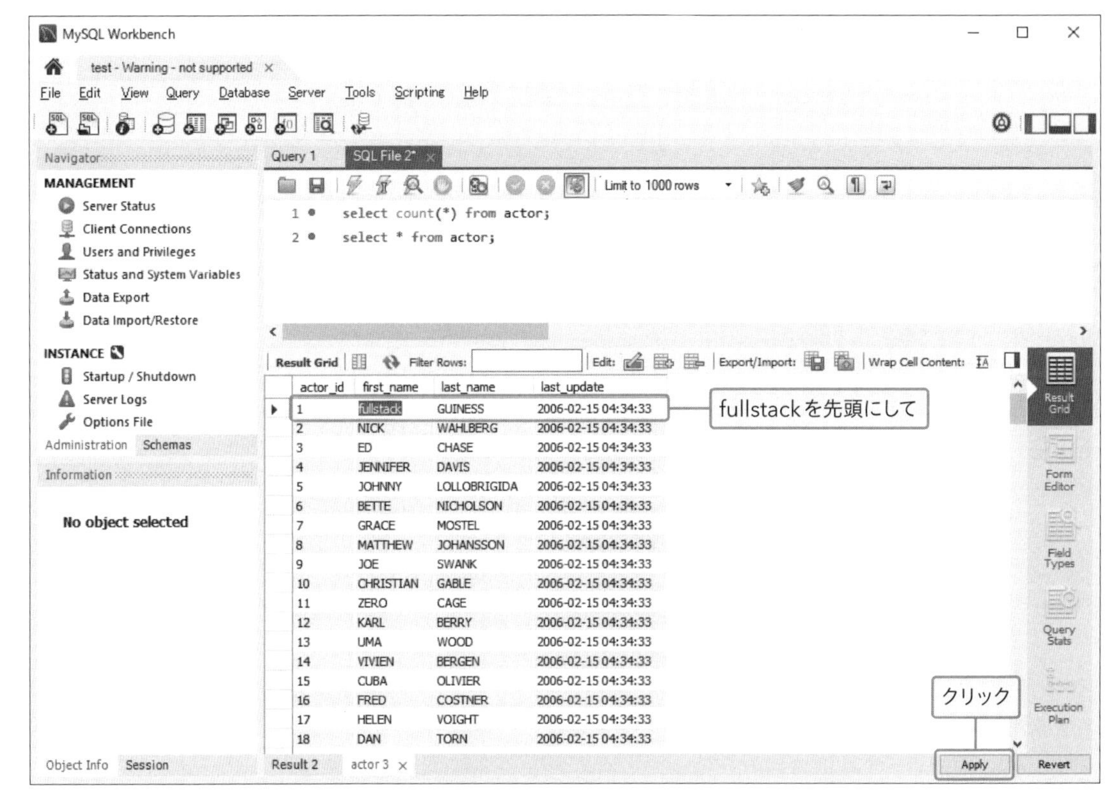

図2-3-32　クエリコミット

更新用のSQLが自動生成されます（**図2-3-33**）。

図2-3-33　自動生成されたSQL

実行後に再検索すると名前が修正されているのがわかります（**図2-3-34**中①）。

なお、GUIベースで、データを表示したり修正をしたりすることもできます。

「Nabigater」タブの下部「Schema」をクリックすると、現在操作しているSchemaのオブジェクトブラウザを見ることができます（**同図中**②）。

下記例のように「actor」テーブルをGUIベースで選択してデータを表示したり、修正したりすることも可能です。

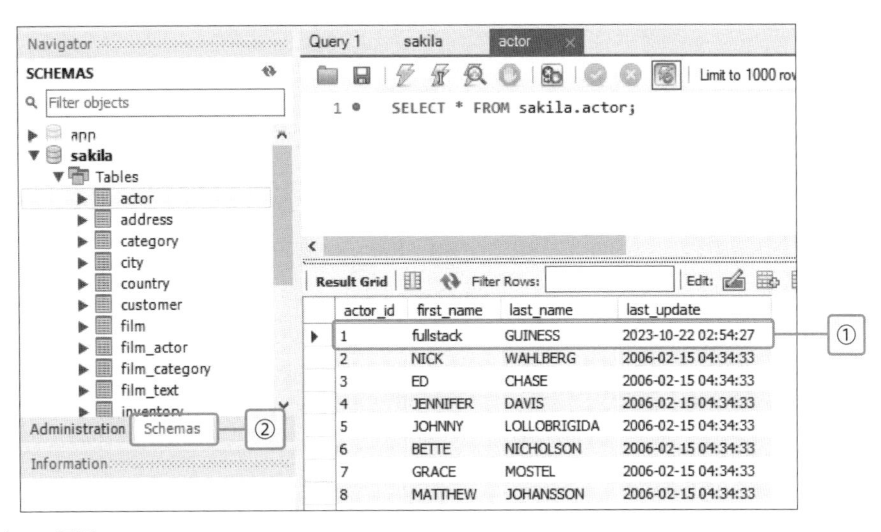

図2-3-34　スキーマ画面

Column

初めてのSQL

データベースの操作は「SQL」と呼ばれる言語で行います。SQL（Structured Query Language）は直訳すると「構造化問い合わせ言語」という意味になります。

SQLを用いたデータベースの基本的なデータ操作には「CRUD」という概念があります。1つずつ要素を確認していきましょう。

従業員

emp_code	first_name	last_name	adress	Join_date
0001	kenji	ueno	tokyo	2022.01.01
0002	naoki	itou	saitama	2021.04.01
0003	Daisuke	satou	chiba	2020.12.31

図2-3-A　従業員テーブル

Create（作成）

これは新しいデータをテーブルに追加することを意味します。SQLではINSERT INTOコマンドがこれに該当します。例えば、新しい従業員データを作成するのは、新しい「従業員レコード（名前、住所、雇用日など）を従業員テーブルに追加する」ことを意味します。「`INSERT INTO テーブル名(列名1, 列名2) VALUES (値1, 値2);`」のように書きます。列の名前を指定しないと、全ての列に値を入れる必要があります。例えば、employeesテーブルに新しい従業員を追加するとしましょう。

```
INSERT INTO employees (first_name, last_name) VALUES ('John', 'Doe');
```

emp_code	first_name	last_name	adress	Join_date
0001	kenji	ueno	tokyo	2022.01.01
0002	naoki	itou	saitama	2021.04.01
0003	Daisuke	satou	chiba	2020.12.31
0004	john	doe	newyork	2023.12.1

図2-3-B 従業員テーブル：挿入

Read（読み取り）

既存のデータデータベースからデータを取得する最も使用頻度の高い基本的なコマンドです。SQLではSELECTコマンドが該当します。例えば、全ての従業員データを読み取るというのは、「従業員テーブルから従業員レコードを取得する」ことを意味します。

全てのデータを取得する場合はSELECT * FROM テーブル名;のように書きます。特定の列だけを取得する場合は、SELECT 列名1, 列名2 FROM テーブル名;のように書きます。

例えば、employeesテーブルからlast_nameがsatouのデータを取得するには次のように書きます。

```
SELECT * FROM employees where last_name ='satou';
```

Update（更新）

既存のデータをテーブル内で変更することを意味します。SQLではUPDATEコマンドが該当します。例えば、従業員の名前を更新するというのは、「従業員テーブル中の既存の従業員レコードの名前を変更する」ことを意味します。

UPDATE テーブル名 SET 列名 = 新しい値 WHERE 条件;のように書きます。WHERE句を使って、どの行を更新するのかを指定します。

例えば、John Doeの姓をSmithに変更するには、次のように書きます。

```
UPDATE employees SET last_name = 'Smith' WHERE first_name = 'John' AND
last_name = 'Doe';
```

emp_code	first_name	last_name	adress	Join_date
0001	kenji	ueno	tokyo	2022.01.01
0002	naoki	itou	saitama	2021.04.01
0003	Daisuke	satou	chiba	2020.12.31
0004	john	smith	newyork	2023.12.1

図2-3-C 従業員テーブル：更新

Delete（削除）

データベースから既存のデータを削除することを意味します。SQLではDELETEコマンドがこれに該当します。例えば、従業員データを削除するというのは、特定の従業員の「レコードを従業員テーブルから削除する」ことを意味します。

全てのデータを削除する場合は、DELETE FROM テーブル名;のように書きます。特定のデータだけを削除する場合は、DELETE FROM テーブル名 WHERE 条件;のように書きます。WHERE句を使って、どの行を削除するのかを指定します。

例えば、姓がSmithの全てのデータを削除するには次のように書きます。

```
DELETE FROM employees WHERE last_name = 'Smith';
```

emp_code	first_name	last_name	adress	Join_date
0001	kenji	ueno	tokyo	2022.01.01
0002	naoki	itou	saitama	2021.04.01
0003	Daisuke	satou	chiba	2020.12.31

図2-3-D 従業員テーブル：削除

本章では、WSL上にUbuntuを入れ、その上にDocker環境を作り、MySQLを稼働させました。そのMySQLにMySQL Workbenchでアクセスし、データの管理方法を学びました。Dockerを用いたコンテナ上でこうした開発環境を管理することで、多数の開発サーバーや、テストサーバーを管理する必要がなくなったこともわかりました。次の章では、いよいよ「フルスタック・プログラミング」のための環境構築をしていきます。

第3章 VSCode＋Dockerでの開発

第１章で学んだWebの基本的構造を実現する開発基盤を、第２章で構築しました。第３章では、第２章で構築した基盤の上でフルスタック開発の実装を開始します。第３章では主に、VSCodeのセットアップと使い方を説明します。

Part I

3-1 VSCodeとは

3-1-1 Visual Studio Codeの概要とインストール

Visual Studio Code（以下、VSCode）とは、Microsoftが開発した無料かつオープンソースのコードエディターです。Windows、macOS、およびLinuxで使用できます。VSCodeは、豊富な機能を備えた高度なエディターでありながら、軽量、高速、高拡張性かつユーザーフレンドリーであることが特徴です。

本書では、以降の開発作業においてVSCodeを基本的な「開発の作業場所」とします。

VSCodeの歴史は、2011年にMicrosoftがVisual Studio Onlineという名前で始めたプロジェクトにさかのぼります。このプロジェクトは、Webブラウザ上でコードを編集できるオンラインIDEでした。しかし、開発者はオフラインでもコードを編集したいという要望があったため、2013年にVSCodeの最初のプロトタイプが開発されました。

最初のバージョンが2015年にリリースされて以来、急速に成長し、現在では非常に人気のあるコードエディターの1つとなっています。なお、Microsoftの統合開発環境であるVisual Studioとは別の製品です。

VSCodeは、様々な言語に対応しており、シンタックスハイライト、コードの補完、デバッグ機能、Gitとの統合、拡張機能のサポートなど、多くの機能を備えています。VSCodeのユーザーは、エディターに様々なプラグイン（拡張機能）を追加することができます。VSCodeのプラグインは、ユーザーコミュニティによって開発され、無料で提供されています。これらのプラグインを適用することで統合開発環境（IDE）と同等の開発環境となります。

VSCodeのダウンロード

VSCodeは公式サイト（https://code.visualstudio.com/）からダウンロードすることができます（**図3-1-1**）。インストールファイルは本書執筆時点（2023年11月）では、VSCodeUserSetup-x64-1.83.1.exeが最新版です。

図3-1-1　公式サイト

ダウンロードしたファイルを実行し、インストールをしてください。ウィザードに従いインストールが完了するとVSCodeが起動します（**図3-1-2**）。

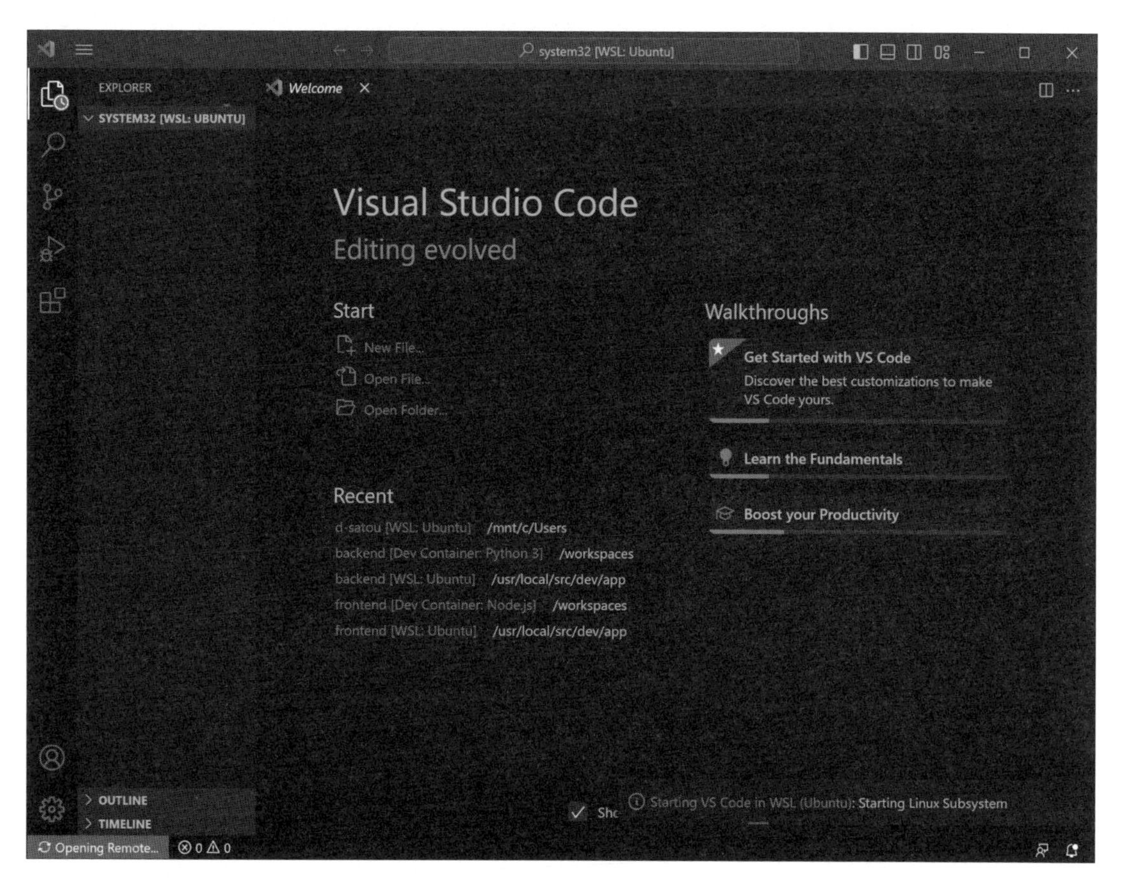

図3-1-2　起動画面

VSCodeの基本操作

VSCodeの画面は下記のような構成となっています（**図3-1-3**）。

「メニュー」はエクスプローラー、検索、ソース管理（Git）、デバッグ実行、拡張機能（Market Place）、コンテナ管理を選択できます。「エクスプローラーウィンドウ」はファイルエクスプローラーの役割です。「エディター」はコードや設定ファイルなどの記述に使うエディターで、「コマンドターミナル」ではUbuntuのコマンドを実行できます。

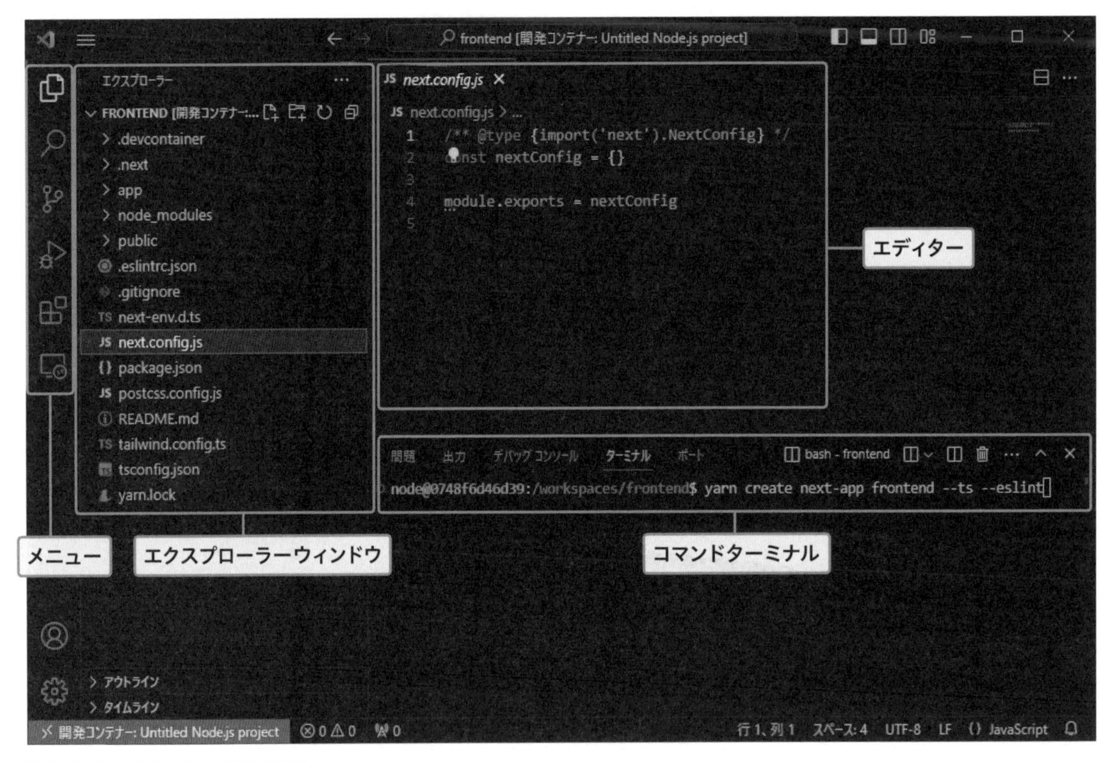

図3-1-3　VSCodeの基本画面

コマンドパレット

VSCodeには**コマンドパレット**という重要な機能があります。これは、VSCodeに対するコマンドを選択形式で実行できるものです。以降の解説でも使用するので、使い方を覚えておきましょう。

コマンドパレットを開くには、画面上部のウィンドウをクリックし、「コマンドの表示と実行」を選択します（**図3-1-4**）。

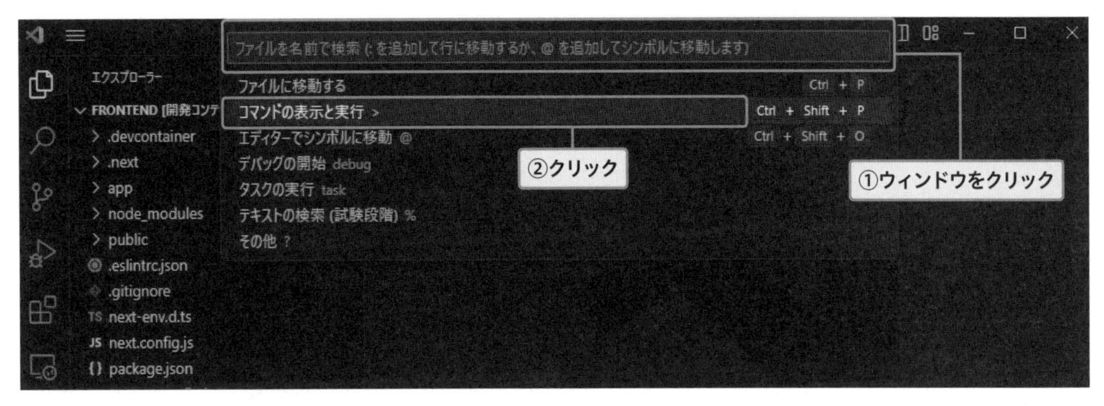

図3-1-4　コマンドパレット画面

コマンドパレットを開くと、**図3-1-5**のような画面になり、コマンドを選択して実行できるようになります。コマンドパレットの使い方を押さえた上で、以降の解説に進んでください。

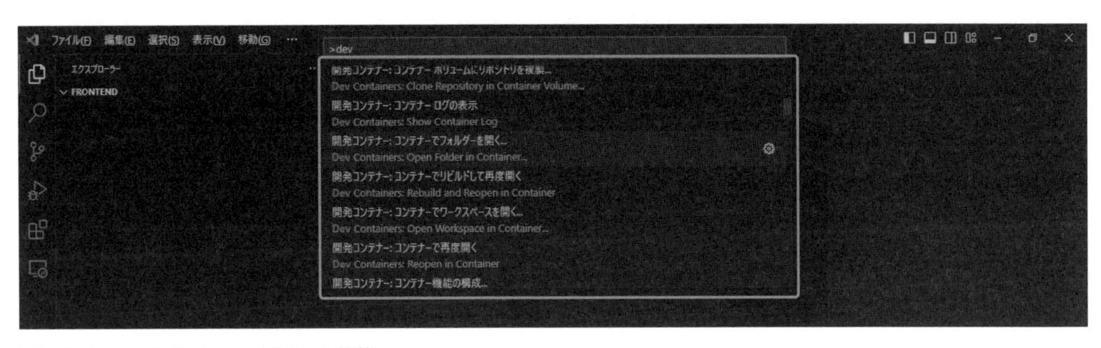

図3-1-5　コマンドパレットを開いた状態

3-1-2 環境設定（拡張機能）の使い方

VSCodeは、開発者の環境を元に推奨される拡張機能のインストールを提案してくることがあります。これらの提案は、基本的に「はい」を押してインストールしたほうが作業が効率化されて便利です。ただし、本書では読者と筆者の開発環境を合わせるために、あえて、本文中でインストールを指示したAPI以外はインストールをしません。

VSCodeを日本語化する（Visual Studio Marketplace）

VSCodeには、複数のオープンソースボランティアなどにより様々なプラグインが開発されています。それらを提供する公式の仕組みが「**Visual Studio Marketplace**」です。

まずはVSCodeを日本語対応させてみましょう。Visual Studio Marketplaceはメニューのアイコンから遷移できます。「japanese」と検索し、プラグインをクリックしてください（**図3-1-6**）。

「install」ボタンを押下すると自動で日本語化パックがインストールされます。これにより、設定画面で言語に日本語を選べるようになります。

図3-1-6　プラグインインストール画面

ダウンロード（インストール）後に日本語に設定を変える

再度、画面上部のウィンドウをクリックしてから、「コマンドの表示と実行」を選択し、コマンドパレットを開きます。「コマンドパレット」で「display」と入力して、Configure Display Language コマンドを選択して［Enter］キーを押します。

図3-1-7のようにインストールされている言語の一覧がロケールごとに表示されます。日本語を選択すると、VSCodeが日本語化されます。

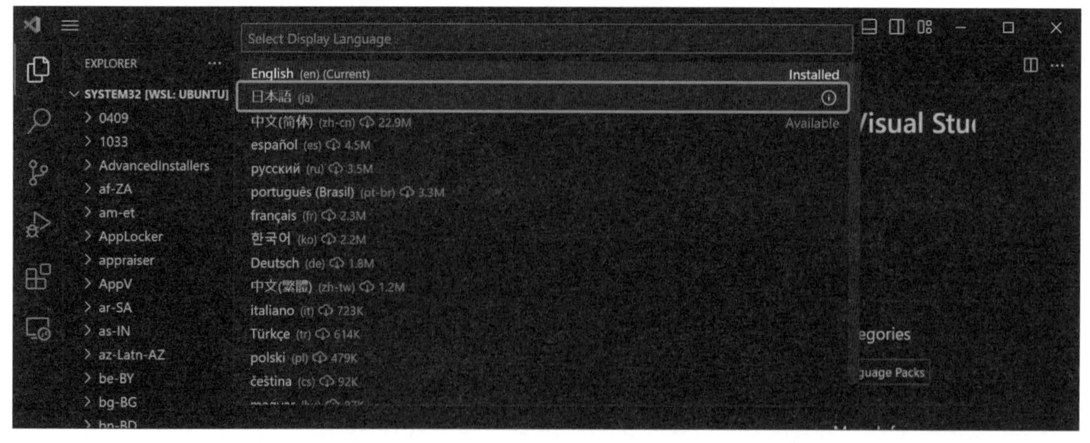

図3-1-7　日本語を選択する

VSCodeとコンテナを連携する

Dev Containersをインストールする

第2章ではWSLの上にDockerを入れ、そのコンテナ上で開発環境を作る説明をしました。ここでは、コンテナでの開発をVSCode上で可能にするためにプラグインをインストールします。前述した日本語化の際と同じように「拡張機能」のアイコンをクリックして「containers」で検索し、「Dev Containers」というプラグインをインストールします（**図3-1-8**）。

図3-1-8 Dev Containers

yarnのインストール

yarnはJavaScriptのパッケージマネージャーです。インストールの理由と使用方法は後述します。ここではDev Containersと同じ要領で拡張機能のアイコンから「yarn」を検索し、インストールします（**図3-1-9**）。

図3-1-9　yarnのインストール

パッケージマネージャーとは、ソフトウェアを管理する際に、そのアプリケーションのインストール、アップグレード、設定、削除を簡単に管理できるツールです。依存関係を自動で解決し、一度に多くのソフトウェアをアップデートできます。

依存関係とは、あるツールを使うためには別のツールが必要となっている（ツールAがツールBに依存している）状態のことです。現在のWeb開発では多様なフレームワーク、ツール、APIをいくつも使用します。そのため、開発中に特定のAPIだけバージョンが変わってしまった場合、アプリケーションが想定通りに動作しなくなったり、テストに支障をきたしたりすることがあります。そこで「依存関係を固定」する必要があるのです。

3-1-3 プロジェクトのホームディレクトリを用意する

本書ではフロントエンドとバックエンドの2つのプロジェクトを作り、それを連携させてWebシステムとして機能させます。そのため、プロジェクトのホームディレクトリもフロントエンド用と、バックエンド用の2つを用意します。

ホームディレクトリはUbuntuに作成し、そのホームディレクトリ単位でコンテナと連携します。

Windowsのスタートメニューから Ubuntu を選択し、起動します。そして、次のコマンドを実行してください。なお、同じウィンドウが表示されてわかりにくくなりますので、VSCodeは一旦閉じてください。

sudo

本書でも使用している「sudo」というコマンドは、開発実務でも頻繁に登場します。リファレンスに書かれている「スーパーユーザーとしてコマンドを実行する」とはどういうことなのでしょうか。「su」(スイッチユーザー：switch user) コマンドで管理者に変更して、コマンドを実行すればよいのに、と思うかもしれません。わざわざsudoを使用することには、次のような意味があります。

1. 管理者 (root) ユーザーのパスワードを開発者や作業者に共有せずに済むためセキュリティ対策になる
2. 実行元ユーザーがログに記録されるため「誰が実行したのか」が把握できて管理が可能になる

それではさっそく、コマンドを使って今後の作業で使うディレクトリを作成しましょう。

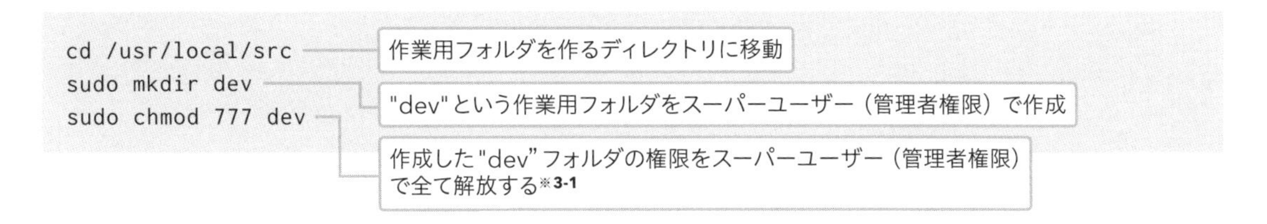

この後で、作成したファイルを見てみましょう。次のコマンドを実行します。

```
ls -l
```

すると、次のようにファイルの情報が表示されます（**図3-1-10**）。

```
fullstack@DESKTOP-N3ST7I9:/usr/local/src$ ls -l
total 4
drwxrwxrwx 3 root root 4096 May 30 21:38 dev
fullstack@DESKTOP-N3ST7I9:/usr/local/src$
```

図3-1-10 devフォルダの権限設定状況

画面中の「dev」はフォルダ名を指します。その前にある「drwxrwxrwx」では、dはディレクトリを指し、3つ並んだrwxは、オーナー、グループ、その他における設定をそれぞれ指しています。この場合は、三者それぞれに「r＝読み取り」「w＝書き込み」「x＝実行」の全ての権限が付与されていることがわかります。

※**3-1** 「777」とすると、全てのユーザーに全ての権限を解放する「一番緩い」設定になります。

ホームディレクトリを作成する

以降の章で使用するホームディレクトリを作成します。本書のディレクトリ構造は**図3-1-11**のようになります。なお、図中のホームディレクトリの下のフォルダ・ファイル群は、後の作業で作成します。

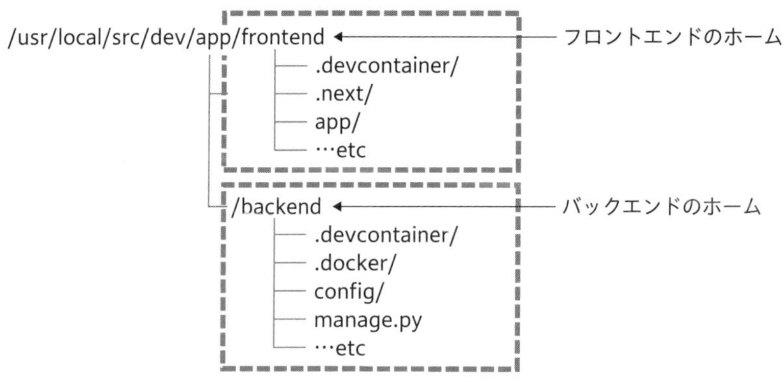

図3-1-11　ディレクトリ構造

続いて、先ほど作成したフォルダの下に、ディレクトリを用意しましょう。

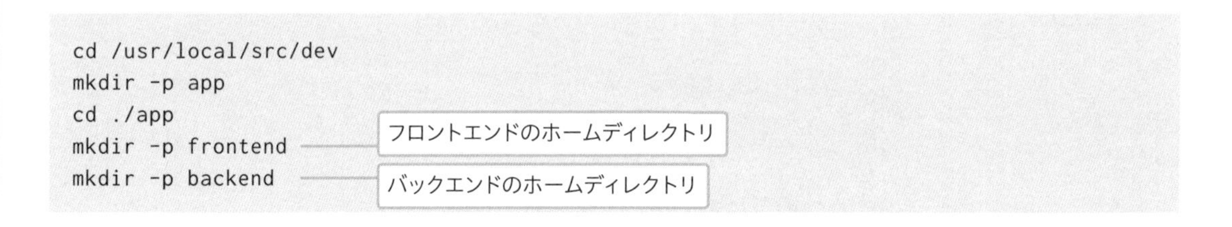

```
cd /usr/local/src/dev
mkdir -p app
cd ./app
mkdir -p frontend
mkdir -p backend
```


以降、「フロントエンドで作業」と説明がある場合は「/usr/local/src/dev/app/frontend」で行い、「バックエンドで作業」という場合は「/usr/local/src/dev/app/backend 」で行うことになります。

Part I

3-2 フロントエンド開発の準備

3-2-1 フロントエンドのコンテナの構築

それでは、フロントエンドの環境を構築しながらVSCodeの基本的な使い方を学んでいきましょう。**図3-2-1**の濃い網掛けの部分が、これから取り組むアーキテクチャです。

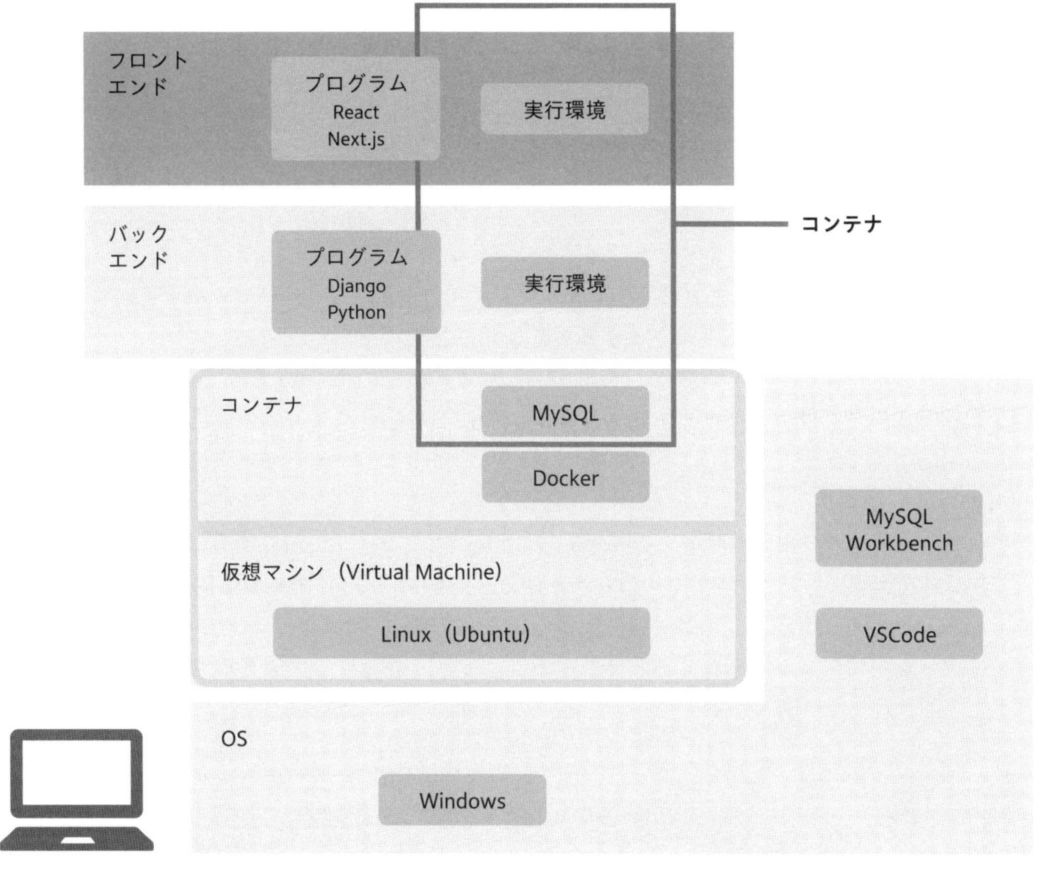

図3-2-1　開発環境構成図

3-1-3項でプロジェクトのホームディレクトリを作成しました。引き続きUbuntuの「/usr/local/src/dev/app」ディレクトリから作業を続けます。

```
cd frontend    ── 作成したプロジェクトフォルダに移動する
code .         ── 作成したフォルダでVSCodeを実行する
```

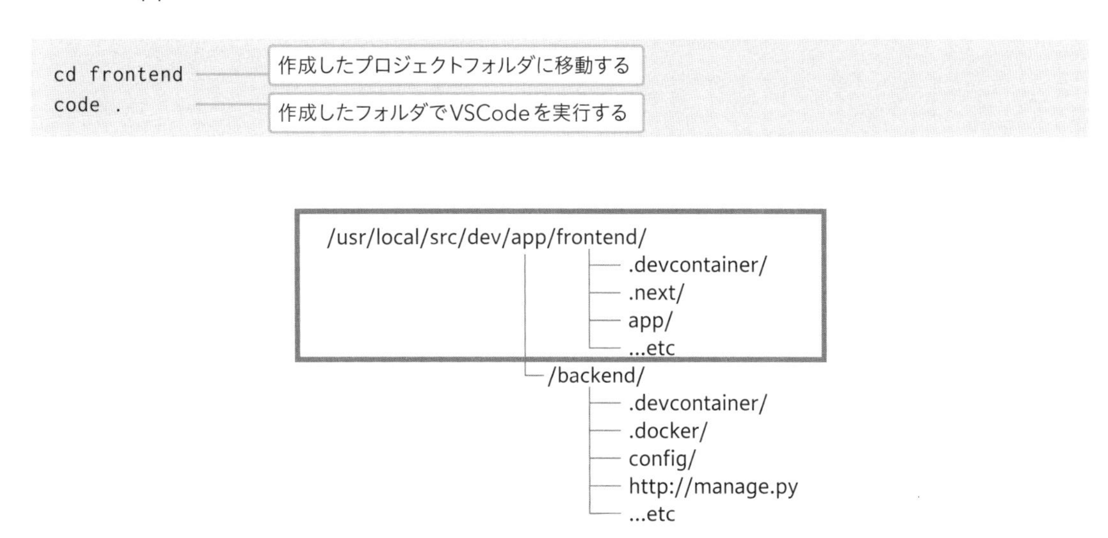

図3-2-2　本書のプロジェクトディレクトリ構成図

最後の行ではVSCodeを実行しています。VSCodeをUbuntu上から使用する場合のコマンドは「code」です。

```
$code .
```

末尾の「.」は「./」と同じでコマンドにおける「実行場所」を指示しています。「.」から始まる命令は「カレントディレクトリ」＝「現在のフォルダ」で実行することを意味しています。なお「現在のフォルダ」がどこかはpwdを実行すると表示されます。

以降、pwdでディレクトリを確認し、/usr/local/src/dev/app/frontend/で「$code .」と入力すればフロントエンドの開発環境が立ち上がります。後述するバックエンドの環境では、/usr/local/src/dev/app/backend/で、同じように「$code .」と入力すればバックエンドの開発環境が立ち上がります。

これは各ディレクトリに置かれている「.devcontainer」ファイルで接続するコンテナを分けており、コマンドを実行したディレクトリのコンテナ設定ファイルに従って開発環境を接続するからです。なお、「.devcontainer」ファイルは後述の手順で作成されます。現時点では作成不要です。

先ほどの一連のコマンドを実行すると、現在のフォルダにVSCodeの開発環境一式がダウンロードされて展開されます（**図3-2-3**）。

```
fullstack@DESKTOP-N3ST7I9: /usr/local/src/dev/app/frontend
To run a command as administrator (user "root"), use "sudo <command>".
See "man sudo_root" for details.

fullstack@DESKTOP-N3ST7I9:~$ cd /usr/local/src
fullstack@DESKTOP-N3ST7I9:/usr/local/src$ sudo mkdir dev
[sudo] password for fullstack:
fullstack@DESKTOP-N3ST7I9:/usr/local/src$ sudo chmod 777 dev
fullstack@DESKTOP-N3ST7I9:/usr/local/src$ cd /usr/local/src/dev
fullstack@DESKTOP-N3ST7I9:/usr/local/src/dev$ mkdir -p app/frontend
fullstack@DESKTOP-N3ST7I9:/usr/local/src/dev$ cd app/frontend
fullstack@DESKTOP-N3ST7I9:/usr/local/src/dev/app/frontend$ code .
Installing VS Code Server for x64 (252e5463d60e63238250799aef7375787f68b4ee)
Downloading: 100%
Unpacking: 100%
Unpacked 1759 files and folders to /home/fullstack/.vscode-server/bin/252e5463d60e63238250799aef7375787f68b4ee.
fullstack@DESKTOP-N3ST7I9:/usr/local/src/dev/app/frontend$
```

図3-2-3　VSCodeの開発環境のインストール

その後、VSCodeが起動します。VSCodeの起動の際、「このフォルダの作成者を信頼しますか？」と尋ねられるので「はい」と選択してください（**図3-2-4**）。今後の開発作業のファイルの権限が付与されます。

コマンドパレットを使って、前節でインストールしたVSCodeのプロジェクト環境をコンテナに生成しましょう。コマンドパレットを開き、「Dev Containers: Open Folder in Container（開発コンテナーでフォルダを開く）」を選択してください。現在のフォルダである「/usr/local/src/dev/app/frontend/」が表示されるので「OK」を押します（**図3-2-5**）。なお、この操作の前には必ずDockerを起動させておいてください。再起動などにより停止している場合にはコマンドが失敗します。

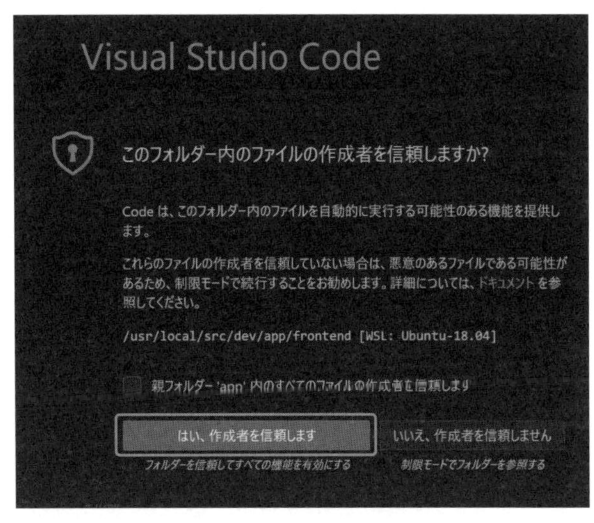

図3-2-4　VSCodeのインストール後の起動画面

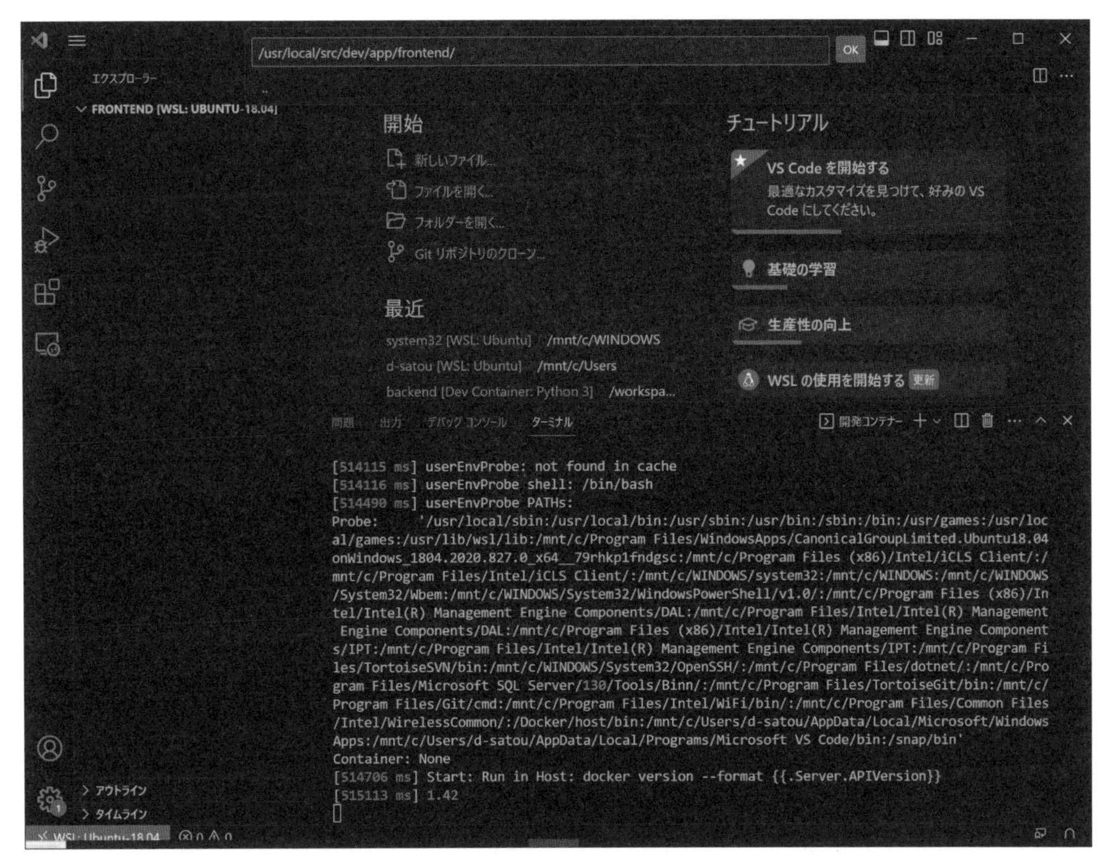

図3-2-5　「/usr/local/src/dev/app/frontend/」表示画面

次にコンテナで実装する開発環境を選定します。「Node.js」を選択してください（**図3-2-6**）。バージョンを聞かれるので「18」を選び「OK」を押します。18を選択後、さらに追加機能の選択を求められますが、特に選択せずにそのままOKを選択して構いません。なお、本節で選択しているのは、執筆時点（2023年11月）での最新バージョンです。最新の安定版がある場合はそちらを選択してください。

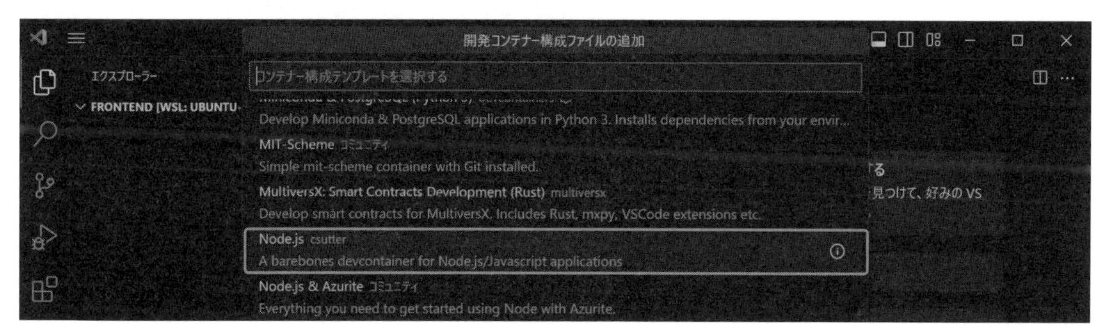

図3-2-6　Node.jsとバージョンの設定

上記の操作によってDockerのコンテナの中にフロントエンドの開発環境が作られます（**図3-2-7**）。

図3-2-7　Node.jsのフロントエンド環境が作られる

原則本書では、VSCode上の実装ではコンテナ上で行います。しかし、作業を途中でやめたり、何らかの理由でPCを再起動したりすると、そのたびにVSCodeを上げ直すことになります。再起動の際に「コンテナーで再度開く」というダイアログが右下に出た場合には、ダイアログに従い、コンテナを開いてください。

作業継続にあたっては必ず「コンテナ上」でVSCodeが起動しているかどうかを、画面左下の「><」アイコンの部分を見て確認してください。**図3-2-7**のように「開発コンテナー」と表示されていれば起動されています。コンテナ上ではなくホストPC上での作業になってしまうと開発環境が反映されず正しく動作しません。コンテナ上にいない場合には、都度VSCode側からコマンドパレットを開き、「Dev Containers: Open Folder in Container（開発コンテナーでフォルダを開く）」を選択してください。

コンテナが再開できない場合

VSCodeとコンテナの連携を前述の「Dev Containers: Open Folder in Container（開発コンテナでフォルダを開く）」によって実行していますが、開発の作業をしたり、環境のアップデートをしたりしているとコンテナとの連携が切断されてエラーが出ることがあります。その場合は「Reopen in Container」（コンテナを再開する）」という指示が出るので、ダイアログに従って再開しましょう。

ところが、ReOpenできずにエラーになる場合があります。その場合にはコマンドパレットを開き「Rebuild Container（コンテナの再構築）」を実行してください。

さらにその上で「Dockerデーモンが起動していない」というエラーが出ることがあります。その場合には、次のコマンドをUbuntuのコンソールで実行してみましょう。

```
$ sudo service docker start
```

これで起動すれば、再びVSCodeでの作業が続けられます。実行できずに「docker: unrecognized service」とエラーが出た場合には、次のようにしてコマンドをインストールします。

```
curl https://get.docker.com | sh
```

インストールができたら、再び「$ sudo service docker start」を実行しましょう。「*Starting Docker: docker」と帰ってくれば問題解決です。再びVSCodeに戻り「Rebuild Container（コンテナの再構築）」を実行してください。

3-2-2 ターミナルの使い方

VSCodeのターミナルの使い方

VSCodeでは**ターミナル**を利用できます。ターミナルは、画面左上のメニューから呼び出します。ターミナルはプロジェクトホームディレクトリからLinux（Ubuntu）のコマンドを実行できます。以降の章でも頻繁に使うので覚えておきましょう。

図3-2-8　ターミナルのメニュー呼び出し

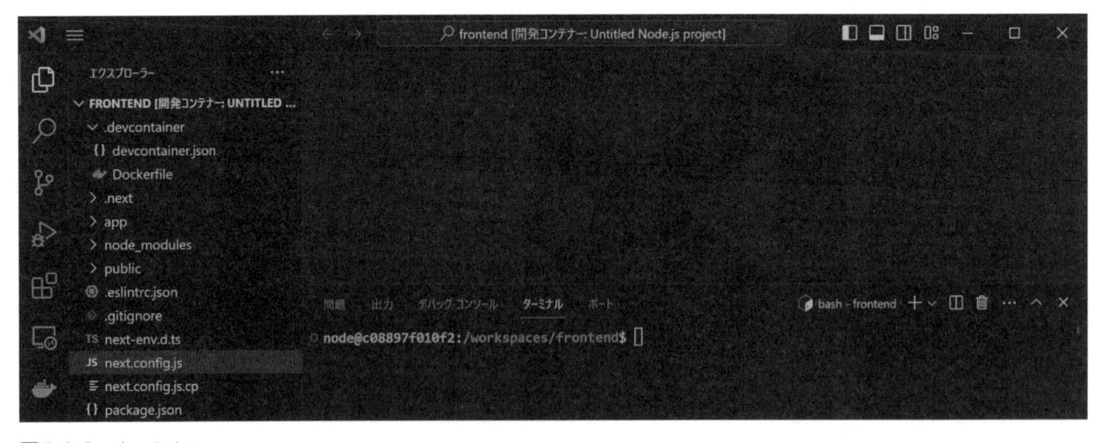

図3-2-9　ターミナル

パッケージマネージャーの設定をターミナルから行ってみましょう。パッケージマネージャーの主な役割は依存ライブラリの管理です。パッケージマネージャーが依存関係を管理してくれるおかげで、複数の開発者の間で生じるライブラリのバージョン違いなどのトラブルが防げます。APIやフレームワークを多用するWebシステム開発では必要な役割です。

本編で使用するNode.jsのパッケージマネージャーとしては「npm」「yarn」「pnpm」などがあります。今回yarnを使用しているのは、執筆時点で最も主流であり、パッケージングの際のパフォーマンスがよいためです。git cloneしてローカルでソフトウェアを動作・テストなどをする際、高速でストレスの少ない開発が行えます。

yarnは「yarn.lock」というロックファイルを使用して、依存関係の正確なバージョンを固定できます。次のように操作を行ってください。

①「ターミナル」をクリックし、コマンドラインを呼び出す
② コマンドラインに次のコマンドを入力しyarnでアプリケーションをインストールする

```
$yarn create next-app frontend --ts --eslint
```

このコマンドは、yarnによって新しいアプリケーションを作成しています。「yarn create next-app プロジェクト名」とあるように、frontendというNext.jsのアプリケーションを、オプションを使用して生成しています。

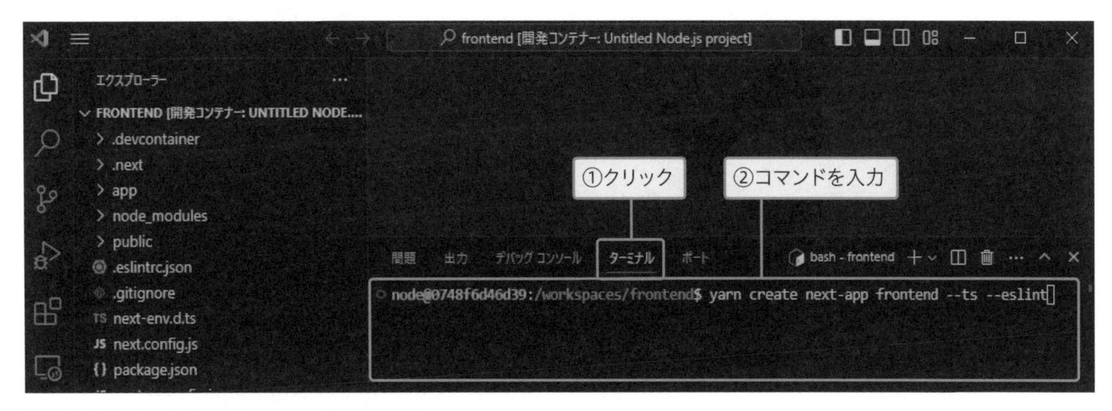

図3-2-10　ターミナルでのコマンド実行画面

オプションには次のような役割があります。

--ts

TypeScriptを使用してプロジェクトを作成することを指定します。

--eslint

ESLintをプロジェクトに統合することを指定します。ESLintは、コードの品質やスタイルを検証するためのJavaScriptの静的解析ツールです。ESLintをプロジェクトに統合することで、コーディング規約に準拠し、一貫性のあるコードを書くことができます。

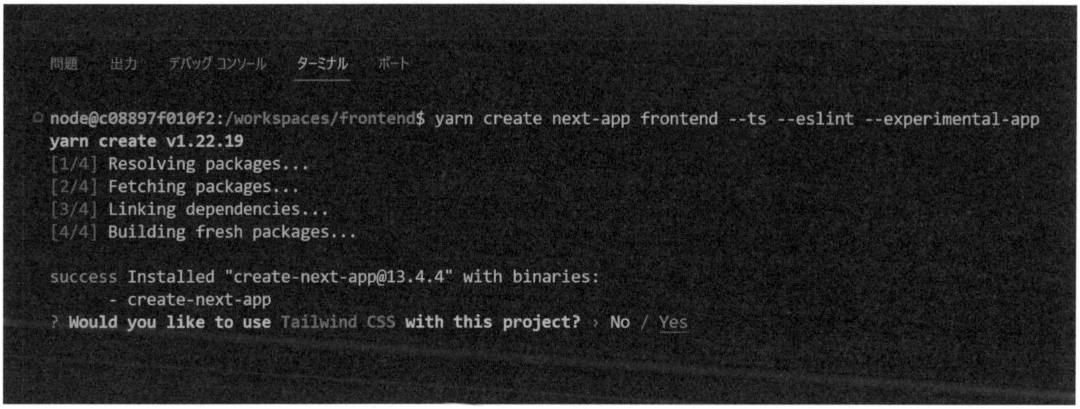

```
問題　出力　デバッグ コンソール　ターミナル　ポート

node@c08897f010f2:/workspaces/frontend$ yarn create next-app frontend --ts --eslint --experimental-app
yarn create v1.22.19
[1/4] Resolving packages...
[2/4] Fetching packages...
[3/4] Linking dependencies...
[4/4] Building fresh packages...

success Installed "create-next-app@13.4.4" with binaries:
      - create-next-app
? Would you like to use Tailwind CSS with this project? › No / Yes
```

図3-2-11　yarnの構築中画面

コマンドが実行されると、何度か「No／Yes」を尋ねられますが、デフォルトのままで問題ありません（**図3-2-12**）。

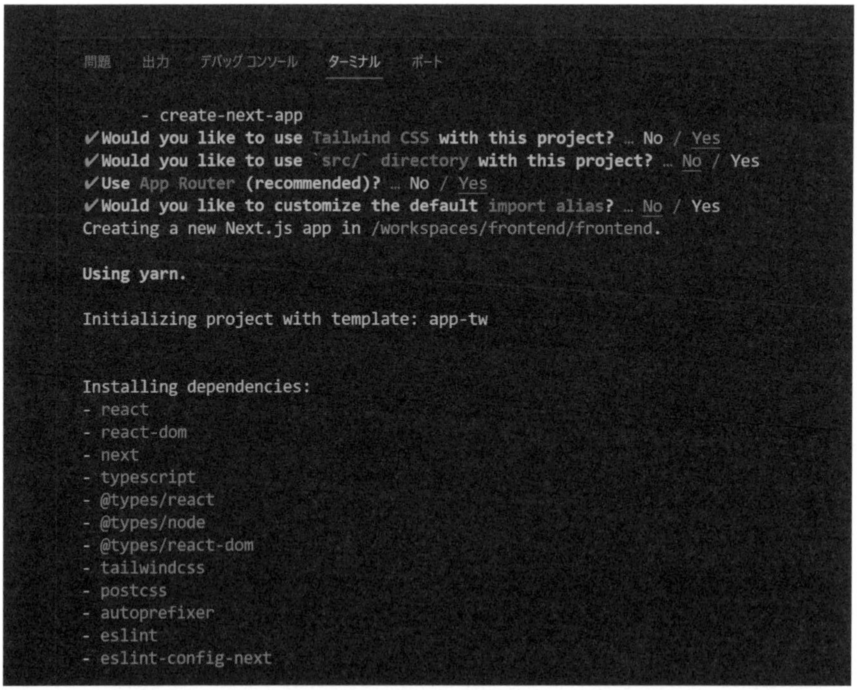

```
問題　出力　デバッグ コンソール　ターミナル　ポート

      - create-next-app
✔Would you like to use Tailwind CSS with this project? … No / Yes
✔Would you like to use `src/` directory with this project? … No / Yes
✔Use App Router (recommended)? … No / Yes
✔Would you like to customize the default import alias? … No / Yes
Creating a new Next.js app in /workspaces/frontend/frontend.

Using yarn.

Initializing project with template: app-tw


Installing dependencies:
- react
- react-dom
- next
- typescript
- @types/react
- @types/node
- @types/react-dom
- tailwindcss
- postcss
- autoprefixer
- eslint
- eslint-config-next
```

図3-2-12　yarnによりフロントエンドのパッケージングが完了した画面

ここで使用したVSCodeの「ターミナル」は今後もファイルシステムなどOSをVSCodeから操作する際に使用します。ターミナルの使い方も覚えておきましょう。

フロントエンド環境構築の追加作業

ここまで、Dockerコンテナを用いたフロントエンドの自動生成と、yarnを使ったNext.jsアプリケーションのセットアップを行ってきました。しかし、yarnのコマンドで「yarn create next-app .」と直接実行すると、3-2-1項「フロントエンドのコンテナ構築」で生成されたディレクトリ・ファイル群と衝突してエラーが発生する可能性があります。これは、自動生成されるディレクトリ名が既存のファイル名と重複してしまうためです。

この問題を避けるために、本書では「yarn create next-app frontend」というコマンドを使用し、プロジェクトを「frontend」という名前の新しいサブディレクトリに作成する手順を採用しています。しかしその結果、メインの「frontend」ディレクトリの一階層下に、同じ名前の「frontend」サブディレクトリが生成される構造になってしまっています。(**図3-2-13**)。

そこで、作業しやすいように以下のコマンドでfrontendをまとめる作業を行います。VSCodeの「ターミナル」で次のコマンドを実行します。

```
mv frontend/* .
mv frontend/.* .
rmdir frontend/
```

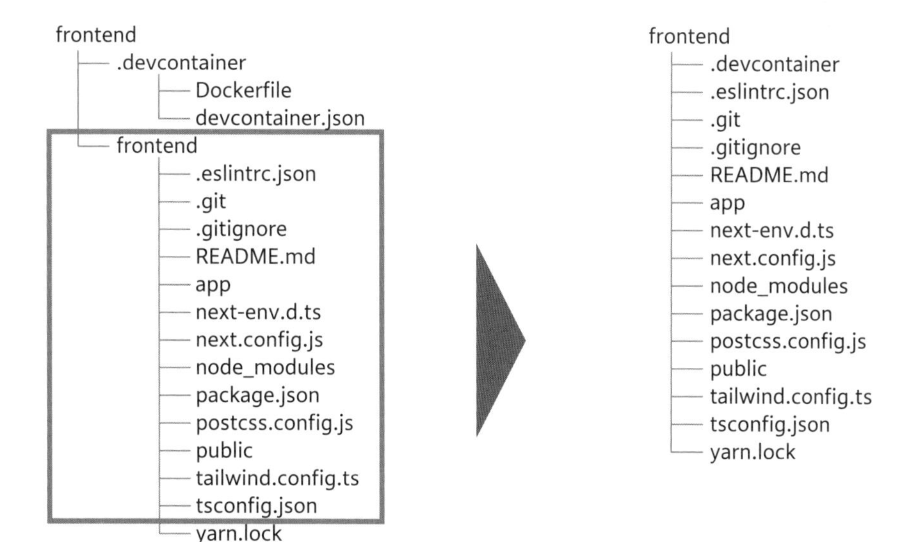

図3-2-13 ディレクトリ構成図

フロントエンド環境の動作確認

それでは、作成したフロントエンドのNext.jsアプリケーション（frontend）が起動するか動作確認をしましょう。VSCodeのターミナルで次のコマンドを実行します。

```
$ yarn dev
```

```
node@c08897f010f2:/workspaces/frontend$ yarn dev
yarn run v1.22.19
$ next dev
- ready started server on 0.0.0.0:3000, url: http://localhost:3000
Attention: Next.js now collects completely anonymous telemetry regarding usage.
This information is used to shape Next.js' roadmap and prioritize features.
You can learn more, including how to opt-out if you'd not like to participate in this anonymous program, by visiting the following URL:
https://nextjs.org/telemetry

- event compiled client and server successfully in 23.5s (306 modules)
- wait compiling...
- wait compiling /page (client and server)...
```

図3-2-14　yarn dev の実行画面

図3-2-15のようなウェルカムページが表示されれば成功です。

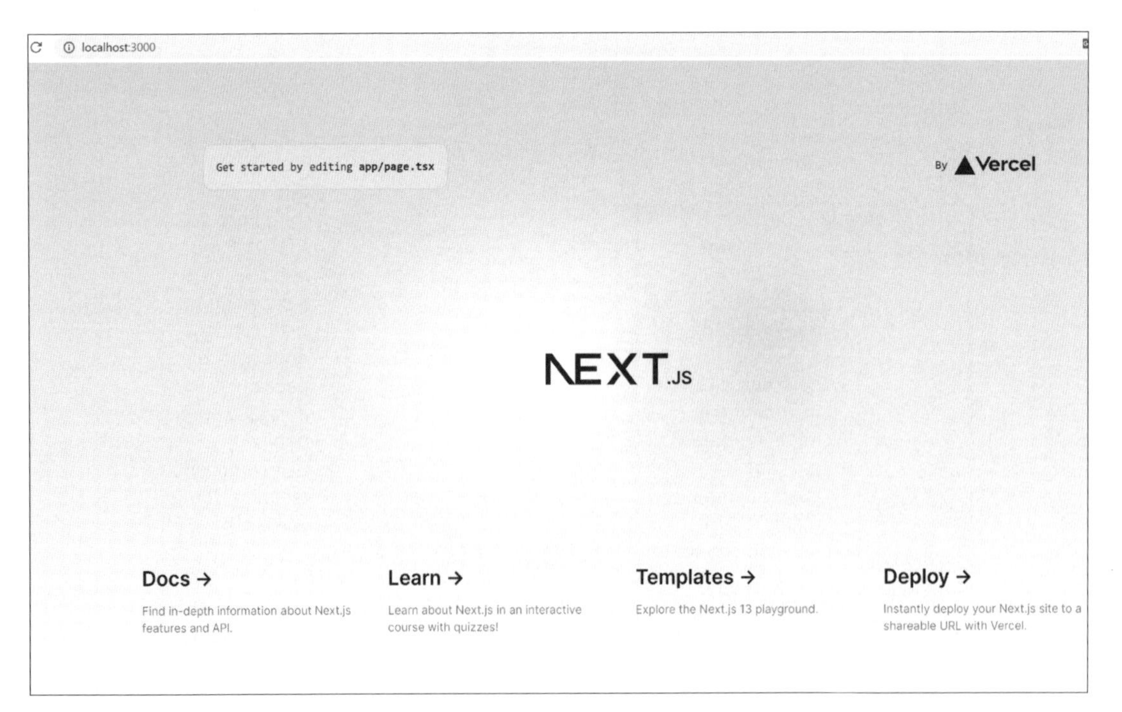

図3-2-15　Next.jsウェルカムページ

3-2-3 エディターの使い方

gitignoreの設定

開発作業がスムーズになるように追加の設定を行います。VSCodeは、workspace内の「全てのファイル」をGit管理対象にします。そのため、ローカルの作業フォルダ下の全てのファイルがGitの管理対象となってしまいます。その結果、本当にGitで管理したいソースコードや設定ファイルなどが埋もれてしまい操作しにくくなります。

そこで、workspace直下の.vscodeディレクトリの中に生成される個人ごとの設定ファイルをGitの管理対象外にします。

左のエクスプローラーを確認してください。ここまでインストールをしていく中で「.gitignore」というファイルが現れています（**図3-2-16**中①）。こちらが「Git管理対象外」を宣言する設定ファイルです。

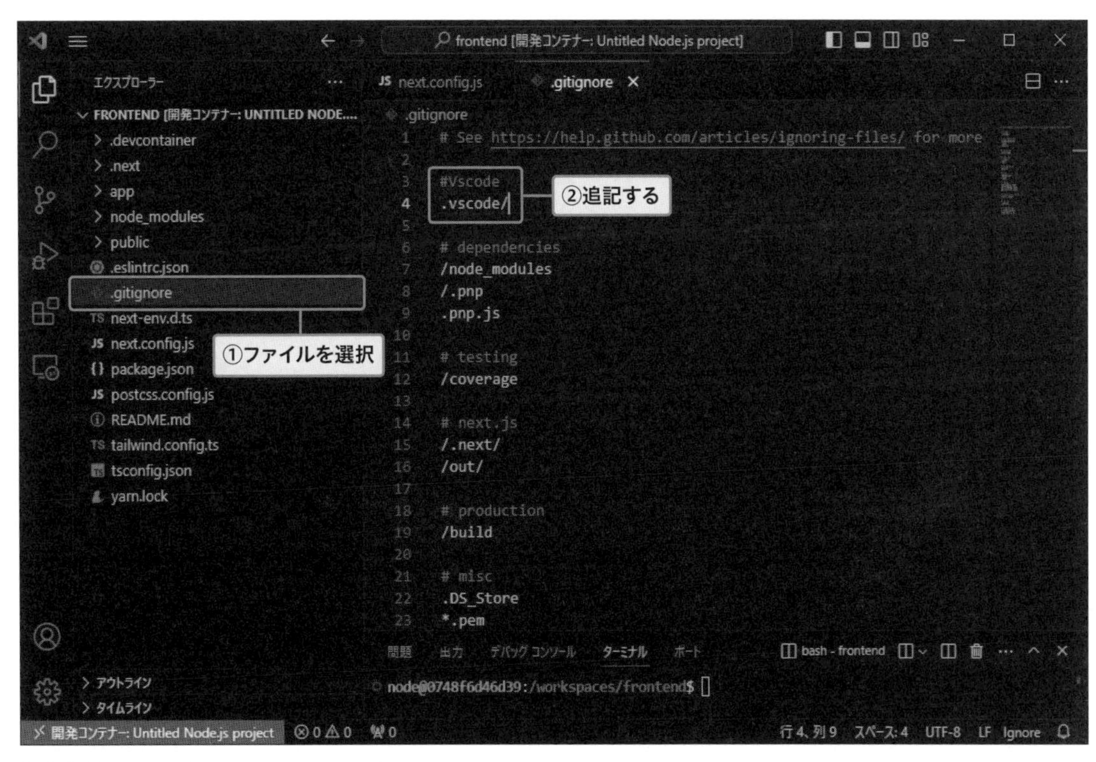

図3-2-16　VSCodeの.gitignoreファイル

このファイルをエディターで開いて、**コード3-2-1**のように追記しましょう（**図3-2-16**中②）。これで、フロントエンドの開発環境（コンテナ）の基本的な設定は完了です。

コード3-2-1　.gitignore

```
#Vscode
.vscode/
```

エディターの基本操作

次は、VSCodeのエディター機能を使用しながら、前項で作成したフロントエンドのアプリケーションに設定をしていきましょう。

画面左のエクスプローラーから「next.config.js」を選択してください。ツリー上でクリックすることでエディターが開きます。Next.jsのバージョンによっては「next.config.js」ではなく「next.config.mjs」というファイルが作成されることがあります。その場合、「①ファイル名をnext.config.mjsからnext.config.jsに変更する」→「②**コード3-2-2**の内容でnext.config.jsを上書きする」という対応を行ってください。

このファイルが開いたら、**コード3-2-2**のように開発に必要な追加設定を記載しましょう。

コード3-2-2　next.config.js

```
/** @type {import('next').NextConfig} */
const nextConfig = {}
module.exports = {
  async rewrites() {
    return [
      {
        source: '/api/:path*',
        destination: 'http://host.docker.internal:8000/api/:path*/',
      },
    ]
  },
};
```

この設定は現在作成しているフロントエンドと次の節で作成するバックエンドを疎通させるための設定です。「api/hogehoge〜」というリクエストが来たら、http://host.docker.internal:8000/api/hogehoge〜のURLを、リクエストをリライトすることで呼び出しています。

host.docker.internalは、Dockerが提供する特殊なホスト名で、Dockerコンテナ内からホストマシンにアクセスする際に使用します。本書では8000番ポートを使用しているため、上記のような設定になっています。

globals.cssの設定

前項で「yarn create next-app」でアプリケーションを作成した際に、app/globals.cssという

CSS（スタイル）が自動作成されています。globals.cssは全画面に適用されます。CSSにより全画面のスタイルをまとめて変更したいときに便利な機能です。

globals.cssが全画面に適用されるのは、app/layout.tsxでglobals.cssをimportしているためです。app/layout.tsxはルートレイアウトとも呼ばれ、定義したレイアウトは全画面に適用されます。

ただし、本書ではCSSについては第5章で説明するのですが、その際、全画面に適用されるCSSが機能していると解説通りに機能しません。そこで、app/globals.cssの中身は消しておいてください。

3-2-4 便利な機能拡張（フロント）

ここまでの説明で、フロントエンドの基本的な開発環境（コンテナ）と後の章で作業するための設定などを行いました。この後は、開発の実務で便利なJavaScript（React）の機能拡張（追加モジュール）を紹介しつつ、後の章での開発の準備をしていきます。本節では、yarnを使用してパッケージライブラリをVSCodeにインストールして使用します。yarnを使用することでAPI間の依存関係を意識せずに、こうしたライブラリを便利に使うことができます。

React UI tools

画面を作成するための機能拡張です。@mui/material（旧称Material-UI）は、GoogleのMaterial Design仕様に基づいた、ReactのためのUIフレームワークです。提供されるReactコンポーネントは、あらかじめスタイルが設定されているため、デザイン性のあるUIが簡単に構築できます。

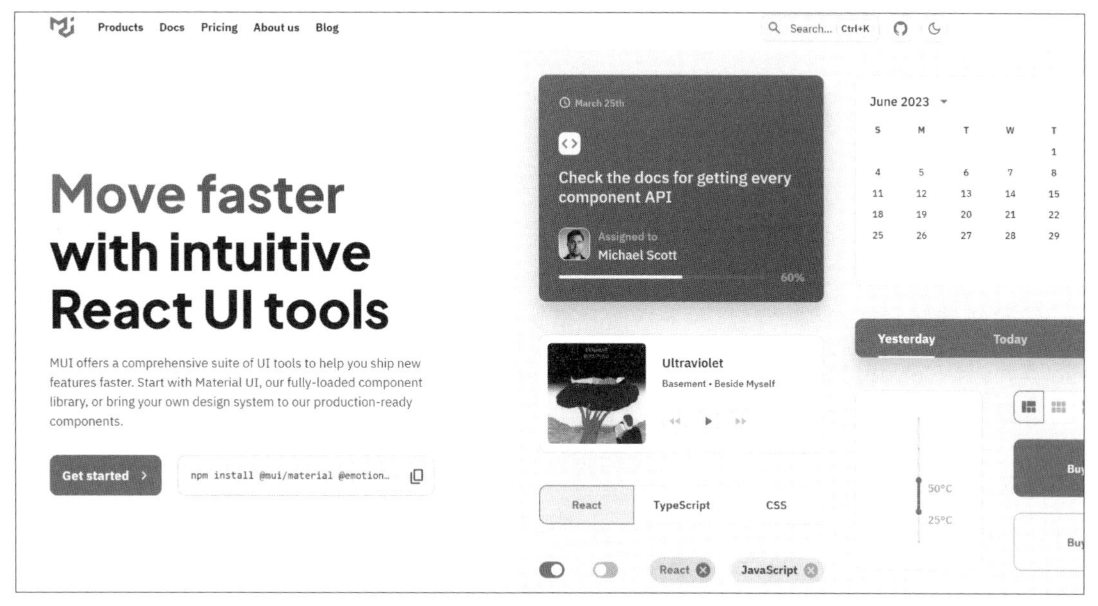

図3-2-17　React UI tools

下記のコマンドをVSCodeのターミナルで実行してください。yarnコマンドを使用して機能拡張をインストールします。

```
$yarn add @mui/material @emotion/react @emotion/styled
```

「@mui/material」「@emotion/react」「@emotion/styled」の3つのモジュールをインストールしています。それぞれ、簡単に説明します。

mui/material

Pre-styled components: MUIはボタン、ダイアログ、フォーム要素、ナビゲーションなど、多数のコンポーネントを提供しています。コンポーネントはカスタマイズが容易で、テーマを通じてアプリケーション全体のスタイルを一貫して設定することが可能です。

Responsiveness: MUIはレスポンシブデザインをサポートしています。これにより、異なるデバイスサイズと画面解像度での表示が最適化されます。

基本的な**MUIコンポーネント**の使用例は以下のようになります。

```
import React from 'react';
import Button from '@mui/material/Button';

function MyButton() {
  return (
    <Button variant="contained" color="primary">
      Hello World
    </Button>
  );
}

export default MyButton;
```

ここでは、@mui/material/ButtonからButtonコンポーネントをインポートし、それをレンダリングしています。Buttonコンポーネントはvariantとcolorといったプロパティを受け取り、それらのプロパティに基づいてスタイルが適用されます。

emotion/react

EmotionはReactのためのCSS-in-JSライブラリで、コンポーネントに直接スタイルを適用することを可能にします。CSSをJavaScriptファイル内に記述する仕組みのため、コンポーネントとそのスタイルが密に連携し、可読性と再利用性が向上します。

Emotionの主な特徴は以下の通りです。

- **Performant and lightweight**

Emotionは非常に高速で、実行時のパフォーマンスも優れています。また、ライブラリ自体も軽量であるため、アプリケーションのパフォーマンスを低下させることなく使用できます。

- **Flexible**

Emotionは、スタイルオブジェクトまたはテンプレートリテラルを使ったCSSをサポートしています。

- **Powerful composition**

Emotionは他のEmotionスタイルとの組み合わせを簡単に行うことができます。これは、CSSの再利用と整理を容易にします。

- **Server-side rendering**

Emotionはサーバーサイドレンダリングをサポートしています。これにより、初回ページロード時のパフォーマンスとSEOが向上します。

Emotionを使った基本的な例は以下のようになります。

```
'use client'
/** @jsxImportSource @emotion/react */
import { css } from '@emotion/react';

function Component() {
  return (
    <div
      css={css`
        background-color: hotpink;
        &:hover {
          color: white;
        }
      `}
    >
      This has a hotpink background.
    </div>
  );
}

export default Component;
```

この例では、@emotion/reactからcss関数をインポートし、スタイルルールを定義しています。その後、そのスタイルルールをcssプロパティでコンポーネントに適用しています。

emotion/styled

Emotionは、styled APIも提供しています。これはstyled-componentsのようなスタイリング方法を可能にします。styled-componentsはCSSとJSを一体化させる「CSS-in-JS」を実現します。

```
'use client'
/** @jsxImportSource @emotion/react */
import styled from '@emotion/styled';

const PinkBackgroundDiv = styled.div` ―――― ❶
  background-color: hotpink; ―――― ❷
  &:hover {
    color: white;
  }
`;

function Component() {
  return (
    <PinkBackgroundDiv>
      This has a hotpink background.
    </PinkBackgroundDiv>
  );
}

export default Component;
```

この例では、styled.div関数を使って新しいスタイルつきコンポーネントを作成しています。PinkBackgroundDiv（❶）を定義し、背景色をピンク（❷）にしています。

実行する際は、そのCSS定義クラスを使用して「This has a hotpink background.」を表示しています。「CSS-in-JS」の便利なところは、これまで別々のファイルで作成していたCSSとJavaScriptを1つのファイルの中で書ける点です。その結果、管理が非常にしやすくなります。こうしたコンポートネントを使用することで実装コストを削減できるのがReactの強みです。

ReactGrid

x-data-gridは、Material-UIの一部として提供されているデータグリッドコンポーネントです。これはデータをExcelのような表形式で表示し、操作するためのツールを提供します。

VSCodeのターミナルを開き、次のコマンドでインストールします。

```
$yarn add @mui/x-data-grid
```

主な特徴としては次の4つが挙げられます。

- **高度な列フィルタリング**
  特定の列に基づいてデータをフィルタリングすることを可能にします。

- **ソートとページング**
  ユーザーは列のヘッダーをクリックすることでデータをソートすることができ、またページング機能を使用してデータをページに分割することができます。

- **選択と編集**
  ユーザーはグリッド内の行を選択でき、また直接セルの内容を編集することも可能です。

- **Virtualization**
  データグリッドは大量のデータ行と列を効率的にレンダリングするための仮想化をサポートしています。これにより、パフォーマンスが大幅に向上します。

データグリッドの基本的な使用方法は以下のようになります。

```
'use client'
import * as React from 'react';
import { DataGrid } from '@mui/x-data-grid';

const rows = [
  { id: 1, col1: 'Hello', col2: 'World' },
  { id: 2, col1: 'XGrid', col2: 'Is Awesome' },
  { id: 3, col1: 'Material-UI', col2: 'Is Cool' },
];

const columns = [
  { field: 'col1', headerName: 'Column 1', width: 150 },
  { field: 'col2', headerName: 'Column 2', width: 150 },
];

export default function DataTable() {
  return (
    <div style={{ height: 300, width: '100%' }}>
      <DataGrid rows={rows} columns={columns} />
    </div>
  );
}
```

このコードでは、まずデータ（rows）と列の設定（columns）を定義しています。そして、それらをDataGridコンポーネントに渡してグリッドをレンダリングしています。DataGridコンポーネントは、列の設定とデータを自動的に解析し、対応する表をレンダリングします。

axios

axiosはJavaScriptで書かれたHTTPクライアントライブラリで、クライアントとサーバー間の非同期通信を容易にする機能を提供します。Reactのプロジェクトでは、データの取得や投稿など、APIに対するHTTPリクエストを行うために使われます。

VSCodeのターミナルを開き、次のコマンドでインストールします。

```
$yarn add axios
```

axiosの主な特徴は以下の通りです。

- **Promise based**

axiosはPromiseベースのAPIを提供しており、そのため非同期操作をよりシンプルに扱えます。これにより、非同期処理のための.then()や.catch()、そしてasync/awaitといった構文が利用できます。

- **Client-side and Server-side**

axiosはクライアントサイド（ブラウザ）でもサーバーサイド（Node.js）でも動作します。これは、axiosがXMLHttpRequestsとhttpモジュールの両方をサポートしているためです。

- **Interceptors**

axiosではリクエストやレスポンスの前にカスタムロジックを実行するためのinterceptorsを提供しています。例えば、全てのリクエストに共通のヘッダーを追加する、あるいは全てのレスポンスのエラーハンドリングを共通化する場合などに有用です。

- **Request and Response Transformation**

axiosはリクエストデータやレスポンスデータを自動的に変換することが可能です。これは、例えばJSONデータを自動的にJavaScriptオブジェクトに変換するなどの場合に有用です。

- **Cancel Request**

axiosはリクエストのキャンセルをサポートしています。これは、例えばユーザーがページを移動するなどしてリクエストが不要になった場合などに有用です。

axiosを使った基本的な例は以下のようになります。

```
import axios from 'axios';

// Get Request
axios.get('/user?ID=12345')
  .then(function (response) {
    // handle success
    console.log(response);
  })
  .catch(function (error) {
    // handle error
    console.log(error);
  })
  .then(function () {
    // always executed
  });

// Post Request
axios.post('/user', {
    firstName: 'Fred',
    lastName: 'Flintstone'
  })
  .then(function (response) {
    console.log(response);
  })
  .catch(function (error) {
    console.log(error);
  });
```

SWR

SWRはReactでデータをフェッチ（取得）するためのライブラリで、"stale-while-revalidate"の頭文字を取ったものです。その名前の通り、このライブラリはHTTPキャッシュの無効化戦略である「stale-while-revalidate」を参照しています。

VSCodeのターミナルを開き、次のコマンドでインストールします。

```
$yarn add swr
```

SWRの主な特性は以下の通りです。

- **Fast, efficient fetching**

　SWRはバックエンドによるレート制限などの問題を避けるために、リクエストを効率的に並列化・重複除去・リトライします。

- **Realtime updates**

　SWRは変更があった場合にデータをリアルタイムに更新することが可能です。これは、例えばWebSocketを使用したリアルタイムのデータフローを実装するのに役立ちます。

- **Built-in cache and no re-renders**

　SWRは内部でキャッシュを管理し、データが変わったときだけ再レンダリングします。これにより、ユーザー体験がスムーズになります。

- **Transport and protocol agnostic**

　SWRはAPIやデータの形式に依存せず、GraphQLやRESTなど任意のデータフェッチに使えます。

　SWRの基本的な使い方は以下のようになります。

```
import useSWR from 'swr'

function Profile() {
  const { data, error } = useSWR('/api/user', fetch)

  if (error) return <div>failed to load</div>
  if (!data) return <div>loading...</div>
  return <div>hello {data.name}!</div>
}
```

　ここでは、/api/userというURLからデータをフェッチしています。もしデータの取得が成功したら、dataにその結果が入ります。取得に失敗した場合は、errorにエラー情報が入ります。

　SWRライブラリはReactの公式フック（Hooks）のパターンに準拠しています。だからこそ、コンポーネントのライフサイクル全体でデータを管理しやすくなっています。また、ReactのContext APIと組み合わせることで、アプリケーション全体でのデータの状態管理も可能になります。

3-3 バックエンド開発の準備

3-3-1 バックエンドのコンテナの構築

前節ではフロントエンドの開発環境を作りながら、VSCodeの使い方を学びました。本節では、次章以降のために引き続き、バックエンド開発の準備をします。

バックエンドのコンテナを作成し、いくつかの設定や拡張機能をインストールします。**図3-3-1**の濃い網掛け部分のアーキテクチャが対象となります。

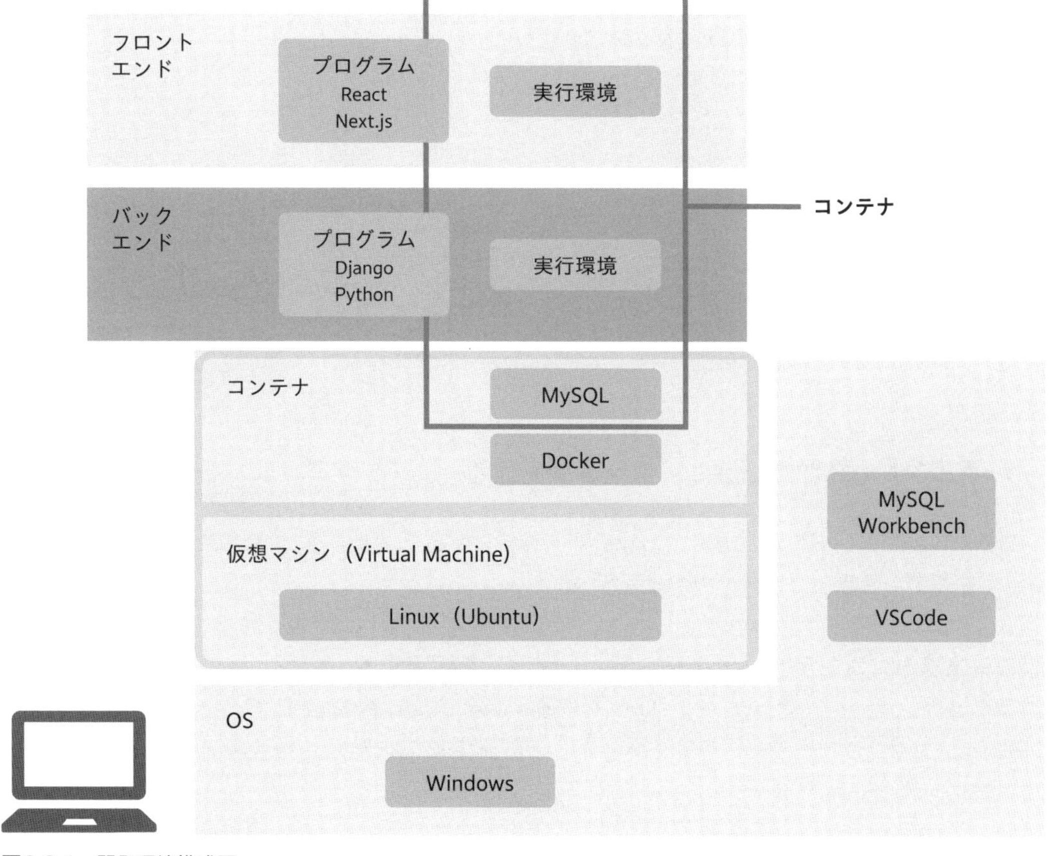

図3-3-1 開発環境構成図

プロジェクトのホームディレクトリの作成

前節で作成しておいたバックエンドのホームディレクトリ（/usr/local/src/dev/app/backend）を使用します。この作業フォルダにコンテナを構築しアプリケーションを開発していきます。間違いを防ぐために、前項で使用したフロントエンドのVSCodeを立ち上げたままの方は一度、閉じてください。その上で、WindowsメニューからUbuntuを立ち上げ、次のコマンドを実行してください。

```
$cd /usr/local/src/dev/app/backend
$code .
```

実行後、VSCodeの画面を確認してみてください。「backend」フォルダに移動して、VSCodeの画面がバックエンドのプロジェクトに切り替わっているのがわかるでしょうか。このようにして、本書ではフロントエンドとバックエンドを切り替えながら開発します。

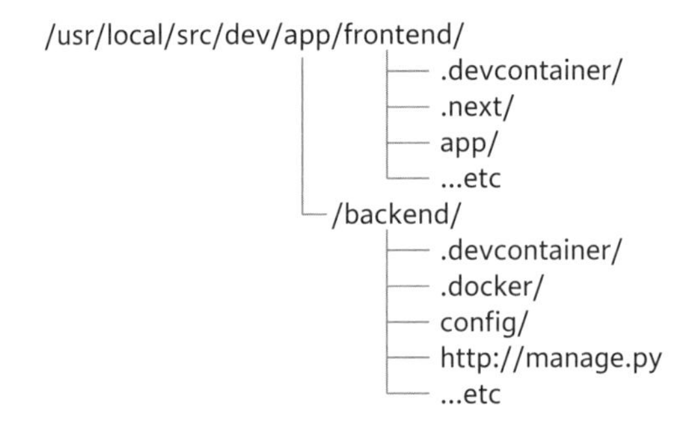

図3-3-2 プロジェクトのディレクトリ構成

バックエンドの言語を設定し、コンテナを作る

前節でフロントエンドのNode.jsのコンテナを作ったときと同じように、「コマンドパレット」を開き、言語環境の設定とコンテナの作成を行いましょう。

①プロジェクト（コンテナ）のホームディレクトリを設定する

コマンドパレットを開きます。「Dev Containers: Open Folder in Container」を選択し、Windowsのエクスプローラーのlinuxから「/usr/local/src/dev/app/backend/」フォルダを選択してください。

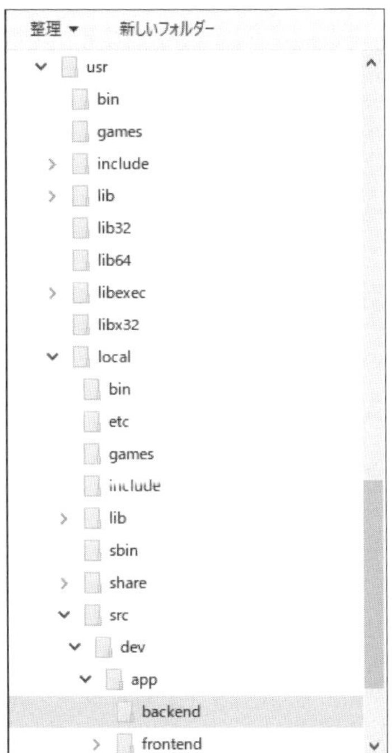

図3-3-3
「/usr/local/src/dev/app/backend/」フォルダを選択

②言語にPythonを設定する

次に、言語を設定します（**図3-3-4**）。なお、本節で選択しているのは、執筆時点（2023年11月）での最新バージョンになります。最新の安定版がある場合はそちらを選択してください。

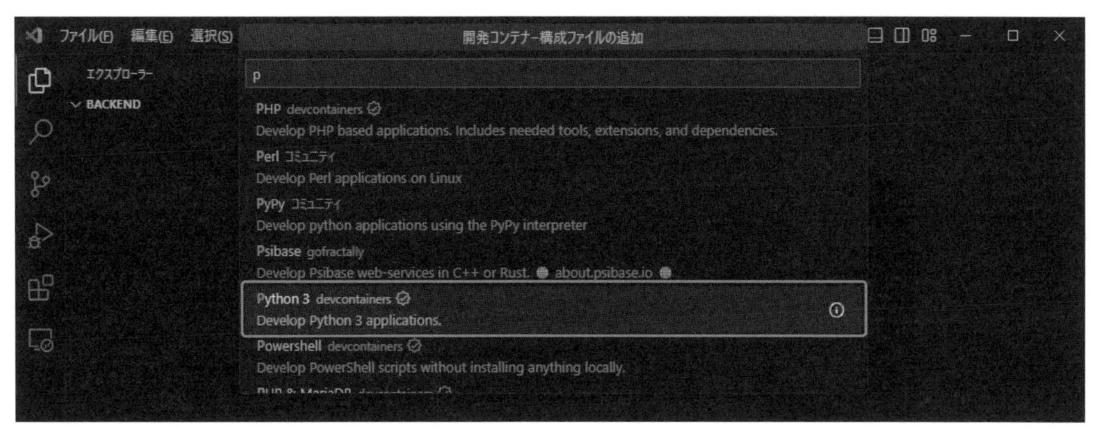

図3-3-4　Python3を選定しバージョン（3.11）を指定する

Python3を使用したバックエンドのコンテナが作成されました（**図3-3-5**）。

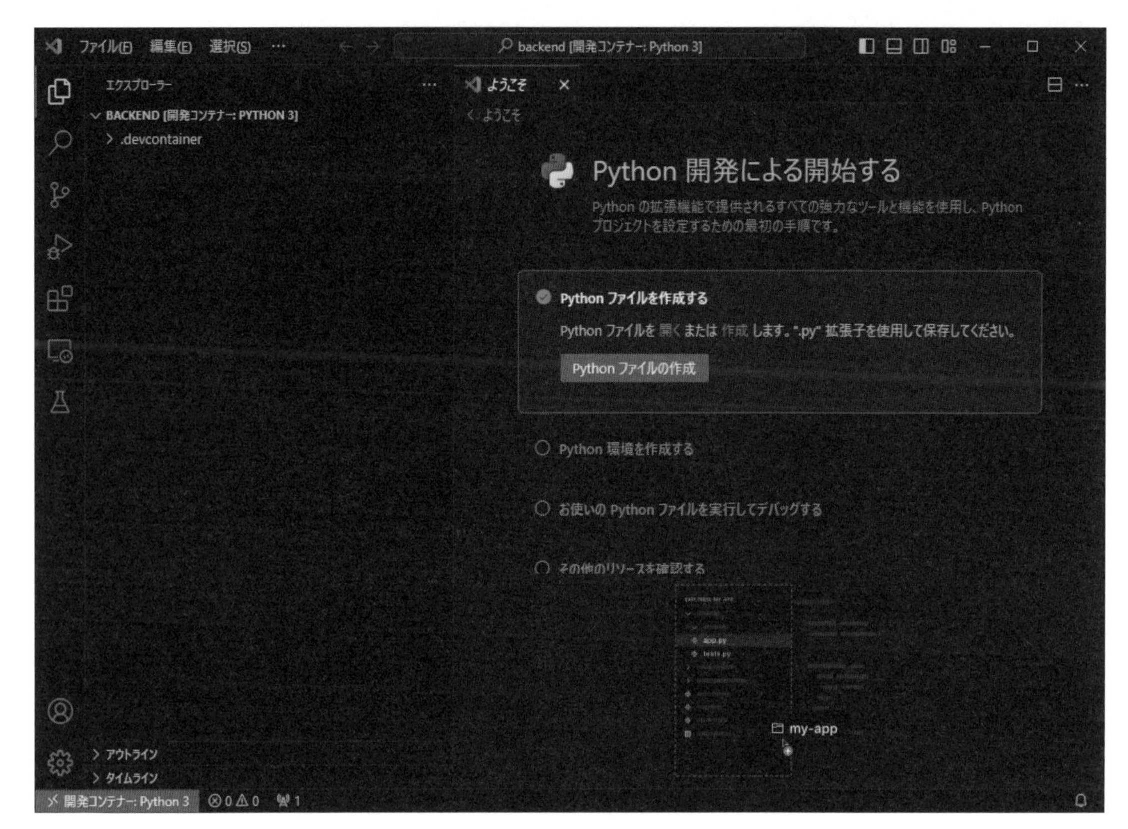

図3-3-5　コンテナ構築の完了画面

バックエンドの環境設定を行う

ここまでで、プロジェクトのホームディレクトリにPython3でのコンテナを作成しました。次に今後の開発に必要な設定を行います。

まずは、VSCodeのターミナルから次のコマンドを実行し、ファイルの作成を実行してください。

```
echo -e 'djangorestframework\nmysqlclient' > requirements.txt
```

echoはLinuxの「出力」コマンドです。「>」の表記を使うことで出力した結果を「requirements.txt」として作成するように命じています。「-e」は改行を指示しています。**コード3-3-1**のように「djangorestframework」「mysqlclient」の2行が書かれたファイルが作られます。

コード3-3-1　requirements.txtの中身

```
djangorestframework
mysqlclient
```

続いて、以下のコマンドを実行しインストールしてください。

```
pip install -r requirements.txt
```

pip installはPythonのパッケージインストールコマンドです。今回は「requirements.txt」に書かれた「djangorestframework」と「mysqlclient」をインストールします。

pipとは

pipは、Pythonで使用されるパッケージ管理システムです。PythonのパッケージリポジトリであるPyPI（Python Package Index）からライブラリやツールをインストールし、管理します。前述のJavaScriptのパッケージマネージャーであるyarnのPython版といってよいでしょう。次のような機能があります。

- パッケージのインストール
- パッケージのアップグレード
- パッケージのアンインストール
- 依存関係の解決とインストール
- インストール済みパッケージの一覧表示

前述の「pip install ～」のように、インストールもできますし「pip uninstall パッケージ名」でアンインストールなどもできます。pipは前述の「requirements.txt」でパッケージを管理しています。

作業手順の解説に戻ります。続いて、次のコマンドを実行して依存関係を固定してください。

```
pip freeze > requirements.lock
```

pip freezeコマンドは、インストールされているパッケージとそのバージョンを一覧表示します。「>」で「requirements.lock」ファイルに書き出します。次の節のDockerの設定では、ここで作成したlockファイルの中身を使い、コンテナの中のAPIなどのバージョンを固定しています。

```
fullstack@DESKTOP-N3ST7I9:/usr/local/src/dev/app/backend$ cat requirements.lock
asgiref==3.7.2
Django==4.2.2
djangorestframework==3.14.0
mysqlclient==2.1.1
pytz==2023.3
sqlparse==0.4.4
typing_extensions==4.6.3
fullstack@DESKTOP-N3ST7I9:/usr/local/src/dev/app/backend$
```

図3-3-6 requirements.lockの中身

Dockerの設定を行う

Dockerに追加モジュールや依存関係の設定を行います。VSCodeのエディター機能を使い、.devcontainer/devcontainer.jsonを開いてください（**図3-3-7**）。

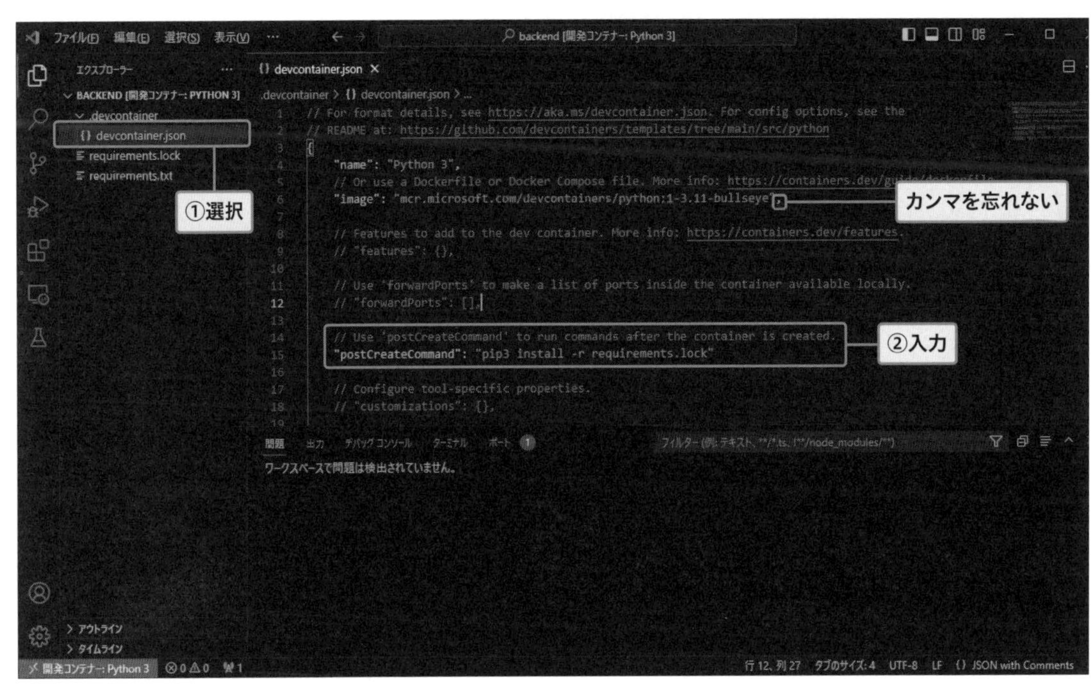

図3-3-7　devcontainer.jsonの設定画面

中段の下あたりに記載のある、postCreateCommandを使用するため、次のように書き換えてください。

```
"postCreateCommand": "pip3 install -r requirements.lock",
```

その際、上段の「"image": "mcr.microsoft.com/devcontainers/python:1-3.11-bullseye”」にカンマ（,）を忘れないように注意してください。上段にカンマを入れないとVSCodeがエラーを表示します。

書き換えが完了したら左下の開発コンテナをクリックし、「コンテナーのリビルド」を実行してください（**図3-3-8**）。

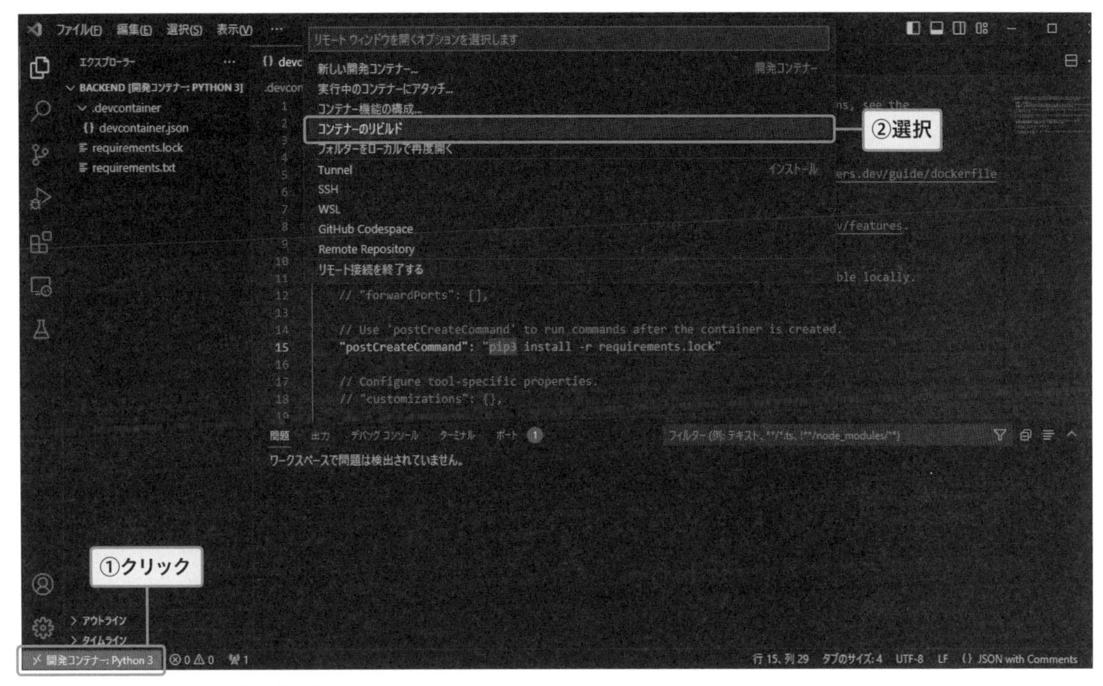

図3-3-8　コンテナのリビルド画面

これでVSCodeを起動しサーバーサイドのコンテナを立ち上げる際に、依存関係を持つパッケージを自動的にインストールできます。

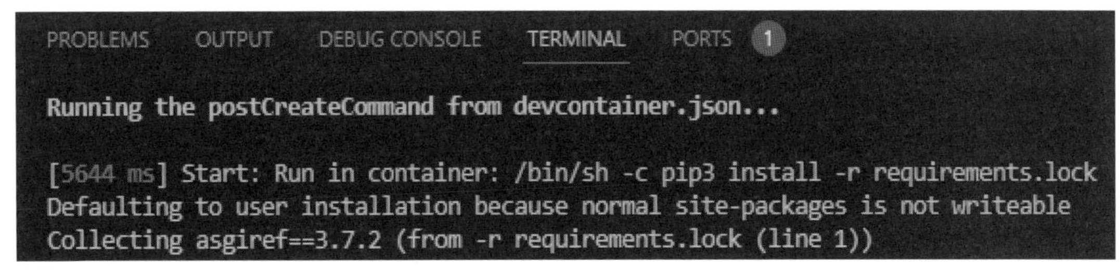

図3-3-9　.devcontainer/Dockerfileの中身

Djangoプロジェクトを設定する

続いて、プロジェクトの設定をします。Djangoには**プロジェクト**という概念があり、開発時にアプリケーションの単位として扱うことができます。

ただ、本書ではDjangoのプロジェクトは「開発の単位」としては使用せず、環境依存情報の管理のためだけに使用します。プロジェクト名が「config」というのは少々わかりにくいですが、本書における作業の便宜上そうしています。まず第2章の冒頭で説明した「開発環境」についての説明を思い出してください（**図3-3-10**）。

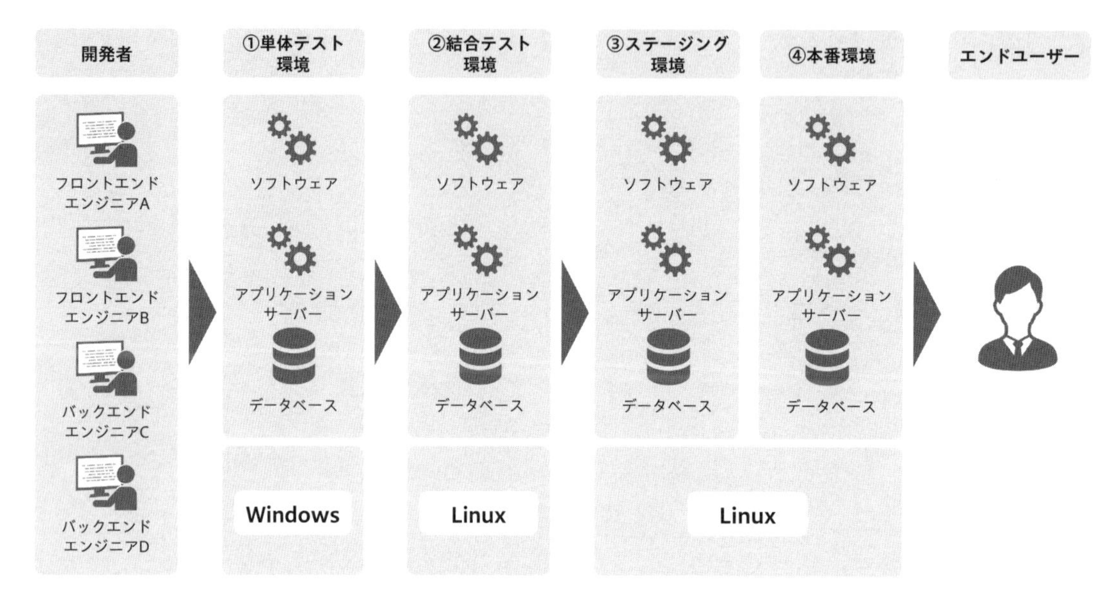

図3-3-10　開発・テスト・本番環境（再掲）

今回は①の環境を「development」とします。そのため、以降は①の環境設定を「config/settings/development.py」として作成しています。本来のプロジェクトを想定すると「staging.py」（③ステージング環境）や「production.py」（④本番環境）なども作成することになります（本書では「development」のみ作成します）。

その際、①〜④の各環境独自の設定は、環境ごとのpyファイルとして作成しますが、逆に環境によらない情報（タイムゾーンや言語など）は共通ファイルとして管理します。

本書では共通ファイルをbase.pyとして管理しています。後述の設定ファイルの作成ではbase.pyという環境共通設定ファイルを使用します（**図3-3-11**）。

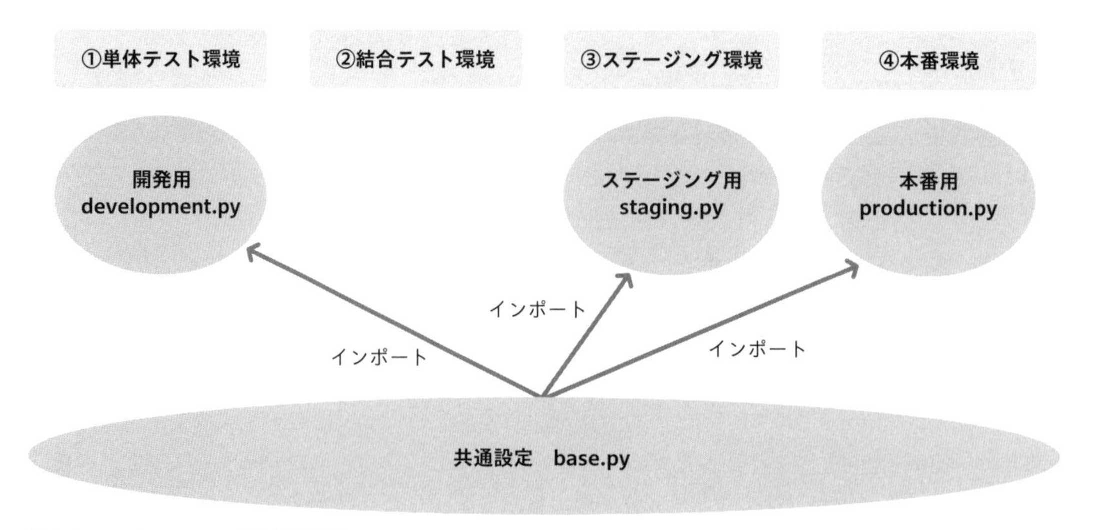

図3-3-11　base.pyと環境共通設定ファイル

VSCodeのターミナル上で次のコマンドを実行します。

```
django-admin startproject config .
```

django-adminは、Djangoコマンドラインです。startprojectは、新しいDjangoプロジェクトを作成するコマンドです。configはプロジェクトの名前であり、.はプロジェクトをカレントディレクトリに作成することを指定します。

このコマンドを実行すると、configという名前のディレクトリが作成され、Djangoプロジェクトのスケルトンがその中に作成されます。ここには基本的なファイル（settings.py、asgi.py、wsgi.pyなど）が作成されます。

Gitの管理からソース以外のファイルを外す

VSCodeのターミナル上で次のコマンドを実行します。

```
echo '__pycache__/' > .gitignore
```

このコマンドは、.gitignoreファイルに__pycache__/というテキストを書き込みます。.gitignoreファイルは、Gitのバージョン管理から除外するファイルやディレクトリのリストを指定するために使用されます。__pycache__/は、Pythonのコンパイル済みバイトコードファイルが生成されるディレクトリです。

このコマンドを実行することで、__pycache__/ディレクトリ内のファイルがGitの追跡から除外されます。

Pythonの設定

前項にて、Djangoのプロジェクトを使用して環境ごとの設定情報を管理する方法を説明しました。次に、Djangoのプロジェクトを作成した際に自動生成された「configフォルダ」の中の設定構築を行います。先ほど、作成したDjangoのプロジェクトフォルダ「config」の下に「settings」というフォルダを作り、そこに「configフォルダの下のsettings.py」を「configの下のsettingsフォルダの下のbase.py」にリネームして移動します。VSCodeのターミナル上で、次のコマンドを実行します。

```
mkdir config/settings
mv config/settings.py config/settings/base.py
```

このbase.pyは前述の通り、開発環境用（development.py）、ステージング用などの環境設定ファイルのうち「共通設定」としてタイムゾーンや言語など「どの環境でも同じ設定」を保存するのに使っています。

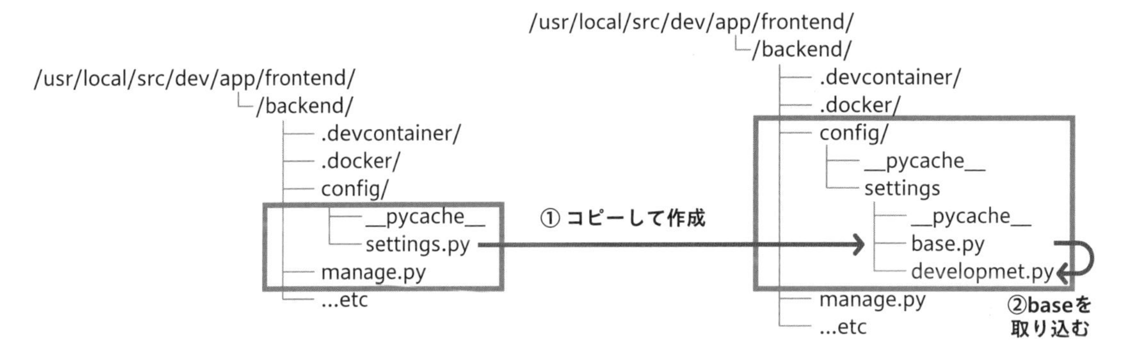

図3-3-12　settingsフォルダ構成

次に、echoコマンドを使い「configフォルダの下のsettingsフォルダの中のdevelopment.py」ファイルを作成します。VSCodeのターミナルで次のコマンドを実行します。

```
echo 'from .base import *' > config/settings/development.py
```

from .base import *で、開発環境用（development.py）の設定ファイルに「共通設定」（base.py）をインポートし、反映しています。開発環境用（development.py）の設定は、development.pyに直接記載します。第2章で構築したMySQLに接続できるよう、データベース接続先情報（DATABASES）をdevelopment.pyに設定します。

VSCodeのエディターでconfig/settings/development.pyを開いて、**コード3-3-2**を追記してください。なお、以後のPythonでプログラムを作成する際は、サンプルコードのインデントに注意しましょう。Pythonではインデントでコードのブロック（まとまり）を判断しているため、コピー&ペーストでインデントが変わるとエラーの原因となります。

コード3-3-2　開発環境用の設定ファイル（config/settings/development.py）

```
from .base import *

DATABASES = {
    'default': {
        'ENGINE': 'django.db.backends.mysql',
        'NAME': 'app',
        'USER': 'root',
        'PASSWORD': 'password',
        'HOST': 'host.docker.internal',
        'PORT': '53306',
        'ATOMIC_REQUESTS': True
```

```
    }
}
```

設定を1つずつ、見ていきましょう。

- **ENGINE**

  MySQLを使用するので「django.db.backends.mysql」を設定します。

- **NAME／USER／PASSWORD／PORT**

  第2章で構築したMySQLと同じ情報になるように、設定を合わせます。

- **HOST／PORT**

  host.docker.internalを指定することで、コンテナからホストを参照することが可能になります。backendコンテナからホストの53306ポートを参照してMySQLに接続できるようにします。

- **ATOMIC_REQUESTS**

  Trueにした場合は、処理の最後まで到達した場合に、データベースをCOMMIT（確定）するようにします。Falseにした場合は、テーブル操作するたびにデータベースをCOMMIT（確定）します。

  これはトランザクション管理といってデータベースの「処理の一貫性」を保証します。例えば、商品を購入する処理と、在庫を減らす処理があったとします。処理がどこかでエラーになった際、一方だけが実行されては不整合が生じます。そのため「ATOMIC_REQUESTSをtrue」にすることによって、処理全体が成功したときだけ「確定」（COMMIT）され、エラーが発生した場合には処理全体が「取消」（ROLLBACK）されるようになります。システムの非機能要件を鑑みて、どちらを採用するか決定してください。本書ではTrueとしています。

Djangoサーバーの起動

ここまでで作成・配置した環境設定ファイルを利用して、開発環境を起動します。次のコマンドをVSCodeのターミナルから実行します。

```
python manage.py runserver --settings config.settings.development
```

このコマンドは、Djangoの開発サーバーを起動しています。python manage.py runserverコマンドは、Djangoプロジェクトの管理コマンドであり、開発サーバーを起動するために使用されます。--settings　config.settings.developmentは、設定ファイルとしてconfig/settings/development.pyを使用することを指定します。このコマンドを実行すると、Djangoの開発サーバーが起動し、指定された設定ファイルに基づいてアプリケーションが実行されます。

無事サーバーの起動が完了すると、**図3-3-13**のような画面が表示されます。

図3-3-13　Djangoサーバーの起動画面

3-3-2 バックエンドの追加設定

前項までで、開発環境のコンテナの設定を行いました。引き続き、後の章での開発の準備を兼ねて環境の設定を行います。

Djangoの設定

共通環境設定ファイルにいくつか、追加の設定を行います。VSCodeのエクスプローラーからDjangoの共通設定ファイル（base.py）を開いて、次のように変更を行ってください。

- INSTALLED_APPSに"rest_framework"を追加する（後ろにカンマ（,）をつけてください）
- ALLOWED_HOSTSに['*']を設定する
- LANGUAGE_CODEに"ja-jp"を設定する（かなり後ろのほうに項目があります）

図3-3-14 VSCodeのエクスプローラーよりエディターを起動

次に、「実行SQLを標準出力に出力する」ために**コード3-3-3**の設定をbase.pyに追記します。入力位置は他の定義の間であれば、どこでも構いません。

コード3-3-3 base.py

```
LOGGING = {
    'version': 1,
    'disable_existing_loggers': False,
    'handlers': {
        'console': {
            'class': 'logging.StreamHandler',
        }
    },
    'loggers': {
        'django.db.backends': {
            'level': 'DEBUG',
            'handlers': ['console'],
        }
    }
}
```

devcontainer.json

「Class '{モデル名}' has no 'objects' member pylint」のような、Django特有の警告を誤検出しないようにpylint_djangoを設定します。VSCodeのエディター機能を使いdevcontainer.jsonを開いてください（**図3-3-15**）。

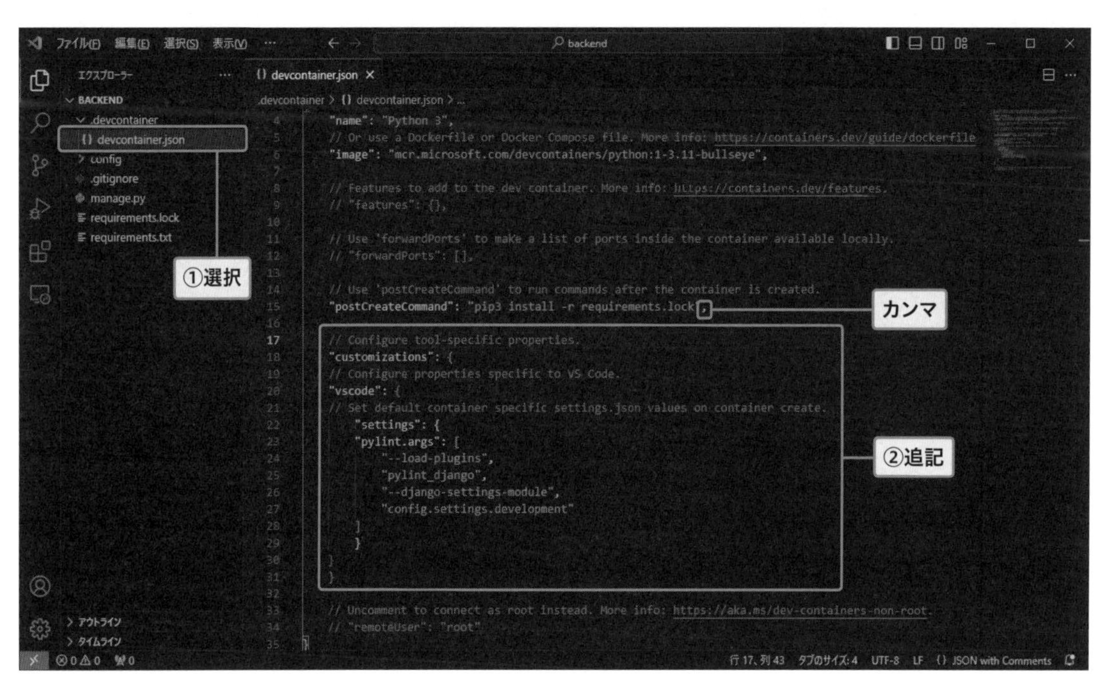

図3-3-15　devcontainer.jsonの設定

そして、次のコードを記載してください。その際、必ず1つ上の設定にカンマ（,）をつけてください。

```
// Configure tool-specific properties.
"customizations": {
// Configure properties specific to VS Code.
"vscode": {
// Set default container specific settings.json values on container create.
    "settings": {
    "pylint.args": [
        "--load-plugins",
        "pylint_django",
        "--django-settings-module",
        "config.settings.development"
    ]
    }
```

```
    }
    }
```

これで、MySQL（モデル層）とフロントエンド、バックエンドの3つのコンテナが揃いました。ここでDockerコンテナの操作方法を学びましょう。

Part I

3-4 Dockerの使い方

第2章でDockerのインストールを行い、MySQLをコンテナにインストールしました。そして3-3節までで、そのDockerにフロントエンド、バックエンド双方のコンテナを作成しました（それぞれのホームディレクトリでcodeコマンドを実行し、コマンドパレットから「開発コンテナでフォルダを開く」を選択して言語などを選定しました）。この時点でフロントエンド・バックエンド・MySQLの各コンテナが作成されているので、その使い方・見方を解説します。

DockerはDocker Engine（実際にコンテナを実行する部分）とDocker CLI（コンテナを操作するためのコマンドラインインターフェース）で構成されています。こうしたDockerの機能をGUIから管理可能にしているのが、「Docker Desktop」です。Docker Desktopでは、コンテナとそのイメージの管理を行います。第2章ですでにインストールしているので、デスクトップからDocker Desktopを起動してください（**図3-4-1**）。

基本的にコンテナの生成は、VSCodeやデータベースのインスタンスを連携することで自動的に生成されます。**図3-4-1**の例でわかるようにコンテナが3つランニングしており、1つ目がバックエンドで、2つ目がフロントエンド、3つ目はデータベースのコンテナです。

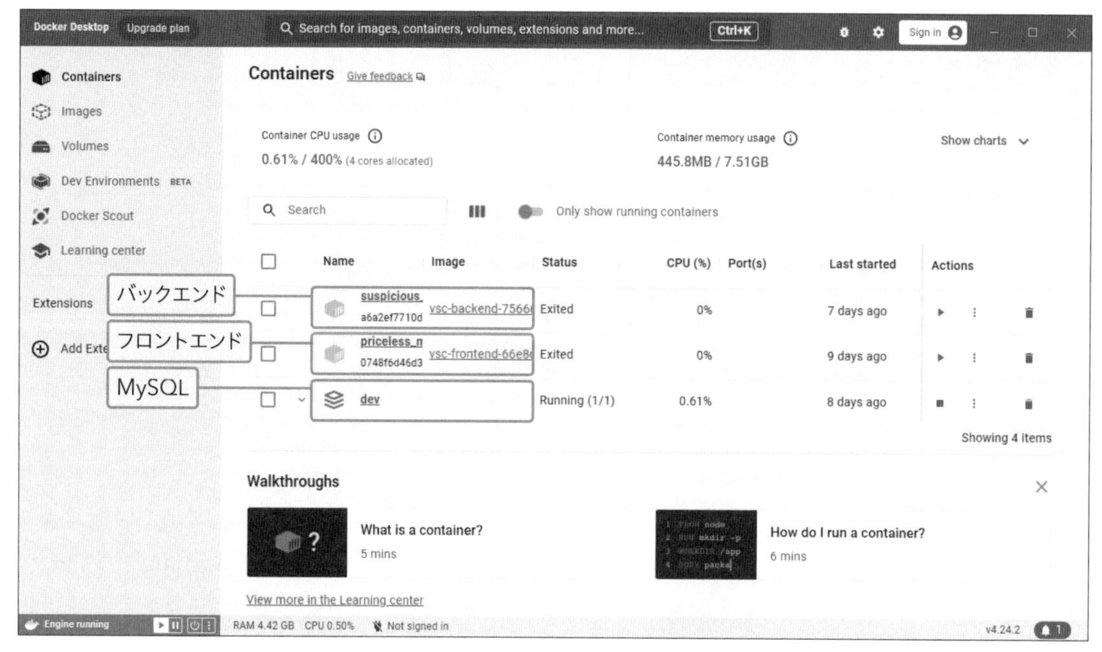

図3-4-1　コンテナ一覧

次にイメージ（Images）タブ（**図3-4-2**中①）をクリックしてみましょう。生成されたコンテナはイメージ（image）として保管されます。「in use」（同図中②）と表示されているものが、実際に使用されているコンテナです。

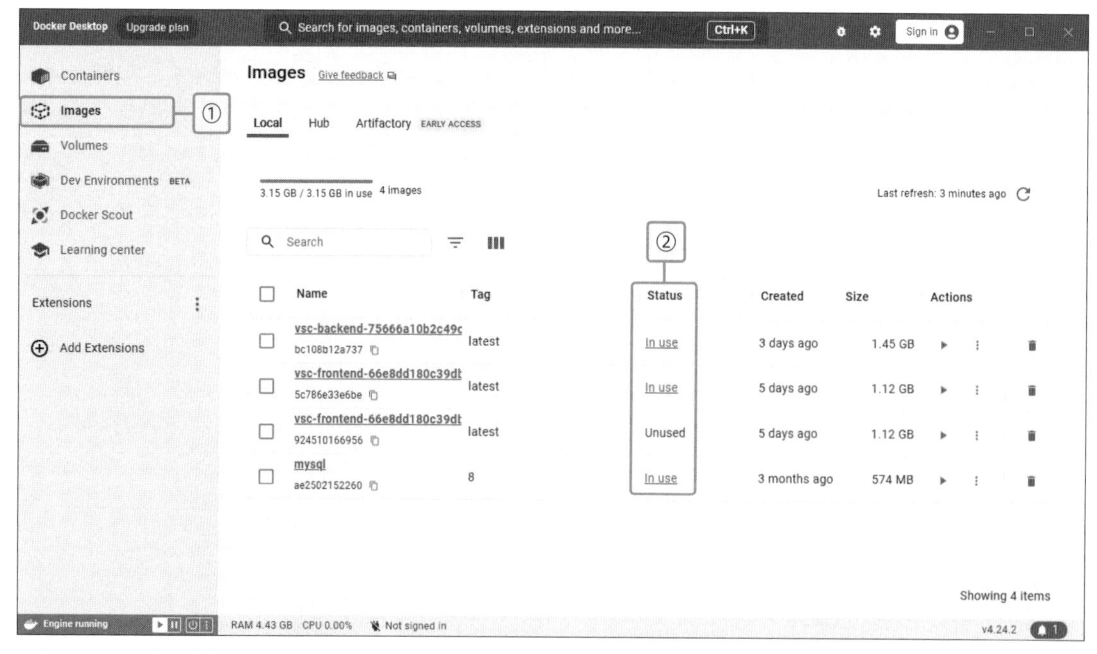

図3-4-2　Dockerのimagesタブ

それではコンテナ（Containars）タブ（**図3-4-3**中①）をクリックしてトップ画面に戻り、MySQLコンテナ（同図中②。例では「app-db-1」）をクリックしてコンテナの詳細画面を確認しましょう。

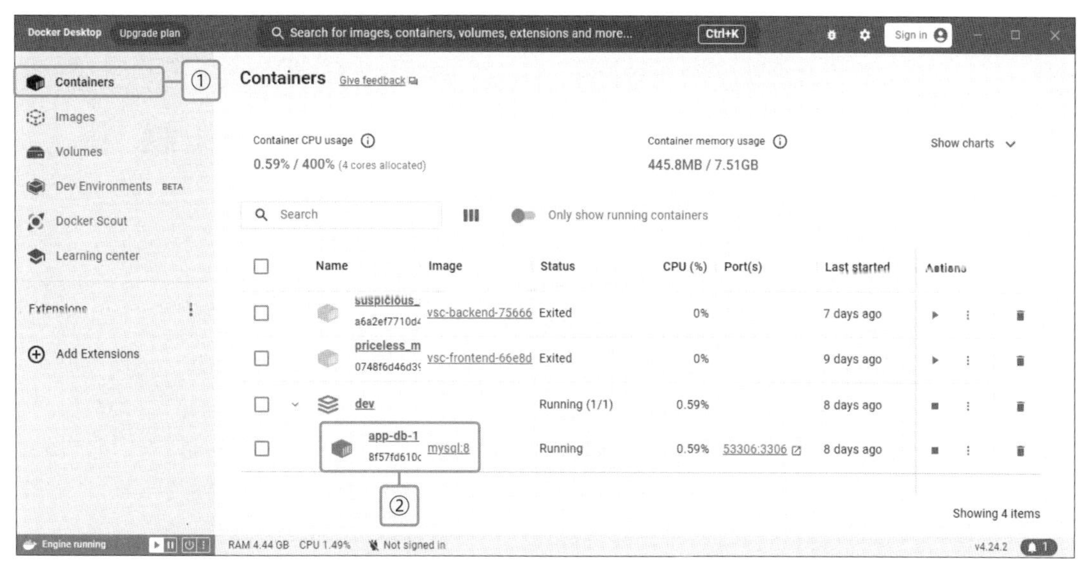

図3-4-3　Dockerメイン画面

まず、コンテナ（フロントエンド・バックエンド・MySQL）は、それぞれが1つのサーバーだと考えてください。そのため、起動も終了も個別に管理されています。作業しているとエラーなどでサーバーのログを確認したいことがあることでしょう。その際は、「Logsタブ」を確認すると、MySQLのログが書き込まれています。データベースにエラーが出るときには確認してください（**図3-4-4**）。

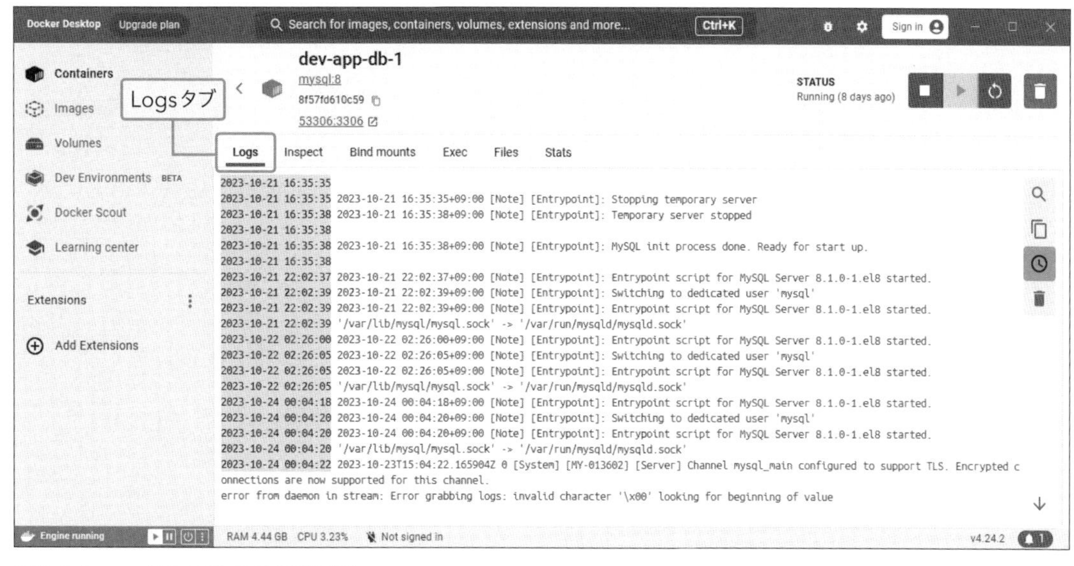

図3-4-4　コンテナのMySQL詳細画面

また、コンテナ上にあるサーバーに、直接linuxコマンドを実行したい場合は「Execタブ」からコマンドラインを開くことができます（**図3-4-5**）。ここでVSCodeを使わずに直接ファイルの編集なども行えます。

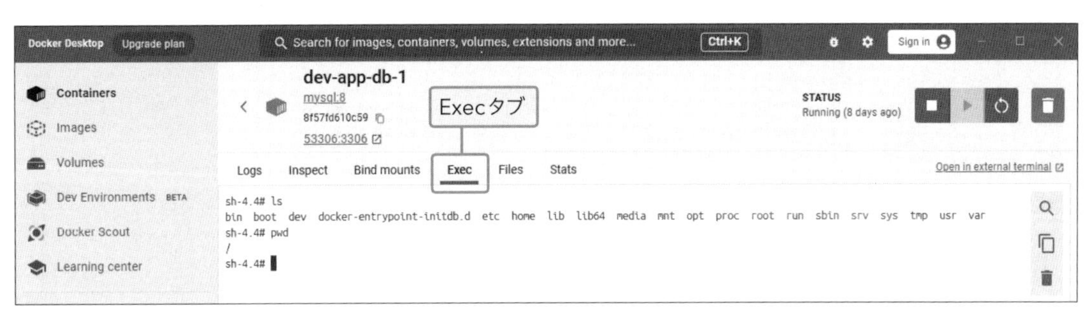

図3-4-5　DockerのExec（コマンド）画面

第3章ではフロントエンド、バックエンドの双方の環境設定、コンテナの構築を通して、コマンドパレット、拡張機能、ターミナル、エディターといったVSCodeの基礎的な使い方を学びました。また、開発環境と、その他の環境のコンテナの設定ファイルの管理の仕方も説明しました。

次章以降では、本章で準備した環境を使いながら、いよいよ開発実装に入っていきます。本章で学んだことを意識しながら実装していきましょう。

第４章 フロントエンドとバックエンドのシステム連携の基本

第３章ではフロントエンド（React、Next.js)、バックエンド（Django、Python）の２つのアプリケーションの環境を作り、起動できることを確認しました。第４章ではフロントエンドとバックエンドのシステム連携を行い、１つのWebシステムとして動作させるところまで学びましょう。それぞれを実装し、動かしてみることで、仕組みを理解します。

Part I

4-1 フロントエンドの実装の基本

4-1-1 固定文言を画面に表示する

本章では、**図4-1-1**のアーキテクチャを実際に完成させていきます。まずは、この構成図のうちフロントエンド領域にあたる部分を作成していきましょう。

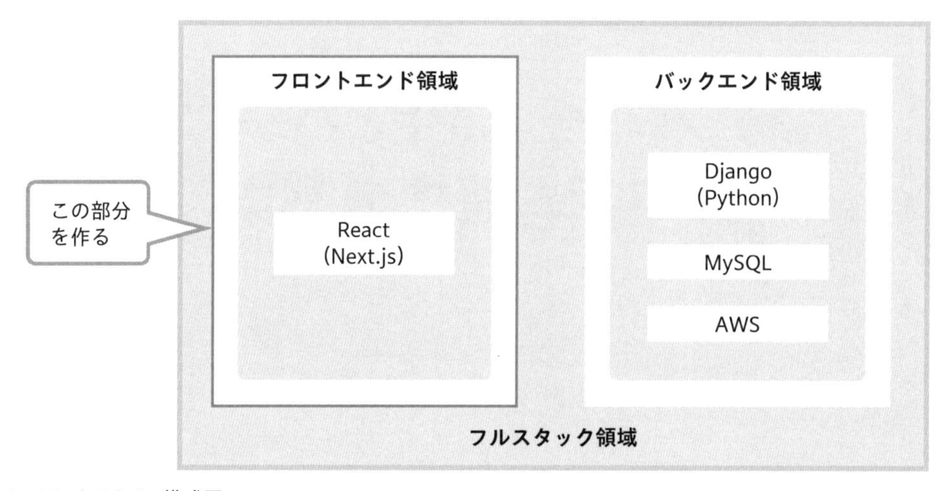

図4-1-1　アーキテクチャ構成図

まずは、フロントエンドの画面を表示してみましょう。動作の「仕組み」は以降で解説しますので、まずは下記の通り作業を行ってみてください。

第3章の手順と同じようにUbuntuをWindowsメニューから立ち上げて、フロントエンドのディレクトリ（/usr/local/src/devapp/frontend）から「code .」コマンドを使い、フロントエンドのVSCodeを起動します。VSCodeを起動した際には、必ず左最下部の青色でハイライトされている「開発コンテナー」を確認しましょう。><と表示されていて、コンテナに接続できていない場合にはプログラムやサーバーは正しく動作しません。開発コンテナに接続されてない場合には、ハイライト部分をクリックして「コンテナーを再度開く」を実行しましょう。詳しくは第3章のコンテナの説明を再読してください。

VSCodeの左のウィンドウ、エクスプローラーにあるappディレクトリを右クリックして、「新しいフォルダ」を選択、helloディレクトリを作成します（**図4-1-2**中①）。さらに、作成したhelloディレクトリを右クリックして、「新しいファイル」を選択し、page.tsxという名前の空のファイルを作成してください（同図中②）。

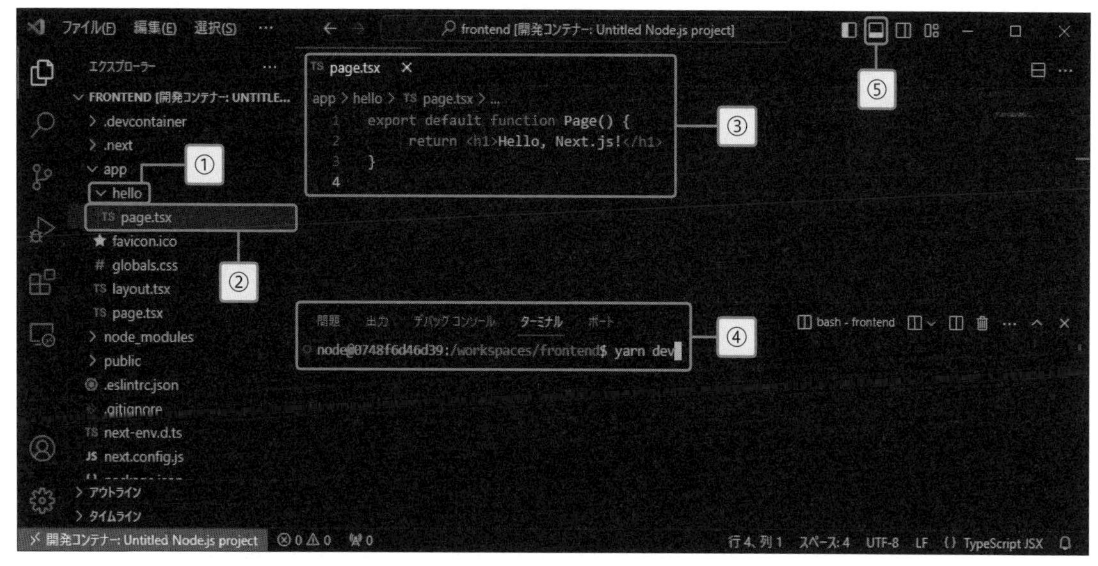

図4-1-2 フロントエンド画面の表示例

作成したpage.tsxに**コード4-1-1**の内容を記載します（**図4-1-2**中③）。

コード4-1-1 フロントエンド画面の表示（app/hello/page.tsx）

```
export default function Page() {
  return <h1>Hello, Next.js!</h1>
}
```

VSCodeの右下のウィンドウのターミナルで「yarn dev」を実行してください（同図中④）。なおターミナルウィンドウが画面に表示されていない場合には⑤のアイコンをクリックするとウィンドウが展開します。このコマンドにより、Next.jsのサーバーが立ち上がります。以降のコーディングでは、サーバーを立ち上げたまま作業を続けることを前提とするため、逐一コマンドを指示することはしていません。サーバーが停止している場合には都度「yarn dev」コマンドで再開してください。また、意図的に停止したい場合には、VSCodeのコンソール上で「Ctrl」＋「C」キーを押してください。

今度はブラウザから、http://localhost:3000/helloにアクセスしてみましょう。「Hello, Next.js!」と画面に表示されれば成功です（**図4-1-3**）。

Hello, Next.js!

図4-1-3 Hello,Next.js!

では、どのような仕組みで動いているのかを解説していきます。まず、ファイルを作成しただけで動作したのはなぜでしょうか。

ルーティングとは？

Next.jsでは、appディレクトリ直下がWebにおける「**ドキュメントルート**」となります。app配下に作成したディレクトリに置かれたpage.tsxの場所とURLを紐づけて、画面を表示できる仕組みになっています。

本事例ではソースコードはapp/hello/page.tsxに配置していたので、http://localhost:3000/helloに紐づくことになります。app/と/page.tsxの間にあるhelloというパスが、URLのパスになります。

表4-1-1 ソースコードとURLの紐づけ

URL	ルート	ソースコードのディレクトリ
http://localhost:3000/hello	/hello	app/hello/page.tsx

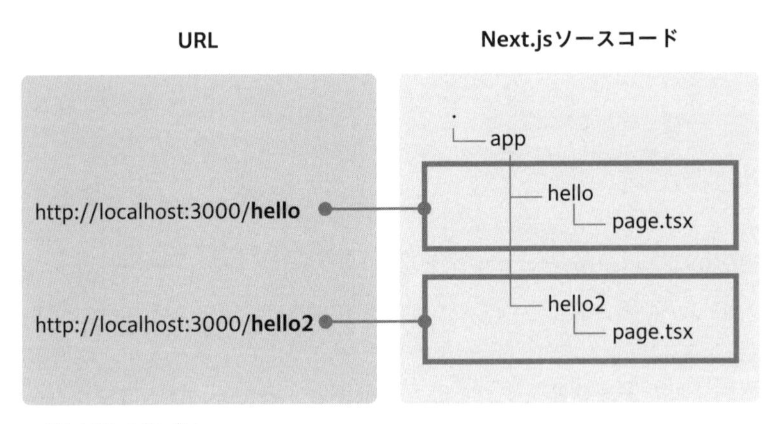

図4-1-4 ソースコードとURLの紐づけ

この仕組みによって、http://localhost:3000/helloを表示したときに、app/hello/page.tsxの内容が表示されるのです。

このように、クライアントのリクエスト内容と、サーバーの処理を紐づけることを「**ルーティング**」と呼びます。Next.jsのルーティングについては、公式ドキュメントに記載があります※4-1。

Next.jsではルールに従った場所にpage.tsxのようにソースコードを配置するだけで、URLと自動で紐づきます。そのため、管理しやすく、効率的に開発することが可能になっています。

※**4-1** 「App Router Incremental Adoption Guide」
https://nextjs.org/docs/app/building-your-application/upgrading/app-router-migration#step-4-migrating-pages

4-1-2 フロントエンドのソースコードの理解

続いて、作成したソースコードを解説していきます。

functionとは?

前項で作成した「app/hello/page.tsx」の1行目にあるfunctionとは関数（処理をまとめたもの）です。

```
export default function
```

このプログラムではfunctionの前にexport defaultと記載することで、ページの初期表示時、最初（デフォルト）に実行される関数となります。そのためURLにアクセスした際（ページロード時）に、Next.jsにてfunctionの内容を読み取って画面に表示できるようになります。

JSXでHTMLタグを記述しよう

続いて、page.tsxの2行目を見てみましょう。2行目の冒頭にあるreturnは、関数から呼び出し元へ値を返すJavaScriptの処理です。先ほど定義したexport default functionという関数の返り値が<h1>Hello,Next.js!</h1>というHTMLタグになるわけです。

```
return <h1>Hello, Next.js!</h1>
```

こちらは**JSX**という仕組みを活用しています。JSXは一言でいうと、**HTMLタグを値として直接JavaScript上で記述できるようにする**仕組みです。

1-3-2項「フロントエンド層のアーキテクチャ」の「JavaScriptの動作原理」で説明した通り、JavaScriptとはWebサイトに動きをつけたり、ボタンなどの制御を行ったりするプログラム言語です。また、HTMLタグはブラウザが読み取る記号です。ブラウザは、このHTMLタグを解析しWebページを表示しています。

本例におけるソースコードの<h1>〜</h1>はHTMLタグで「大見出し」を意味します。よって、<h1>Hello,Next.js!</h1>は大見出しとして「Hello,Next.js!」と表示させる内容になっています。

結果、ブラウザには**図4-1-5**のように「Hello,Next.js!」が表示されることになります。

JSX（非JavaScript）

```
return <h1>Hello, Next.js!</h1>
```

JSXコンパイラによって
JSXからJavaScriptに変換

JavaScript（React Element）

```
return React.createElement(
  'h1',
  null,
  `Hello, Next.js!`
);
```

<h1>のようなHTMLタグを
値として直接JavaScript上で記述できる

JavaScriptなので、ブラウザ上で
動作可能になる

図4-1-5 JSX

拡張子tsxとは?

今回作成したサンプルコードではファイルの拡張子がtsxになっています。こちらはTypeScriptで作成されたJSXの仕組みを使ったファイルを指します。TypeScriptはJavaScriptを拡張したもので、変数の型定義が可能という特徴があります。型＝Typeなので、TypeScriptという名称になっているわけです。

ReactではJSXを使わないプログラミング方法もあり、Reactの公式ドキュメントに記載があります※4-2。先ほどの例でいうと、**コード4-1-2**のように記述することが可能になります。

コード4-1-2 JSXを使用しない例（app/hello_without_jsx/page.tsx）

```
import React from "react";
export default function Page() {
  return React.createElement('h1', null, `Hello, Next.js!`);
}
```

実装後、Next.jsを起動して、http://localhost:3000/hello_without_jsxを表示すると、先ほどと同じく「Hello, Next.js!」と表示されます。

JSXのコンパイルの設定をしなくてもよいというメリットはあるのですが、プログラムが読みにくいので、本書ではJSXを使用していくこととします。

※4-2 「JSXを使わずに要素を作成する」https://ja.react.dev/reference/react/createElement#creating-an-element-without-jsx

「localhostに接続を拒否されました」と表示される場合

本章では、複数のディレクトリやファイルを用意しながら、様々なプログラムを作ります。その際の注意事項として、4-1節「フロントエンドを作成しよう」にてVSCode上でNext.jsサーバーを立ち上げたままの状態でいることを前提としています。そのため、学習を中断したり、何らかの理由でサーバーを停止したりした場合には、Webサーバー機能が停止して画面は表示されなくなります。逆にいえば、サーバーを停止しなければ、新しいプログラムを作るたびに自動的にコンパイルされて反映されています。そこで、「localhostに接続を拒否されました」と表示された場合にはVSCodeのコンソールから「yarn dev」を実行するようにしてください。

図4-1-A　エラーが表示される

4-1-3 Reactで動的に文言を表示する

それでは次にReactを使用して動的に文言を変えて表示してみましょう。注意したい点として、本項ではまず簡単に動作を学ぶために、バックエンドのアーキテクチャもNext.jsを使用して作成します。**本章冒頭で説明したReactとDjangoの連携ではない点に注意してください。**

これまでは、固定の文言を画面に表示していただけなので、動的に文言を表示できるようにしてみましょう。「動的に表示する」というのは、時間経過や操作によって、ブラウザ上で文言が切り替わるということです。

本項では先に、陥りやすい2つのエラーパターンを実装してから、最後に正常パターンを実装しましょう。

画面が更新されないパターン

1つめに、**ステート**（後ほど説明します）を使わないエラーパターンを実装します。

まずフォルダを作成し、新規ファイルを作成しましょう。VSCodeのエクスプローラーにあるappディレクトリを右クリックして、「新しいフォルダ」を選択し、hello_frontend_state_ng_changeディレクトリを作成します。

次に同じフォルダで「新しいファイル」を選択しpage.tsxファイルを作成します。その上で**コード4-1-3**の内容を記載しましょう。

コード4-1-3 ステートを使わない場合（app/hello_frontend_state_ng_change/page.tsx）

```
'use client'

import { useEffect } from 'react'

export default function Page() {
  let data = { name: '初期値' }  ――― ❶

  useEffect(() => {
    const change = { name: '変更' }  ――― ❸
    data = change
  }, [])

  return <div>hello {data.name}!</div>  ――― ❷
}
```

図4-1-6 現在の作業画面

コードを書き終えたら、ブラウザでhttp://localhost:3000/ hello_frontend_state_ng_changeにアクセスしましょう。該当フォルダにアクセスするとpage.tsxが実行されます。実行すると「hello 初期値!」と表示されます。それでは実際のプログラムを見ていきましょう。

letは変数などのオブジェクトの定義を行います。❶にあるようにdataという変数を定義し、data.nameに'初期値'という値を設定しています。

先ほどのアクセスで、return（❷）において、<div>〜</div>の中身がレンダリングされています。ここではhelloと{data.name}の値と！が連結されて、「hello初期値!」と表示されるのです。**レンダリングとは、Next.jsによって画面が書き換えられること**を示します。その際にuseEffect（後ほど説明します）の内容が実行され、data変数の中身は'変更'に書き換わります（❸）。

constは定数の宣言を行います。letが変数宣言であったのに対して、ここではchangeという定数に'宣言'を宣言しています。その次の行でdataにchangeを設定しています。

しかし、画面は上記の通り「初期値」のままです。このソースでは画面には初期値が表示されて、dataの中身は「変更」という状態になってしまっています。

ただ単に変数の中身を変えただけでは、イベントが起こらず、画面は再レンダリング（再描画）されません。結果、初期値が表示されたままの状態になってしまいました。

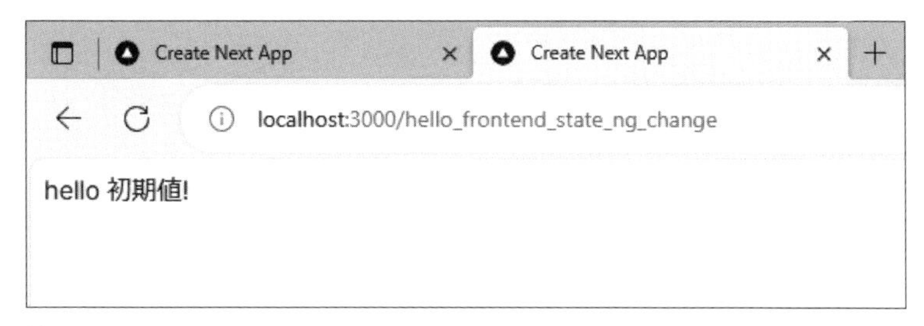

図4-1-7　初期値が表示されたままになっている

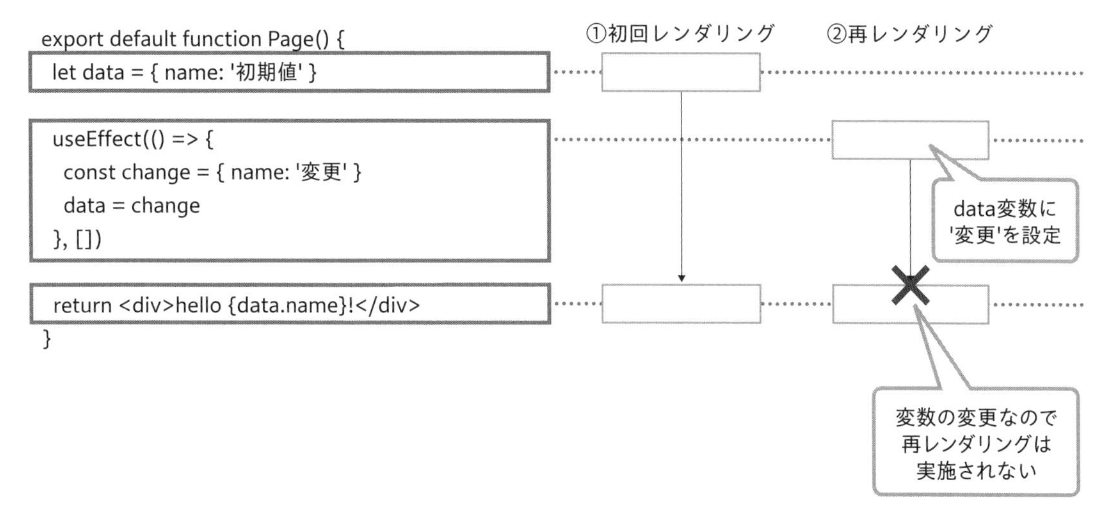

図4-1-8　ステートを使わずにレンダリング

ステートを使って画面を再描画しよう

先ほどはdata.nameの「初期値」を表示した後に、dataの中身を「変更」に書き換えましたが、表示は変わりませんでした。そこで、Reactで画面に表示する値を動的に変更する仕組みであるステートを用いて、再描画（レンダリング）させます。

IT用語で「ステート」とは「○○である状態」を示します。例えば、信号機であれば「青である状態」「黄である状態」「赤である状態」がステートとなります。Reactでは、**ステートという仕組みで状態を管理することができます。**

つまり、「ステートが変化した場合」＝「data.nameの『初期値』を表示した後に中身を『変更』に書き換えた場合」に、dataの中身が書き換わったことを検知し、画面を再レンダリングし表示する仕組みを作っているわけです。この結果、画面表示も「変更」に書き換わることになります。

ステート利用の失敗例

それではステートを使って実装していきたいのですが、先ほどのプログラムに単純にステートを実装してしまうと、次の例のように無限ループになってしまいます。動作を試す場合は、appの下に「hello_frontend_state_ng_loop」フォルダを作成し、「新しいファイル」でpage.tsxを作成し、**コード4-1-4**の内容を記載してください。

コード4-1-4　無限ループするプログラム（app/hello_frontend_state_ng_loop/page.tsx）

```
'use client'

import { useState } from 'react'

export default function Page() {
  const [data, setData] = useState({ name: '初期値' })  ── ステートを実装

  const change = { name: '変更' }
  setData(change)

  return <div>hello {data.name}!</div>
}
```

ブラウザからhttp://localhost:3000/hello_frontend_state_ng_loopにアクセスし、実行すると「Error: Too many re-renders. React limits the number of renders to prevent an infinite loop.」とエラーになります（**図4-1-9**）。

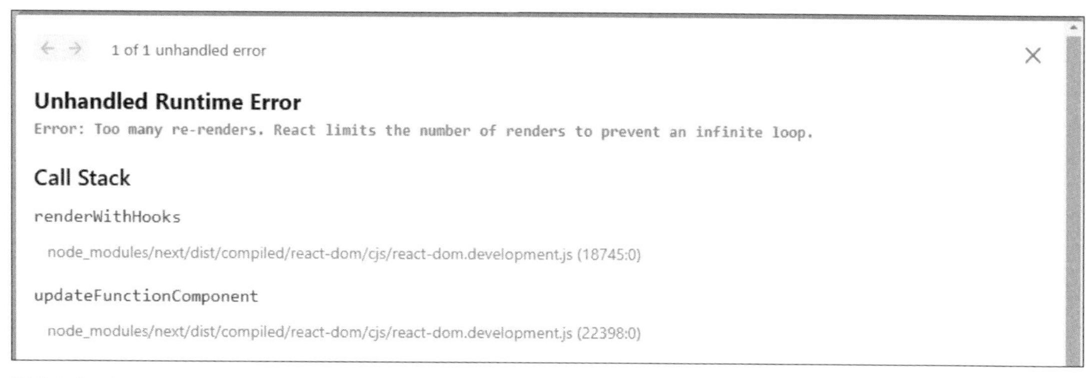

図4-1-9 Error: Too many re-renders

エラーになった**コード4-1-4**の処理の流れを表したのが**図4-1-10**です。最初にアクセスしたときに、①の初回レンダリングで「初期値」が表示されます。次にステートが変わると②で再レンダリング（ここではPage()を再呼び出し）されます。`setData()`でステートが変わる→再レンダリング→ステートが変わる……を無限に繰り返して、エラーになるのです。Next.jsではステートを使用することで動的に画面を変化させることができる反面、処理実行順を制御しないと無限ループに陥りやすいという側面があります。

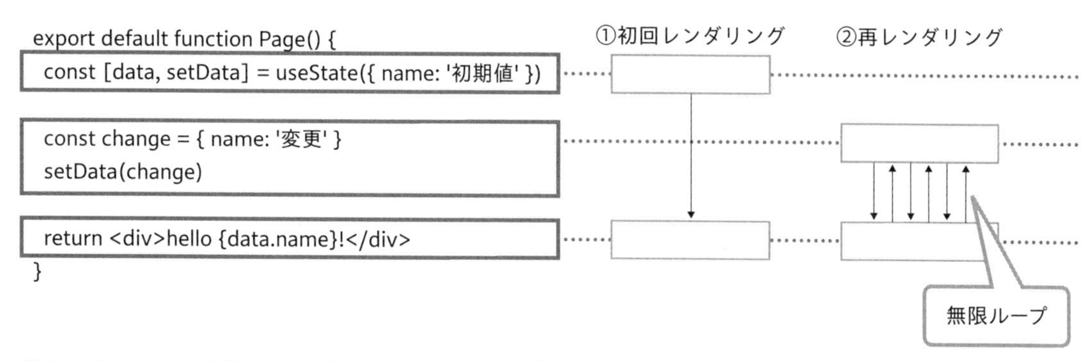

図4-1-10 ステート変更と再レンダリングによる無限ループ

ステートを使用した正しい実装例

それでは、`useState`（ステート）と`useEffect`を適切に使用して、動的に文言を表示する実装を行います。今までと同じようにappの下にhello_frontend_stateフォルダを作成し、page.tsxファイルを作成の上、次のコードを入力してください（**コード4-1-5**）。

コード4-1-5　動的に文言を表示（app/hello_frontend_state/page.tsx）

```
'use client'

import { useEffect, useState } from 'react' ──── ❶

export default function Page() {
  const [data, setData] = useState({ name: '初期値' }) ──── ❷

  useEffect(() => { ──── ❹
    const change = { name: '変更' }
    setData(change) ──── ❺
  }, []) ──── ❻

  return <div>hello {data.name}!</div> ──── ❸
}
```

それではコンソールより「yarn dev」を実行し、Next.jsを起動してみましょう（前項から起動したままの場合は、URLにアクセスすれば実行できます）。ブラウザでhttp://localhost:3000/hello_frontend_stateにアクセスすると、一瞬「hello 初期値!」と表示された後に「hello 変更!」と表示されたでしょうか（**図4-1-11**）。

hello 変更!

図4-1-11　hello,変更!

コード4-1-5を詳しく見てみましょう。useStateをimportすること（❶）で、ステートが使えるようになります。❷にはuseStateの1つ目の戻り値として、状態を管理する「ステートフルな値」(data) を指定します（ステートフルとは状態を保持し続けるという意味です）。2つ目の戻り値には、ステートを更新する関数（setData）を設定します。引数には初期値（{ name: '初期値' }）を設定します。

結果、1つ目の戻り値であるdataがステートとして定義されます。引数にname='初期値'を指定したので、dataステートの中のname要素に'初期値'という値が設定されます。そして、❸のreturnによるレンダリングにて「hello 初期値!」と表示されます。

その後、❹でuseEffectが1回だけ実行され、❺のステートを更新する関数（setData）でdataステートのnameが'変更'に設定されます。ステートが変更されると、再レンダリングされ、「hello 変更!」と表示されるのです。このように、ステートは後から変更して再レンダリングすることが可能です。

useEffect

useEffectはReactのフック（Hooks）の1つであり、関数コンポーネント内でサイドエフェクトを実行するためのものです。useEffectを使用することで、関数呼び出しのタイミングを制御することができます。今回はレンダリング後にuseEffectの中のコードを実行しています。

コード4-1-5では、第二引数に'[]'を指定（❻）しており、Reactのレンダリング後にuseEffect内の処理を1回だけ呼び出すという設定になっています。このように、処理実行順を明確にすることで、無限ループを回避できます。

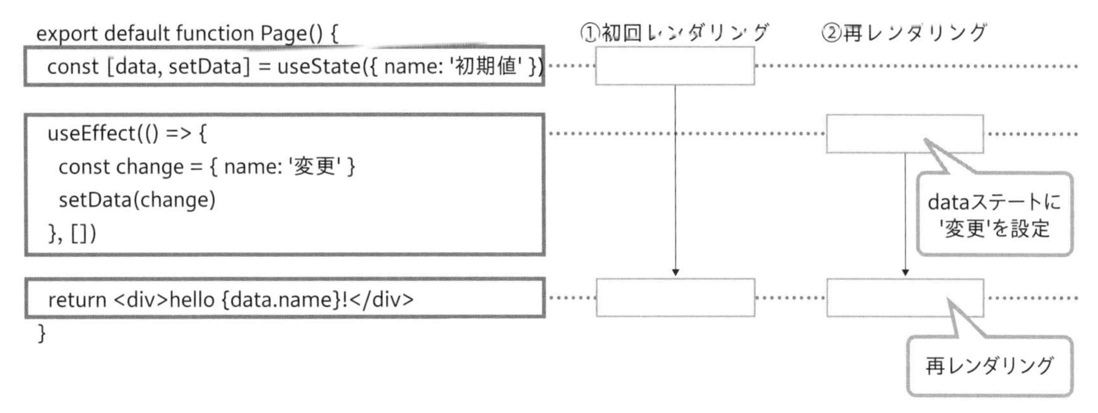

図4-1-12　ステートを使ってレンダリング

4-1-4 Next.js上にAPIを用意する

ここまでフロントエンドの実装を通して、固定値を表示する方法、ステートを使って動的に値を変える方法を学びました。

それでは次にバックエンドのAPIを作っていきます。フロントエンドからバックエンドのJavaScriptのAPIにアクセスして取得結果を表示してみましょう。なお、作業環境はそのままフロントエンドのVSCodeで続けてください。ただし、本項では簡単にAPIを学ぶためにDjango（Python）のバックエンドではなくNext.jsのサーバーサイド機能を使用してAPIを作成します。

APIを作ろう

API（Application Programming Interface）とは、システム間でデータのやり取りをする仕組みです。APIでデータをやり取りする際には、データを取得する側（クライアント）と、データを提供する側（サーバー）が存在します。Next.jsのサーバー上にAPIを用意して、Next.jsで動作するブラウザ（クライアント）からアクセスできるように実装します。

Next.jsでAPIを作るのは、とても簡単です。API用のフォルダにプログラムを配置するだけで、サーバーサイドJavaScriptとしてAPIが動作します。「pages/api」内のファイルは/api/*にマップされ、APIとして扱われます。Next.jsサーバー上にhttp://localhost:3000/api/hello でアクセスできるAPIを用意するには、pages/api/hello.tsというファイルにAPI内容を実装します。

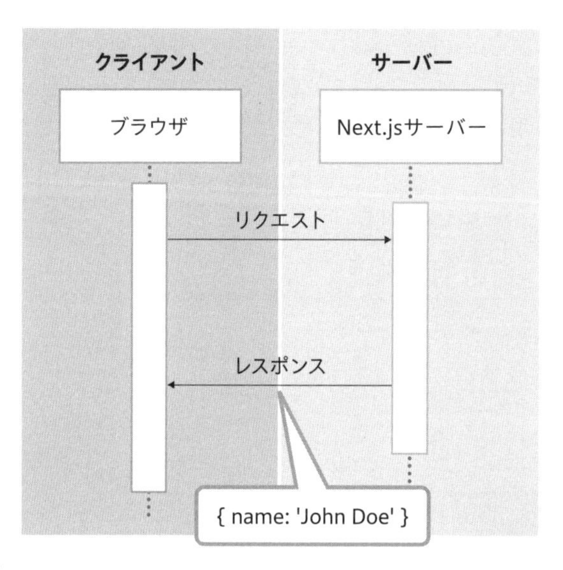

図4-1-13　API処理イメージ

それではAPIを作成しましょう。これまではapp/の下にプログラムを作成してきましたが、APIでは異なるフォルダで作業を行います。

frontendプロジェクトの直下に、「pages/api」というフォルダを作成します。このとき、フォルダを作るにはVSCodeの右クリックが効かないので、何かしらのファイルを選択した状態で「フォルダ作成アイコン」をクリックするか、コンソールから$mkdir pagesを実行してください。その次に、apiフォルダの中に今回の「hello.ts」というファイルを作成し、**コード4-1-6**を記入してください。

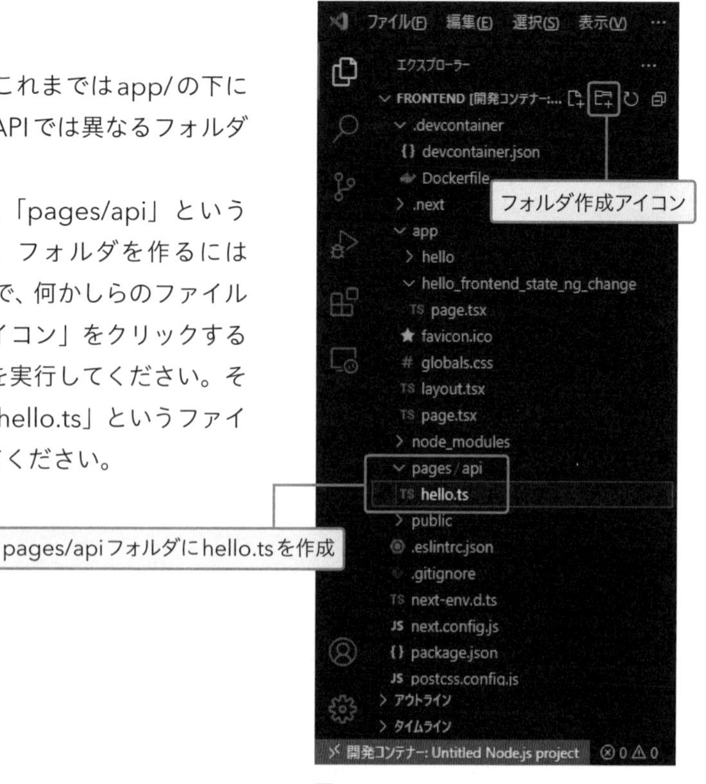

図4-1-14　APIの作成

コード4-1-6　Next.jsサーバー上にAPIを用意（pages/api/hello.ts）

```
import type { NextApiRequest, NextApiResponse } from 'next'

type Data = {
  name: string
}

export default function handler(
  req: NextApiRequest,
  res: NextApiResponse<Data>
) {
  res.status(200).json({ name: 'John Doe' })
}
```

こちらは、先ほどと異なり、JSXを含まないサーバーサイドのTypeScriptなので、拡張子をtsとしています。ブラウザ（クライアント）からhttp://localhost:3000/api/hello にアクセスしてみてください。{ name: 'John Doe' }のJSONが返却されたでしょうか（**図4-1-15**）。APIですので、URLにapiが入っていることを確認しておきましょう。

```
{"name":"John Doe"}
```

図4-1-15　JSON返却

JSONとは

JSON（JavaScript Object Notation）は、データの交換や保存に使用される軽量なデータ形式です。JSONでは、キーと値のペアからなるオブジェクトを持つことができます。キー（Key）を指定すると値を特定することができます。例だと、キー「name」の値は「"John Doe"」になります。

このようにNext.jsはフロントエンドだけでなくバックエンドの機能も備えています。pages/api/hello.tsのように、pages/api配下のファイルは、Next.jsが起動したサーバー上で動いています。バックエンド機能なので、設定を行えばデータベースにアクセスすることも可能です。フロントエンドもバックエンドもNext.jsで完結することができるのです。

4-1-5 Next.js上でのAPI通信

前項でバックエンドのAPIができたので、フロントエンドから呼び出してみましょう。そのために、フロントエンドとバックエンドを連携させます。このまま、フロントエンドのVSCodeで作業を続けてください。

appの下にフォルダ（hello_frontend_fetch）とファイル（page.tsx）を作り、**コード4-1-7**の内容を書いてください。これまでと同じく、まず実装して動作させてみましょう。

コード4-1-7　APIを呼び出し（app/hello_frontend_fetch/page.tsx）

```
'use client'

import { useState, useEffect } from 'react'

export default function Page() {
  const [data, setData] = useState({ name: '' })

  useEffect(() => {
    fetch('/api/hello')
      .then((res) => res.json())
      .then((data) => {
        setData(data)
      })
  }, [])

  return <div>hello {data.name}!</div>
}
```

Next.jsを起動してhttp://localhost:3000/hello_frontend_fetch にブラウザでアクセスすると「hello John Doe!」が表示されたでしょうか（**図4-1-16**）。

hello John Doe!

図4-1-16　API結果表示

fetchとは

fetchはJavaScriptの標準APIです。特に環境を用意しなくても、ブラウザに標準装備されています。fetchは、主にAPIや他のWebサービスからデータを非同期的に取得するのに使われます。本書では後述のaxiosを採用していますが、fetchのほうが目にする機会も多いので、簡単に説明します。

先ほどのコードにもfetchという項目があります（**コード4-1-8**）。

コード4-1-8　app/hello_frontend_fetch/page.tsxから抜粋

```
useEffect(() => {
  fetch('/api/hello')  ―― fetch
    .then((res) => res.json())
    .then((data) => {
      setData(data)
    })
```

fetchはHTTP通信のためのブラウザに標準で組み込まれているAPIです。HTTPはHypertext Transfer Protocolの略で、Web情報をやり取りするためのプロトコル（通信規則）です。HTTP通信にはクライアント（送信元）とサーバー（送信先）があります。クライアントはサーバーに向けて、ほしい情報をリクエスト（要求）します。サーバーはクライアントに情報をレスポンス（返却）します。リクエストとレスポンスはHTTPの約束ごとに従って行われます。

今回の例でいうと、クライアントは`fetch('/api/hello')`とリクエストしており、サーバーは`res.status(200).json({ name: 'John Doe' })`と返却しています（先ほど作成したpages/api/hello.tsを参照してください）。

fetchで、先ほど作成したAPIの/api/helloを呼び出して、レスポンスの内容を`setData`を使って`data`ステートに設定しています。前項で紹介したように、ステートが変更されると再レンダリングされて、画面に表示される仕組みです。

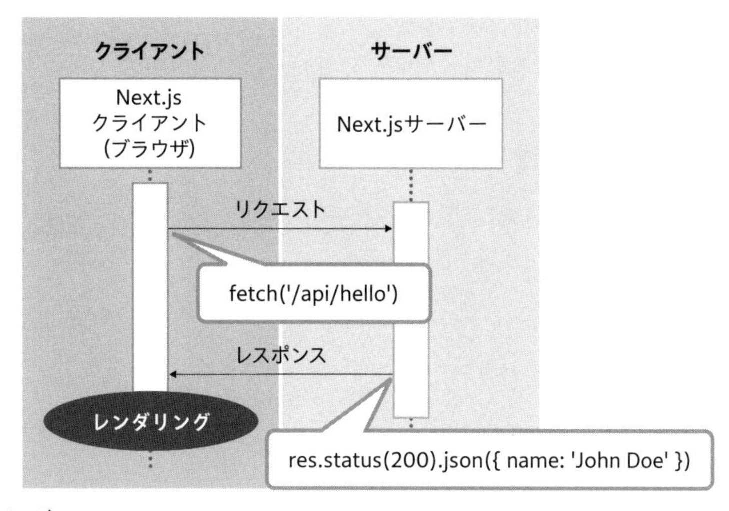

図4-1-17　処理イメージ

4-1-6 axiosを使った連携

axiosとは、fetch同様にHTTP通信のためのライブラリです。axiosはfetchに比べて次のような豊富な機能を備えているので、本書では、フロントエンドとバックエンドのWebAPI連携などではaxiosを採用しています。詳細な活用方法は以降の章でも解説します。

- 共通の設定（ログ出力やタイムアウト）を行う機能
- リクエストおよびレスポンスをJSONに変換する機能
- リクエスト時とレスポンス時に任意の処理を挟み込む機能（Interceptor）

この項では、axiosを使用したWebAPI連携を学んでいきます。まず、app/hello_frontend/フォルダを作り、page.tsxを作成し、次のコードを入力してください（**コード4-1-9**）。

コードを詳しく見ていきます。まず、❶によりaxiosの使用を宣言しています。❷では先ほどfetchで行っていたバックエンドとの連携を、axiosのgetで実行しています。返却されるJSONは同じなので、以降の部分はそのまま使用できます。

コード4-1-9　axiosによる連携（app/hello_frontend/page.tsx）

```
'use client'

import axios from 'axios' ──────────── ❶
import { useEffect, useState } from 'react'

export default function Page() {
  const [data, setData] = useState({ name: '' })

  useEffect(() => {
    axios.get('/api/hello') ──────────── ❷
      .then((res) => res.data)
      .then((data) => {
        setData(data)
      })
  }, [])

  return <div>hello {data.name}!</div>
}
```

VSCodeのコンソールより、yarn devを実行して、Next.jsサーバーを起動します。ブラウザから、http://localhost:3000/hello_frontendにアクセスして、「hello John Doe!」と表示されたら成功です（**図4-1-18**）。

hello John Doe!

図4-1-18　API結果表示

Column

SWRを試してみよう

Reactにはfetchやaxiosと同じようなWebを介したデータ取得のための「SWR」(https://swr.vercel.app/)というライブラリがあります。試してみる場合は、次のようにディレクトリ(hello_frontend_swr)とファイル(page.tsx)を作成してください(**コード4-1-A**)。

コード4-1-A SWRによる通信(app/hello_frontend_swr/page.tsx)

```
'use client'

import useSWR from 'swr'

const fetcher = (url: string) => fetch(url).then(res => res.json())

export default function Page() {
  const { data, error } = useSWR('/api/hello', fetcher) ———— ❶

  if (error) return <div>failed to load</div>
  if (!data) return <div>loading...</div>

  return <div>hello {data.name}!</div>
}
```

Next.jsを起動してhttp://localhost:3000/hello_frontend_swrにアクセスすると、「hello John Doe!」が表示されます。

コードを見てみましょう。useSWR(❶)という機能を呼び出して、/api/helloから値を取得しています。SWRとはネットワーク経由で値を取得するためのReact Hooksライブラリです。フック(Hooks)とは、ステートなどのReactの機能を、クラスを書かずに使える仕組みです。

SWRにはどのようなメリットがあるのでしょうか。ブラウザでhttp://localhost:3000/hello_frontend_swrを表示後、pages/api/hello.tsの値を変更して再度ブラウザに切り替えてください。すると、値が変わります。SWRにより、ブラウザに切り替えたタイミングでAPIが再実行されてレンダリングされたのです。参照専用のサイトなど、常に最新の情報を表示するのが望ましいサイト(天気予報サイトなど)の場合はSWRの活用がよいかもしれません。

逆にデメリットとしては、API呼び出しが頻繁にされてバックエンドサーバーに負荷がかかること、自動でAPI取得されるのでAPI呼び出しのタイミングが制御しづらいことが挙げられます。SWRを使用する場合は、その点を考慮する必要があります。

本書ではaxiosを採用し、SWRを使用せずに解説を行っていきます。

Part I

4-2 バックエンド（API）の実装の基本

4-2-1 バックエンド（API）におけるリクエスト・レスポンス

この節からは、フロントエンド（React、Next.js）とバックエンド（Python、Django）のアーキテクチャを分けて作成し連携していきます（**図4-2-1**）。

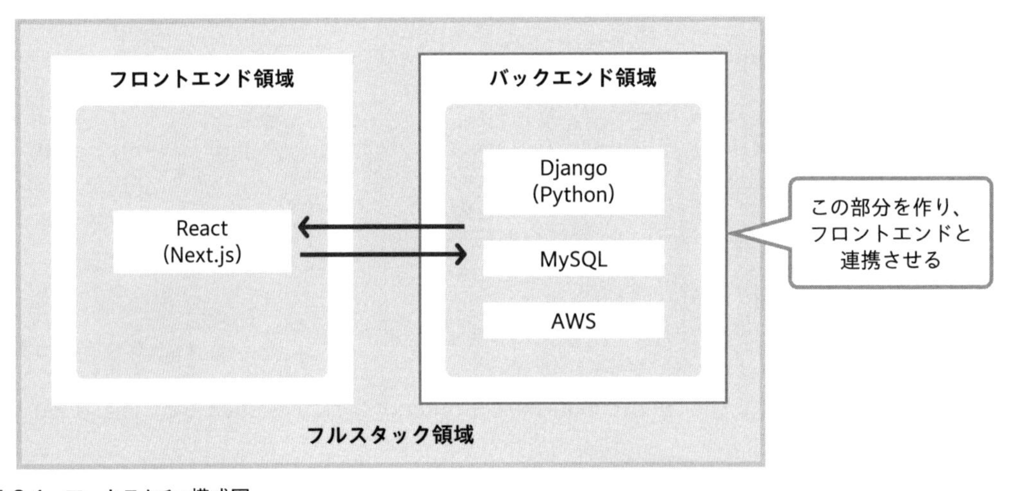

図4-2-1 アーキテクチャ構成図

前項までは、サーバーサイドJavaScriptを用いて、Next.js同士のフロントエンド、バックエンド通信を行ってきました。

今度はDjangoを使って、バックエンドのAPIを用意してみましょう。Next.js（クライアント）からDjango（バックエンド）に向けてリクエストを行い、取得結果をクライアントにレスポンスし表示します。なお、本節以降、Pythonでのプログラミングを行う機会が多くなりますが、Pythonではプログラムの「インデント」によってブロックを見分けています。コードをコピーして貼り付ける際などにはインデントも注意して反映してください。

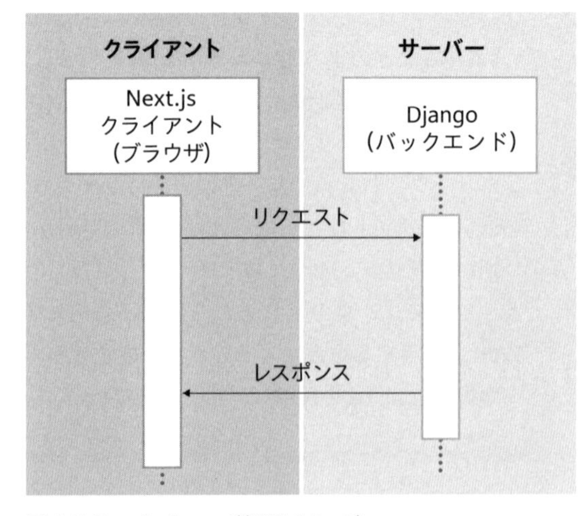

図4-2-2 バックエンド処理イメージ

Windowsのメニューから Ubuntuを立ち上げてバックエンドのディレクトリ（/usr/local/src/dev/app/backend）から「code .」コマンドで、バックエンドのVSCodeを起動しましょう。そしてターミナルで次のコマンドを実行して、Djangoのアプリケーションを追加します。VSCodeを起動したら必ず左下のコンテナ接続を確認しましょう。コンテナと表示されず「><」になっている場合、コンテナに接続していません。青のハイライトをクリックして「コンテナーで再度開く」を選択し、接続しましょう（**図4-2-3**）。

```
$mkdir api
$cd api
```

図4-2-3　アプリケーションの追加

helloアプリケーションを作成する

3-3-1項「バックエンド開発準備」では、「django-admin startproject」コマンドを使用して「config」という名前のプロジェクトを作成しました。その際に説明したように、本書においてDjangoのプロジェクトは環境設定情報の管理のために使用しています。なお、実際の開発現場でも、本書のようにプロジェクトを環境情報の管理として使用しているケースもあります。本項では「django-admin startapp」コマンドを使い「アプリケーション」を作成していきます。

```
django-admin startapp {アプリケーション名}
```

今回は、helloというアプリケーションを追加します。APIとして使用されることが明確になるように、apiディレクトリを作成して、その配下にhelloアプリケーションを作成します。次のコマンドをVSCodeのターミナルで実行してください。

```
$django-admin startapp hello
```

api/helloにいくつかのファイルが作成されたはずです（**図4-2-4**）。

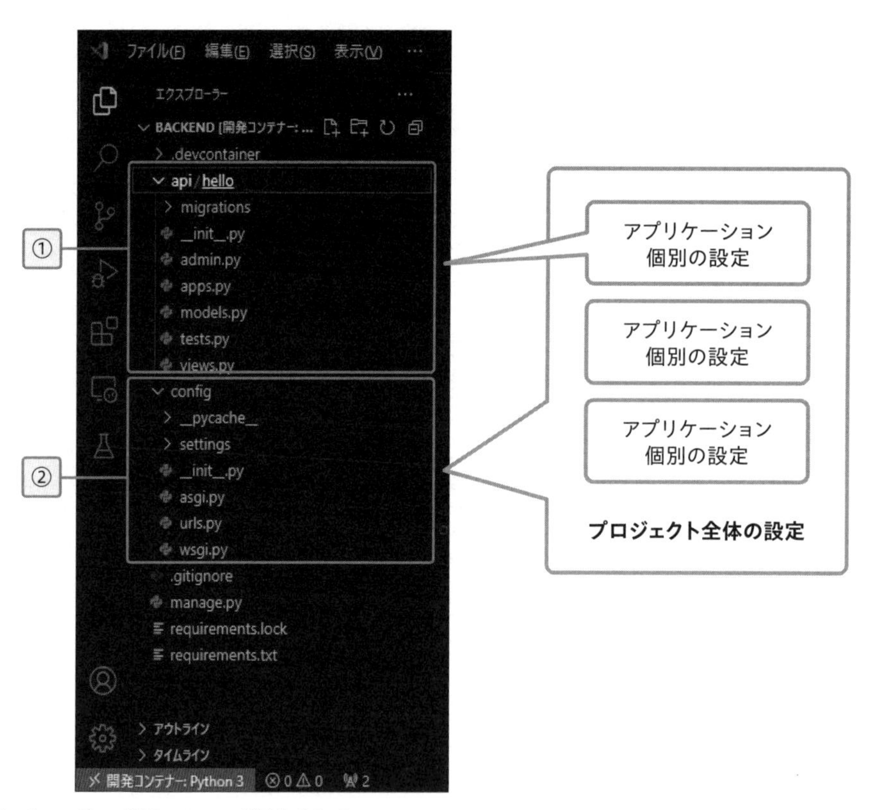

図4-2-4　バックエンドアプリケーションが追加される

VSCodeのエクスプローラーを見ると、先ほどstartappしたapp/hello（①）のアプリケーションフォルダと、第3章で作成したプロジェクトフォルダ（②）の2つがあります。それぞれのフォルダにあるファイルの役割は次の通りです。

api/helloフォルダの中身

- _init_.py

　ファイルを含むディレクトリをパッケージとしてPythonに扱わせるためのファイルです。変更の必要はありません。

- admin.py

　Django管理画面にテーブルを表示するための定義です。本書では使用しません。

- apps.py

　アプリケーションの設定をします。本書では使用しません。

- tests.py

　テストコードを記載します。本書では使用しません。

- views.py

　API実行時の本処理を記載する箇所です。

/connfigフォルダの中身

　このフォルダの設定は（プロジェクト）全体の共通設定になります。

- urls.py

　urls.pyは、Djangoアプリケーションのルーティング設定を管理するファイルです。具体的には、Webブラウザからのリクエスト URLと、そのリクエストを処理するDjangoのビュー関数またはクラスベースのビューとのマッピングを定義します。

- asgi.py

　非同期通信のための定義です。

- wsgi.py

　フロントエンドとの通信の定義です。

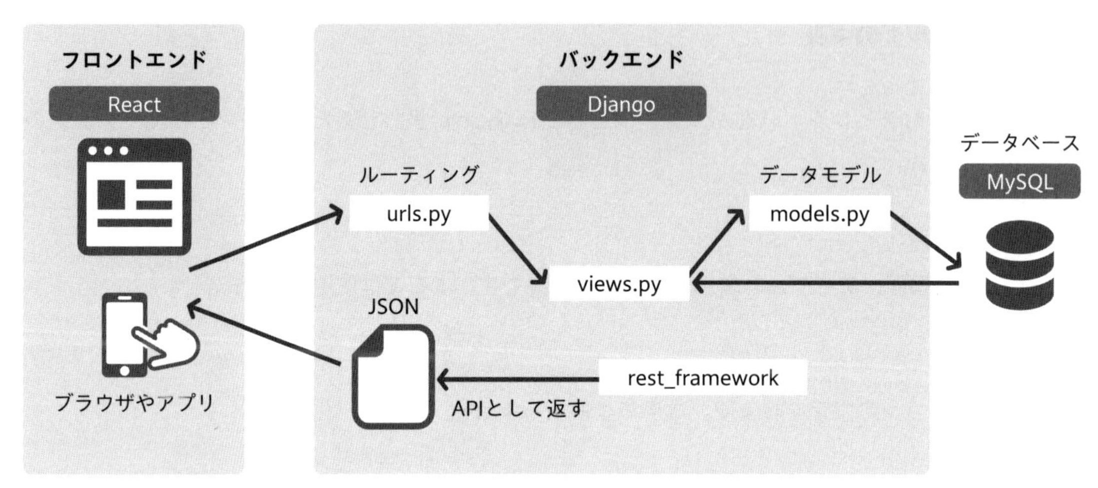

図4-2-5 Djangoファイル構造基本概念図

Djangoで APIへのルーティングを設定する

APIを使用するためにはルーティング（このURLでリクエストがきたら、このアプリケーションを動かすという設定）が必要です。**図4-2-4**にあるように、プロジェクト全体の設定をしているconfig/urls.pyと個別アプリケーションのapi/hello/urls.pyそれぞれに設定を行います。

コード4-2-1 全体のルーティング（config/urls.py）

```
// 修正前
from django.contrib import admin
from django.urls import path

urlpatterns = [
    path("admin/", admin.site.urls),
]

// 修正後
from django.contrib import admin
from django.urls import path, include ―――― ❷

urlpatterns = [
    path("admin/", admin.site.urls),
    path('api/hello/', include('api.hello.urls')), ―――― ❶
]
```

まずconfig/urls.pyにアプリケーション（hello）へのpathを追加します。最後のカンマまで忘れないでください（❶）。include関数を使用するのでimportしておきます（❷）。

これは「api/hello/のリクエストがきたら、api/hello/urls.pyの定義を見てください」という指定です。config/urls.pyに全てのルーティングを直接指定してもよいのですが、定義数が多くなって管理がしづらくなります。そこで、config/urls.pyではなくconfig/hello/urls.pyに記述してアプリケーションごとに定義ファイルを分けることで、管理がしやすくなります。

次にapi/helloフォルダにurls.pyというファイルを作成し、次のコードを記入してください。

コード4-2-2 helloアプリのルーティング（api/hello/urls.py）

```
from django.urls import path
from . import views

urlpatterns = [
    path('backend/', views.Backend.as_view())
]
```

これはapi/hello/backend/というリクエストがきたらviews.pyのBackendというClassを参照するという指定になります。前述のルーティングと合わせると、「api/hello/backend/というリクエストがきたら、api/hello/views.pyのBackendというClassを参照してください」という指定になります。

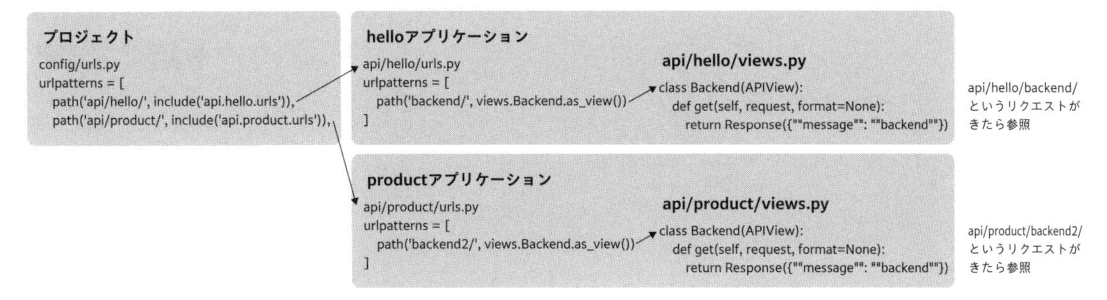

図4-2-6 リクエストURLとurls.py/views.pyの紐づけ

APIの処理を実装する

それでは、views.pyの実装に進みましょう。Next.jsでは作成したプログラム（hogehoge.ts）を「apiフォルダ」に配置すれば、APIとして動作しました。Djangoの場合には「rest_framework」を使用してコードを実装することでAPIとして動作し、JSONを返すことになります。なお、apiフォルダをバックエンドでも作成しているのは、開発者にとってのわかりやすさのためです。

views.pyに次のコードを書いてください（**コード4-2-3**）。

コード4-2-3　バックエンド実装（api/hello/views.py）

```
from rest_framework.response import Response
from rest_framework.views import APIView


class Backend(APIView):
    def get(self, request, format=None):
        return Response({"message": "backend"})
```

rest_frameworkを使用する

後半では、先ほどの説明にあったBackendというclassを指定しています。`def get`とありますが、これはGETリクエストがきたら実行されるという意味です。ここでは`{"message": "backend"}`というJSONをレスポンスで返却しています。実際にBackendを動かして確認しましょう。次のコマンドをVSCodeのターミナルでbackendディレクトリに移動し、実行してください。

```
python manage.py runserver --settings config.settings.development
```

ブラウザでhttp://localhost:8000/api/hello/backend/ にアクセスしてみてください。先ほど作成したバックエンドのAPIのレスポンスが返却されているはずです。

Django REST framework

Backend

Backend

OPTIONS　GET

```
GET /api/hello/backend/
```

```
HTTP 200 OK
Allow: GET, HEAD, OPTIONS
Content-Type: application/json
Vary: Accept

{
    "message": "backend"
}
```

図4-2-7　バックエンドレスポンス

4-2-2 フロントエンドからバックエンドのAPIを呼び出す

それでは、フロントエンドから、先ほど作成したバックエンドのAPIを呼び出します。先ほど実行したAPIを動かしたままにするので、新たにWindwsのメニューからUbuntuを立ち上げ、/usr/local/src/dev/app/frontendに移動してください。そのディレクトリで「code .」コマンドを使い、フロントエンドのVSCodeを立ち上げます。必ず、左下の青いハイライト部分を確認し、コンテナで動作しているか確認してください。VSCodeのエクスプローラーを使い、hello_backendディレクトリとpage.tsxを作成し、**コード4-2-4**を記載してください。作成後にターミナルから「yarn dev」を実行してフロントを起動してください。

コード4-2-4　フロントエンドからバックエンドを呼び出し（app/hello_backend/page.tsx）

```
'use client'

import axios from 'axios'
import { useEffect, useState } from 'react'

export default function Page() {
  const [data, setData] = useState({ message: '' }) ――❶

  useEffect(() => {
    axios.get('/api/hello/backend') ――❸
      .then((res) => res.data)
      .then((data) => {
        setData(data)
      })
  }, [])

  return <div>hello {data.message}!</div> ――❷
}
```

ブラウザからhttp://localhost:3000/hello_backendにアクセスし、hello backend! と表示されれば成功です（**図4-2-8**）。

hello backend!

図4-2-8　バックエンド呼び出し結果

コードを詳しく見てみましょう。「axiosを使って連携を学ぼう」で解説した、Next.js側のAPIを呼び出した際のコードと、ほとんど同じことがわかるでしょうか。まず❶にあるように、ページロード時にステートフル（useState）な空のメッセージを呼び出しています。それを❷で描画した後に、useEffectを使用しバックエンドAPIからデータを取得しています（❸）。ステートフルにしているため、画面はレンダリング（再描画）されてバックエンドから取得した「hello backend!」が表示されます。URLの部分は/api/hello/backendとして、第1項で作成したバックエンド（Django）のAPIを呼ぶように変えています（❸）。

Part I

4-3 バックエンド（API）とフロントエンド（画面）の連携

4-3-1 バックエンドでモデルを定義する

ここからは、フロントエンド（React、Next.js）とバックエンド（Python、Django）、さらにモデル（MySQL）の全てのアーキテクチャを連携していきます。

第2節では、Djangoのバックエンドから固定の文言をレスポンスしていました。本節では動的に文言をバックエンドからレスポンスさせてみましょう。

動的な値はバックエンド側でデータベースから取得します。データベースとは、データを1つの場所に集約し、登録・更新・参照する「箱」のようなシステムです。データベースの値を変更することにより、可変の文言を返却することが可能になります。

詳しくは1-2-4項「モデル層のアーキテクチャ」をご覧ください。

Djangoのマイグレーションとは?

Djangoでは**マイグレーション**という仕組みでモデルを生成します。モデルは、データベースで管理する表のようなものです。テーブルとも呼びます。

Djangoのマイグレーションは、データベースのスキーマ（構造）の変更を管理し、バージョン管理するためのシステムです。開発中にモデル（models.pyで定義）の変更が頻繁に行われることが想定されるため、これらの変更をデータベースに適用する方法が必要です。マイグレーションは、この問題を解決するためのメカニズムとして導入されました。マイグレーションには次の特徴があります。

- 自動生成：モデルの変更からマイグレーションのコードを自動生成する
- 適用＆ロールバック：マイグレーションをデータベースに適用することや、前の状態に戻すことができる
- 依存関係管理：複数のアプリやマイグレーション間の依存関係をトラックし、正しい順序でマイグレーションを適用する

Djangoはmanage.pyコマンドで制御できます。以下は、主要なmanage.pyコマンドです。

makemigrations

モデルの変更を検出し新しいマイグレーションのコードを生成します。

```
python manage.py makemigrations
```

migrate

生成されたマイグレーションをデータベースに適用します。

```
python manage.py migrate
```

showmigrations

適用されたマイグレーションと未適用のマイグレーションのリストを表示します。

```
python manage.py showmigrations
```

sqlmigrate

特定のマイグレーションに関連するSQLステートメントを表示します。これはデータベースには変更を加えません。

```
python manage.py sqlmigrate [app_name] [migration_name]
```

rollback

前のマイグレーションに戻します。これはmigrateコマンドとともに使用します。

```
python manage.py migrate [app_name] [previous_migration_name]
```

マイグレーションの実施

まずは、モデルを定義しない状態で、初期のマイグレーションを実施してみましょう。次のコマンドをバックエンド側のVSCodeのコンソールから実行してください。

```
python manage.py migrate --settings config.settings.development
```

正常実行されると、次のようなログがコンソールに表示されます。

```
python manage.py migrate --settings config.settings.development

(0.001)
                SELECT VERSION(),
                       @@sql_mode,
                       @@default_storage_engine,
                       @@sql_auto_is_null,
                       @@lower_case_table_names,
                       CONVERT_TZ('2001-01-01 01:00:00', 'UTC', 'UTC') IS NOT NULL
            ; args=None; alias=default
(0.001) SET SESSION TRANSACTION ISOLATION LEVEL READ COMMITTED; args=None; alias=↵
default
(0.001)
                SELECT VERSION(),
                       @@sql_mode,
                       @@default_storage_engine,
                       @@sql_auto_is_null,
                       @@lower_case_table_names,
                       CONVERT_TZ('2001-01-01 01:00:00', 'UTC', 'UTC') IS NOT NULL
            ; args=None; alias=default
(0.003) SET SESSION TRANSACTION ISOLATION LEVEL READ COMMITTED; args=None; alias=↵
default
(0.003) SHOW FULL TABLES; args=None; alias=default
(0.002) SHOW FULL TABLES; args=None; alias=default
Operations to perform:
  Apply all migrations: admin, auth, contenttypes, sessions
Running migrations:
(0.002) SHOW FULL TABLES; args=None; alias=default
CREATE TABLE `django_migrations` (`id` bigint AUTO_INCREMENT NOT NULL PRIMARY KEY, ↵
`app` varchar(255) NOT NULL, `name` varchar(255) NOT NULL, `applied` datetime(6) ↵
NOT NULL); (params None)
(0.021) CREATE TABLE `django_migrations` (`id` bigint AUTO_INCREMENT NOT NULL ↵
PRIMARY KEY, `app` varchar(255) NOT NULL, `name` varchar(255) NOT NULL, `applied` ↵
datetime(6) NOT NULL); args=None; alias=default
  Applying contenttypes.0001_initial...CREATE TABLE `django_content_type` (`id` ↵
integer AUTO_INCREMENT NOT NULL PRIMARY KEY, `name` varchar(100) NOT NULL, ↵
`app_label` varchar(100) NOT NULL, `model` varchar(100) NOT NULL); (params None)

（中略）

(0.002) INSERT INTO `auth_permission` (`name`, `content_type_id`, `codename`) ↵
VALUES ('Can add session', 6, 'add_session'), ('Can change session', 6, ↵
'change_session'), ('Can delete session', 6, 'delete_session'), ↵
```

```
('Can view session', 6, 'view_session'); args=('Can add session', 6, ↵
'add_session', 'Can change session', 6, 'change_session', 'Can delete session', 6, ↵
'delete_session', 'Can view session', 6, 'view_session'); alias=default
(0.002) SELECT `django_content_type`.`id`, `django_content_type`.`app_label`, ↵
`django_content_type`.`model` FROM `django_content_type` WHERE ↵
`django_content_type`.`app_label` = 'sessions'; args=('sessions',); alias=default
```

SQLクライアント(MySQL Workbench)にて、テーブルが作成されていることを確認しましょう。2-3-1項「MySQL Workbench」を参考にしてください。

図4-3-1のようなテーブルが作成されているはずです。こちらは、Djangoのマイグレーションで、デフォルトで作成されるテーブルとなります。

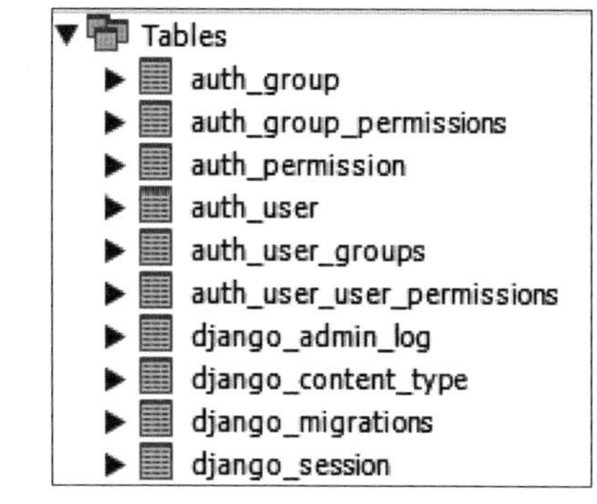

図4-3-1　作成テーブル

モデルの作成

それでは、アプリケーションで使用するモデルを作成していきましょう。まずは、VSCodeのターミナルからhello_dbのAPI（アプリケーション）を作成します（**コード4-3-1**）。

コード4-3-1　hello_dbアプリケーション作成

```
cd api
django-admin startapp hello_db
```

次にモデルを定義します。api/hello_db/models.pyが自動作成されるのでエディターで開き、次のコードに修正してください（**コード4-3-2**）。

コード4-3-2　モデル（api/hello_db/models.py）

```
from django.db import models


class Hello(models.Model):
    world = models.CharField(max_length=100)

    class Meta:
        db_table = "hello"
```

helloというテーブルにworldという項目が定義されたシンプルなものです。マイグレーションファイルというものを作成します。マイグレーションファイルとは、データベースにモデル（テーブル）を定義するためのファイルのことです。

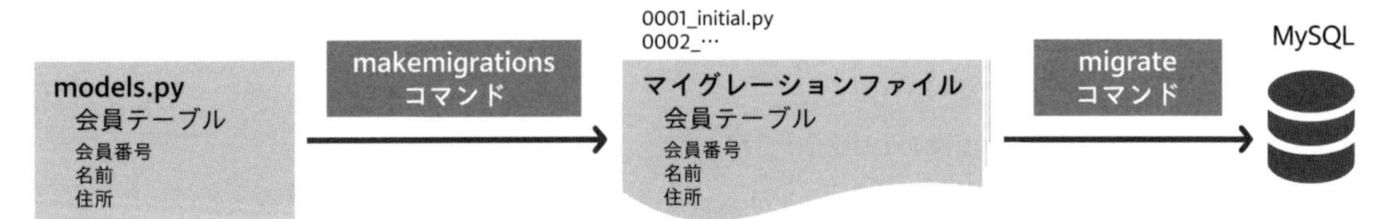

図4-3-2　マイグレーション概念図

マイグレーションファイルを作成する前に、実施する準備が2つあります。まず1つ目はINSTALLED_APPSへの追加です。INSTALLED_APPSへの追加することで、マイグレーションファイルの作成対象となります。本設定は、環境によらないものなので、第3章で説明した通りbase.pyに設定します。

コード4-3-3　INSTALLED_APPSに「api.hello_db」を追加（config/settings/base.py）

```
INSTALLED_APPS = [
:
"api.hello_db",
:
]
```

2つ目は、アプリケーション名の修正です。アプリケーションのパスをapi/hello_dbにしました。それにあわせて、アプリケーション名を作成時のhello_dbからapi.hello_dbに修正する必要があります。修正しないままマイグレーションを実施すると「django.core.exceptions.ImproperlyConfigured: Cannot import 'hello_db'. Check that 'api.hello_db.apps.HelloDbConfig.name' is correct.」のようなエラーになります。

コード4-3-4　アプリケーション名を修正（api/hello_db/apps.py）

```
class HelloDbConfig(AppConfig):
:
name = "hello_db" → name = "api.hello_db"
:
```

マイグレーションファイル作成の準備ができました。それでは、**図4-3-2**の通りにmakemigrationを使用してマイグレーションファイルの作成を進めていきます。

次のコマンドをバックエンドのVSCodeのコンソールより実行してください。

```
python manage.py makemigrations --settings config.settings.development
```

上記のmakemigrationを実行した結果、api/hello_db/migrations/0001_initial.pyに次のようなファイルが作成されます（**コード4-3-5**）。

コード4-3-5　migrationファイル（0001_initial.py）

```
from django.db import migrations, models


class Migration(migrations.Migration):

    initial = True

    dependencies = []

    operations = [
        migrations.CreateModel(
            name="Hello",  ❶
            fields=[
                (
                    "id",  ❸
                    models.BigAutoField(
                        auto_created=True,
                        primary_key=True,
                        serialize=False,
                        verbose_name="ID",
                    ),
                ),
                ("world", models.CharField(max_length=100)),  ❷
            ],
            options={
                "db_table": "hello",
            },
        ),
    ]
```

helloというテーブル（❶）で、worldという項目（❷）が定義されていることがわかります。主キーとしてid（❸）が用意されています。こちらは、主キーをモデルに定義しなかった場合に、自動で作成されます※4-3。

次にmigrateコマンドを使い、作成したマイグレーションファイルで処理を実行します。バックエンドのVSCodeのコンソールで次のコマンドを実行してください。

※**4-3**　「django-adminとmanage.py」https://docs.djangoproject.com/ja/4.1/ref/django-admin/#django-admin-makemigrations

```
python manage.py migrate --settings config.settings.development
```

コンソールに、マイグレーションファイルから自動生成されたDDLが表示されています。DDL（Data Definition Language）は、データベース内でデータベースの構造を定義・変更するための言語です。下の例では、helloテーブルを作成する旨が記載されています（**コード4-3-6**）。マイグレーションファイルを書かずに、直接DDLをデータベースに実行しても問題ないのですが、マイグレーションファイルではデータベース定義変更履歴を残せるといったメリットがあります。

コード4-3-6　helloテーブルのDDL

```
CREATE TABLE `hello` (
`id` bigint AUTO_INCREMENT NOT NULL PRIMARY KEY, ──── ❶
`world` varchar(100) NOT NULL
); args=None; alias=default
```

WindowsメニューからMySQL Workbenchを開いて、マイグレーションの実行結果を確認しましょう（**図4-3-3**）。左のウィンドウでスキーマを選択し（①）、「app」データベースを開いてください（②）。中にhelloが見つかるので、そのテーブルの中身を見てみましょう（③）。「Null（空）」と表示されています（④）。

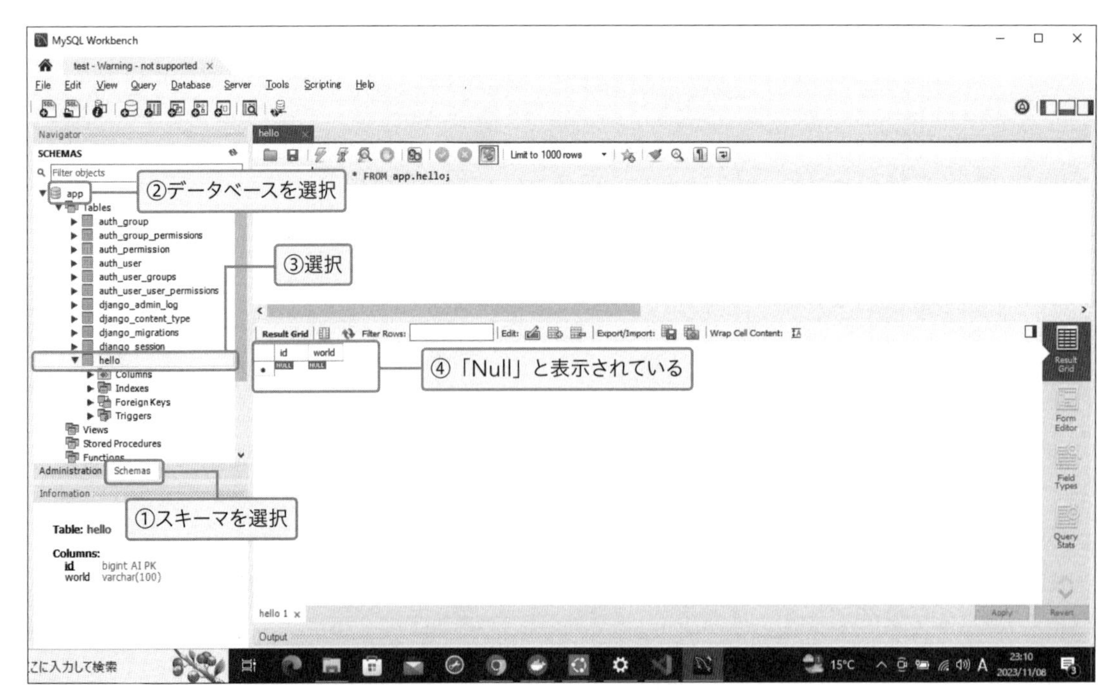

図4-3-3　マイグレーションの実行結果の確認

次に利用するデータを入れておきましょう。空のテーブルに以下のクエリをMySQL Workbenchから実行してください（表示されている表から、直接入力することもできます）。

```
INSERT INTO `app`.`hello` (`world`) VALUES ('123');
```

表4-3-1 helloテーブルの状態

項目名	id	world
値	1	123

モデルの定義とデータを1行入れたことにより上記のような状態になります。なお、idの値の1はINSERT文では一言も書いていません。それは、**コード4-3-6**の❶においてテーブル生成時に「AUTO_INCREMENT」＝自動採番を指定したためです。

4-3-2 フロントエンドからモデルを参照する

それでは、フロントエンドから、バックエンドを通して作成したモデルを参照してみましょう。まずはバックエンド側のVSCodeで準備をします。URLの設定をして、フロントエンドからapi/hello_db/backendが呼び出されたら、アプリケーションが呼び出されるようにします（**コード4-3-7**）。

コード4-3-7 全体のルーティング（config/urls.py）

```
path('api/hello_db/', include('api.hello_db.urls')),
```

まだapi/hello_db配下のurls.pyは作成されていないので、api/hello_dbフォルダを選択し、「urls.py」を作成してから、次のコードを入力してください（**コード4-3-8**）。

コード4-3-8 hello_dbアプリのルーティング（api/hello_db/urls.py）

```
from django.urls import path
from . import views
urlpatterns = [
    path('backend/', views.Db.as_view())
]
```

次に、アプリケーションの内容であるapi/hello_db/views.pyを次のように実装します（**コード4-3-9**）。

コード4-3-9　モデルを参照（api/hello_db/views.py）

```
from rest_framework.response import Response
from rest_framework.views import APIView

from .models import Hello


class Db(APIView):
    def get(self, request, format=None):
        entry = Hello.objects.get(id=1) ──── ❶
        return Response({"message": entry.world}) ──── ❷
```

Helloモデル（テーブル）のidが1のレコードを取得し（❶）、そのレコードのworldカラムの値を取得しています（❷）。worldカラムの値が「123」なので、returnによってフロント側に返される値は「123」となります。

それでは実際に動かしてみます。バックエンドのVSCodeのコンソールからpython manage.py runserver --settings config.settings.developmentを使用してサーバーを起動してください。http://localhost:8000/api/hello_db/backendにアクセスして確認してみましょう。モデルの値が取得できればOKです（**図4-3-4**）。

図4-3-4　モデル値取得

フロントエンドとの連携

それでは、フロントエンドから、本APIを呼び出してみましょう。フロントエンドのVSCodeを開きます。その際に、コンテナの確認を忘れずに行ってください。まず、appの下に「hello_backend_db」というフォルダを作成し、その直下にpage.tsxというファイルを作成します。ファイルが作成できたら、次のコードを入力します（**コード4-3-10**）。

コード4-3-10　フロントエンドからバックエンドのモデル内容を取得（frontend/app/hello_backend_db/page.tsx）

```
'use client'

import axios from 'axios'
import { useEffect, useState } from 'react'

export default function Page() {
  const [data, setData] = useState({ message: '' })

  useEffect(() => {
    axios.get('/api/hello_db/backend')
      .then((res) => res.data)
      .then((data) => {
        setData(data)
      })
  }, [])

  return <div>hello {data.message}!</div>
}
```

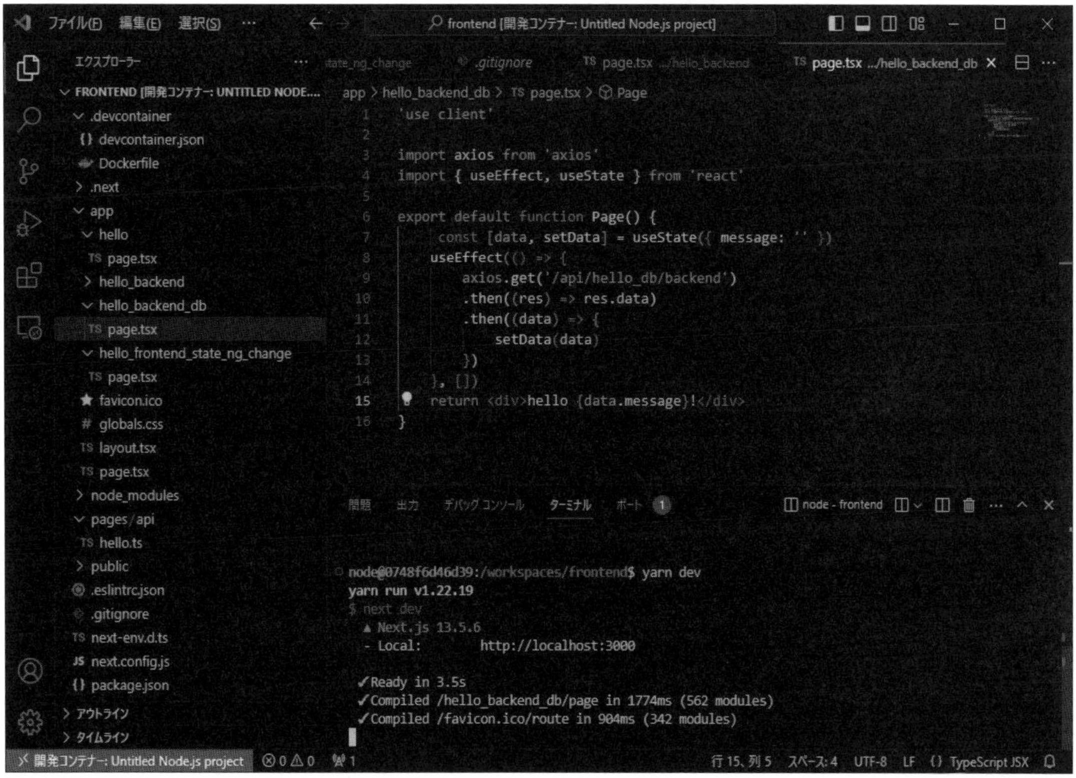

図4-3-5　フロントエンドの作業に切り替える

コードを作成し終えたら、フロントエンドのVSCodeのコンソールから「yarn dev」を実行し、サーバーを立ち上げてください。なお、すでに立ち上げたままの場合は、そのままアクセスすれば動作します。こちらも、先ほどとほとんど同じですが、URLの部分だけ/api/hello_db/backendになっています。http://localhost:3000/hello_backend_dbにアクセスして、データベースから「123」という値が取得できていれば成功です（**図4-3-6**）。

hello 123!

図4-3-6　モデル値取得

ここまでで、Next.js単独のAPI通信に始まり、Next.js→Django→DBの疎通まで行いました。

これで、「フルスタックWeb開発」としてアプリケーションを動作させることができました。次章以降ではいよいよ、在庫管理システムを例にフルスタック開発を開始します。

基本的な操作などは本章までで学んでいる前提ですので、次章以降でも操作などでわからなくなったときは、ぜひ戻ってきて確認してみてください。

第II部

Webシステム開発の実践

第II部の流れ

第II部では、第4章で学んだ内容をさらに発展させて、「在庫管理アプリケーション」の作成を進めていきます。Next.jsやDjangoの機能もあるのでさらに理解を深めていきましょう。

この第II部では大きく3つのレイヤーに分けて実装を進めていきます。

- 設計
- フロントエンド実装
- バックエンド実装
  - バックエンド①（通常使用される同期処理）
  - バックエンド②（非同期処理）
  - DB

主に、第5章でフロントエンド、第6章でバックエンドの実装を行います。その後、第7章ではさらなる機能追加を行い、第8章では環境ごとのアプリケーションの扱いを学びます。

アプリケーションの機能と画面設計

さっそく本編の開発に入る前に、簡単にサンプルとなる「在庫管理アプリケーション」の機能について整理していきましょう。大きく分けると次の機能の処理を実装します。

- ログイン機能
- 商品の登録といった商品管理機能
- 商品在庫の販売といった在庫管理機能

まず、Next.jsによってフロントエンド単体で動作するアプリケーションを作成します。その後、バックエンドによってデータを操作するAPIを作成し、フロントエンドとつないで動的にデータが参照・更新されるようにします。

最後にDBで、アプリケーションの更新に伴うデータ定義の変更などに対応していきます（**図A**）。

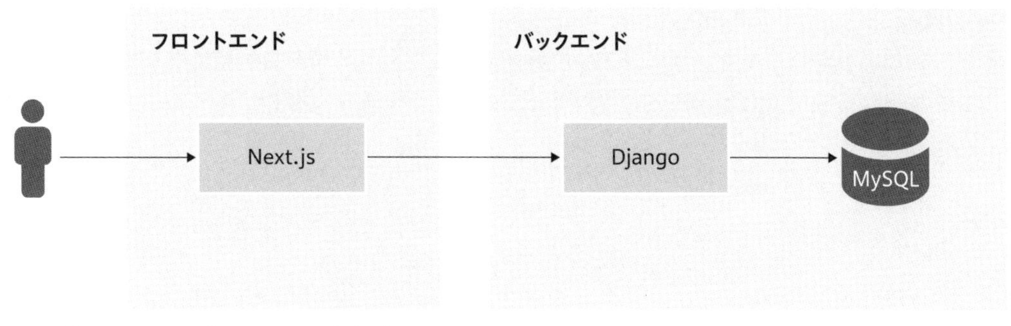

図A　アプリケーションのデータフローの概念図

画面設計

ざっくりと画面構成図を作成し、全体像を把握しましょう（**図B**）。

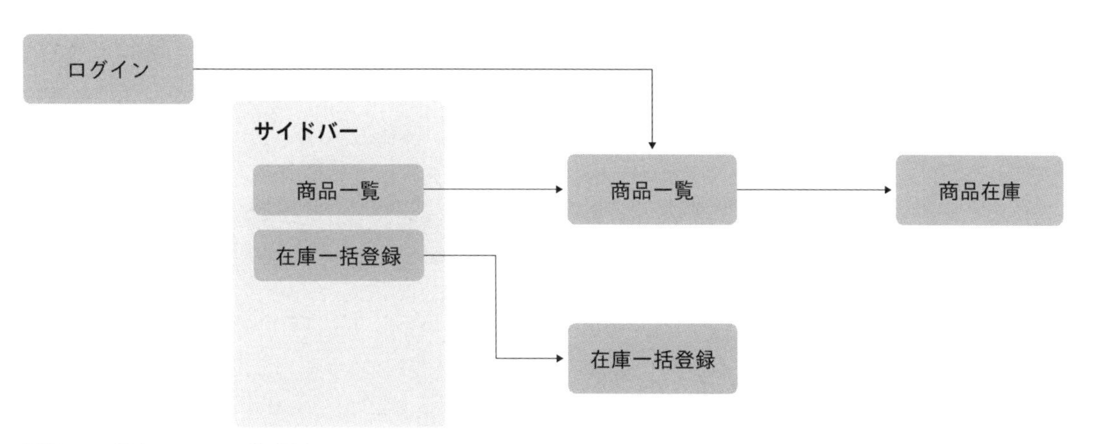

図B　アプリケーションの構成図

このアプリケーションでは在庫を管理したいユーザーがログインして、商品の登録やその商品の仕入れ・出荷を行います。在庫を管理したいユーザーは事前に登録されている想定で、ユーザー登録の機能は持っていません。登録済みのユーザーでログインすると商品一覧画面が表示されます。そこからサイドバーから他機能へ遷移したり、商品一覧画面内で在庫の詳細画面に遷移したりします。未登録のユーザーの場合はログインに失敗し、各種画面も閲覧・操作をすることはできません。

機能を画面設計に落とし込んでいきます。今回は以下のような画面を作成します。

ログイン画面

ログイン機能のみを持ちます。サインアップ機能やパスワードの再発行機能はありません。ログインボタンを押下した際に入力内容に応じてログイン処理を行います（**図C**）。

ログイン
ユーザー名（必須）
パスワード（必須）
ログイン

図C　ログイン画面

ヘッダー

メニューアイコンを押下するとサイドバーが展開します。ログアウトボタンを押すとログイン画面に遷移します。全ての画面で共通して使われる部品になります（**図D**）。

在庫管理システム
ログアウト

図D　ヘッダー

サイドバー

各機能の画面に遷移します（**図E**）。

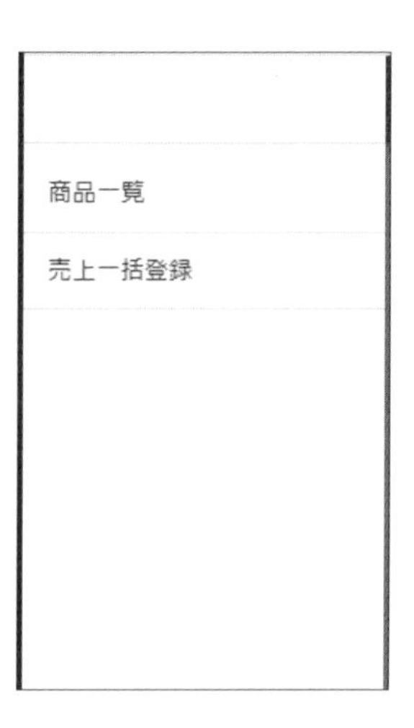

図E　サイドバー

商品一覧画面

次の機能を持っています（**図F**）。

- 商品の一覧の表示
- 商品の追加・更新・削除
- 商品の在庫画面への遷移

図F　商品一覧画面

商品在庫画面

次の機能を持っています（**図G**）。

- 商品在庫の詳細情報の参照
- 商品の仕入れと卸し

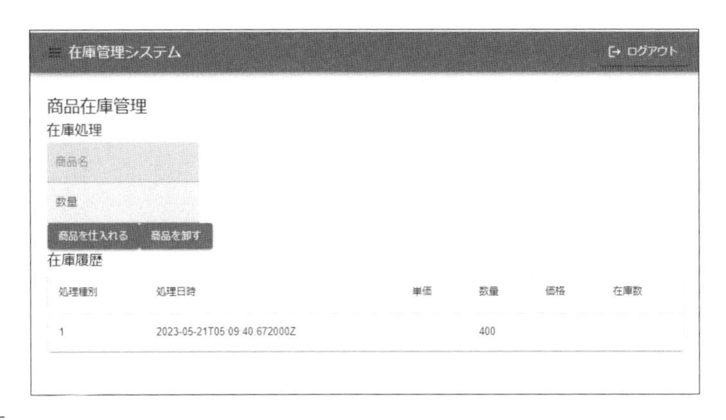

図G　商品在庫画面

売上一括登録画面

次の機能を持っています（**図H**）。

- 商品の卸しの一括登録
- 登録情報の参照

図H　売上一括登録画面

アプリケーションのアーキテクチャ・設計

いくつか実装に関わる観点についても、確認しておきましょう。

図Iは、ユーザーが表示する画面と、その画面から呼び出されるAPIの関係図です。

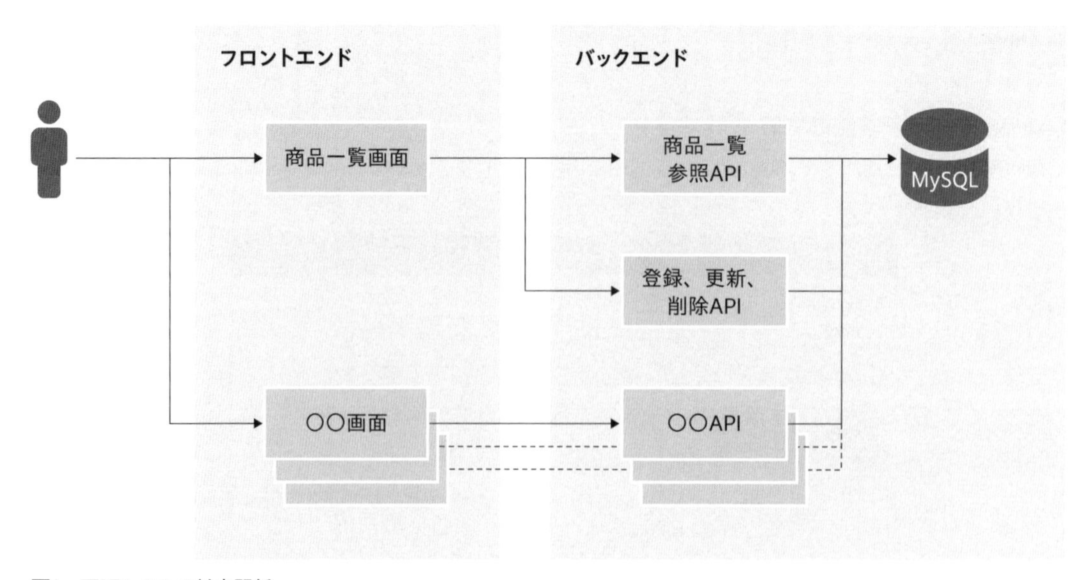

図I　画面とAPIの対応関係

フロントエンドで表示するデータを登録・更新する処理は、APIを通じて全てバックエンド側に任せています。第5章のフロントエンドの実装では、バックエンドの具体的な実装は行わず静的なデータに置き換えて実装を進めます。

また、フロントエンドとバックエンドのそれぞれの役割について確認しましょう。フロントエンドは、Webアプリケーションのユーザーインターフェース（UI）を構築および表示する役割を担当します。主な責務は、ユーザーが直接操作する画面やコンポーネントの作成、デザイン、およびインタラクションの実装です。フロントエンドの技術としては、HTML、CSS、JavaScriptなどが一般的に使用されます。フロントエンドはクライアントサイドで動作し、ユーザーのブラウザ上で実行されます。

しかし、Next.jsにおいてはクライアントサイドだけでなくサーバーサイドで動作する部分もあることが特徴です。バックエンドは、フロントエンドからのリクエストを受け取り、データベースや外部のAPIなどのリソースとのやり取りを行い、結果をフロントエンドに返します。主な責務は、データの処理、ビジネスロジックの実装、セキュリティの管理、データベースの操作などです。バックエンドの技術としては、サーバーサイド言語（Python、Java、Ruby、PHP）やフレームワーク（Node.js、Django、Ruby on Rails）が使用されます。本書ではDjangoを用いて実装を行います。

機能の洗い出し

では、この在庫管理アプリケーションの機能の洗い出しを行いましょう。今回実装する範囲については先に画面や機能を挙げていましたが、本来であればもっと多くの機能を実装することになるでしょう。

- ユーザーの追加といったユーザー管理機能
- パスワード変更といったアカウント管理機能
- 決済方法といった支払管理機能
- 仕入れ先や販売先を登録する顧客管理機能

限られた紙幅でこれらの機能を全て実装することは難しいので、先に挙げた機能だけ切り出して実装します。またこれらの機能を洗い出したら、各ページや機能の要件やユーザーストーリーをさらに詳しく分析し、必要な画面や操作を特定していきます。

マッピング

あるデータと別のデータの対応関係を決めることをマッピングといいます。フロントエンドにおいては、あるURLにアクセスしたら特定のファイルの処理が実行されます。特にこのURLと実行されるコードの関係をURLマッピングといいます。先ほど紹介した作成する画面について、どのURLでどの画面を表示するかマッピングしていきましょう。適切にマッピングを行うことでユーザーも誘導しやすく、また実装時も画面の役割が見通しやすくなります（**表A**）。

表A 画面とURLの対応関係

画面名	URL
ログイン画面	http://localhost:3000/login
商品一覧画面	http://localhost:3000/inventory/product
商品在庫画面	http://localhost:3000/inventory/product/[id]
在庫一括登録画面	http://localhost:3000/inventory/import_sales

Next.js 13からはルーティング設定が12以前から変わっています。第5章で詳しく解説しますが、このURLの階層構造がほぼそのままプロジェクトのフォルダの階層構造になります。

バックエンドとのインターフェース

機能が決まっていれば、どういったデータを操作が必要かも決まっているため、それらを実現するAPIのURLもこの段階で決めておきます（**表B**）。

表B APIとURLの対応関係

API	メソッド	URL
ログイン	POST	http://localhost:8000/api/inventory/login/
リフレッシュ	POST	http://localhost:8000/api/inventory/retry/
ログアウト	POST	http://localhost:8000/api/inventory/logout/
商品一覧参照	GET	http://localhost:8000/api/inventory/products/
商品参照	GET	http://localhost:8000/api/inventory/products/[id]
商品登録	POST	http://localhost:8000/api/inventory/products/
商品更新	PUT	http://localhost:8000/api/inventory/products/[id]
商品削除	DELETE	http://localhost:8000/api/inventory/products/[id]
仕入登録	POST	http://localhost:8000/api/inventory/purchases/
卸し登録	POST	http://localhost:8000/api/inventory/sales/
在庫一覧参照	POST	http://localhost:8000/api/inventory/inventories/
同期処理登録	POST	http://localhost:8000/api/inventory/sync/
非同期処理登録	POST	http://localhost:8000/api/inventory/async/
売上一覧参照	POST	http://localhost:8000/api/inventory/summary/

バックエンドはAPIサーバーとして利用するので、一般的なREST APIの設計方針に従って構造を決めます。DjangoのURLマッピングは前述のNext.jsと異なる考え方で実装されているため、このURLの階層的な構造がプロジェクトのフォルダの階層構造を反映しているわけではありません。

DB設計

Djangoにおいてはテーブル設計がそのままコードに反映されていくため、設計と実装の結びつきが特に強い項目でもあります。以下に作成したER図の例を示します（**図J**）。このER図は他の機能も実装した想定で作成したものです。本稿では枠線内のテーブルを実装の対象にしています。

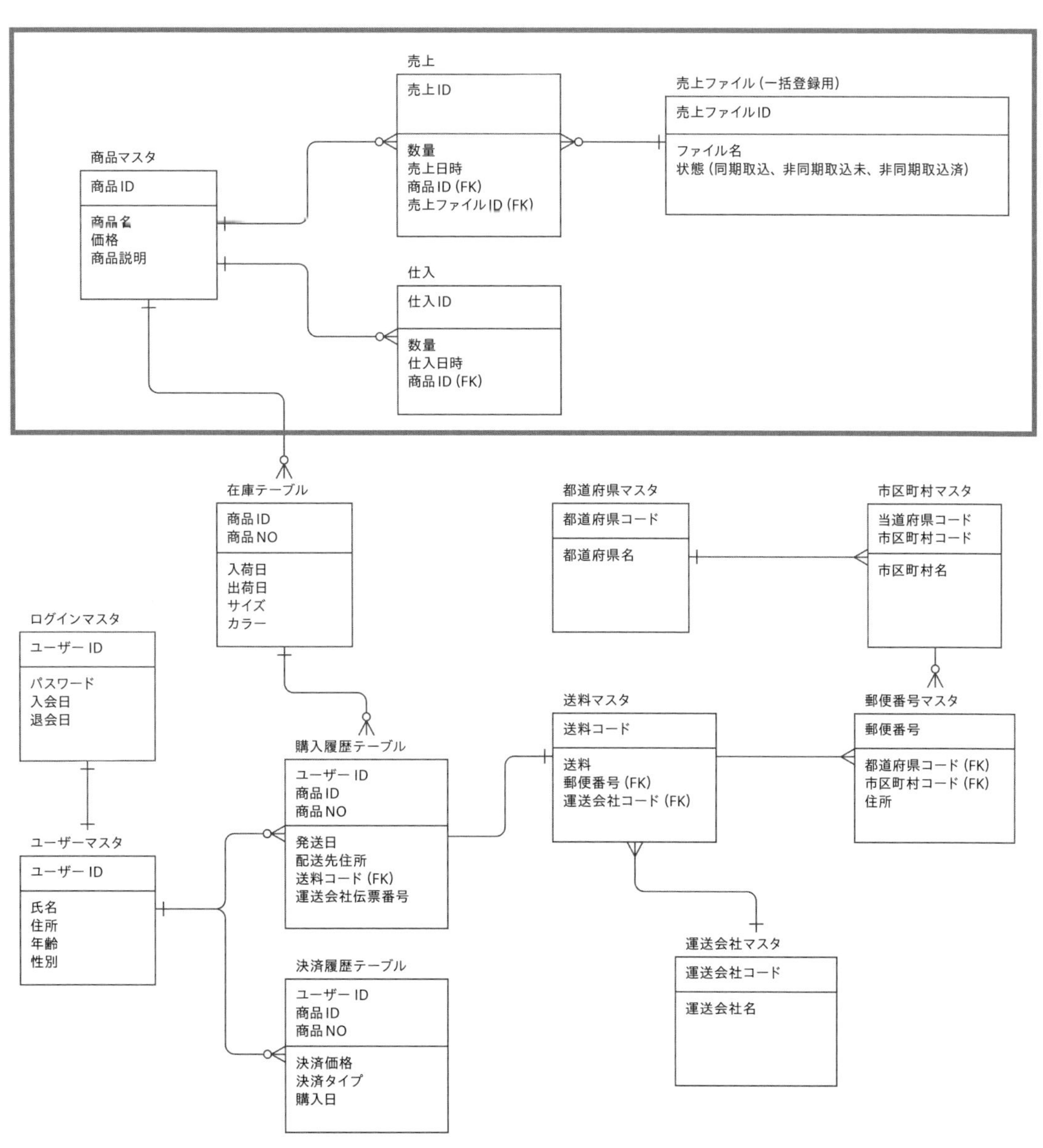

図J　ER図

それでは、さっそく第5章から、これらの画面設計やフローを元にフロントエンドの実装を行っていきます。

第5章 フロントエンドの実装

第II部の冒頭では、この後の章で作成するアプリケーションの簡単な設計を行いました。第5章では、画面を表示するフロントエンドの実装を行い、フロントエンドの役割とNext.jsについて学んでいきましょう。

Part II

5-1 フロントエンドの実装を始める前に

いよいよ本格的に実装を進めていきますが、コードを読み解く上で前提になる知識を確認しておきましょう。JavaScriptについて基本的な知識を持っている、という方は読み飛ばしても構いません。

5-1-1 前提知識

実装を進める前に、前提知識を押さえておきましょう。Next.jsのベースとなるReactについて学ぶための前提知識として、MozillaではHTML、CSS、JavaScriptが推奨されています※5-1。HTMLとCSSの比重はそれほど大きくないため、JavaScriptだけ振り返っておきます。

変数の宣言

JavaScriptで変数を宣言する方法には、いくつかの種類があります。

- let：再代入可能
- const：再代入不可能
- var：再代入、再宣言可能、基本的に使用しない

関数の宣言

関数には様々な定義方法があります。本稿では主に次に示す定義方法を使用します。

コード5-1-1 関数の定義方法①

```
const 関数名 = (引数) => {
  // 処理
}
```

他にも次のような定義方法があります。

※5-1 「React を始める」
https://developer.mozilla.org/ja/docs/Learn/Tools_and_testing/Client-side_JavaScript_frameworks/React_getting_started

コード5-1-2 関数の定義方法②

```
function 関数名(引数) {
  // 処理
}
```

コード5-1-3 関数の定義方法③

```
const 関数名 = function(引数) {
  // 処理
}
```

それぞれの定義方法の違いについても押さえておきましょう。参加するプロジェクトのコーディング規約で使用する関数の形式が決められていたり、使用したい外部ライブラリのソースコードを読んだりする場合は、②～③の定義方法ももちろん使用されているため、知識としては重要です。

まず定義方法②のfunctionですが、これがJavaScriptにおける、最も基本的な関数の書き方になります。

次に定義方法③は②の形式の関数を変数に代入し、式として扱っています。これを「**名前つき関数**」といいます。②との大きな違いはfunctionを左辺に代入していて、式の形になっていることです。変数に代入しているため、次のような違いが生まれます。

- スコープの違い
    - 宣言した場所によって、同じファイル内でも参照できる場合とできない場合がある
- 使用可能なタイミングの違い
    - 宣言した順番によって、代入が済んでいる場合と済んでいない場合がある
    - 一般的には「関数の巻き上げ」と表現します

また定義方法①は、③の右辺をさらに省略表記したものです。これを「**アロー関数**」といいます。スコープの違いなどもありますが、表記が簡潔になるメリットがあります。本稿ではスコープの扱いがわかりやすくなること、そして表記がシンプルになることから、①を主に使用しています。

他ファイルの使用

JavaScriptでも他の言語と同様に、他ファイルで定義された関数を使用することができます。まずは使われる側となるエクスポートの書き方です。

コード5-1-4 エクスポートの定義方法①

```
export エクスポート対象になるもの
```

エクスポートは、前項で紹介したような変数や関数などを対象にすることができます。

コード5-1-5 エクスポートの例①

```
// 事前に宣言された機能のエクスポート
export { 関数名1, 関数名2 };

const 関数名1 = (引数) => {
// 処理
}

const 関数名2 ...
```

次は、上記のエクスポートで定義された対象を使用するインポートの書き方です。

コード5-1-6 インポートの定義方法

```
import { インポートしたい変数や関数名 } from "インポートするモジュール"
```

エクスポートで変数や関数などを定義できたことと同じように、インポートでも変数や関数を対象にすることができます。

コード5-1-7 インポートの例

```
import { 関数名1 } from "関数名1が定義されているファイル名"
```

関数の宣言と同じように、インポート／エクスポートには多くの書き方があります。4-1-2項で紹介したdefaultもこの書き方の1つです。

代入

「=」を用いて、他の言語と同じような代入が可能です。

```
変数名 = 値
```

値には整数やbool値以外に変数そのものや以下のような配列、オブジェクトも使用可能です。

- []：配列初期化子またはリテラル構文
- {}：オブジェクト初期化子またはリテラル構文

また、分割代入というオブジェクトに対して、ここに値を代入することが可能です。

```
let a, b, rest;
[a, b] = [10, 20];
```

オブジェクト指向プログラミング

JavaScriptは、今回バックエンドで取り上げるPythonやJava、C#といった言語のように**オブジェクト指向プログラミング**をサポートしています。そのため、クラスとインスタンス、継承、カプセル化といった実装が可能です。しかし、今回のアプリケーションの実装においてはコードとしては出てこない要素なので、特に解説は行いません。

また、フロントエンドの要素は次のような関係性になっています（**図5-1-1**）。

以降の解説では、機能を実装していく際に、それぞれの機能がどの技術要素に依存するものなのか、あわせて明記していきます。

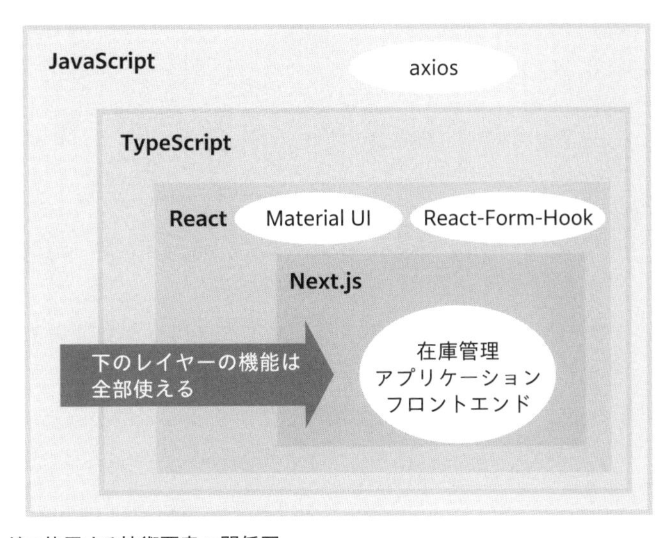

図5-1-1 フロントエンドで使用する技術要素の関係図

TypeScript

TypeScriptはJavaScriptでも型を管理できるように拡張した言語になります。全ての文法を網羅しようと思うと覚えきれないので本稿に関連する文法を抜粋して紹介します。

まずは変数の宣言と代入です。

コード5-1-8 変数

```
let 変数名1: 変数の型1 = 値1;
const 変数名2: 変数の型2 = 値2;
var 変数名3: 変数の型3 = 値3;
```

変数の型には最初から、文字列を表すstringや数値を表すnumericといった基本的な型が用意されています。また、この型のつけ方は変数の宣言時だけでなく関数の引数の型を定義するときでも使うことができます。

コード5-1-9 関数

```
const 関数名 = (引数: 引数の型): 戻り値の型 => {
    // 処理
};
```

基本的な型以外を利用したい場合は型エイリアスを使用します。

コード5-1-10 型エイリアス

```
type 型名 = { 変数名1: 変数の型1; 変数名2: 変数の型2 };

// 利用例
let 変数名: 型名 = { 変数名1: 123, 変数名2: "abc" };
```

最後に、少し難しいですがジェネリクスです。ジェネリクスは様々な型を扱える汎用的な型とイメージしてください。本稿では自分でジェネリクスを用いた関数などを定義することはありませんが、ライブラリが提供するジェネリクスを使った関数を使用することはあるため押さえておきましょう。

コード5-1-11 ジェネリクス

```
const 関数名 = <T>(引数: T): T => {
    // 処理
}
```

```
// 利用例
let 結果1 = 関数名<string>("abc");
let 結果2 = 関数名(123);
```

5-1-2 フロントエンドの実装範囲

第II部のアーキテクチャの解説でも触れた通り、フロントエンドの役割はあくまで画面を表示することです。本書のサンプルアプリケーションでいえば、商品一覧画面と在庫一覧画面、ヘッダーや商品を追加するボタン、また一覧を表示するための表の枠組みの部分などが該当します。

フロントエンドで商品一覧や在庫一覧を表示するために、具体的なデータを内部で取得してくる処理はバックエンドの役割です。フロントエンドから商品一覧を取得する処理自体は実行されるのですが、データベースから取り出すデータの形式や処理の流れなど、具体的な処理の詳細はバックエンドで実装されています。画面表示に関する処理はフロントエンドの役割、表示するデータに関する処理はバックエンドの役割と分けて考えましょう。ここでいうデータに関する処理とは、データベースからどうやってデータを取得するか、またどのようにデータを登録・更新するか、さらにアプリケーション特有のバリデーションなども含まれます。このことを念頭において、次の節からさっそく画面を作成していきましょう。

Part II

5-2 ベースの作成

本節では、まず一般的なHTMLのようなファイルを作成し、そこから徐々にNext.jsの機能を利用した実装に書き換えていきます。もちろん、実際の開発の現場ではいきなりNext.jsらしいコードで実装を進めるでしょう。しかし、本節ではNext.jsの機能や考え方を理解するために、あえてプレーンなコードから始めます。

5-2-1 作成対象の確認

第3章の手順と同じようにUbuntuのフロントエンドのディレクトリ（/usr/local/src/devapp/frontend）から「code .」コマンドを使い、フロントエンドのVSCodeを起動しましょう。起動ができたら、作業をするためのフォルダを作成していきます。作成場所を間違えないように次のコマンドでカレントディレクトリを確認してみましょう。

```
$ pwd
/workspaces/app/frontend
```

もし上記以外の場所であれば、次のコマンドで移動してください。

```
$ cd /workspaces/app/frontend
```

移動ができたら、作成する在庫管理アプリケーションを機能ごとにまとめるためのディレクトリを作成します。

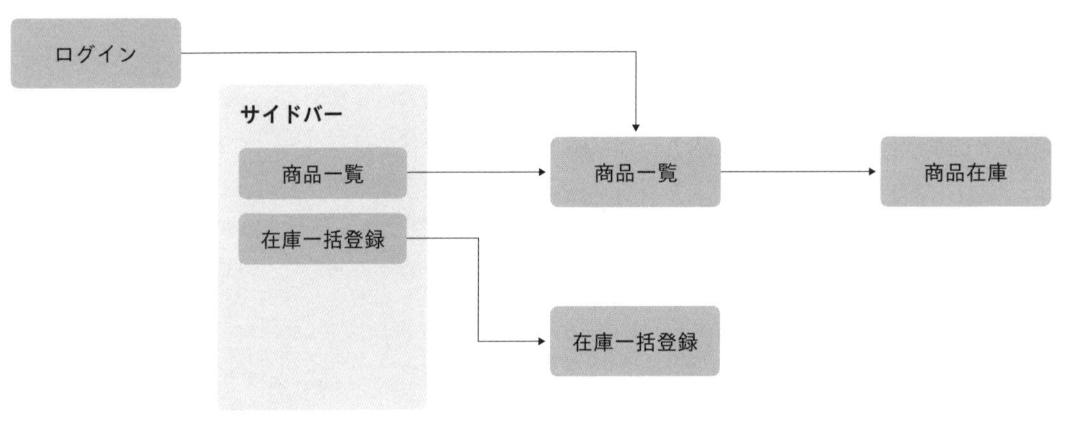

図5-2-1 アプリケーションの構成図

作成するディレクトリは2つで、1つ目は商品一覧機能と商品在庫機能を実装するためのinventory/products/[id]です。フォルダは階層構造になっておりinventoryとproducts、[id]が入れ子の構造になります。そして、もう1つはログイン認証を行うためのloginフォルダです。次のコマンドを実行しましょう。

```
$ cd app
$ mkdir -p {inventory/products/[id],login}
$ ls
    inventory    login……その他のファイル・フォルダ
```

Linuxコマンドについて補足

mkdirコマンドはディレクトリを新規に作成するコマンドです。-pでオプションをつけることでサブディレクトリも一括して作成しています。中かっこ「{}」で複数の文字列を囲むことでブレース展開という機能を使って、それぞれについてコマンドが実行されています。これにより一度に複数のフォルダを作成しています。

5-2-2 画面の作成

ディレクトリが作成できたら、それぞれのディレクトリの中に、最低限の画面表示をするファイルを次のように追加しましょう。第4章で行った手順と同様に、VSCodeの左のウィンドウ、エクスプローラーにあるproductsフォルダを右クリックして、「新しいファイル」を選択し、page.tsxファイルを作成してください。[id]やloginフォルダでも同じようにファイルを作成します。これで準備は完了です。

コード5-2-1 商品一覧画面（frontend/app/inventory/products/page.tsx）

```
export default function Page() {
  return (
    <div>
      <h2>商品一覧</h2>
       <p>商品の一覧を表示</p>
    </div>
  )
}
```

コード5-2-2 商品在庫画面（frontend/app/inventory/products/[id]/page.tsx）

```
export default function Page() {
  return (
    <div>
      <h2>商品在庫管理</h2>
       <p>商品在庫の一覧を表示する</p>
    </div>
  )
}
```

コード5-2-3 ログイン画面（frontend/app/login/page.tsx）

```
export default function Page() {
  return (
    <div>
      <h2>ログイン</h2>
       <p>ログインの入力項目を表示する</p>
    </div>
  )
}
```

この状態で画面を表示してみましょう。それぞれ以下のURLで画面が表示されるはずです。

- http://localhost:3000/inventory/products
- http://localhost:3000/inventory/products/1
- http://localhost:3000/login

商品在庫管理

商品在庫の一覧を表示する

図5-2-2 商品在庫画面

うまく表示されたでしょうか。もし画面が表示されなかった場合は、コードの内容が正しいかどうか、またサーバーが起動しているかどうかを確認してください。もしサーバーが起動していなければ、3-2節で紹介した「yarn dev」のコマンドを実行してください。このpageファイル一つ一つが、URLの表示内容に対応しています。また、このpageファイルはReactコンポーネントになります。Reactコンポーネントとはマークアップ、CSS、JavaScriptを組み合わせたひとまとまりの要素で、アプリケーションで再利用可能な部品になっています。

コード5-2-4 商品在庫画面（ frontend/app/inventory/products/[id]/page.tsx）

```
    <div>
      <h2>商品在庫管理</h2>
       <p>商品在庫の一覧を表示する</p>
    </div>
```

なぜこの画面は<h2>タグと<p>タグを並列で記載するのではなく、一番外側を<div>タグで囲んであるのでしょうか。試しに以下のような記述にしてみましょう。

```
    <h2>商品在庫管理</h2>
    <p>商品在庫の一覧を表示する</p>
```

すると、**図5-2-3**のような画面が表示されます。

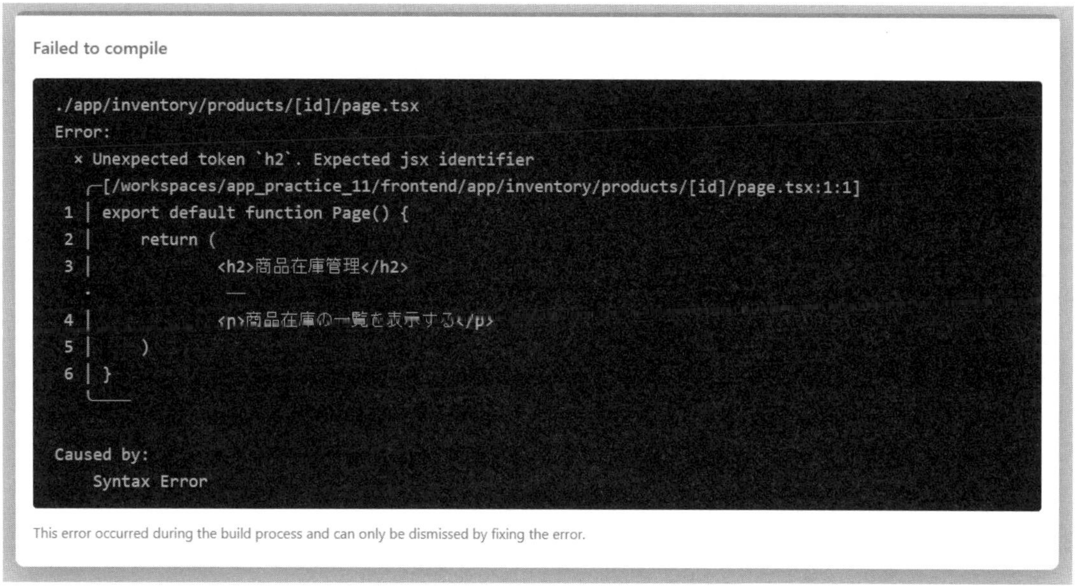

```
Failed to compile

./app/inventory/products/[id]/page.tsx
Error:
  × Unexpected token `h2`. Expected jsx identifier
   ╭─[/workspaces/app_practice_11/frontend/app/inventory/products/[id]/page.tsx:1:1]
 1 │ export default function Page() {
 2 │     return (
 3 │             <h2>商品在庫管理</h2>
   ·              ──
 4 │             <p>商品在庫の一覧を表示する</p>
 5 │     )
 6 │ }
   ╰────

Caused by:
    Syntax Error

This error occurred during the build process and can only be dismissed by fixing the error.
```

図5-2-3　商品一覧画面

これはReactのJSXのreturnでは1つの要素しか返してはいけないというルールがあるためです。しかし<div>タグで囲ってしまうとコンポーネントの分だけネストが深くなってしまい余分な記述が増えてしまします。そのためReactではこれは以下のように空のタグ<>を記載して、余分な<div>タグを省略しています。

```
<>
  <h2>商品在庫管理</h2>
   <p>商品在庫の一覧を表示する</p>
</>
```

これにより描画時に余分なネストが減るため、構造を把握しやすくなります。

ここまでで実装する機能のベースとなる、最低限の画面を作成しました。次の節からは、各画面についてデータの一覧表示や各種ボタンの追加など肉づけをしていきましょう。

Part II

5-3 商品一覧画面の作成

5-3-1 モックアップ

では始めに、商品一覧画面から用意していきましょう。APIの処理は一旦置いておいて、画面のイメージを先に作っていきます（**コード5-3-1**）。

この一覧画面では以下のことが可能です。

- 商品一覧の閲覧
- 商品の登録・更新・削除

コード5-3-1 商品一覧（frontend/app/inventory/products/page.tsx）

```
export default function Page() {
  return (
    <>
      <h2>商品一覧</h2>
      <button>商品を追加する</button>
      <table>
        <thead>
          <tr>
            <th>商品ID</th>
            <th>商品名</th>
            <th>単価</th>
            <th>説明</th>
            <th></th>
          </tr>
        </thead>
        <tbody>
          <tr>
            <td>1</td>
            <td>コットン100%バックリボンティアードワンピース（黒）</td>
            <td>6900</td>
            <td>大人の愛らしさを引き立てる、ナチュラルな風合い。リラックスxトレンドを ↵
楽しめる、上品なティアードワンピース。</td>
            <td><button>更新・削除</button></td>
          </tr>
          <tr>
            <td>2</td>
            <td>ライトストレッチカットソー（ネイビー）</td>
            <td>2980</td>
```

```
            <td>しなやかな肌触りが心地よい、程よいフィット感のカットソー。ビジネスカ↵
ジュアルにも普段使いにも使える、ベーシックなデザイン。</td>
            <td><button>更新・削除</button></td>
          </tr>
          <tr>
            <td>3</td>
            <td>ベルト付きデニムパンツ(ブルー)</td>
            <td>5980</td>
            <td>定番のデニムパンツに、フェミニンなベルトをプラスしたスタイリッシュな↵
アイテム。カジュアルにもきれいめにも合わせやすい。</td>
            <td><button>更新・削除</button></td>
          </tr>
        </tbody>
      </table>
    </>
  )
}
```

http://localhost:3000/inventory/productsにアクセスすると次の画面が表示されます(**図5-3-1**)。ここから徐々にNext.jsを使ったコードに書き換えていきましょう。

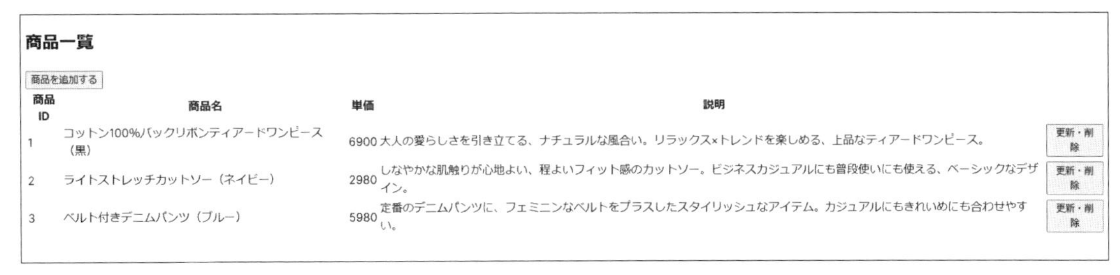

図5-3-1 商品一覧の表示例

5-3-2 動的描画の導入

まずはデータを動的に読み込むようにします。Reactにはstateというユーザーのイベントに合わせて値を更新する機能があります。このstateにイベントを紐づけるための接続の役割をするものがhookです。まずは、商品情報が表示されるデータ部分をuseStateとuseEffectというReactのビルトインのhookを使って動的に読み込むように書き換えてみましょう(**コード5-3-2**)。

React組み込みのhookは他にもuseContextやuseRef、useMemo/useCallback、useReducerなどがありますが、本アプリでは使用しません。この節ではバックエンドとの通信はしないのでひとまずjsonファイルから読み込む形に変更します。

コード5-3-2 商品一覧（frontend/app/inventory/products/page.tsx）

```
'use client'

import { useState, useEffect } from 'react';
import productsData from "./sample/dummy_products.json";
type ProductData = {
    id: number;
    name: string;
    price: number;
    description: string;
};
export default function Page() {
  // 読込データを保持
  const [data, setData] = useState<Array<ProductData>>([]);

  useEffect(() => {
    setData(productsData);
  }, [])

  return (
    <>
      <h2>商品一覧</h2>
        …
        <tbody>
          <tr>
            <td>1</td>
            <td>コットン100%バックリボンティアードワンピース（黒）</td>
            （中略）
            <td>定番のデニムパンツに、フェミニンなベルトをプラスした↵
スタイリッシュなアイテム。カジュアルにもきれいめにも合わせやすい。</td>
            <td><button>更新・削除</button></td>
          </tr>
          {data.map((data: any) => (
            <tr key={data.id}>
              <td>{data.id}</td>
              <td>{data.name}</td>
              <td>{data.price}</td>
              <td>{data.description}</td>
              <td>
                <button>更新・削除</button>
              </td>
            </tr>
          ))}
        </tbody>
      </table>
    </>
  )
}
```

❶ 'use client' 〜 }, []) ／ 削除 <tr> 〜 </tr> ／ ❷ {data.map(...)} 〜))}

❶では「export default function Page() {」の前後に、ステートを管理する処理と読込対象のjsonファイルを追加しています。❷では一つ一つ記載していた商品の情報を全て削除し、代わりに商品の一覧情報を持つdataという変数を繰り返し取り出すコードを追記しています。dataの内容となるjsonファイルの内容は先ほどの出力内容と同じものを用意します（**コード5-3-3**）。

コード5-3-3　商品一覧に表示する商品データ（frontend/app/inventory/products/sample/dummy_products.json）

```
[
    {
        "id": 1,
        "name": "コットン100%バックリボンティアードワンピース（黒）",
        "price": 6900,
        "description": "大人の愛らしさを引き立てる、ナチュラルな風合い。リラックスxト⏎
レンドを楽しめる、上品なティアードワンピース。"
    },
    {
        "id": 2,
        "name": "ライトストレッチカットソー（ネイビー）",
        "price": 2980,
        "description": "しなやかな肌触りが心地よい、程よいフィット感のカットソー。ビジ⏎
ネスカジュアルにも普段使いにも使える、ベーシックなデザイン。"
    },
    {
        "id": 3,
        "name": "ベルト付きデニムパンツ（ブルー）",
        "price": 5980,
        "description": "定番のデニムパンツに、フェミニンなベルトをプラスしたスタイリッ⏎
シュなアイテム。カジュアルにもきれいめにも合わせやすい。"
    }
]
```

画面を表示すると、先ほどと同じ画面が表示されます。ただ、これだけではjsonファイルから読み込まれた結果なのか判別がつかないので、jsonファイルの内容を追加して確かめてみましょう。"id": 1～3と同様に、"id": 4を定義します（**コード5-3-4**）。

コード5-3-4　商品一覧に表示する商品データ（frontend/app/inventory/products/sample/dummy_products.json）

```
    },
    {
        "id": 4,
        "name": "レースフレアスカート（ホワイト）",
        "price": 4980,
        "description": "エレガントな雰囲気を醸し出すレーススカート。裏地付きで透け感も⏎
抑えられ、通年使えるおすすめアイテム。"
    }
]
```

画面にも先ほど追加した内容が追加されたでしょうか（**図5-3-2**）。

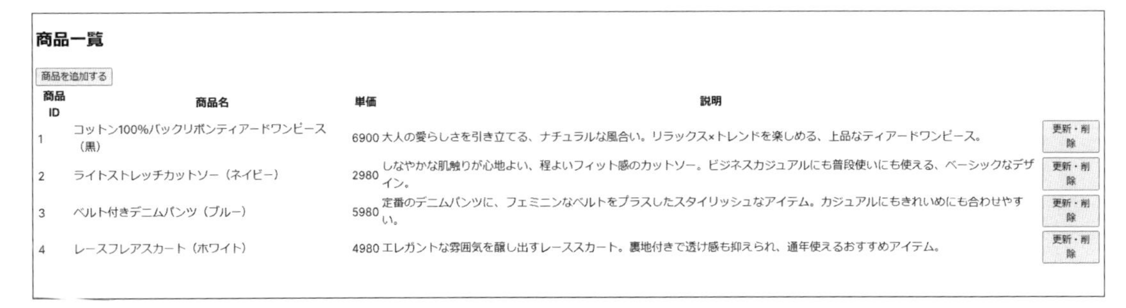

図5-3-2　商品一覧の表示例

商品データは追加や削除などの処理で常にデータの状態が更新されていきます。この状態の変化を画面に反映するためにuseStateによって管理しています。

```
const [変数, 変数の状態を更新する関数] = useState<型>(初期値);
```

本アプリケーションでは変数はdata、変数の状態を更新する関数はsetData、初期値として空の配列を与えています。setDataでデータが更新されたときに、初めて商品一覧が画面に表示されるという流れになっています。

では、setData()はどこで呼んでいるのかというと、useEffectで呼んでいます。useEffectは以下のような構成になっています。

```
useEffect(() => {
    セットアップコードを含むセットアップ関数
    return () => {
      クリーンナップコードを含むクリーンナップ関数
    };
  }, 依存関係);
```

まずuseEffectを含むコンポーネントがページに追加されると、セットアップ関数が実行されます。次に、依存関係が更新されるとコンポーネントが再レンダリングされます。その際、クリーンナップ関数が古いpropsとstateで実行されます。その後セットアップ関数が新しいpropsとstateで実行されます。最後にコンポーネントがページから削除された後、クリーンナップ関数が実行されます。図示すると**図5-3-3**のような流れになります。

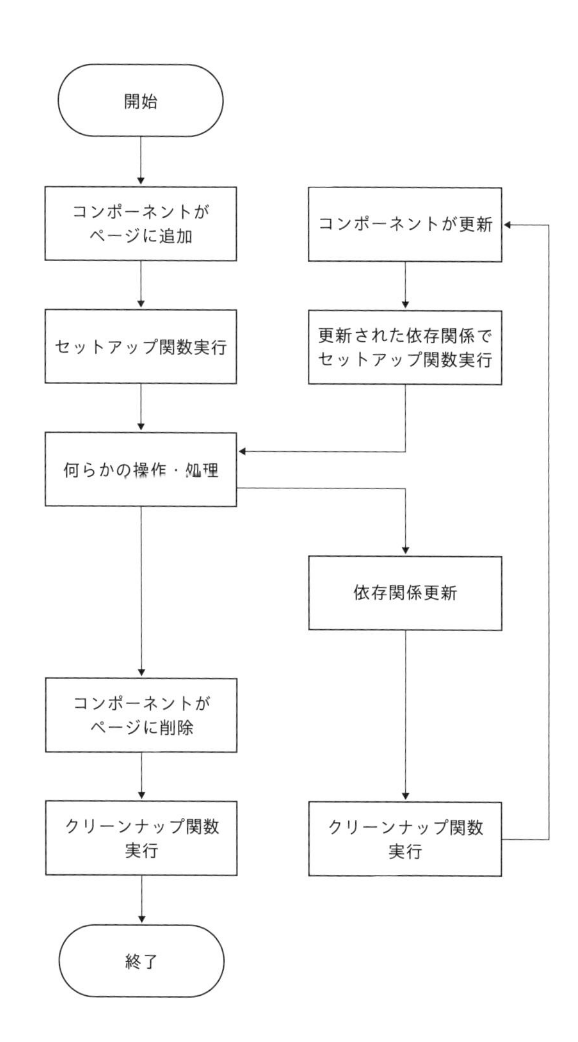

図5-3-3　描画のサイクル

この流れを今回の商品データに当てはめると次のようになります。

```
useEffect(() => {
  setData(productsData); // セットアップ関数
  // クリーンナップ関数はなし
  }
  , [] // 依存関係はなし
)
```

つまり、コンポーネントが追加されたタイミングでセットアップ関数であるsetData()が一度だけ実行されるようになります。

この例では、バックエンドに一方的にリクエストを送るため、セットアップ関数のみしか実装していません。しかし、外部サーバーとコネクションを確立する場合やモーダルダイアログを制御する際などクリーンナップ関数や依存関係が必要になってくるケースはあります。

5-3-3 use client

Next.js 13ではデフォルトがサーバーサイドレンダリングを行う設定になっています。しかし、ユーザー操作のイベントによって画面の値を更新するなど、依然クライアント側で行う処理もあるのでクライアントサイドレンダリングも必要になります。その場合は、use clientを使用してクライアントサイドレンダリングを行うことをファイルの先頭で宣言しておきます。

ここまで詳しく説明はしていませんでしたが、Next.jsにはサーバーサイドレンダリングとクライアントサイドレンダリングの2種類があります。

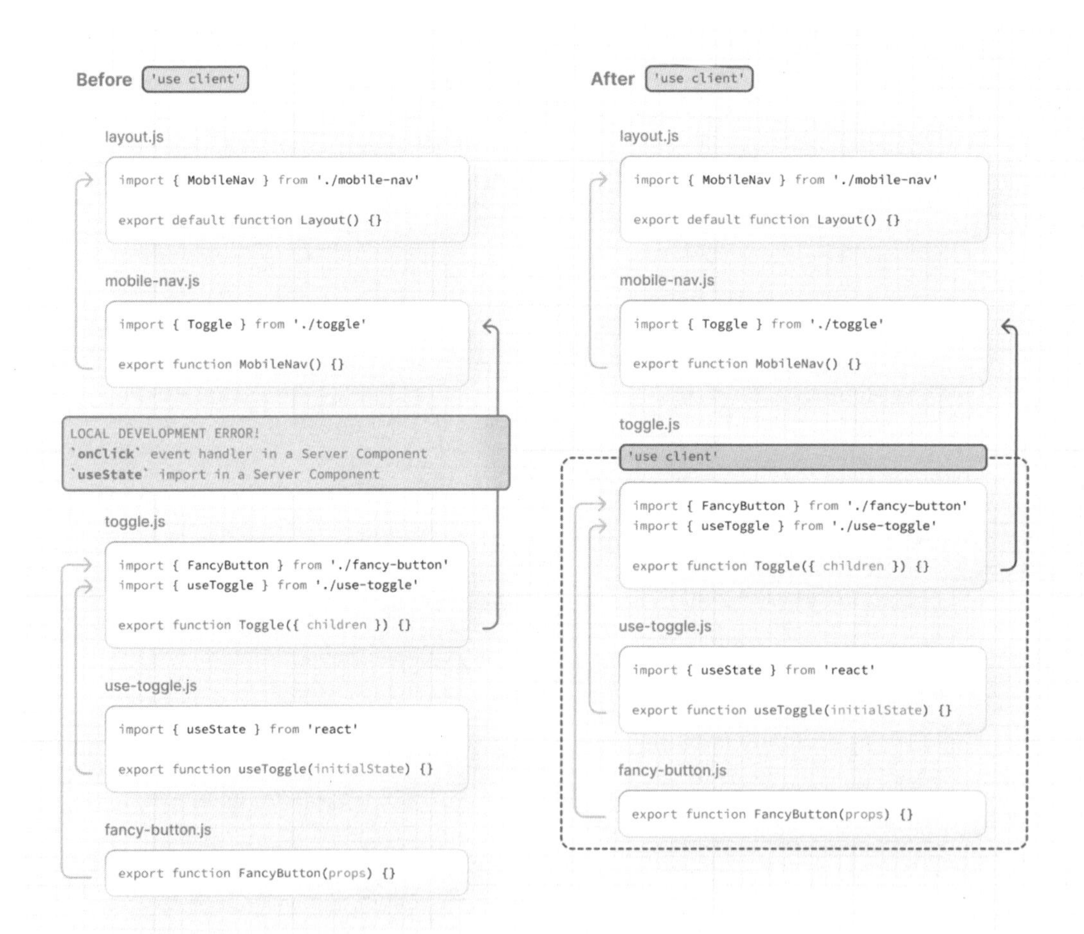

図5-3-4 クライアントサイドレンダリングの挙動

5-3-4 ルーティング

外部から取得した商品データを表示することができたので、次は商品を選択して詳細画面に遷移できるようにしましょう。次のようにコードを修正してください（**コード 5-3-5**）。

コード 5-3-5 商品一覧（frontend/app/inventory/products/page.tsx）

```
import productsData from "./sample/dummy_products.json";
import Link from "next/link";  ―― 追加

export default function Page() {
            （中略）
            <th>説明</th>
            <th></th>  ―― 追加
            <th></th>
              （中略）
              <td>{data.description}</td>
              <td><Link href={`/inventory/products/${data.id}`}>在庫処理↵  ―― 追加
</Link></td>
              <td><button>更新・削除</button></td>
```

図 5-3-5 のように、在庫処理ラベルが表示されました。

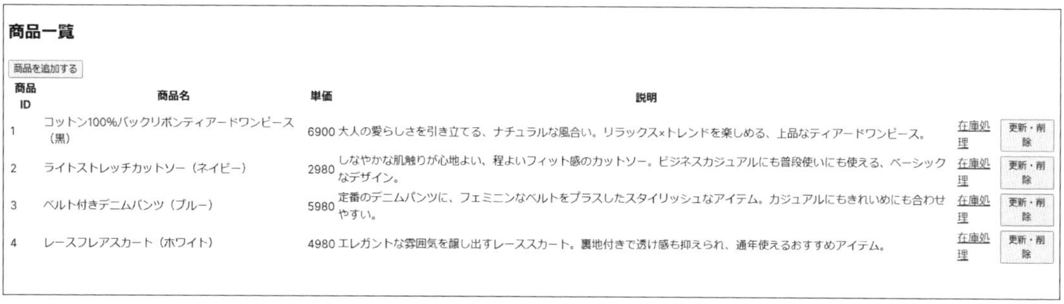

商品一覧

商品を追加する

商品ID	商品名	単価	説明		
1	コットン100%バックリボンティアードワンピース（黒）	6900	大人の愛らしさを引き立てる、ナチュラルな風合い。リラックス×トレンドを楽しめる、上品なティアードワンピース。	在庫処理	更新・削除
2	ライトストレッチカットソー（ネイビー）	2980	しなやかな肌触りが心地よい、程よいフィット感のカットソー。ビジネスカジュアルにも普段使いにも使える、ベーシックなデザイン。	在庫処理	更新・削除
3	ベルト付きデニムパンツ（ブルー）	5980	定番のデニムパンツに、フェミニンなベルトをプラスしたスタイリッシュなアイテム。カジュアルにもきれいめにも合わせやすい。	在庫処理	更新・削除
4	レースフレアスカート（ホワイト）	4980	エレガントな雰囲気を醸し出すレーススカート。裏地付きで透け感も抑えられ、通年使えるおすすめアイテム。	在庫処理	更新・削除

図 5-3-5 商品一覧の表示例

在庫処理ラベルをクリックしてください。**図 5-3-6** のように、商品在庫管理画面に遷移できるようになったはずです。

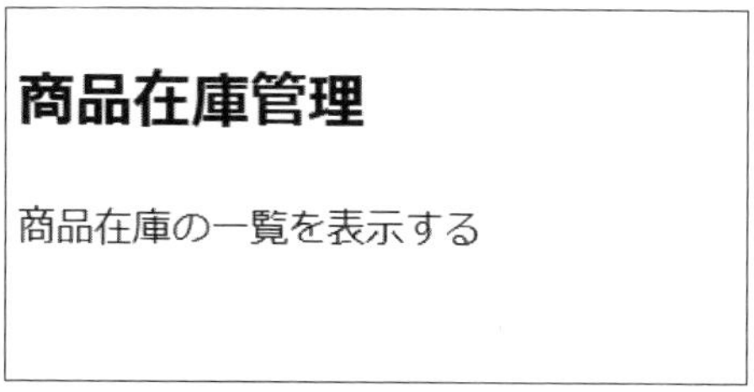

商品在庫管理

商品在庫の一覧を表示する

図 5-3-6 商品在庫の表示例

このルーティングにはルートの定義と使用するタグの2つのポイントがあります。第4章でも少し触れましたが、振り返りつつ詳しく見ていきましょう。

まずはルーティングについてです。第4章で述べた通り、Next.jsではフォルダを使用してルートを定義します。各フォルダは、URLセグメントにマップされるルートセグメントを表します。今回の在庫管理アプリケーションだと**図5-3-7**のようになります。

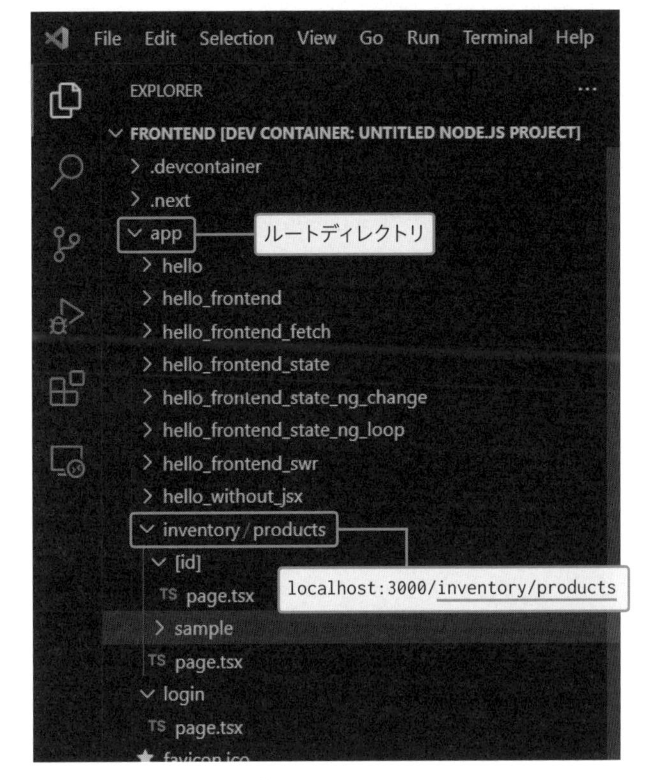

図5-3-7　ルーティングの状況

ルートになるappフォルダの直下にあるinventoryフォルダが、そのままURLの1つのセグメントになっています。またinventoryフォルダ配下のproductsフォルダがURLのinventory以降のセグメントになっています。

このようにルート以下のフォルダの階層構造がそのままURLの構造に反映されます。こういったルーティング形式をファイルシステムベースルーティングと呼びます。今度は、app配下にrooting_testフォルダを作成して、http://localhost:3000/rooting_testにアクセスしてみてください。404になったはずです。これはrooting_test内にはpage.tsxファイルが存在しておらず、アクセスするためのページが生成されなかったためです。

404	This page could not be found.

図5-3-8　存在しないURLにアクセスしたときの表示例

URLはフォルダ構成で決まりますが、表示できるページがあるかどうかはpage.tsxの有無で決まります。

では、先ほど追加したsampleフォルダはどうなるでしょうか。http://localhost:3000/inventory/products/sampleにアクセスして確認してみましょう。商品在庫管理のページが開かれます。フォルダ内にpage.tsxがないのに、どうして開くことができたのでしょうか。これは[id]という動的ルーティングが有効になるフォルダが同じ階層にあったため、sample配下ではなく[id]フォルダ配下のpage.tsxでページが表示されたためです。

このようにNext.jsではディレクトリ構成によってルーティングが自動的に行われています。

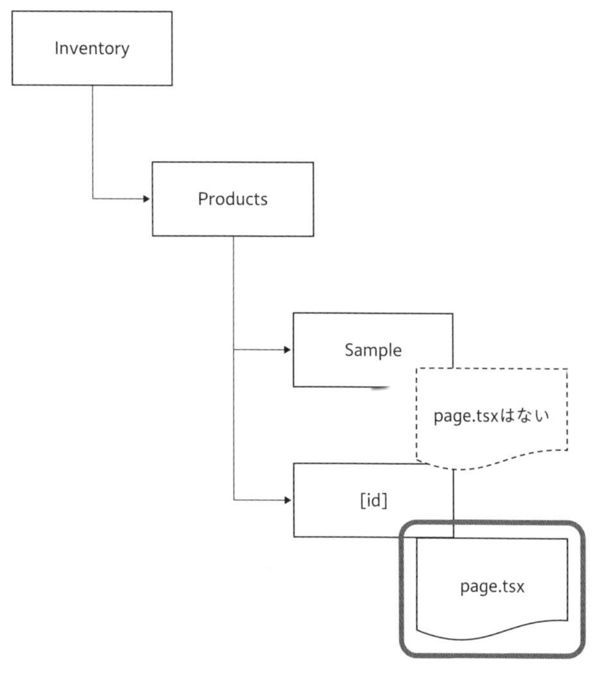

図5-3-9 URLとフォルダ構成の関係図

5-3-5 ビルトインコンポーネント

次のポイントはLinkタグです。Next.jsでは画像やリンクなどを表示する環境によって最適なビルトインコンポーネントを提供しています。これにより、アプリケーションの速度の向上などユーザーエクスペリエンスが向上します。

本アプリケーションではLinkタグを使用しています。見かけの動き自体はHTMLの<a>タグと変わりません。大きく異なる点として、指定された遷移先の情報を先に読み込んで、実際に遷移する際に素早く移動できるようになっていることが挙げられます。こういった先に読み込む動作をプリフェッチといいます。

Next.jsのビルトインコンポーネントにはアプリケーションの動作を改善するような機能が組み込まれています。またページの遷移については、Link以外にuseRouterという機能でも管理することができます。Next.jsの公式では、特別な理由がない限りLinkでの遷移を推奨しているため、本アプリケーションでもLinkを使用しています。ユーザー認証などイベントの結果によって遷移先を振り分ける場合は利用を検討してもよいでしょう。ログイン機能の解説部分で、改めて取り上げます。

今回説明したのはNext.js 13の基本的なルーティングの考え方についてです。12とは異なるルーティング形式になっているため、調べる際にはバージョンによく注意してください。また、ビルトインコンポーネントはLink以外にもImageやHeadなども提供されています。

5-3-6 登録イベントの追加

商品を追加するボタンがクリックされた際に、登録用の入力フォームが表示されるようにします。

コード5-3-6 商品一覧（frontend/app/inventory/products/page.tsx）

```
  useEffect(() => {
    setData(productsData);
  }, [])

  // 新規登録処理、新規登録行の表示状態を保持
  const [shownNewRow, setShownNewRow] = useState(false);
  const handleShowNewRow = (event: React.MouseEvent<HTMLElement>) => {
    event.preventDefault();
    setShownNewRow(true)
  };
  const handleAddCancel = (event: React.MouseEvent<HTMLElement>) => {
    event.preventDefault();
    setShownNewRow(false)
  };
  const handleAdd = (event: React.MouseEvent<HTMLElement>) => {
    event.preventDefault();
    // バックエンドを使用した登録処理を呼ぶ
    setShownNewRow(false)
  };

  return (
（中略）
      <button onClick={ handleShowNewRow }>商品を追加する</button>
（中略）
        <tbody>
          {shownNewRow ? (
            <tr>
              <td></td>
              <td><input type="text" /></td>
              <td><input type="number" /></td>
              <td><input type="text" /></td>
              <td></td>
              <td><button onClick={handleAddCancel}>キャンセル</button>↵
<button onClick={handleAdd}>登録する</button></td>
            </tr>
          ) : ""}
          {data.map((data: any) => (
```

❶追加（useState(false) 〜 handleAdd）
❸修正（button onClick={ handleShowNewRow }）
❷追加（{shownNewRow ? (〜) : ""}）

❸の「商品を追加する」ボタンをクリックすると、❶で追加した新規登録行の表示状態を管理するshownNewRowがhandleShowNewRowメソッド内でtrueに更新されます。そして❷でshownNewRowの値によって表示する内容を切り替えています。その際、三項演算子というif文を代替する

構文を用いています。

```
shownNewRow ? ( 新規登録をするための追加行 ) : ""
条件 ? 条件がtrueだった場合 : 条件がfalseだった場合;
```

これにより、商品を追加するボタンを押下したときには、shownNewRowにtrue、キャンセルと登録するボタンを押下したときはshownNewRowにfalseを渡して、入力フォームの表示・非表示を切り替えています。また❷ではキャンセルボタンと登録ボタンも追加しており、ここからはshownNewRowにfalseをセットするメソッドを呼び出しています。

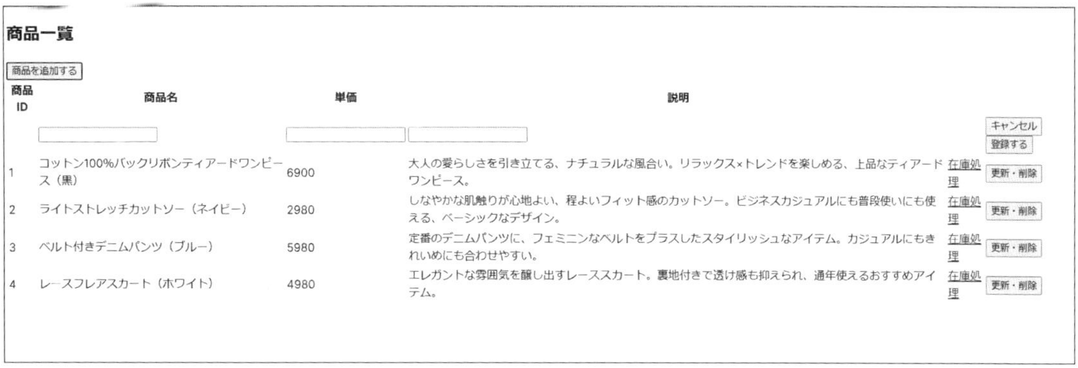

商品一覧

商品を追加する

商品ID	商品名	単価	説明		
					キャンセル 登録する
1	コットン100%バックリボンティアードワンピース（黒）	6900	大人の愛らしさを引き立てる、ナチュラルな風合い。リラックス×トレンドを楽しめる、上品なティアードワンピース。	在庫処理	更新・削除
2	ライトストレッチカットソー（ネイビー）	2980	しなやかな肌触りが心地よい、程よいフィット感のカットソー。ビジネスカジュアルにも普段使いにも使える、ベーシックなデザイン。	在庫処理	更新・削除
3	ベルト付きデニムパンツ（ブルー）	5980	定番のデニムパンツに、フェミニンなベルトをプラスしたスタイリッシュなアイテム。カジュアルにもきれいめにも合わせやすい。	在庫処理	更新・削除
4	レースフレアスカート（ホワイト）	4980	エレガントな雰囲気を醸し出すレーススカート。裏地付きで透け感も抑えられ、通年使えるおすすめアイテム。	在庫処理	更新・削除

図5-3-10 商品一覧の表示例

また、ここで少々違和感を覚える箇所がありますね。

```
<button onClick={ handleShowNewRow }>商品を追加する</button>
```

このonClickは、JavaScriptであれば、全て小文字のonclickになるはずです。実はこれはReactのクリック時のイベントで、JavaScriptと異なり、必ずcamelCase※5-2で名づけられているのです。

5-3-7 更新・削除イベントの追加

登録処理と同じ要領で、更新ボタンをクリックしたらラベルが入力フィールドに変わるようにします（**コード5-3-7**）。

※**5-2** 最初の単語を小文字にして、以降の単語を大文字始まりでつなげる命名記法をcamelCaseといいます。

コード5-3-7 商品一覧（frontend/app/inventory/products/page.tsx）

```
    setShownNewRow(false)
  };

  // 更新・削除処理、更新・削除行の表示状態を保持
  const [editingRow, setEditingRow] = useState(0);
  const handleEditRow: any = (id: number) => {
    setShownNewRow(false)
    setEditingRow(id)
  };
  const handleEditCancel: any = (id: number) => {
    setEditingRow(0)
  };
  const handleEdit: any = (id: number) => {
    setEditingRow(0)
  };
  const handleDelete: any = (id: number) =>
    setEditingRow(0)
  ;

  return (
（中略）
          {data.map((data: any) => (
            editingRow === data.id ? (
              <tr key={data.id}>
                <td>{data.id}</td>
                <td><input type="text" defaultValue={data.name} /></td>
                <td><input type="number" defaultValue ={data.price} /></td>
                <td><input type="text" defaultValue ={data.description} ↵
/></td>
                <td></td>
                <td><button onClick={handleEditCancel(data.id)}>↵
キャンセル</button><button onClick={handleEdit(data.id)}>更新する↵
</button><button onClick={handleDelete(data.id)}>削除する</button></td>
              </tr>
            ) : (
              <tr key={data.id}>
                <td>{data.id}</td>
                <td>{data.name}</td>
                <td>{data.price}</td>
                <td>{data.description}</td>
                <td><Link href={`/inventory/products/${data.id}`}>在庫処理</Link></td>
                <td><button onClick={handleEditRow(data.id)}>↵
更新・削除</button></td>
              </tr>
            )
          ))}
        </tbody>
```

❶追加

❷追加

❸修正

❷追加

さっそく画面を確認してみましょう。次のような画面が表示されます（**図5-3-11**）。

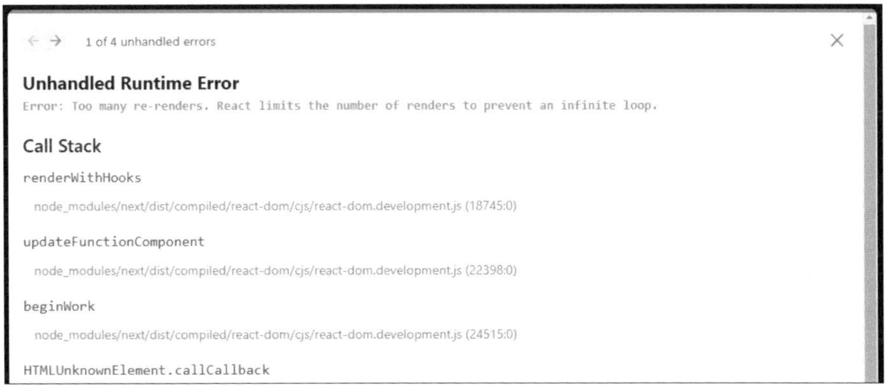

```
1 of 4 unhandled errors

Unhandled Runtime Error
Error: Too many re-renders. React limits the number of renders to prevent an infinite loop.

Call Stack
renderWithHooks
  node_modules/next/dist/compiled/react-dom/cjs/react-dom.development.js (18745:0)
updateFunctionComponent
  node_modules/next/dist/compiled/react-dom/cjs/react-dom.development.js (22398:0)
beginWork
  node_modules/next/dist/compiled/react-dom/cjs/react-dom.development.js (24515:0)
HTMLUnknownElement.callCallback
```

図5-3-11　商品一覧の表示例

これは第4章の**図4-1-8**でも発生した、「Error: Too many re-renders. React limits the number of renders to prevent an infinite loop.」というエラーです。あちらのケースではステートを変更するためのsetData()がPage()の直下に記載されていたために、レンダリングの無限ループが発生していました。今回の原因は何でしょうか。実はsetEditingRowが実行されるhandleEditRowの呼び出し方が原因です。onClick={handleEditRow(data.id)}の処理はクリック時ではなく、Buttonコンポーネントがレンダリングされたときに実行されているのです。

レンダリング

いきなりレンダリングのタイミングについて説明されても、実感しにくいことでしょう。そこで、簡単なコードを書いて確かめてみます。在庫管理アプリケーションのコードから離れ、次のコードを作成してみてください（**コード5-3-8**）。

コード5-3-8　レンダリングの動きを理解するためのサンプルコード（app/sample_usestate/page.tsx）

```
"use client";

export default function Page() {
  const showDialog:any = () => {
    alert("アラート");
  };

  return (
    <div>
      <button onClick={showDialog()}>Click</button>
    </div>
  );
}
```

ブラウザで http://localhost:3000/sample_usestate を表示するとClickボタンを押下する前にダイアログが表示されます（**図5-3-12**）。

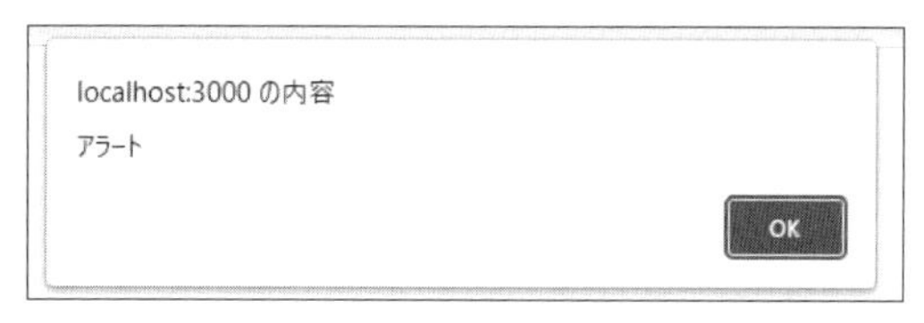

図5-3-12　レンダリングの動きを理解するためのサンプルコードの表示例

今度はButtonコンポーネントを削除して画面を表示してみましょう。

コード5-3-9　レンダリングの動きを理解するためのサンプルコード（app/sample_usestate/page.tsx）

```
  return (
    <div/>
  );
}
```

ダイアログは表示されませんでした。この例からButtonコンポーネントの描画時にonClickに渡した関数が実行されていたことがわかります。

余談になりますが、この例ではダイアログが2回表示されました。これは開発環境だけで実施されるReactのstrictモードによる動作です。このモードにより1回の描画では気づけないコンポーネントのバグを検知し、警告してくれます。

では、在庫管理アプリケーションのコードに戻りましょう。これは関数そのものではなく、関数の実行結果がonClickに渡されているためです。そのため、今回のようにstateを更新する関数を渡すと、stateの更新が画面表示時に実行され、再レンダリングされ、再度stateが更新され……と無限ループが発生します。関数そのものを渡すため、追加した❷のコードの関数を呼び出す箇所を次のように修正します（**コード5-3-10**）。

コード5-3-10　商品一覧（frontend/app/inventory/products/page.tsx）

```
                <td><Link href={`/inventory/products/${data.id}`}>在庫処理</Link></td>
                <td><button onClick={() => handleEditRow(data.id)}>更新・削除⏎
</button></td>
              </tr>
```

他の箇所も同様に修正します。

```
            <td></td>
            <td><button onClick={(event) => handleAddCancel(event)}>キャンセル⏎
</button>
            <button onClick={(event) => handleAdd(event)}>登録する</button></td>
          </tr>
(中略)
              <td></td>
              <td><button onClick={() => handleEditCancel(data.id)}>キャンセル⏎
</button><button onClick={() => handleEdit(data.id)}>更新する</button>⏎
<button onClick={() => handleDelete(data.id)}>削除する</button></td>
            </tr>
```

これで画面が表示できるようになりました。ではコードの処理の内容を見てみましょう。まず、❸で追加したonClickから呼ばれる❶のhandleEditによって、useStateで定義したeditingRowに編集したい行のidがセットされます。次に❷の三項演算子の箇所によって、更新されたeditingRowと同じidを持つ行は入力欄を持つ行に書き換わります。実際にクリックしてフォームが切り替わることを確認してみてください。

5-3-8 入力値のformデータへの反映

次は各イベントに入力した値を渡して、formデータとしてバックエンドに渡せるようにしましょう（**コード5-3-11**）。

コード5-3-11 商品一覧（frontend/app/inventory/products/page.tsx）

```
type ProductData = {
  id: number | null;
  name: string;
  price: number;
  description: string;
};

type InputData = {            ❶追加
  id: string;
  name: string;
  price: string;
  description: string;
};

export default function Page() {
  // 読込データを保持
  const [data, setData] = useState<Array<ProductData>>([]);
  (中略)
```

```
  // 登録データを保持
  const [input, setInput] = useState<InputData>({
    id: "",
    name: "",
    price: "",
    description: "",
  });
  // 登録データの値を更新
  const handleInput = (event: React.ChangeEvent<HTMLInputElement>) => {
    const { value, name } = event.target;
    setInput({ ...input, [name]: value });
  };

  // 新規登録処理、新規登録行の表示状態を保持
  const [shownNewRow, setShownNewRow] = useState(false);
  const handleShowNewRow = () => {
    setShownNewRow(true);
  };
（中略）

  // 更新・削除処理、更新・削除行の表示状態を保持
  const [editingRow, setEditingRow] = useState(0);
  const handleEditRow = (id) => {
    setShownNewRow(false);
    setEditingRow(id);
    const selectedProduct: ProductData = data.find((v) => ↵
v.id === id) as ProductData;
    setInput({
      id: id.toString(),
      name: selectedProduct.name,
      price: selectedProduct.price.toString(),
      description: selectedProduct.description,
    });
  };
（中略）
          {shownNewRow ? (
            <tr>
              <td></td>
              <td>
                <input type="text" name="name" ↵
onChange={handleInput} />
              </td>
              <td>
                <input type="number" name="price" ↵
onChange={handleInput} />
              </td>
              <td>
                <input type="text" name="description" ↵
onChange={handleInput} />
              </td>
```

❷追加

❸-1 追加

❸-2 追加

❹修正

第5章 フロントエンドの実装

```
（中略）
            editingRow === data.id ? (
                <tr key={data.id}>
                    <td>{data.id}</td>
                    <td>
                        <input type="text" value={input.name} ↵
name="name" onChange={handleInput} />
                    </td>
                    <td>
                        <input type="number" value={input.price} ↵
name="price" onChange={handleInput} />
                    </td>
                    <td>
                        <input type="text" value={input.description} ↵
name="description" onChange={handleInput} />
                    </td>
  </td>
```

❹修正

❶で入力値と更新に使うformデータそれぞれで型を定義し、❷で入力値をステートで管理しています。そして新規登録では❷で定義した初期値のままの状態、更新処理となる❸-2ではidに紐づく商品データを❷にセットしています。

```
const [input, setInput] = useState<InputData>({
  id: "",
  name: "",
  price: "",
  description: "",
});
```

❹では入力値の変更によって❸-1を呼出し、最新の入力値で❷を更新しています。見慣れない「...input」がありますが、これはスプレッド構文という配列やオブジェクトといった要素を簡単に扱う仕組みです。これによって入力した値をセットしています。スプレッド構文については、https://developer.mozilla.org/ja/docs/Web/JavaScript/Reference/Operators/Spread_syntaxを参照してください。個別の入力値として管理するのではなく、入力値という1つのオブジェクトにまとめて管理しています。もちろん個別の入力値として管理しても大丈夫ですが、入力項目の数だけ似たような処理が増えてしまい、保守性が下がり可読性も悪くなるため、共通化しています。1つのオブジェクトにまとめることで、handleInputの1メソッドに処理を集約し、引数のeventに渡された入力欄のnameとvalueを用いてinput全体の値を更新しています。

Part II

5-4 商品在庫画面の作成

5-4-1 モックアップの作成

こちらも一覧画面と同様にまず画面の大枠を作成しましょう。frontend/app/inventory/products/[id]/page.tsxを次の内容に置き換えます（**コード5-4-1**）。

コード5-4-1　商品在庫（frontend/app/inventory/products/[id]/page.tsx）

```
export default function Page() {
  return (
    <>
      <h2>商品在庫管理</h2>
      <h3>在庫処理</h3>
      <form>
        <div>
          <label>商品名:</label>
          <span>コットン100%バックリボンティアードワンピース（黒）</span>
        </div>
        <div>
          <label>数量:</label>
          <input type="text" />
        </div>
        <button>商品を仕入れる</button>
        <button>商品を卸す</button>
      </form>
      <h3>在庫履歴</h3>
      <table>
        <thead>
          <tr>
            <th>処理種別</th>
            <th>処理日時</th>
            <th>単価</th>
            <th>数量</th>
            <th>価格</th>
            <th>在庫数</th>
          </tr>
        </thead>
        <tbody>
          <tr>
            <td>卸し</td>
            <td>2023-04-03 18:54:13</td>
```

```
            <td>6900</td>
            <td>2</td>
            <td>13800</td>
            <td>390</td>
          </tr>
          <tr>
            <td>仕入れ</td>
            <td>2023-04-03 18:54:13</td>
            <td>6900</td>
            <td>3</td>
            <td>20700</td>
            <td>392</td>
          </tr>
          <tr>
            <td>卸し</td>
            <td>2023-04-03 18:54:13</td>
            <td>6900</td>
            <td>1</td>
            <td>6900</td>
            <td>389</td>
          </tr>
          <tr>
            <td>卸し</td>
            <td>2023-04-03 18:54:13</td>
            <td>6900</td>
            <td>10</td>
            <td>69000</td>
            <td>390</td>
          </tr>
          <tr>
            <td>仕入れ</td>
            <td>2023-04-03 18:54:13</td>
            <td>6900</td>
            <td>400</td>
            <td>2760000</td>
            <td>400</td>
          </tr>
        </tbody>
      </table>
    </>
  )
}
```

http://localhost:3000/inventory/products/1 にアクセスすると**図5-4-1**の画面が表示されます。

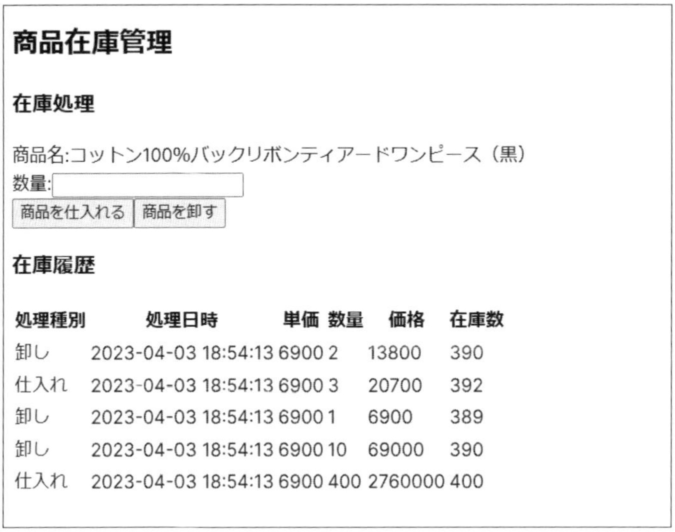

商品在庫管理

在庫処理

商品名:コットン100%バックリボンティアードワンピース(黒)
数量:
商品を仕入れる 商品を卸す

在庫履歴

処理種別	処理日時	単価	数量	価格	在庫数
卸し	2023-04-03 18:54:13	6900	2	13800	390
仕入れ	2023-04-03 18:54:13	6900	3	20700	392
卸し	2023-04-03 18:54:13	6900	1	6900	389
卸し	2023-04-03 18:54:13	6900	10	69000	390
仕入れ	2023-04-03 18:54:13	6900	400	2760000	400

図5-4-1 商品在庫の表示例

一覧と同じようにjsonからのサンプルデータを読み込む形式に修正しましょう。詳細画面は選択した商品のIDに紐づく商品を表示するようにします(**コード5-4-2**)。

コード5-4-2 商品在庫(frontend/app/inventory/products/[id]/page.tsx)

```
'use client'

import { useState, useEffect } from 'react';
import productsData from "../sample/dummy_products.json";
import inventoriesData from "../sample/dummy_inventories.json";
type ProductData = {
    id: number;
    name: string;
    price: number;
    description: string;
};

type InventoryData = {
    id: number;
    type: string;
    date: string;
    unit: number;
    quantity: number;
    price: number;
    inventory: number;
};
export default function Page() {
```

❶追加

```
  // 商品IDにあたる検索条件
  const params = { id: 1 };

  // 読込データを保持
  const [product, setProduct] = useState<ProductData>↵
({ id: 0, name: "", price: 0,  description: ""});
  const [data, setData] = useState<Array<InventoryData>>([]);

  useEffect(() => {
    const selectedProduct: ProductData = productsData.find↵
(v => v.id == params.id)?? {
            id: 0,
            name: "",
            price: 0,
            description: "",
          };
    setProduct(selectedProduct);
    setData(inventoriesData);
  }, [])

  return (
（中略）
        <label>商品名:</label>
        <span>{product.name}</span>
      </div>
（中略）
        <tbody>
          {data.map((data: InventoryData) => (
            <tr key={data.id}>
              <td>{data.type}</td>
              <td>{data.date}</td>
              <td>{data.unit}</td>
              <td>{data.quantity}</td>
              <td>{data.price}</td>
              <td>{data.inventory}</td>
            </tr>
          ))}
        </tbody>
      </table>
    </div>
  )
}
```

❷追加（params 〜 useEffect）
❸修正（{product.name}）
❹修正（{data.map(...)} 〜))}）

次に読込データを作成します（**コード5-4-3**）。

コード5-4-3　商品在庫ダミーデータ（frontend/app/inventory/products/sample/dummy_inventories.json）

```
[
  {
    "id": 1,
    "type": "卸し",
    "date": "2023-04-03 18:54:13",
    "unit": 6900,
    "quantity": 2,
    "price": 13800,
    "inventory": 390
  },
  {
    "id": 2,
    "type": "仕入れ",
    "date": "2023-04-03 18:54:13",
    "unit": 6900,
    "quantity": 3,
    "price": 20700,
    "inventory": 392
  },
  {
    "id": 3,
    "type": "卸し",
    "date": "2023-04-03 18:54:13",
    "unit": 6900,
    "quantity": 1,
    "price": 6900,
    "inventory": 389
  },
  {
    "id": 4,
    "type": "卸し",
    "date": "2023-04-03 18:54:13",
    "unit": 6900,
    "quantity": 10,
    "price": 69000,
    "inventory": 390
  },
  {
    "id": 5,
    "type": "仕入れ",
    "date": "2023-04-03 18:54:13",
    "unit": 6900,
    "quantity": 400,
    "price": 2760000,
    "inventory": 400
  }
]
```

http://localhost:3000/inventory/products/1 にアクセスするとjsonファイルから読み込んだ値が表示されます。useEffect内ではjsonファイルから読み込んだ商品データで検索条件となる想定の商品IDと一致するデータを取得しています。

5-4-2 動的ルートのパラメーターの取得

これまでは固定の商品IDを読み込んでいましたが、動的にこのIDを取得できるようにしましょう。パラメーターの渡し方には、formデータとして渡したり、クエリパラメーターとしてURLに直接追加して渡したりと、いくつかの種類があります。今回は、URLセグメントから取得する方法を採用します。

まず、このpage.tsxが保存されているフォルダ名に、改めて注目してください。以前、フォルダ名とURLセグメントが対応すると説明しましたが、URLと対応しないフォルダ名になっていることがわかります。今回の商品IDをURLに使用するように、事前に正確なセグメント名がわからない場合には、動的セグメントを使います。

動的セグメントはフォルダ名を角かっこで囲むことによって作成します。今回はidをURLセグメントにしているので[id]というフォルダ名で作成しました。動的セグメントから検索に使うパラメーターを取得しましょう（**コード5-4-4**）。

コード5-4-4　商品在庫（frontend/app/inventory/products/[id]/page.tsx）

```
export default function Page() {
    // 商品IDにあたる検索条件
    const params = { id: 1 };
```
修正前

```
export default function Page({ params }: {
    params: { id: number },
}) {
```
修正後

Page関数の引数にparamsを追加することで、URLセグメントの値をパラメーターとして取得することができます。本アプリケーションでは次のような設定となります（**表5-4-1**）。

表5-4-1　画面とAPIの対応関係

ファイル	URL	params
app/inventory/products/[id]/page.tsx	/inventory/product/[id]	{id:'1'}

URLからパラメーターの値が読み込まれているか、確かめてみましょう。次のURLをそれぞれ画面に表示してみてください。異なる商品が表示されたでしょうか。

- http://localhost:3000/inventory/products/1
- http://localhost:3000/inventory/products/2

本例では扱いませんが、複数の動的セグメントをparamsとして取得したり、クエリパラメーターをsearchParamsとして取得したりすることもできます。詳細は公式のページを参照ください※5-3。

ここまで、Next.jsにおける画面遷移やパラメーターの渡し方を学びました。最低限のデータの表示や画面操作はここまでの要素で実現できますが、このままではアプリケーションとしてはまだまだ不親切です。次の節では、入力チェックを追加し、ユーザーにメッセージを表示していきます。

Part II

5-5 バリデーション

ここまでで入力した値をバックエンドに投げて処理するような基本的な画面構成ができました。ここからは細かい機能を作り込んでいきます。

まずは一覧画面に入力値のチェックを実装してみましょう。一覧画面では商品名称と価格が入力可能です。しかし、価格に数字以外の値を入力されたりしたら困ります。そこで、入力した値が決められた形式や意図しない値になっていないかチェックを行う必要が出てきます。一般的にこういったチェックのことをバリデーションといいます。

5-5-1 React Hook Form

Next.jsではバリデーションの機能は提供していません。そこでHTMLの組み込みのメソッドやJavaScriptでオリジナルの処理を作成するか、外部のReactライブラリを使用するかの2種類の方法があります。今回はReactのライブラリであるReact Hook Formを導入してチェックを行います。ライブラリを導入することで状態管理やValidationの処理をシンプルに記述することができます。

次のコマンドをVSCode上のターミナルで実行してください。

```
$ yarn add react-hook-form
```

React Hook Formをコードに組み込みましょう（**コード5-5-1**）。

※5-3 https://nextjs.org/docs/app/api-reference/file-conventions/page#props

コード5-5-1　商品一覧（frontend/app/inventory/products/page.tsx）

```
'use client'

import { useForm } from "react-hook-form";                    ❶追加
import { useState, useEffect } from "react";
import productsData from "./sample/dummy_products.json";
import Link from "next/link";
type ProductData = {
    id: number | null;                                        修正
    name: string;
    price: number;
    description: string;
};

type InputData = {
    id: string;
    name: string;
    price: string;                                            削除
    description: string;
};

export default function Page() {
    const {
        register,
        handleSubmit,
        reset,                                                ❶
        formState: { errors },
    } = useForm();

    // 読込データを保持
    const [data, setData] = useState<Array<ProductData>>([]);

    useEffect(() => {
        setData(productsData);
    }, [])

    // 登録データを保持
    const [input, setInput] = useState<InputData>({
        id: "",
        name: "",
        price: "",
        description: "",
    });
                                                              削除
    // 登録データの値を更新
    const handleInput = (event: React.ChangeEvent<HTMLInputElement>) => {
        const { value, name } = event.target;
        setInput({ ...input, [name]: value
    });
```

```
const [id, setId] = useState<number | null>(0);
// submit時のactionを分岐させる
const [action, setAction] = useState<string>("");
const onSubmit = (event: any): void => {
    const data: ProductData = {
        id: id,
        name: event.name,
        price: Number(event.price),
        description: event.description,
    };
    // actionによってHTTPメソッドと使用するパラメーターを切り替える
    if (action === "add") {
        handleAdd(data);
    } else if (action === "update") {
        if (data.id === null) {
            return;
        }
        handleEdit(data);
    } else if (action === "delete") {
        if (data.id === null) {
            return;
        }
        handleDelete(data.id);
    }
};

// 新規登録処理、新規登録行の表示状態を保持
const handleShowNewRow = () => {
    setId(null);
    reset({
        name: "",
        price: "0",
        description: "",
    });
};
const handleAddCancel = () => {
    setId(0);
};
const handleAdd = (data: ProductData) => {
    setId(0);
};

// 更新・削除処理、更新・削除行の表示状態を保持
const handleEditRow = (id: number | null) => {
    const selectedProduct: ProductData = data.find(
        (v) => v.id === id
    ) as ProductData;
    setId(selectedProduct.id);
    reset({
        name: selectedProduct.name,
        price: selectedProduct.price,
        description: selectedProduct.description,
```

❷追加

❸置き換え

```
        });
    };
    const handleEditCancel = () => {
        setId(0);
    };
    const handleEdit = (data: ProductData) => {                        ❸置き換え
        setId(0);
    };
    const handleDelete = (id: number) => {
        setId(0);
    };

    return (
        <>
            <h2>商品一覧</h2>
            <button type="button" onClick={handleShowNewRow}>
                商品を追加する                                              ❹修正
            </button>
            <form onSubmit={handleSubmit(onSubmit)}>
                <table>
                    <thead>
                        <tr>
                            <th>商品ID</th>
                            <th>商品名</th>
                            <th>単価</th>
                            <th>説明</th>
                            <th></th>
                            <th></th>
                        </tr>
                    </thead>
                    <tbody>
                        {id === null ? (                                   修正
                            <tr>
                                <td></td>
                                <td>
                                    <input type="text" id="name"
                                        {...register("name", ↵
{ required: true, maxLength: 100 })} />
                                    {errors.name && (                      ❺修正
                                        <div>100文字以内の商品名を↵
入力してください</div>
                                    )}
                                </td>
                                <td>
                                    <input type="number" id="price"
                                        {...register("price", ↵
{ required: true, min: 1, max: 99999999, })} />
                                    {errors.price && (                     ❺修正
                                        <div>1から99999999の数値を↵
入力してください</div>
                                    )}
```

```
                </td>
                <td>
                  <input type="text" id="description"          ❺修正
                    {...register("description")} />
                </td>
                {/* ルーティングのために追加 */}
                <td></td>
                <td>
                  <button type="button" ↵                       ❻修正
onClick={() => handleAddCancel()}>
                    キャンセル
                  </button>
                  <button type="submit" ↵
onClick={() => setAction("add")}>
                    登録する
                  </button>
                </td>
              </tr>
            ) : (
              ""
            )}
            {data.map((data: any) =>
              id === data.id ? (                                修正
                <tr key={data.id}>
                  <td>{data.id}</td>
                  <td>
                    <input type="text" id="name"                ❺修正
                      {...register("name", ↵
{ required: true, maxLength: 100 })} />
                    {errors.name && (
                      <div>100文字以内の商品名を ↵
入力してください</div>
                    )}
                  </td>
                  <td>
                    <input type="number" id="price"             ❺修正
                      {...register("price", ↵
{ min: 1, max: 99999999 })} />
                    {errors.price && (
                      <div>1から99999999の数値を ↵
入力してください</div>
                    )}
                  </td>
                  <td>
                    <input type="text" id="description"         ❺修正
                      {...register("description")} />
                  </td>
                  <td></td>
                  <td>
```

```
                                        <button type="button" ↵
onClick={() => handleEditCancel()}>
                                            キャンセル
                                        </button>
                                        <button type="submit" ↵
onClick={() => setAction("update")}>
                                            更新する
                                        </button>
                                        <button type="submit" ↵
onClick={() => setAction("delete")}>
                                            削除する
                                        </button>
                                    </td>
                                </tr>
                            ) : (
                            （中略）
                                </table>
                            </form>
```

❻修正

❹追加

React Hook Formに関する修正と、submitボタンを押下した際の挙動の修正の、大きく2つの変更を行っています。まず❶ではformを簡単に処理するためのReact Hook FormのカスタムフックであるuseFormを定義します。以前出てきたuseStateやuseEffectは、Reactのビルトインのhookでしたが、useFormはReact Hook Formで実装されたhookのため、ライブラリをインストールしなければ使用できません。実際の開発でも様々なhookが出てきますが、どのライブラリのhookなのか、切り分けて考えることが重要です。useFormでは様々なオブジェクトを取得できますが、今回は以下の要素に絞っています。主要な要素を深堀していきましょう。

- register：最も重要な要素。form入力値やValidationの内容を管理する
- handleSubmit：submitした際の動作とform入力値の受け渡しを管理する
- reset：formの入力値を初期化する
- formState: { errors }：Validation時のエラー内容を管理する

register

まずはregisterです。❺のような入力フィールドに対して使用します。
バリデーションの条件をregister内に追加していきます。

```
{...register("name", { required: true, maxLength: 100 })}
```

例えば上記の場合は、必須項目で文字列の最大長は100という風になります。Validationが通らなかった場合に条件ごとに個別のメッセージを表示する場合は、requiredはメッセージの文字列、

maxLengthはvalueに判定に用いる値、messageにメッセージの文字列を設定し分けることもできます。以下は書き換えた例です。

```
{...register("name", {
    required: '必須項目です。',
    maxLength: {
        value: 100,
        message: '商品名は100文字以下で入力して下さい。'
    }
})}
```

設定したエラーのメッセージはどう表示するのでしょうか。formState {errors}を見てみましょう。Validationに引っかかった際のメッセージは、このerrorsに入ってきます。

```
{errors.name?.message? && (
  <div>{ errors.name?.message?}</div>
)}
```

reset

次は各登録イベントから呼ばれる❸のメソッドにあるresetを見てみましょう。

```
const handleShowNewRow = () => {
  setId(null);
  reset({
    name: "",
    price: "0",
    description: "",
  });
};
```

resetはregisterで紐づけられた入力値を初期化するために使用します。今回は追加ボタンを押下した際には空の入力値、更新ボタンを押下した際はその行の値を初期値とするようにしました。

handleSubmit

最後に❷と❹、❻によって使用されるhandleSubmitです。

```
  const onSubmit = (event: any): void => {
    const data: ProductData = {
      id: id,
      name: event.name,
      price: Number(event.price),
      description: event.description,
    };
…
      </button>
      <form onSubmit={handleSubmit(onSubmit)}>
        <table>
```

❹で修正したようにformのonSubmitイベントと紐づけて使用します。❻で押したボタンに応じて❹から呼ばれる❷の処理が登録や更新、削除処理に振り分けられます。関数のonSubmitの引数には❺のregisterで紐づけられた入力値が入ってきます。本例では登録に使用する型の初期値として使用しました。このようにReact Hook Formを利用することで、管理するstateのコード量を削減し、エラーメッセージを楽に管理しつつ実装ができます。他にも様々なオプションがあるのでプロジェクトの要件に合わせて利用してみてください。

次は商品在庫画面を置き換えましょう。商品一覧への置き換えで行なったような流れで進めます。

① React Hook Formをインポートし、useFormを定義する
② 各入力フィールドにバリデーションを追加する
③ handleSubmitから各登録処理を呼び分ける

ただし、全てのコードを掲載するには文量が多いため、本サンプルコードの全文は翔泳社のサイト上からダウンロードしたZipファイルの中にある、次のファイルをご参照ください※5-4。後工程のレイアウトの反映も含まれていますが、バリデーション部分の構造は同じです。

- writing-full-stack-web-development/chapter5_done/frontend/app/inventory/products/[id]/page.tsx

この章ではReact Hook FormというReactのライブラリを導入し、バリデーションを実装しました。ライブラリの仕様を理解する必要はありますが、チェック内容と出力メッセージに集中したシンプルな実装ができたのではないでしょうか。

ここまで、各画面の実装を行ってきました。次の節では各画面から離れヘッダーやサイドバーといったアプリケーションとして共通する部分について実装していきます。

※5-4 サンプルコードのダウンロード方法は本書のvページを参照してください。

Part II

5-6 レイアウトの分割

一覧画面と詳細画面を作成したところで、ヘッダー等の画面で共通で使用されるコンテンツがあることに気づいたでしょうか。画面ごとに実装するのはメンテナンス性が悪いので、共通のコンポーネントとして切り出していきましょう。

5-6-1 Layout Pattern

Next.jsではlayoutというファイルによりディレクトリごとに共通のレイアウトを設定することができるのでそれを利用します。

まずinventoryフォルダの直下にlayout.tsxというファイルを作成し、次のように実装してみましょう（**コード5-6-1**）。

コード5-6-1　画面共通部分（frontend/app/inventory/layout.tsx）

```
export default function InventoryLayout({
  children,
}: {
  children: React.ReactNode;
}) {
  return (
    <div className="layout">
      <header className="header">ヘッダー</header>
      <div className="container">
        <aside className="navbar">サイドバー</aside>
        <main className="content">
          <section>{children}</section>
        </main>
      </div>
      <footer className="footer">フッター</footer>
    </div>
  );
}
```

図5-6-1のようなディレクトリ構成になっています。

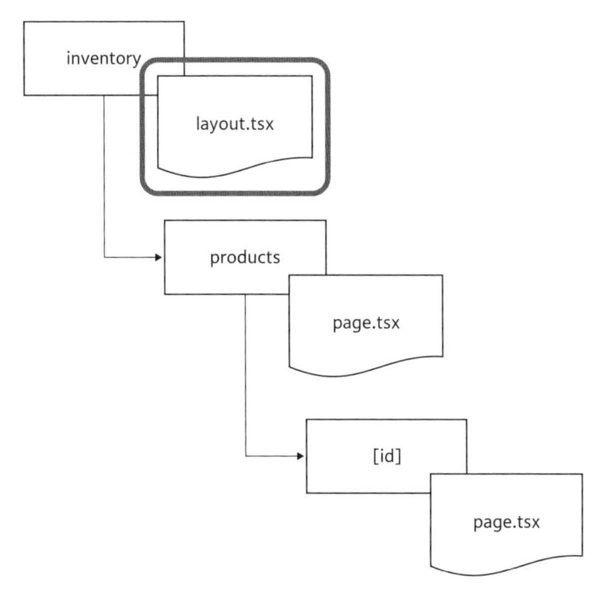

図5-6-1　URLとフォルダ構成の関係図

layout.tsxの配下の各フォルダにpage.tsxが入っている状態になっています。

それでは画面を確認してみましょう。一覧画面を表示すると、ヘッダーとサイドバー、フッターが追加されているでしょうか（**図5-6-2**）。

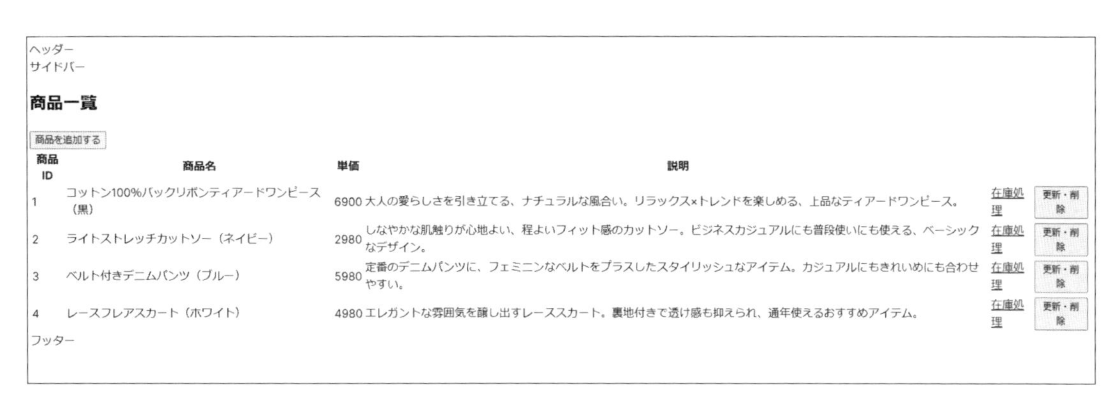

図5-6-2　商品一覧の表示例

在庫処理をクリックして、商品在庫画面も確認してみましょう。同じようにヘッダー、サイドバーが表示されているはずです（**図5-6-3**）。

ヘッダー
サイドバー

商品在庫管理

在庫処理

商品名:コットン100%バックリボンティアードワンピース（黒）
数量:
商品を仕入れる 商品を卸す

在庫履歴

処理種別	処理日時	単価	数量	価格	在庫数
卸し	2023-04-03 18:54:13	6900	2	13800	390
仕入れ	2023-04-03 18:54:13	6900	3	20700	392
卸し	2023-04-03 18:54:13	6900	1	6900	389
卸し	2023-04-03 18:54:13	6900	10	69000	390
仕入れ	2023-04-03 18:54:13	6900	400	2760000	400

フッター

図5-6-3　商品在庫の表示例

これはlayout.tsx内の{children}に同ディレクトリ配下のpage.tsxが埋め込まれるようになっているためです。フォルダがネストされている場合でも、最も近い上の階層のlayout.tsxの子コンポーネントとして埋め込まれるため、フォルダの異なる詳細画面にも同layoutが適用されています。実はプロジェクト作成時にapp直下にlayout.tsxも同時に作成されています。内容を確認してみましょう。

コード5-6-2　プロジェクト作成時に自動生成された画面共通部分（frontend/app/layout.tsx）

```
    <html lang="en">
      <body className={inter.className}>{children}</body>  ―― ❶
    </html>
  )
}
```

❶を見ると、{children}があります。つまり、これまで表示していたpage.tsxは全て、ルートにあるlayout.tsxに埋め込まれる形で表示されていたことがわかります。今回は他の章の例との兼ね合いでrootのlayoutファイルは修正しませんでしたが、全画面共通のコンポーネントを使用するのであれば、こちらを修正してもよいでしょう。

また、layoutを分割して画面ごとのコードの重複がなくなることで、修正がしやすくなったり、コードの全体像を把握しやすくなったりと、保守性が高まるメリットがあります。プログラムは作成するときだけでなく、作成してからのメンテナンスまで考慮しなければならないため、保守性を高めることは大切な要素になります。

5-6-2 スタイリング

レイアウトも決まってきたので、見た目をリッチにするためにCSSを適用してみましょう。まずはproducts配下にstyles.module.cssファイルを作成して、**コード5-6-3**を実装してください。

コード5-6-3 各画面ごとのスタイル設定（frontend/app/inventory/products/styles.module.css）

```
.layout {
  min-height: 100vh;
  display: flex;
  flex-direction: column;
}

.header {
  background-color: #f2f2f2;
  padding: 20px;
}

.container {
  flex-grow: 1;
  display: flex;
}

.navbar {
  width: 200px;
  background-color: #eaeaea;
  padding: 20px;
}

.content {
  flex-grow: 2;
  padding: 20px;
}

.footer {
  background-color: #f2f2f2;
  padding: 20px;
}
```

作成したcssを適用するために、layoutファイルの各タグにクラス名を追加しましょう（**コード5-6-4**）。

コード5-6-4 画面共通部分（frontend/app/inventory/layout.tsx）

```
import styles from "./products/styles.module.css"; ──── 追加

export default function InventoryLayout({
```

```
（中略）
  return (
    <div className={styles.layout}>
      <header className={styles.header}>ヘッダー</header>
      <div className={styles.container}>
        <aside className={styles.navbar}>サイドバー</aside>
        <main className={styles.content}>
          <section>{children}</section>
        </main>
      </div>
      <footer className={styles.footer}>フッター</footer>
    </div>
```
修正（layout〜main部分）　修正（footer部分）

http://localhost:3000/inventory/products を表示すると、ヘッダー、サイドバー、フッターにスタイルが表示されます（**図5-6-4**）。

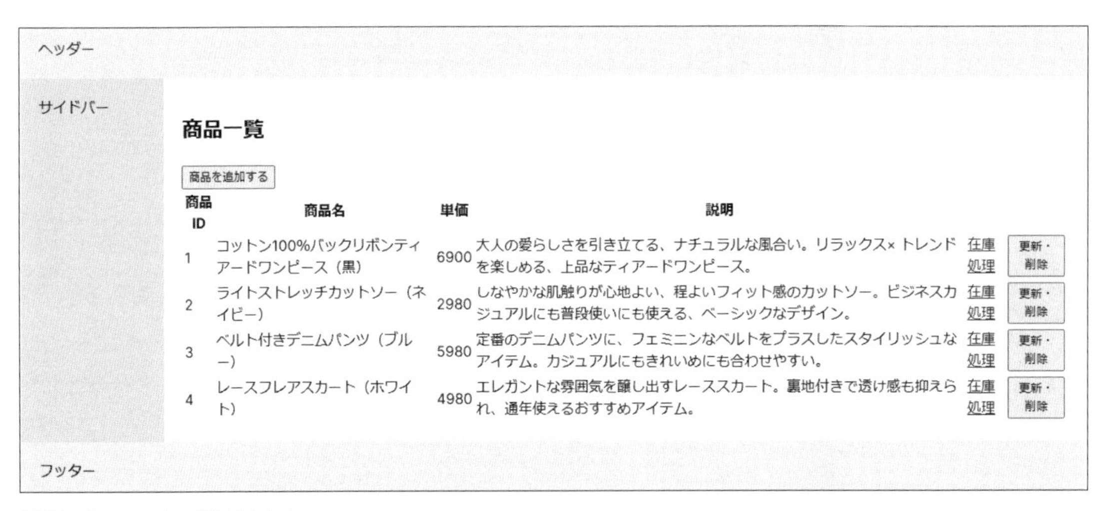

図5-6-4　スタイルが表示される

普通のhtmlではclassでしたがReactではclassNameという属性でスタイリングを行います。Next.jsではCSSモジュールという機能があり、同一のクラス名をつけてもページ間で個別のCSSを適用できるようになっています。これにより、各フォルダにstyles.module.cssを用意して同じクラス名で異なったスタイルを適用することができます。イメージとしてはlayoutファイルの階層構造と同じです。

またlayout.tsxと同様に、プロジェクト作成時にrootフォルダにpage.module.cssというファイルが作成されますが、それとは別にglobals.cssというファイルも作成されます。構造には関係なく全体に反映させたいスタイルがある場合は、こちらに記述するとよいでしょう。

Next.jsでは他にも以下のようなスタイルの適用方法がサポートされています。

- Tailwind CSS
- CSS-in-JS
- Sass

5-6-3 UIの改善

Next.jsの機能により、柔軟なスタイルの適用が可能なことはわかりました。しかし、一つ一つのコンポーネントに対してスタイルを検討していくのは少し大変です。そこで、外部のUIツールを導入して統一感のあるUIを作成してみましょう。

今回はMaterial UIを使用します。第3章で述べたように、Reactコンポーネントとして広く利用されている実績があり、CSSなどを設定するのに比べて、一貫したデザインの実現が容易なためです。第3章のインストールしているはずですが、もしインストールしていない場合は3-2-4項の手順を実行してください。また加えて、ボタンに表示するアイコンもインストールします。VSCodeのターミナルで次のコマンドを実行してください。

```
$ yarn add @mui/icons-material
```

それでは各画面にMaterial UIを適用しましょう。まずは共有部分となるlayout.tsxに適用します。全面的な修正になるため、**コード5-6-5**の内容に書き換えてください。基本的な構造は変わっていません。

コード5-6-5　画面共通部分（frontend/app/inventory/layout.tsx）

```
"use client";

import {
  AppBar,
  Box,
  Button,
  Divider,
  Drawer,
  IconButton,
  List,
  ListItem,
  ListItemButton,
  ListItemText,
  ThemeProvider,
  Toolbar,
  Typography,
} from "@mui/material";
import { Logout as LogoutIcon, Menu as MenuIcon } from "@mui/icons-material";
```

❶

```
export default function InventoryLayout({
  children,
}: {
  children: React.ReactNode;
}) {

  return (
      <Box sx={{ display: "flex" }}>
        <AppBar position="fixed">
          <Toolbar>
            <IconButton>
              <MenuIcon />
            </IconButton>
            <Typography
              variant="h6"
              noWrap
              component="div"
              sx={{ flexGrow: 1 }}
            >
              在庫管理システム
            </Typography>
            <Button
              variant="contained"
              startIcon={<LogoutIcon />}
            >
              ログアウト
            </Button>
          </Toolbar>
        </AppBar>
        <Drawer anchor="left">
          <Box sx={{ width: 240 }}>
            <Toolbar />
            <Divider />
            <List>
              <ListItem component="a" ↵
href="/inventory/products" disablePadding>
                <ListItemButton>
                  <ListItemText primary="商品一覧" />
                </ListItemButton>
              </ListItem>
              <Divider />
              <ListItem component="a" ↵
href="/inventory/import_sales" disablePadding>
                <ListItemButton>
                  <ListItemText primary="売上一括登録" />
                </ListItemButton>
              </ListItem>
              <Divider />
            </List>
          </Box>
        </Drawer>
```

ヘッダー

サイドバー

❷

第5章 フロントエンドの実装

```
        <Box
          component="main"
          sx={{
            flexGrow: 1,
            p: 3,
            // AppBar と被るため下にずらしている
            marginTop: "64px",
            width: "100%",
            background: "white",
          }}
        >
          {children}
        </Box>
        <Box
            component='footer'
            sx={{
                width: '100%',
                position: 'fixed',
                textAlign: 'center',
                bottom: 0,
                background: "#1976d2",
            }}
        >
            <Typography variant="caption" color="white">
                ©2023 full stack web development
            </Typography>
        </Box>
      </Box>
  );
}
```


大きく書き変わったため、構造が捉えにくくなりましたね。上から見ていきましょう。まず❶では画面表示に関するMaterial UIのコンポーネントを一通りインポートしています。ボタンの見た目についてはチェックやゴミ箱のアイコンを使用したいため、対応するアイコンデザインもインポートしています。適用例などのサンプルが公開されているので参考にしてもよいでしょう。次に❷でインポートしたコンポーネントを使用してhtmlタグをMaterial UIを使用したコードへ修正を行っています。

このMaterial UIのタグからHTMLタグへの書き換えは、次のような対応関係になっています。

- header → AppBar
- aside → Drawer
- div → Box
- div → Toolbar→Divider
- select → List

- option → ListItem → ListItemButton → ListItemText
- span → Typography

最後に、「サイドバー」に商品一覧といったメニューの追加を行っています。これにより各機能への遷移が可能になります。このDrawerというコンポーネントはサイドバーの開閉の機能も持ち合わせていますが、現時点では閉じた状態で固定されています。開閉の機能を追加しつつ、もう少し使いやすくしてみましょう（**コード5-6-6**）。

コード5-6-6 画面共通部分（frontend/app/inventory/layout.tsx）

```
'use client'
import { useState } from "react";
import { useRouter } from "next/navigation";
import {
  createTheme,
  AppBar,
  （中略）
  ListItemText,
  ThemeProvider,
  Toolbar,
  Typography,
} from "@mui/material";
import { Logout as LogoutIcon, Menu as MenuIcon } from "@mui/icons-material";

declare module "@mui/material/styles" {
  // 指定を単純にするためにモバイルとPCの2つに限定する
  interface BreakpointOverrides {
    xs: false;
    sm: false;
    md: false;
    lg: false;
    xl: false;
    mobile: true;
    desktop: true;
  }
}

const defaultTheme = createTheme({
  breakpoints: {
    values: {
      mobile: 0,
      desktop: 600,
    },
  },
});

export default function InventoryLayout({
```

```
  children,
}: {
  children: React.ReactNode;
}) {
  /** サイドバーの開閉を管理する */
  const [open, setOpen] = useState(false);

  const toggleDrawer = (open: boolean) => {
    setOpen(open);
  };

  /** 各種画面への遷移を管理する */
  const router = useRouter();

  // ログアウト処理
  const handleLogout = () => {
      router.replace("/login");
  };

  /** 開閉対象となるサイドバー本体 */
  const list = () => (
    <Box sx={{ width: 240 }}>
      <Toolbar />
      <Divider />
      <List>
        <ListItem component="a" href="/inventory/products" disablePadding>
          <ListItemButton>
            <ListItemText primary="商品一覧" />
          </ListItemButton>
        </ListItem>
        <Divider />
        <ListItem component="a" href="/inventory/import_sales" disablePadding>
          <ListItemButton>
            <ListItemText primary="売上一括登録" />
          </ListItemButton>
        </ListItem>
        <Divider />
      </List>
    </Box>
  );

  return (
    <ThemeProvider theme={defaultTheme}>
      <Box sx={{ display: "flex" }}>
        <AppBar position="fixed">
          <Toolbar>
            <IconButton onClick={() => toggleDrawer(true)}>
              <MenuIcon />
            </IconButton>
            <Typography
```

```
            variant="h6"
            noWrap
            component="div"
            sx={{ flexGrow: 1 }}
          >
            在庫管理システム
          </Typography>
          <Button
            variant="contained"
            startIcon={<LogoutIcon />}
            onClick={() => handleLogout()}
          >
            ログアウト
          </Button>
        </Toolbar>
      </AppBar>
      <Drawer open={open} onClose={() => toggleDrawer(false)} anchor="left">
        {list()}
      </Drawer>
      （中略） ――― メインコンテンツ、フッター部分
    </Box>
  </ThemeProvider>
  );
}
```

共通部分は以下の機能を持っています。

- ログアウト機能
- 各機能の遷移機能
- サイドバーの開閉

また、PCとスマートフォンで最適な画面が表示できるように画面幅によってレイアウトを変更するための機能を追加しています。ThemeProviderを使って実装しています。ThemeProviderでマテリアルUIをカスタマイズします。カスタマイズをしない場合はMaterialUIのデフォルトのテーマが使用されます。テーマは、コンポーネントの色、サーフェスの暗さ、影のレベル、インク要素の適切な不透明度などを指定することができます。また、画面幅に応じた各レイアウトを指定することも可能です。ここでは、スマートフォンとPCのそれぞれの画面で、レイアウトを変えるための設定を追加しています。

各機能の実装方法を見ていきます。

- ログアウト機能
  - ナビゲーションバー上に設置する。バックエンド側での処理とフロントエンドの画面遷移処理の2つが必要。現時点では画面遷移のみ実装している

- 各機能への画面遷移
    - 一覧画面から詳細画面への遷移と同じように、Linkコンポーネントを使用している
- サイドバーの展開
    - useStateによって開閉状態を管理している

次のコードに注目してください。

```
  /** 開閉対象となるサイドバー本体 */
  const list = () => (
    <Box sx={{ width: 240 }}>
...
    </Box>
  );
...
        <Drawer open={open} onClose={() => toggleDrawer(false)} anchor="left">
          {list()}
        </Drawer>
```

描画対象を関数の実行結果として返すことができます。これにより描画に必要な部品を関数として分解し、共通の部品として使用することができます。

次は商品一覧画面と商品在庫画面を置き換えましょう。次の流れで進めます。

① 必要なコンポーネントをインポートする
② htmlタグを対応するコンポーネントに置き換える

全てのコードを掲載するには文量が多いため、重要な部分を抜粋して紹介します。全文は本書サンプルコードの下記ファイルを参照してください。

- writing-full-stack-web-development/chapter5_done/frontend/app/inventory/products/page.tsx
- writing-full-stack-web-development/chapter5_done/frontend/app/inventory/products/[id]/page.tsx

コード5-6-7 商品一覧画面（frontend/app/inventory/products/page.tsx）

```
'use client'

import {
    Alert,
    AlertColor,
```

```
    Box,
    Button,
    IconButton,
    Paper,
    Snackbar,
    Table,
    TableBody,
    TableCell,
    TableContainer,
    TableHead,
    TableRow,
    TextField,
    Typography,
} from "@mui/material";
（中略、その他のインポート）
export default function Page() {
    const {
        register,
        handleSubmit,
        reset,
        formState: { errors },
    } = useForm();

    // 読込データを保持
    const [data, setData] = useState<Array<ProductData>>([]);
    const [open, setOpen] = useState(false);                                    ─┐
    const [severity, setSeverity] = useState<AlertColor>('success');              │
    const [message, setMessage] = useState('');                                   │
    const result = (severity: AlertColor, message: string) => {                   │
        setOpen(true);                                                            │
        setSeverity(severity);                                                    ├─ ❶
        setMessage(message);                                                      │
    };                                                                            │
                                                                                  │
    const handleClose = (event: any, reason: any) => {                            │
        setOpen(false);                                                           │
    };                                                                           ─┘

    useEffect(() => {
        setData(productsData);
    }, [open])
（中略、スクリプト部分）
    const handleAdd = (data: ProductData) => {
        result('success', '商品が登録されました')  ──── ❷
        setId(0);
    };
（中略、スクリプト部分）
    const handleEdit = (data: ProductData) => {
        result('success', '商品が更新されました')  ──── ❷
        setId(0);
```

```
    };
    const handleDelete = (id: number) => {
        result('success', '商品が削除されました') ―――――――――――――――― ❷
        setId(0);
    };
    return (
        <>
            <Snackbar open={open} autoHideDuration={3000} onClose={handleClose}> ― ❸
                <Alert severity={severity}>{message}</Alert>
            </Snackbar>
            <Typography variant="h5">商品一覧</Typography>
            <Button
                variant="contained"
                startIcon={<AddIcon />}
                onClick={() => handleShowNewRow()}
            >
                商品を追加する
            </Button>
            <Box
                component="form"
                onSubmit={handleSubmit(onSubmit)}
                sx={{ height: 400, width: "100%" }}
            >
                <TableContainer component={Paper}>
                    <Table>
                        <TableHead>
                            <TableRow>
                                <TableCell>商品ID</TableCell>
（中略、テーブルヘッダー）
                            </TableRow>
                        </TableHead>
                        <TableBody>
                            { id === null ? (
                                <TableRow>
（中略、新規追加行）
                                </TableRow>
                            ) : ""}
                            {data.map((data: any) => (
                                id === data.id ? (
                                    <TableRow key={data.id}>
（中略、更新行）
                                    </TableRow>
                                ) : (
                                    <TableRow key={data.id}>
                                        <TableCell>{data.id}</TableCell>
（中略、データ表示行）
                                    </TableRow>
                                )
                            ))}
                        </TableBody>
```

```
                    </Table>
                </TableContainer>
            </Box>
        </>
    )
}
```


登録や更新、削除処理を行なった際の結果をalertで返していた箇所を、メッセージを伝えるSnackbarを使うように変更しました。❸でSnackbarを画面に追加し、❶でSnackbarの表示の可否やメッセージといったステートを管理しています。そして❷の登録や更新、削除処理内で具体的なメッセージなどを設定しています。

商品在庫画面でも同様に仕入れ・卸し処理時にSnackbarを組み込みましょう。

コード5-6-8 商品在庫画面（frontend/app/inventory/products/[id]/page.tsx）

```
    // 仕入れ・卸し処理
    const handlePurchase = (data: FormData) => {
        result('success', '商品を仕入れました')
    };

    const handleSell = (data: FormData) => {
        result('success', '商品を卸しました')
    };
    return (
        <>
            <Snackbar open={open} autoHideDuration={3000} onClose={handleClose}> ― ❸
                <Alert severity={severity}>{message}</Alert>
            </Snackbar>
            <Typography variant="h5">商品在庫管理</Typography>
            <Typography variant="h6">在庫処理</Typography>
            <Box component="form" onSubmit={handleSubmit(onSubmit)}>
（中略、在庫情報入力部分）
                <Button
                    variant="contained"
                    type="submit"
                    onClick={() => setAction("purchase")}
                >
                    商品を仕入れる
                </Button>
                <Button
                    variant="contained"
                    type="submit"
                    onClick={() => setAction("sell")}
                >
                    商品を卸す
                </Button>
            </Box>
```

```
            <Typography variant="h6">在庫履歴</Typography>
            <TableContainer component={Paper}>
                <Table>
                    <TableHead>
                        <TableRow>
                            <TableCell>処理種別</TableCell>
（中略、テーブルヘッダー）
                        </TableRow>
                    </TableHead>
                    <TableBody>
                        {data.map((data: InventoryData) => (
                            <TableRow key={data.id}>
                                <TableCell>{data.type}</TableCell>
（中略、データ表示行）
                            </TableRow>
                        ))}
                    </TableBody>
                </Table>
            </TableContainer>
        </>
    )
}
```

この章ではレイアウトの共通化やUIの修正方法を学びました。一貫性のあるデザインを提供するために役立つ機能です。

Part II

5-7 ログイン画面

残りのログイン画面も作成していきます。Marterial UIも適応した状態で作成していきましょう。

5-7-1 ベース画面の作成

コード5-2-3にて作成したログイン画面用のpage.tsxを修正していきます。商品一覧画面と商品在庫画面を作成していく過程で様々な実装を行いました。このログイン画面ではそれらを思い出しながら、一度に同様の修正を反映させてみましょう。page.tsxのファイルを開いて、次のコードを記載してください（**コード5-7-1**）。

コード5-7-1 ログイン画面(frontend/app/login/page.tsx)

```
'use client'

import {
  createTheme,
  Box,
  Button,
  Container,
  CssBaseline,
  TextField,
  ThemeProvider,
  Typography,
} from "@mui/material";
import { useRouter } from "next/navigation";
import { useForm } from "react-hook-form";
import { useState } from "react";

type FormData = {
  username: string;
  password: string;
};

export default function Page() {
  const {
    register,
    handleSubmit,
    formState: { errors },
  } = useForm();
  const router = useRouter();

  const defaultTheme = createTheme();

  const onSubmit = (event: any): void => {
    const data: FormData = {
      username: event.username,
      password: event.password,
    };

    handleLogin(data);
  };

  const handleLogin = (data: FormData) => {
    router.push("/inventory/products");
  };

  return (
    <ThemeProvider theme={defaultTheme}>
      <Container component="main">
        <CssBaseline />
```

```
      <Box
        sx={{
          marginTop: 8,
          display: "flex",
          flexDirection: "column",
          alignItems: "center",
        }}
      >
        <Typography component="h1" variant="h5">
          ログイン
        </Typography>
        <Box component="form" onSubmit={handleSubmit(onSubmit)}>
          <TextField
            type="text"
            id="username"
            variant="filled"
            label="ユーザー名（必須）"
            fullWidth
            margin="normal"
            {...register("username", { required: "必須入力です。" })}
            error={Boolean(errors.username)}
            helperText={errors.username?.message?.toString() || ""}
          />
          <TextField
            type="password"
            id="password"
            variant="filled"
            label="パスワード（必須）"
            autoComplete="current-password"
            fullWidth
            margin="normal"
            {...register("password", {
              required: "必須入力です。",
              minLength: {
                value: 8,
                message: "8文字以上の文字列にしてください。",
              },
            })}
            error={Boolean(errors.password)}
            helperText={errors.password?.message?.toString() || ""}
          />
          <Button
            variant="contained"
            type="submit"
            fullWidth
            sx={{ mt: 3, mb: 2 }}
          >
            ログイン
          </Button>
        </Box>
```

```
      </Box>
    </Container>
  </ThemeProvider>
  );
}
```

これでログイン画面は完成です。ログインボタンを押下すれば商品一覧画面に遷移し、ユーザー名やパスワードがバリデーションに引っかかればエラーメッセージが表示されます。

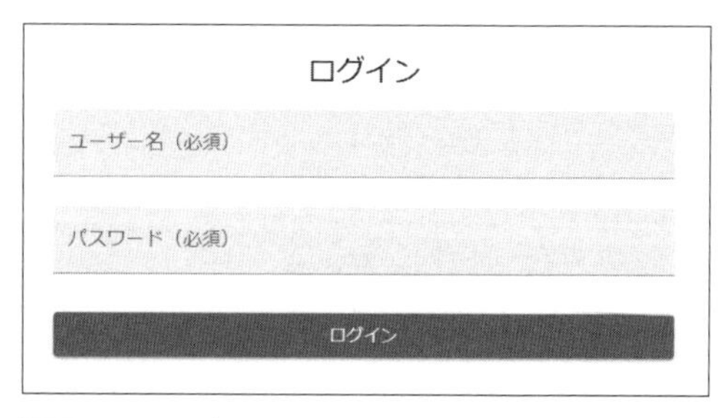

図5-7-1　ログイン画面

5-7-2 useRouter

先ほどのコードが、今までと異なるのは以下の箇所です。

```
import { useRouter } from "next/navigation";
（中略）
  const router = useRouter();
```

```
    router.push("/inventory/products");
```

商品一覧画面から商品在庫画面への遷移はLinkコンポーネントを使用していました。しかし今回の場合は、ログインボタンを押した後に認証が成功したかどうかで遷移動作を分けたいため、useRouterというhookを使っています。

useRouterはNext.jsから提供されるhookです。以前登場したuseStateやuseEffectはReactの提供するhookなので区別しておくと、他のReactプロジェクトでも混乱しないでしょう。useRouterによって生成されたオブジェクトを利用することで、関数内から任意のページに遷移する機能を実現できます。少し前に紹介したLinkコンポーネントと異なり、関数内で利用するといったプログラム的な遷移の制御を行えることが特徴です。

また、今回は使用しませんがrouterオブジェクトは過去の遷移情報やURLの情報を持っているため、戻るボタンやリロードボタンの実現にも使用できます。

第5章ではログインと商品一覧、商品在庫画面の表示を担当するフロントエンドの実装を行いました。第6章では、第5章でダミーデータとなっていた商品情報や認証の処理をバックエンド側で実装、フロントエンドと連携させていきます。

第6章

バックエンドの実装とフロントエンドとのシステム連携

前章では在庫管理アプリケーションがフロントエンドのみで動作するところまで実装をしました。この章ではまずバックエンドで動作するAPIを作成し、その後フロントエンドからバックエンドに向けてAPIを疎通するように連携させていきます。

Part II

6-1 バックエンドの実装を始める前に

DjangoはPythonで構成されたWebアプリケーションのフレームワークです。そのため、Djangoで開発をする場合、最低限のPythonの知識が必要になります。そこで、まずはこの章を読み進めていく上で必要なPythonの知識を振り返っておきましょう。Pythonについて基本的な知識を持っている、という方は読み飛ばしても構いません。

6-1-1 前提知識

クラス定義

他の言語と同じように、classキーワードを用いてクラス定義行います。注意点として、第5章で扱ったJavaScriptをはじめとする他の言語では、中かっこ（{}）を使ってクラスや関数の塊を表していましたが、Pythonでは中かっこは使わずにインデントで表現をします。

```
class クラス名:
    変数名 = 値
```

関数

関数はdefキーワードを用いて定義します。第5章の冒頭で解説したJavaScriptのfunctionの書き方に似ています。

```
def 関数名(引数名1, 引数名2):
    処理
```

メソッド

メソッドは上記の関数と似ていて、defキーワードを用いて定義します。関数との違いはクラスの内部にいるかどうかどうかです。またクラスに関連するため、第一引数に自身のクラスのインスタンスを表すselfという名前の引数を持っています。本書では関数とメソッドの違いを意識して実装をするコードはないため、こういった書き方もあるといった程度の認識でOKです。

```
class クラス名:
    def 関数名(self, 引数1, 引数2):
        処理
```

コンストラクタ

コンストラクタは__init__という特別なメソッドを使用して定義をします。他の言語と同様に、クラスのインスタンス作成時に自動的に呼び出されます。また、上記のメソッドと同様にselfを第一引数に持っています。本書では実装上は使用しませんが、フレームワークのコードを分析するときに見かけます。

```
class クラス名:
    def __init__(self, 引数1):
        self.クラス変数1 = 引数1
```

インスタンス

インスタンスの生成はクラス名を記載してコンストラクタを呼び出すことで行います。

```
インスタンス1 = クラス名()
インスタンス2 = クラス名(変数1)
```

継承

継承も他のオブジェクト指向をサポートする言語と同様に行うことができます。本稿で作成する多くのクラスはフレームワークから提供されるクラスを継承して作成するため、しっかり押さえておきましょう。

```
class 親クラス:
    内容

class 子クラス(親クラス):
    内容
```

多少書き方は異なりますが、Javaといったオブジェクト指向言語と同じような機能が備わっています。

例外処理

例外処理はtryキーワードを起点に行います。

```
try:
    例外が発生する可能性のある処理
except 例外の種類 as エラーオブジェクト:
    例外が発生した場合の処理
else:
    例外が発生しなかった場合の処理
finally:
    例外の有無にかかわらず必ず実行される処理
```

例外のスロー

例外のスローはraiseキーワードを使用します。

```
raise 例外のクラス("エラーメッセージ")
```

また、バックエンドの要素は**図6-1-1**のような関係になっています。フロントエンドよりもシンプルですが、各クラスの関係やライブラリの依存関係などは少し複雑なので意識して進めてください。

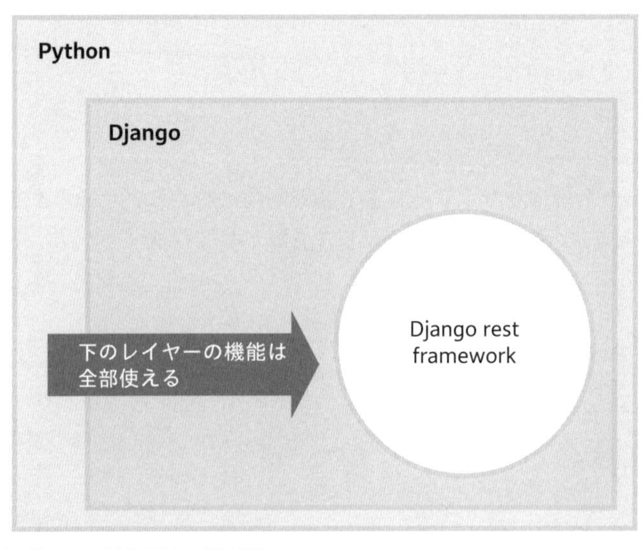

図6-1-1 フロントエンドで使用する技術要素の関係図

6-1-2 バックエンドの実装範囲

第5章の冒頭でも触れたように、フロントエンドとバックエンドでは役割が異なります。この役割の違いを意識して実装ができると、後からコードを見直すときに処理の意図が理解しやすくなります。

フロントエンドが画面表示やその動作に関する役割を担う一方、バックエンドではデータベースからどのような形式のデータを持ってくるのか、どのようにデータを取得するのかといった部分に関する処理を担っています。

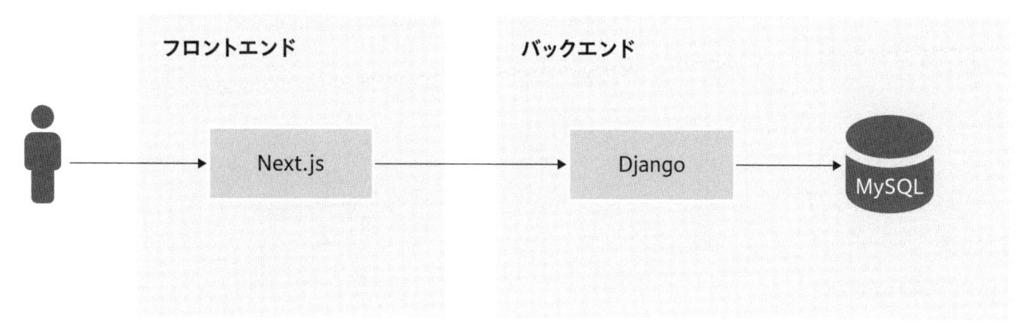

図6-1-2 バックエンドの実装範囲の概念図

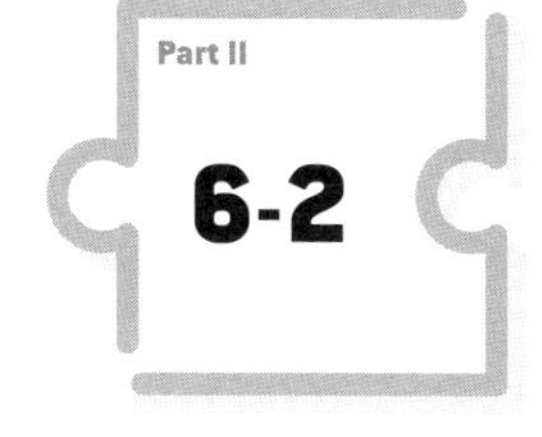

6-2 バックエンドの全体像

第II部の冒頭で設計したバックエンドで作成するAPIについて、改めて確認します（**表6-2-1**）。

表6-2-1 APIの一覧

API	メソッド	URL
ログイン	POST	http://localhost:8000/api/inventory/login/
リフレッシュ	POST	http://localhost:8000/api/inventory/retry/
ログアウト	POST	http://localhost:8000/api/inventory/logout/
商品一覧参照	GET	http://localhost:8000/api/inventory/products/
商品参照	GET	http://localhost:8000/api/inventory/products/[id]
商品登録	POST	http://localhost:8000/api/inventory/products/
商品更新	PUT	http://localhost:8000/api/inventory/products/[id]

API	メソッド	URL
商品削除	DELETE	http://localhost:8000/api/inventory/products/[id]
仕入れ登録	POST	http://localhost:8000/api/inventory/purchases/
卸し登録	POST	http://localhost:8000/api/inventory/sales/
在庫一覧参照	POST	http://localhost:8000/api/inventory/inventories/
同期処理登録	POST	http://localhost:8000/api/inventory/sync/
非同期処理登録	POST	http://localhost:8000/api/inventory/async/
売上一覧参照	POST	http://localhost:8000/api/inventory/summary/

種類は多いですが、大きく分けると次の3種類になります。

- ログイン機能用API
- 商品機能用API
- 在庫機能用API

数が多いように思われますが、参照・更新の対象としては3つほどです。まず、Ubuntuのバックエンドのディレクトリ（/usr/local/src/dev/app/backend）から「code .」コマンドで、バックエンドのVSCodeを起動しましょう。起動が確認できたら、Djangoで在庫アプリケーションを作成しましょう。第4章で作成したapiフォルダ配下に作成したいので、次のコマンドをターミナルで実行して移動します。

```
$ cd /workspaces/app/backend/api
```

その後、次のコマンドを実行してください。

```
django-admin startapp inventory
```

実行し終わったら、次のコマンドでbackend直下に再び移動してください。今後、コマンドを実行する場所はbackend直下を前提としているためです。

```
$ cd /workspaces/app/backend
```

6-2-1 バックエンドの実装の流れ

図6-2-1はバックエンドの処理の流れを表したイメージ図です。views.pyがレスポンスを返す本体になります。このviews.pyにリクエストを結びつけるためにurls.pyが必要になります。そしてviewのレスポンスを作成するために、models.pyが必要になります。また、models.pyはDBのテーブルを作成するという役割も持っています。レスポンスを扱いやすい形にするためにシリアライザーを使います。個別のファイルの役割については必要になった段階で改めて説明するので、まずはこのような流れで処理がされているのだなというイメージを持ってください。

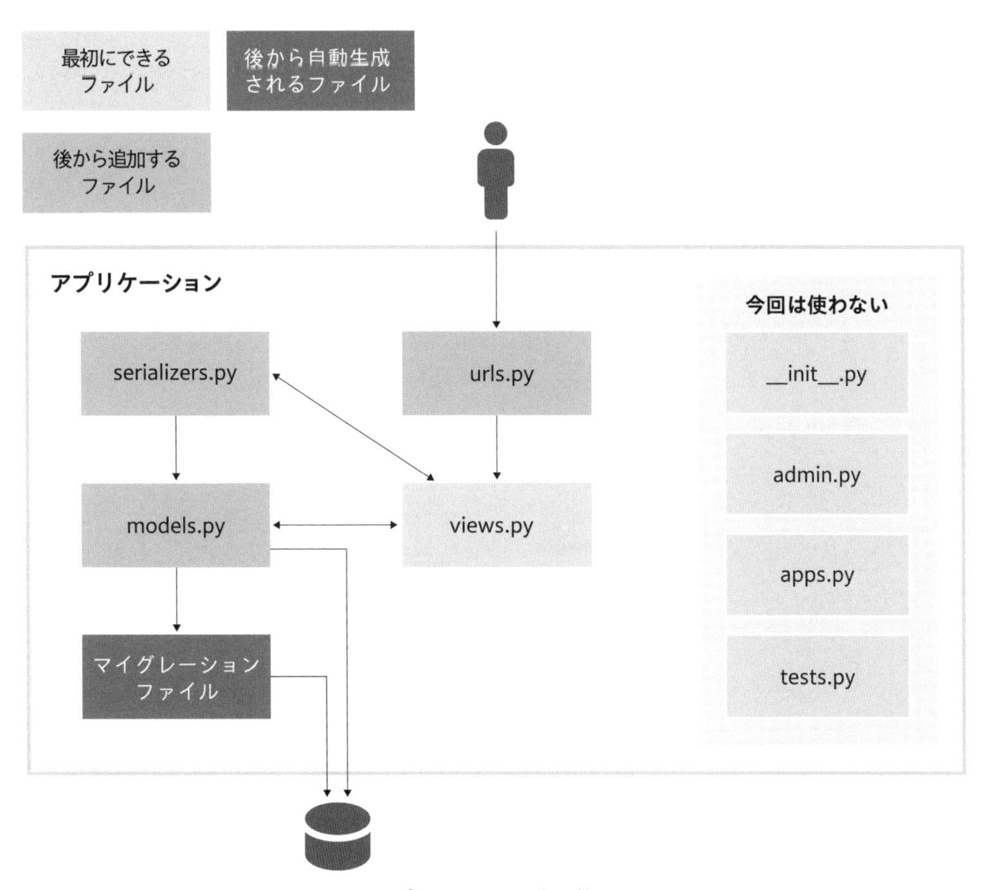

図6-2-1 Djangoにおけるファイルの構成と本アプリケーションで扱う範囲

Part II

6-3 バックエンドでモデルを作成する

この節ではDjangoの仕組みを使ったアプリケーションのモデルの役割とDBの管理方法について学習します。

6-3-1 モデルとは何か

実装を進める前に、モデルのイメージをもう少しつかんでおきましょう。まずモデルは、データベースに保存されているデータに関する情報を表しており、データが持っているフィールドとその動作を定義します。一般的に、各モデルはデータベースのテーブルに対応づけられます。Djangoの公式のページによればモデルの役割は次のように説明されています。

- モデルは各々 Python のクラスであり django.db.models.Model のサブクラス
- モデルの属性はそれぞれがデータベースのフィールドを表す
- これら全てを用いて、Django はデータベースにアクセスする自動生成された API を提供する

つまり、Djangoにおいてモデルはデータベースのテーブル定義書としての役割とアプリケーションとしてのORマッパー的な役割をしてくれそうです。データモデルとアプリケーション上のモデルは一致します。

例として、商品名というカラムを持つ商品テーブルをDjangoのモデルで表してみましょう。こちらは手を動かす必要はなく、コードの内容を見てもらえれば大丈夫です（**コード6-3-1**）。

コード6-3-1　モデルのサンプルコード

```
from django.db import models

class Product(models.Model):
    """
    商品
    """
    name = models.CharField(max_length=100, verbose_name='商品名')

    class Meta:
        db_table = 'product'
        verbose_name = '商品'
```

テーブルとコードの構造が紐づいていることをイメージできたでしょうか。それでは、モデルをプロジェクトで使用する方法や設計方法について学んでいきましょう。

6-3-2 モデルの利用

定義したモデルを利用するには、Djangoにこれらのモデルを「利用する」ということを知らせる必要があります。これはDjangoのプロジェクト配下には複数のアプリケーションを作成することができるため、作成時点ではプロジェクトとアプリケーションに、特に関係性がないためです。

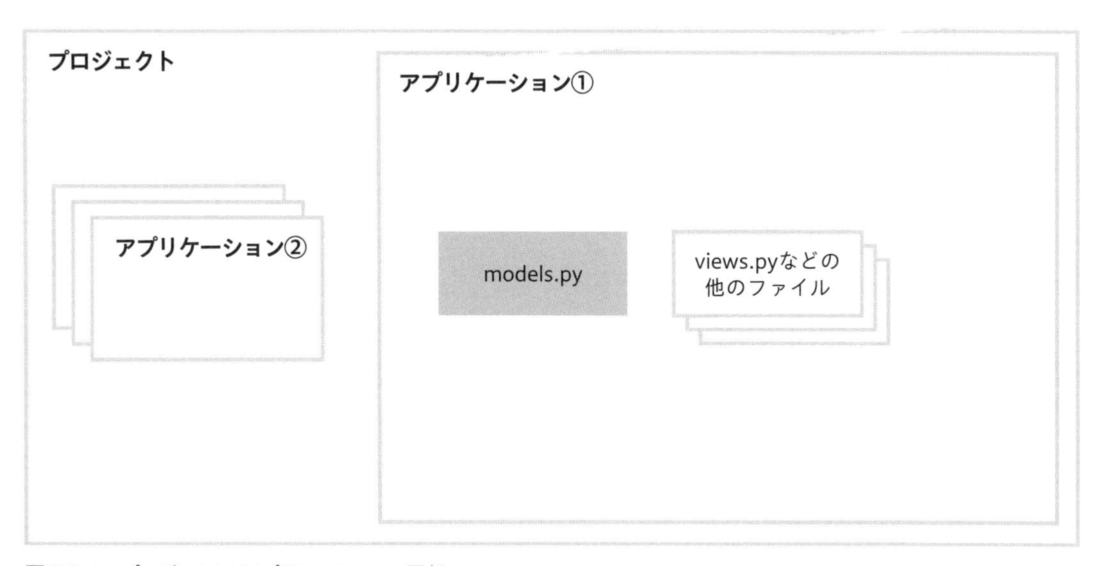

図6-3-1 プロジェクトとアプリケーションの関係

それでは設定ファイルの場所を確認しましょう。本アプリケーションの例では次のようにしています。

```
backend/config/settings/base.py
```

このconfig配下にurlの設定や環境などの設定ファイルも入れて管理しています。これらのファイルはどのアプリケーションでも共通して使用されます。

設定ファイルを編集して、設定値 INSTALLED_APPS に、定義した models.py を含むモジュール名を追加します（**コード6-3-2**、**コード6-3-3**）。

コード6-3-2 共通設定ファイル（backend/config/settings/base.py）

```
INSTALLED_APPS = [
（中略）
    "rest_framework",
    "api.hello_db",
    "api.inventory",  ―― 追加
]
```

コード6-3-3 在庫管理アプリ設定ファイル（backend/api/inventory/apps.py）

```
from django.apps import AppConfig


class InventoryConfig(AppConfig):
    default_auto_field = "django.db.models.BigAutoField"
    name = "api.inventory"  ―― 修正
```

ここで修正したnameに記載した「api.inventory」はこのアプリケーションを識別するための名前です。この名前を用いてINSTALLED_APSにアプリケーションの追加をしています。もちろん、当初設定されていた「inventory」でも問題はないのですが、本稿ではフォルダ構成と一致させるために修正を行っています。

このINSTALLED_APPS内には、今後も作成したアプリケーションなどを追記していく機会があります。ここにはDjangoインスタンスの中で有効化されている全てのDjangoアプリケーションの名前を保持しています。アプリは複数のプロジェクトによって使用されることができますし、また、他の開発者が彼らのプロジェクトで使用するためにパッケージして配布することもできます。次に示すのは公式ドキュメントからの引用です※6-1。

デフォルトでは、INSTALLED_APPSには以下のアプリケーションが入っています。

- *django.contrib.admin - 管理（admin）サイト*
- *django.contrib.auth - 認証システム*
- *django.contrib.contenttypes - コンテンツタイプフレームワーク*
- *django.contrib.sessions - セッションフレームワーク*
- *django.contrib.messages - メッセージフレームワーク*
- *django.contrib.staticfiles - 静的ファイルの管理フレームワーク*

※**6-1** 「はじめての Django アプリ作成、その2」https://docs.djangoproject.com/ja/4.1/intro/tutorial02/#database-setup

今回は、バックエンドはREST APIサーバーとして利用するので、3-3-2項で準備したrest_frameworkというモジュールも追加しています。rest_frameworkについては後ほど説明します。

```
INSTALLED_APPS = [
#...,
    "rest_framework",
#...,
]
```

6-3-3 モデルの設計

前節でDjangoにおけるモデルはデータベースのテーブルに対応づけられることを説明しました。ということは、モデルを作成するにはDBのテーブル設計が終わっている必要があります。今回の在庫管理アプリケーションで必要なテーブルについて、さっそく設計していきましょう。フロントエンドで作成した商品登録と在庫管理のテーブルに範囲を絞って考えます。

以下にER図として表しました（**図6-3-2**）。

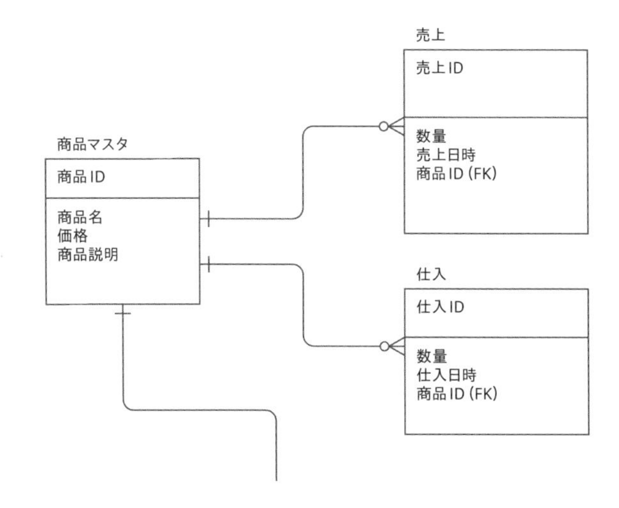

図6-3-2　ER図

構造について少し見てみましょう。まず商品マスタがあります。これは商品名や価格など、商品についての情報のみを持っています。そして、それに紐づく売上と仕入のテーブルがあります。在庫管理なので、それぞれの商品を仕入れるシーンと、仕入れた商品を顧客に売却するシーンがあります。

実際のテーブル設計は、アプリケーション化する対象の業務などを分析したり、関連するIOを収集したりして進めますが、今回はサンプルとしてシンプルでわかりやすいテーブルで進めます。

商品マスタ

それでは、上記のテーブルをDjangoのモデルに落とし込んでみましょう。まずは商品マスタです。

コード6-3-4 モデル（backend/api/inventory/models.py）

```
from django.db import models


class Product(models.Model):  ❶
    """
    商品
    """
    name = models.CharField(max_length=100, verbose_name='商品名')
    price = models.IntegerField(verbose_name='価格')
    description = models.TextField(verbose_name='商品説明', ↵
null=True, blank=True)  ❷

    class Meta:
        db_table = 'product'
        verbose_name = '商品'  ❸
```

各コードの記述が、どのようにテーブル定義と対応しているのか確認していきましょう。まず、モデルを作成するときは❶のようにDjangoのModelクラスを継承している必要があります。このクラスがテーブルと対応します。Pythonもオブジェクト指向プログラミングをサポートしているため、クラスを定義し継承することができます。

次にカラム定義する❷を見てみましょう。主キーとなるidの定義はあるでしょうか。実は、カラム：idは自動的に生成されるため、モデルに記載する必要はありません。ただ、主キーにid以外の任意の名称をつけたい場合もあるでしょう。そういった、明示的に主キーを指定したい場合は、次に示す例のようにprimary_key=Trueを指定してください。この例ではProductクラスに主キーとなるカラム：product_idを記載し、オプションでprimary_keyとして指定しています。

```
    product_id = models.CharField(max_length=100, primary_key=True, verbose_name=↵
'商品ID')
```

次にnameです。物理名がname、論理名は商品名としていて、型は文字列で最大文字数などの条件があります。これらはModelのフィールドおよびフィールドオプションを利用して設定します。今回は文字列でフィールドの型はVARCHAR、長さが100なので、次のようなコードになります。

```
name = models.CharField(max_length=100, verbose_name='商品名')
```

置き換えると次のようになります。

```
物理名 = models.フィールドの型(max_length=最大長, verbose_name=論理名)
```

指定できるフィールドとそのフィールドの引数の詳細は公式ドキュメント※6-2を参照してください。よくテーブルで使われるデータ型との対応例を挙げておきます。

- INTEGER→BigIntegerField(**options)
- VARCHAR→CharField(max_length=None, **options)
- BOOLEAN→BooleanField(**options)

次にpriceですが、これはnameとほぼ同じなので解説しなくても大丈夫でしょう。最後に❸のclass Metaを見てみましょう。class Metaではフィールドで指定できないテーブルの設定を行うことができます（追加の設定なので設定しなくても構いません）。

今回の例ではdb_tableで物理名、verbose_nameで論理名を明示的に指定しています。その他、テーブルコメントやデフォルトのソート順を指定することもできます。テーブル名はclass Metaで指定しない場合、クラス名から自動的に生成されます。

仕入テーブル

次は仕入テーブルを見てみましょう。今後モデルを追加するときも、モデル別にファイルを作成するのではなく、models.pyに追記しています（**コード6-3-5**）。

コード6-3-5 モデル（backend/api/inventory/models.py）

```
class Purchase(models.Model):
    """
    仕入
    """
    product = models.ForeignKey(Product, on_delete=models.CASCADE)
    quantity = models.IntegerField(verbose_name='数量')
    purchase_date = models.DateTimeField(verbose_name='仕入日時')

    class Meta:
        db_table = 'purchase'
        verbose_name = '仕入'
```

※6-2 「フィールドの型」https://docs.djangoproject.com/ja/4.1/ref/models/fields/#model-field-types

ほとんど同じ構成ですが、1点だけproductの記述が異なり、外部キー制約を付与しています。

```
    product = models.ForeignKey(Product, on_delete=models.CASCADE)
```

売上テーブル

売上テーブルも同様に作成しましょう（**コード6-3-6**）。細かな名称以外は仕入れテーブルと同じです。

コード6-3-6　モデル（backend/api/inventory/models.py）

```
class Sales(models.Model):
    """
    売上
    """
    product = models.ForeignKey(Product, on_delete=models.CASCADE)
    quantity = models.IntegerField(verbose_name='数量')
    sales_date = models.DateTimeField(verbose_name='売上日時')

    class Meta:
        db_table = 'sales'
        verbose_name = '売上'
```

このモデルを利用してDBの更新操作などを行っていきます。

6-3-4 モデルの生成

前節では、プログラムレベルでのデータモデルの設計を行いました。今度はこの定義を元にデータベースのテーブルを作成しましょう。次のような流れになります（**図6-3-3**、**図6-3-4**）。

① モデルを元にDDLとなるようなマイグレーションファイルを生成する

② 生成されたマイグレーションファイルを元にDBに変更を加える。

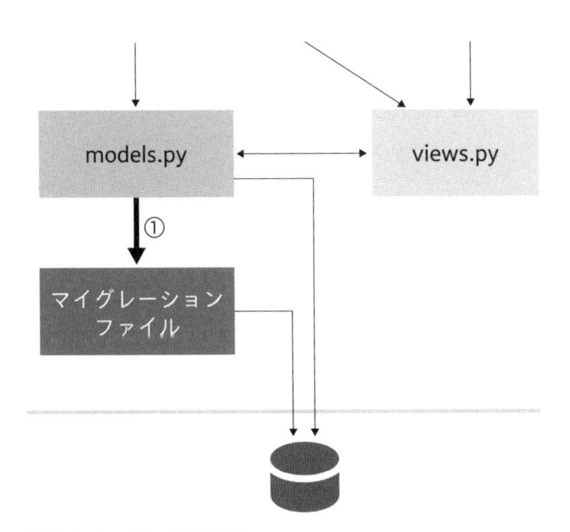

図6-3-3　①で扱う範囲

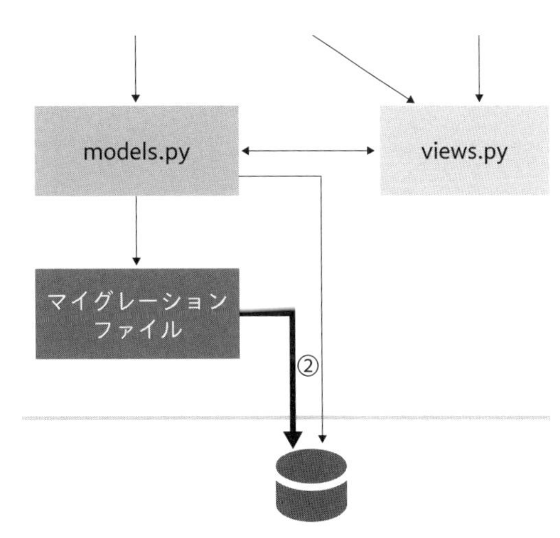

図6-3-4　②で扱う範囲

まずは先ほど作成したモデルクラスがapi/inventory/models.pyにあることを確認しましょう。このモデルを使ってDjangoは次のことを実行できます。

- アプリケーションのデータベーススキーマの作成（CREATE TABLE文を実行）
- 作成されたテーブルにPythonから参照や登録操作を行えるデータベースAPIの作成

では、次のコマンドをターミナルで実行してみましょう。

```
$ python manage.py makemigrations inventory --settings config.settings.development
```

実行するとinventoryのmigrationフォルダ配下に、次のようなマイグレーションファイルが作成されます。

```
Migrations for 'inventory':
  inventory/migrations/0001_initial.py
```

初回の作成なので0001_xxxという番号がついていますが、これは自動的に採番されていきます。makemigrationsを実行することで、Djangoにモデルを変更したこと（今回の場合は、新規の作成となる）を伝え、変更を「マイグレーション」の形で保存できました。

もし次のようなエラーが出ていたら、backendフォルダ直下でコマンドを実行できているか確認してください。

```
 inventory --settings config.settings.development
python: can't open file '/workspaces/app/backend/api/manage.py': [Errno 2] No such ↵
file or directory
```

さっそくこの生成されたマイグレーションファイルの内容を見てみましょう。全てのコードを載せると長くなるため、一部のみ抜粋しています（**コード6-3-7**）。

コード6-3-7　モデルから生成されたマイグレーションファイル（backend/api/inventory/migrations/0001_initial.py）

```
from django.db import migrations, models
import django.db.models.deletion


class Migration(migrations.Migration):
    initial = True

    dependencies = []

    operations = [
        migrations.CreateModel(
            name="Product",
            fields=[
                (
                    "id",
                    models.BigAutoField(
                        auto_created=True,
                        primary_key=True,
                        serialize=False,
                        verbose_name="ID",
                    ),
                ),
                ("name", models.CharField(max_length=100, verbose_name="商品名")),
                ("price", models.IntegerField(verbose_name="価格")),
                (
                    "description",
                    models.TextField(blank=True, null=True, verbose_name="商品説明"),
                ),
            ],
            options={
                "verbose_name": "商品",
                "db_table": "product",
            },
        ),         migrations.CreateModel(
#...,
```

```
        ),
    ]
```

作成したモデルの内容と似た内容が記載されています。異なる点として、省略していたidが自動的に追加されています。これだけ見ても、まだ何が起こるかわかりにくいですね。今度は、このファイルを元に実行される処理をSQLの形で出力し、具体的にどのようにDBに反映されるのか考えてみましょう。

次のコマンドを実行してください。この手順はDjangoの動作を理解するための操作なので、実際の開発の際には必要ありません。

```
$ python manage.py sqlmigrate inventory 0001 --settings config.settings.development
```

次のような出力が得られます。

```
(0.006)
                SELECT VERSION(),
                       @@sql_mode,
                       @@default_storage_engine,
                       @@sql_auto_is_null,
                       @@lower_case_table_names,
                       CONVERT_TZ('2001-01-01 01:00:00', 'UTC', 'UTC') IS NOT NULL
            ; args=None; alias=default
(0.002) SET SESSION TRANSACTION ISOLATION LEVEL READ COMMITTED; args=None; alias=↵
default
(0.026) SHOW FULL TABLES; args=None; alias=default
(0.005) SELECT `django_migrations`.`id`, `django_migrations`.`app`, ↵
`django_migrations`.`name`, `django_migrations`.`applied` FROM ↵
`django_migrations`; args=(); alias=default
CREATE TABLE `product` (`id` bigint AUTO_INCREMENT NOT NULL PRIMARY KEY, ↵
`name` varchar(100) NOT NULL, `price` integer NOT NULL, `description` longtext ↵  ❶
NULL); (params None)
CREATE TABLE `sales` (`id` bigint AUTO_INCREMENT NOT NULL PRIMARY KEY, `quantity` ↵
integer NOT NULL, `sales_date` datetime(6) NOT NULL, `product_id` bigint NOT ↵
NULL); (params None)
(中略)
```

❶あたりから、CREATE文をはじめとするDDLが生成されていることがわかります。このようにDjangoではModelからマイグレーションファイルを生成し、そのマイグレーションファイルをDDLのように使用して、DBのテーブルを管理する仕組みが提供されています。

ここで1つ疑問が生じます。テーブル定義を変更するためにモデルに修正が入った場合は、マイグレーションファイルはどうなってしまうのでしょうか。実はモデルの修正に対応したマイグレーションファイルが追加で生成されます。こちらは第8章のDDLの章で詳しく解説します。

今度は実際に実行してテーブルを作成しましょう。次のコマンドを実行します。

```
python manage.py migrate --settings config.settings.development
```

実際にテーブルが作成されたか確認してみましょう。事前に導入していたMySQL Workbenchを立ち上げて、「Nabigater」タブの下部「Schema」をクリックし、現在操作しているSchemaのオブジェクトブラウザを表示してテーブルの一覧を見てください（**図6-3-5**）。

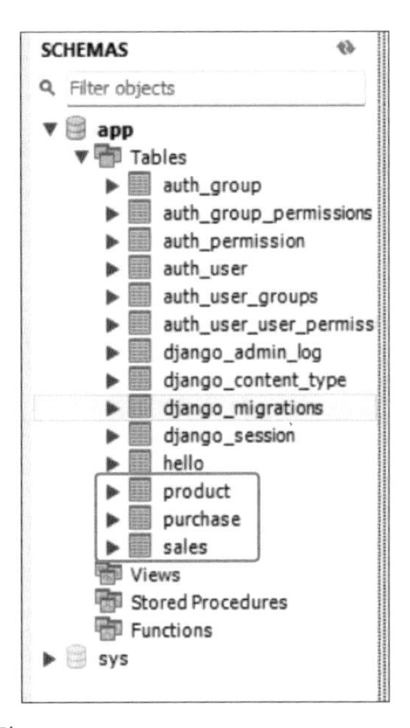

図6-3-5　MySQL Workbenchの表示例

確かにモデルで定義したテーブルが作成されていることが確認できました。また、それ以外にauth_やdjango_で始まるいくつかのテーブルがあります。これらのテーブルは何でしょうか。

auth_で始まるテーブルはDjangoがデフォルトで提供してくれる管理機能のテーブルです。このテーブルを利用すればユーザー管理機能やグループ、権限の機能などを実装するのに使用することができます。在庫管理アプリケーションではログイン機能を実行するためにauth_userテーブルを利用します。django_で始まるテーブルはDjangoの機能を管理するテーブルです。例えばdjango_migrationsテーブルのデータを見てみましょう。先ほど操作したMySQL Workbenchのテーブル一覧にある「django_migrations」テーブルを右クリックし、「Select Rows - Limit 100」を選択して保存されているレコードを表示してください（**図6-3-6**）。

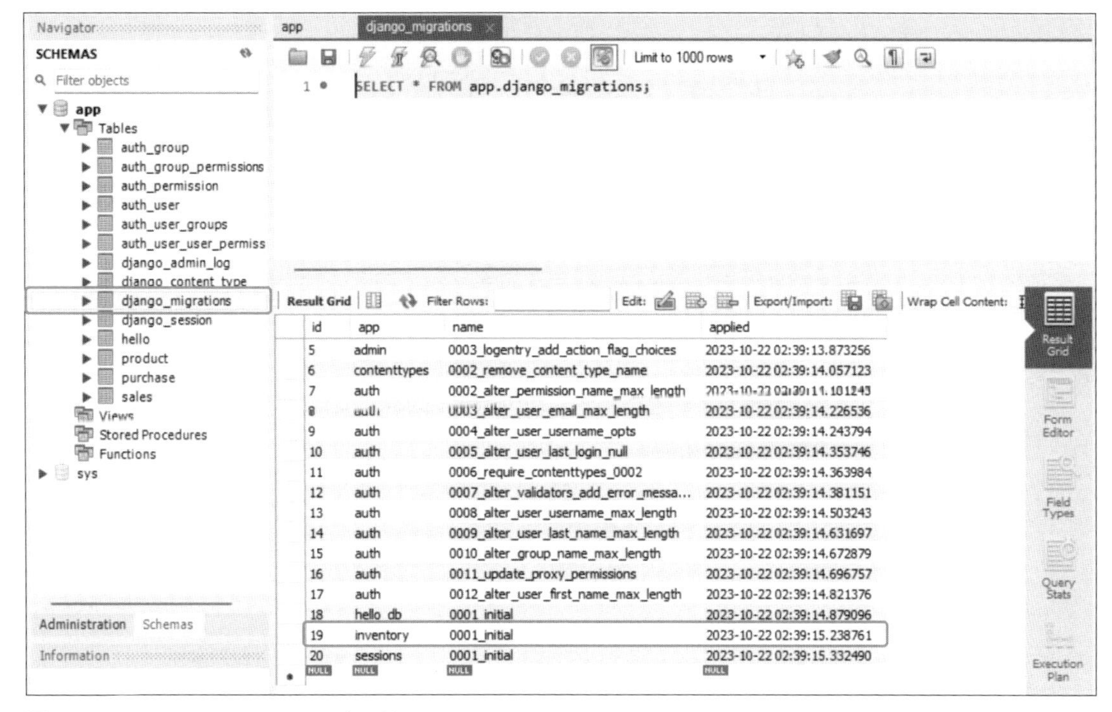

図6-3-6 MySQL Workbenchの表示例

各アプリケーションでのmigrationファイルの実行状況を確認することができます。このようにDjangoでは基本的なユーザー管理機能や権限に関する機能、そしてマイグレーション機能がついています。

最後に実行したコマンドがどのような要素で成り立っているのか見てみましょう。大きく4つに分けることができます。

① python（pythonを実行）
② manage.py（実行対象のpythonファイル）
③ migrate（pythonファイルで実行できる動作）
④ --settings config.settings.development（pythonファイルから指定できるオプション）

前半2つの①python、②manage.pyは一般的なpython実行時の指定で、後半2つの③migrateと④settings以降がDjango特有の指定です。③のmigrateについては、すでにmakemigrationsやsqlmigrationsなど別の名称で指定して使ってきました。4-3-1項で一覧を挙げているので確認してみてください。また④のsettingsは第8章で使い分けていきます。

この節では、モデルの生成方法とそのモデルがどのようにDBに影響を与えるか、学びました。DBの設計とモデルは密接に関係していることがわかったのではないでしょうか。次の節からは、このモデルを利用して、具体的なデータ操作を解説します。

Part II

6-4 APIを通じてデータを操作する

本節以降では、いよいよデータを利用して、処理を実装していきたいと思います。**図6-4-1**の太い枠線で囲った部分を扱います。

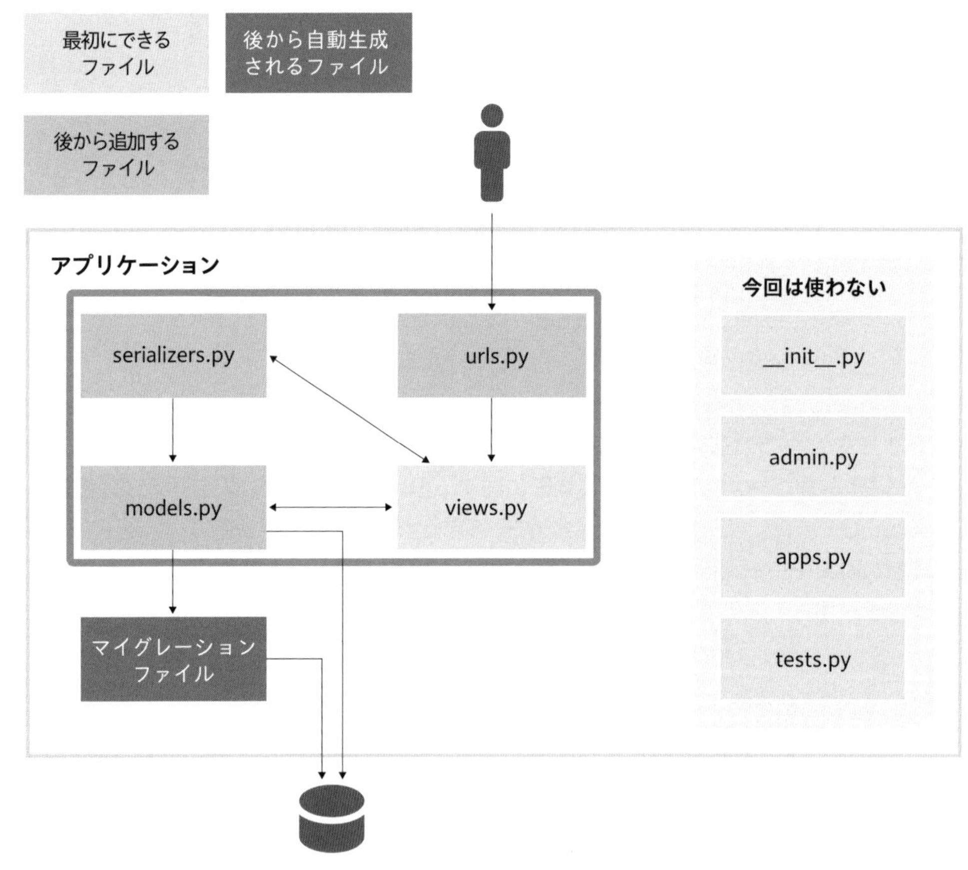

図6-4-1　6-4節で扱う範囲

6-4-1 DjangoにおけるAPIについて

前節ではデータを格納するためのモデルを作成しました。本項ではそのモデルを利用して、実際にデータを取得したり更新したりする実装をしていきます。

今回は取得したデータを表示するフロントエンドと実際にデータを取得するバックエンドをそれぞれ別々のアプリケーションとして実装します。バックエンドからは、いろいろなデータの渡し方がありますが、今回はjson形式で処理結果をフロントエンドに返します。

DjangoにはRESTful APIを実装するための便利なフレームワークとしてDjango REST framework（以降、DRFと記述）というフレームワークが開発されています。Djangoと共同出資で開発が進められており、様々な機能がサポートされているので今回はこちらを使用しましょう。もちろんDRFを使用せずDjango単体でもAPIを実装することは可能です。しかし今回は、APIに特化したライブラリで処理もシンプルに記述できるようになるのでこちらを採用します。

Part II

6-5 参照系APIの作成

6-5-1 APIの実装イメージ

実装に入る前に、このAPIの実装のイメージをしておきましょう。章の頭で紹介した図よりも粒度を細かくして、データの流れもわかるようにしています（**図6-5-1**）。

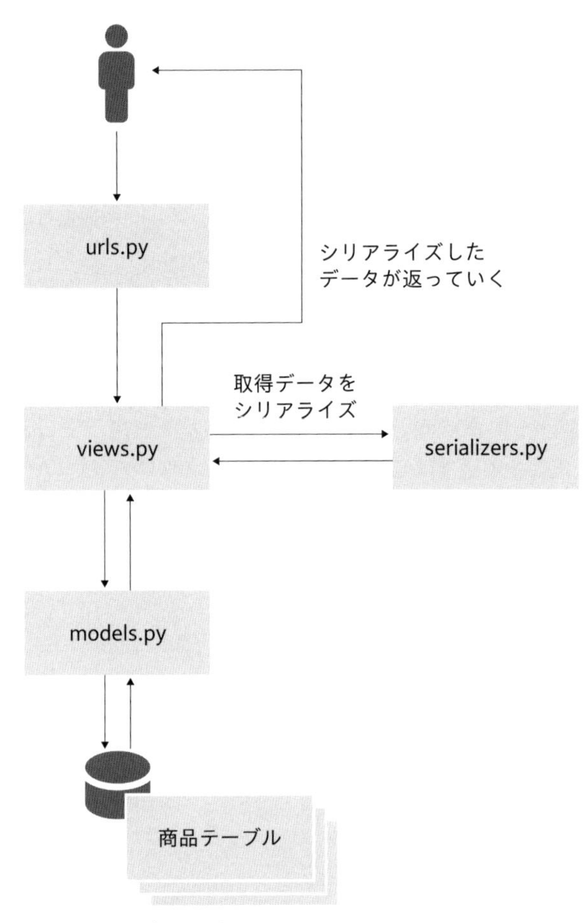

図6-5-1 リクエストからレスポンスまでのデータの流れ

大きく、リクエストURLのルーティングを行うurls.pyと、実際にDBからデータを取得するviews.py、そして取得したデータをユーザーが利用しやすい形に変換するserializers.pyから構成されます。

まず、一番単純な商品テーブルの一覧をそのまま取得する実装をしてみましょう。6-3節で作成した商品マスタのデータを取得してみます。

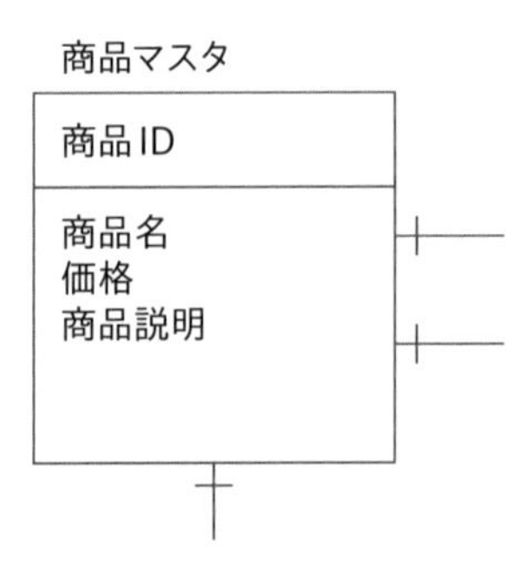

図6-5-2 ER図

前節までのモデルの作成とモデルを元にしたデータベースへのマイグレーションが完了していることを前提に進めます。

APIとして実装を進める前にモデルを使ってテーブルデータをうまく取得できるか確かめてみましょう。次のコマンドを実行してください。

```
python manage.py shell --settings config.settings.development
```

このコマンドを実行すると対話型でPythonを実行できます。対話を終了するときは [Ctrl] + [D] を押してください。DBに接続するときはモデルを利用します。今回はProductのモデルを利用するので、次のようにプロンプトに入力してみてください。

```
>>> from api.inventory.models import Product
>>> queryset = Product.objects.all()
>>> queryset
```

次のような実行結果が表示されます。

```
(0.002)
                SELECT VERSION(),
                       @@sql_mode,
                       @@default_storage_engine,
                       @@sql_auto_is_null,
                       @@lower_case_table_names,
                       CONVERT_TZ('2001-01-01 01:00:00', 'UTC', 'UTC') IS NOT NULL
            ; args=None; alias=default
(0.001) SET SESSION TRANSACTION ISOLATION LEVEL READ COMMITTED; args=None; ↵
alias=default
(0.003) SELECT `product`.`id`, `product`.`name`, `product`.`price`, ↵
`product`.`description` FROM `product` LIMIT 21; args=(); alias=default
<QuerySet []>
```

"SELECT `product`.`id`, ...FROM `product` LIMIT 21;"を実行してデータを取得しようとしています。取得した結果が<QuerySet []>になります。ただ、productテーブルにはまだ1件もデータが登録されていないため、取得結果は何もありません。

ではproudctテーブルにデータを追加してから、同じようにprodcutテーブルのデータを取得できるか確かめてみましょう。

まずMySQL Workbenchで次のSQLを実行します。

```
INSERT INTO product (name, price, description) VALUES('コットン100%バックリボンティ⏎
アードワンピース(黒)', 6900, '大人の愛らしさを引き立てる、ナチュラルな風合い。リラッ⏎
クスxトレンドを楽しめる、上品なティアードワンピース。');
```

その後に再度ターミナルに戻り、querysetを実行します。

```
>>> queryset
```

次のような出力が得られたのではないでしょうか。

```
(0.009) SELECT `product`.`id`, `product`.`name`, `product`.`price`, ⏎
`product`.`description` FROM `product` LIMIT 21; args=(); alias=default
<QuerySet [<Product: Product object (1)>]>
```

上記のように単純に取得するとオブジェクトとして取得され、フロントエンドに返したときに利用しにくい形式になっています。そのためserializerという変換の仕組みを噛ませてjson形式に変換して取得できるようにします。

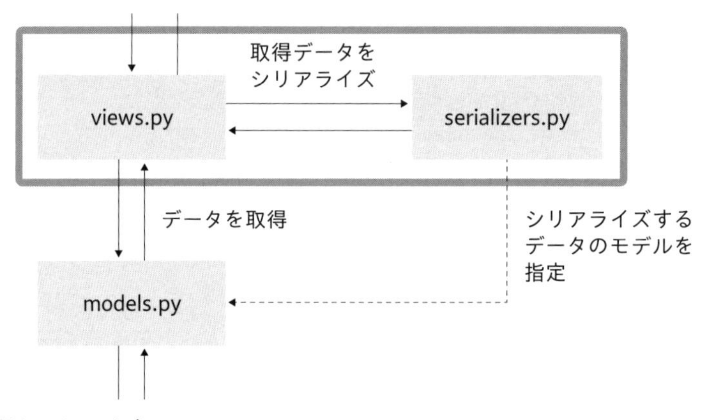

図6-5-3　データの取得とシリアライズ

DjangoにもSerializerクラスがありますが、REST frameworkではModelSerializerというモデルインスタンスとクエリセットのシリアライズ機能を可能にするクラスを提供しているのでこれを利用します。serializers.pyというファイルを作成してください（**コード6-5-1**）。こちらにシリアライズクラスをまとめて定義しましょう。

コード6-5-1 シリアライザー（backend/api/inventory/serializers.py）

```
from rest_framework import serializers

from .models import Product, Purchase, Sales

class ProductSerializer(serializers.ModelSerializer):
    class Meta:
        model = Product
        fields = '__all__'
class PurchaseSerializer(serializers.ModelSerializer):
    class Meta:
        model = Purchase
        fields = '__all__'

class SaleSerializer(serializers.ModelSerializer):
    class Meta:
        model = Sales
        fields = '__all__'
```

まずは作成したモデルに対応するシリアライザークラスを作成します。この際、serializers.ModelSerializerクラスを継承させます。クラス名はどのモデルに対応するかわかりやすいように「モデル名＋Serializer」としています。 Djangoの提供するSerializerとの違いとして、ModelSerializerはモデルに対応するフィールドの自動生成やバリデーション、簡便なデータ操作のデフォルト実装も提供してくれます。今回は、こちらを使用します。

追加設定としてインナークラス Metaを作成します。シリアライズしたいモデル名をmodelに指定し、フィールドをfieldsに指定します。全フィールドを使用する場合は'__all__'、全フィールドが不要であれば個別にフィールド名で指定します。多くの指定が可能なので、詳しく知りたい方は公式ドキュメント※6-3を参照してください。

先ほどモデルを取得しようとしたコマンドをシリアライズしてみましょう。対話型のPython実行の続きで、次のコマンドを実行します。

```
>>> from api.inventory.serializers import ProductSerializer
>>> serializer = ProductSerializer(queryset , many=True)
>>> serializer.data
```

次のような出力が得られます。先ほどのオブジェクトと異なり、開発者が読める形式で結果が返ってきます。ここまで完了したら［Ctrl］＋［D］キーを押下して対話を終了させましょう。

※**6-3** 「Serializer relations」https://www.django-rest-framework.org/api-guide/relations/

```
(0.004) SELECT `product`.`id`, `product`.`name`, `product`.`price`, ↵
`product`.`description` FROM `product`; args=(); alias=default
[OrderedDict([('id', 1), ('name', 'コットン100%バックリボンティアードワンピース↵
(黒)'), ('price', 6900), ('description', '大人の愛らしさを引き立てる、↵
ナチュラルな風合い。リラックス×トレンドを楽しめる、上品なティアードワンピース。')])]
```

6-5-2 APIView

さてシリアライズクラスを作成したので、今度はモデルを使ってデータを取得し、そのデータをシリアライズするクラスを作成していきます。この処理はviewクラスで行います。Djangoにおけるviewクラスはアプリケーションのリクエスト処理とレスポンス生成を担当するコンポーネントです。通常のDjangoではレスポンスとして画面表示用のHTMLを返しますが、今回はDRFを追加し、APIサーバーとして使用してjsonをレスポンスとして返します。

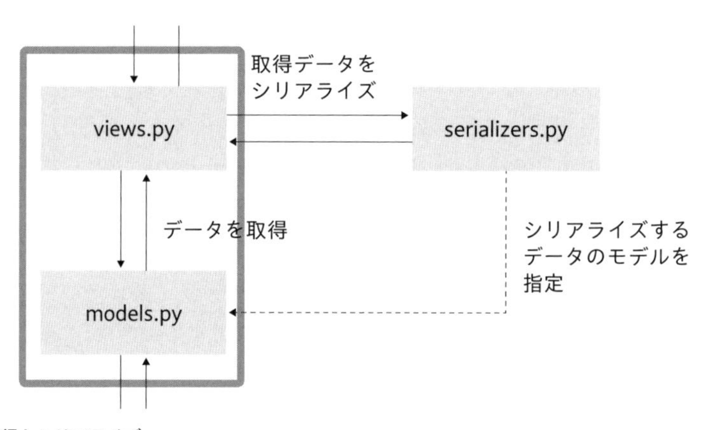

図6-5-4 データの取得とシリアライズ

DjangoではViewというクラスが提供されていますが、こちらはHTMLコンテンツなどを返すことを想定したクラスであり、APIとしては適していません。DRFではAPIViewというクラスを提供しています。そのため、よりRestAPIとして適した結果を返すことができるAPIViewを使用します。

次のようにAPIViewクラスを継承して作成してみましょう（**コード6-5-2**）。

コード6-5-2 ビュー（backend/api/inventory/views.py）

```
from rest_framework.views import APIView
from rest_framework.response import Response
from .models import Product
from .serializers import ProductSerializer
     from rest_framework import status
```

```
class ProductView(APIView): ❶
    """
    商品操作に関する関数
    """

    def get(self, request, format=None): ❷
        """
        商品の一覧を取得する
        """
        queryset = Product.objects.all()
        serializer = ProductSerializer(queryset, many=True)
        return Response(serializer.data, status.HTTP_200_OK)
```

次に第4章で行ったように、urls.pyでこのviewをマッピングしましょう。urls.pyに次のように追記してください（**コード6-5-3**）。ここに記載したURLに対応するViewの処理が呼び出されます。

コード6-5-3 URLのマッピング（backend/config/urls.py）

```
urlpatterns = [
    (中略)
    path('api/inventory/', include('api.inventory.urls')),
]
```

またinventoryフォルダの直下に、次に示すurls.pyファイルを新規に作成します（**コード6-5-4**）。

コード6-5-4 URLのマッピング（backend/api/inventory/urls.py）

```
from django.urls import path
from . import views

urlpatterns = [
    path('products/', views.ProductView.as_view()),
]
```

これで準備が整いました。次のコマンドをターミナルで実行してサーバーを起動し、ブラウザから情報が取得できるか確認しましょう。

```
python manage.py runserver --settings config.settings.development
```

コマンドを実行したら、http://localhost:8000/api/inventory/products/にアクセスしてみてください。商品一覧のレスポンスが返却されます（**図6-5-5**）。

図6-5-5 商品一覧の取得の表示例

それではProductViewのコードの中を改めて見てみましょう。ここで気になるのは❶で継承しているAPIViewクラス、そして❷のget関数です。これはHTTP RequestのメソッドがGETメソッドだったときに呼ばれる関数になります。APIViewでは各HTTP Requestのメソッドに対応する関数が用意されており、それをオーバーライドして使います。

本アプリケーションではGETメソッドには商品一覧の取得処理を入れましたが、これはどのような観点で決めているのでしょうか。実はREST APIには設計方針が決まっており、GETなら参照、POSTなら新規追加、PUTなら更新となっています。

次はget関数の引数です。selfはこのクラスのインスタンス自体を指していて、Pythonのクラスメソッドを定義する場合に必ず指定する引数になります。selfを使用することで、メソッド内でクラスの属性や他のメソッドにアクセスすることができます。requestはDjangoのHTTP Requestオブジェクトです。リクエストに関する情報やデータが格納されています。例えば、リクエストヘッダーやクエリパラメーター、POSTデータなどが含まれています。formatはこのメソッドのオプションの引数で、レスポンスの形式を指定するために使用されます。デフォルトでNoneが指定され、レスポンスの形式はクライアントの要求に基づいて決定されます。formatパラメーターはレスポンスとして返す形式を変更したいときに使用します。

```
def get(self, request, format=None):
```

次はquerysetです。QuerySetはデータベースからのオブジェクトのコレクションを表します。ゼロ、1つ、または多数のフィルターを含めることができます。フィルターは、指定されたパラメーターに基づいてクエリ結果を絞り込みます。

```
        queryset = Product.objects.all()
```

今回はall()をつけて全件取得としました。こういった参照におけるQuerySetの役割はSQLのステートメントに相当します。フィルターはWHEREやLIMITまたSELECTなどの制限句です。QuerySetにおけるフィルターとSQLの句の対応例を見てみましょう（**コード6-5-5**）。

コード6-5-5 QuerySetと実行されるSQLの対応例

```
Product.objects.filter(price__gt=1000)
# 対応するSQL
SELECT * FROM product WHERE price > 1000;

Product.objects.order_by('price')
# 対応するSQL
SELECT * FROM product ORDER BY price ASC;

Product.objects.values('name', 'price')
# 対応するSQL
SELECT name, price FROM product;
```

上記は一部の例ですが、DjangoのQuerySetはSQLの様々な句やオプションに対応しています。詳細な情報はDjangoの公式ドキュメントを参照してください。

また様々なフィルター部分も大切ですが、もう1つのポイントはメソッドチェーンになっていることです。Product.objectsによって取得されたManagerオブジェクトから再度Managerオブジェクトを返すfilterやorder関数によって、さらに複雑な条件で絞り込むことができます。

メソッドチェーンは同じオブジェクト内のメソッドを連鎖的に呼び出す方法のことです。各メソッドで自身のオブジェクトを返すことで、次のメソッドを再び呼び出すことが可能になります。これで、商品一覧を取得することができました。

次はserializerです。serializerのコンストラクタの引数に、QuerySetとオプションを渡しています。この例では複数件の結果が返ってくるのでmany=Trueを指定しています。

```
    serializer = ProductSerializer(queryset, many=True)
```

最後にResponseです。このResponseはHTTPResponseを扱うためのクラスです。ViewクラスURLのマッピングによりリクエストがきて、その内容に応じてjsonといったレスポンスを返す役割をすると述べました。そのため、シリアライズされたjsonとそのときのHTTPStatusコードを設定して返しています。

```
        return Response(serializer.data, status.HTTP_200_OK)
```

6-5-3 APIView以外の取得方法

実はもう1つ、DRFを用いてデータを取得する方法があります。先ほどのAPIViewを使用したコードと同じ動作をする関数を、ModelViewSetクラスを用いて作成してみましょう（**コード6-5-6**）。

コード6-5-6 ビュー（backend/api/inventory/views.py）

```
from rest_framework.viewsets import ModelViewSet  ―― 追加
（中略）

class ProductModelViewSet(ModelViewSet):
    queryset = Product.objects.all()
    serializer_class = ProductSerializer
```

urlsも追加します（**コード6-5-7**）。

コード6-5-7 URLのマッピング（backend/api/inventory/urls.py）

```
    path('products/model/', views.ProductModelViewSet.as_view({'get': 'list'})),
```

http://localhost:8000/api/inventory/products/model/と実行してみてください。先ほどと同じようなjsonが取得できます（**図6-5-6**）。

図6-5-6 別の方法による商品一覧の取得の表示例

どちらでも取得できることはわかりましたが、どちらがよいのでしょうか。ModelViewSetはAPIViewとは異なり、自分で実装しなくても基本的な参照や更新といったCRUD操作を提供してくれます。そのため実装の負担も減りますし、コードもシンプルになります。

ただし、動作を細かい記述なく実装できるようになっている反面、カスタマイズはしにくくなっています。**図6-5-7**のような関係性になっています。基底クラスになっているViewクラスはDjangoで定義されるクラスで、DRFが提供するAPIViewをはじめとするクラスのベースになっています。

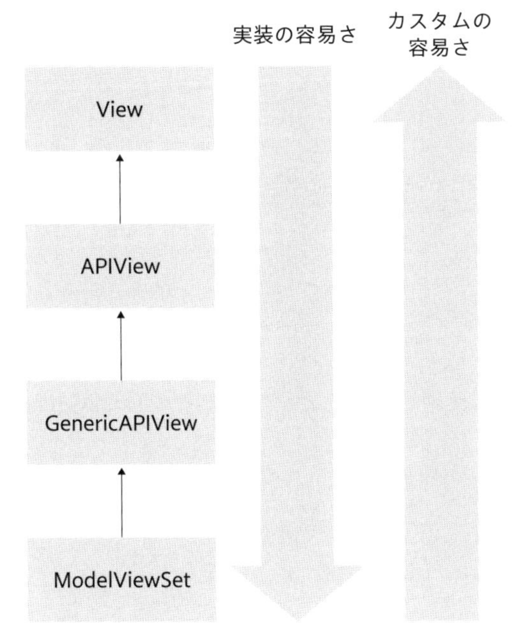

図6-5-7　様々なView関連クラスとお互いの関係

ここまで、DRFを使用した参照系APIの実装方法を学びました。冒頭で処理の中核として登場したモデルがビューや、シリアライザーを通じてどのように扱われているか確認できたでしょうか。また、APIを呼び出す際のURLとビューをどのように紐づけているかも理解することができたでしょうか。

参照系APIの実装が完了したので、次の節では登録系APIの実装を行っていきます。参照系APIとの違いにも着目しながら進めてみましょう。

Part II

6-6 登録系APIの作成

一覧を参照することができたので、今度は登録処理を行っていきましょう。

6-6-1 APIViewによる登録

APIView を使って登録処理を実装していきましょう。ProductViewクラス内に追記していきます。まずは新規登録の場合です（**コード6-6-1**）。

コード6-6-1　ビュー（backend/api/inventory/views.py）

```
    # 商品を登録する
    def post(self, request, format=None):
        serializer = ProductSerializer(data=request.data)
        # validationを通らなかった場合、例外を投げる
        serializer.is_valid(raise_exception=True)
        # 検証したデータを永続化する
        serializer.save()
        return Response(serializer.data, status.HTTP_201_CREATED)
```

URL自体は商品検索のときに使用したURLと同じなので修正の必要はありません（**コード6-6-2**）。

コード6-6-2　URLのマッピング（backend/api/inventory/urls.py）

```
urlpatterns = [
    path('products/', views.ProductView.as_view()),
```

ブラウザでhttp://localhost:8000/api/inventory/products/にアクセスしてください。**図6-5-5**ではGET用のボタンしかありませんでしたが、POST用のボタンが追加されています（**図6-6-1**）。

図6-6-1　商品登録の表示例

入力フィールドに何も入れないまま、POSTを実行してみましょう。

```
Product                                   DELETE  OPTIONS  GET

POST /api/inventory/products/

HTTP 400 Bad Request
Allow: GET, POST, PUT, DELETE, HEAD, OPTIONS
Content-Type: application/json
Vary: Accept

{
    "name": [
        "この項目は必須です。"
    ],
    "price": [
        "この項目は必須です。"
    ]
}
```

図6-6-2　商品登録時のパラメーター不正の表示例

商品一覧のレスポンスが返却されています（**図6-6-2**）。エラーが発生しているのは入力内容に不備があり、例外が発生したためです。エラーの内容に従って必須項目を入力してPOSTしてみましょう。

```
{
    "name":"ライトストレッチカットソー（ネイビー）",
    "price":2980
}
```

無事、登録することができました。登録に成功すると登録されたレコードがレスポンスとして返ってきます（**図6-6-3**）。

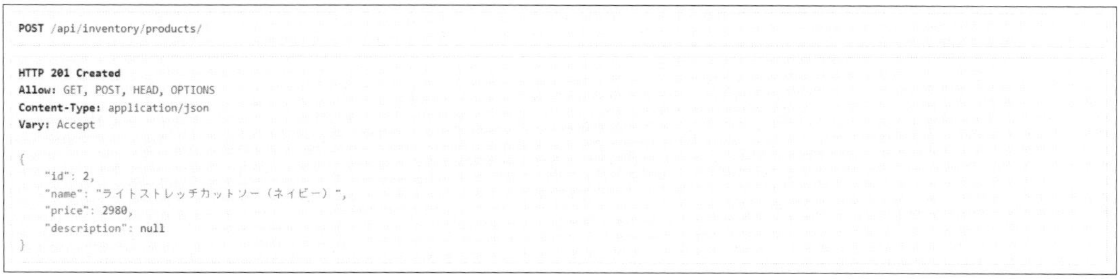

```
POST /api/inventory/products/

HTTP 201 Created
Allow: GET, POST, HEAD, OPTIONS
Content-Type: application/json
Vary: Accept

{
    "id": 2,
    "name": "ライトストレッチカットソー（ネイビー）",
    "price": 2980,
    "description": null
}
```

図6-6-3　商品登録の表示例

うまく登録することはできましたが、URLは同一なのにどうやって参照処理か登録処理かを区別しているのでしょうか。6-1節で説明した通り、REST APIではHTTPメソッドの種類で処理を区別します。

def getと違う点を見てきましょう。まずQuerySetの処理がありません。今回はDBに登録されたデータを元にするのではなく、requestデータをそのまま登録するので特に参照する処理が必要ないためです。次に引数のrequestデータをシリアライズしています。

```
        serializer = ProductSerializer(data=request.data)
```

登録前にモデルの登録用データにするために、対応するモデルのシリアライザーでシリアライズしています。

getのときは検索結果となるproductオブジェクトを渡していましたが、今回はdata=xxxと引数を指定して渡しています。こういったメソッドの仮引数名で引数を指定する方法をキーワード引数といいます。これはPythonの記法です。

シリアライザークラスの継承関係は次のようになっています（**図6-6-4**）。

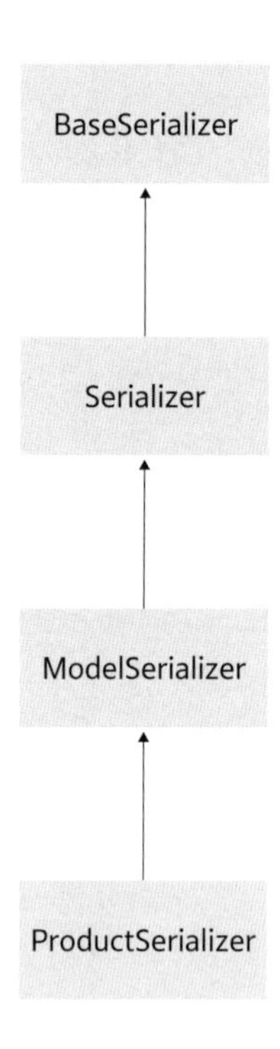

図6-6-4　シリアライザークラスの継承関係

ProductSerializerのコンストラクタは基底クラスで定義されたBaseSerializerが参照されています。処理が基底クラスに隠蔽されていてProductSerializerを見ただけでは何が起こっているのかわかりにくいため、簡単に定義を確認してみましょう。以降、**コード6-6-3からコード6-6-5までは、DRFのコードなので実装の必要はありません。**

コード6-6-3 DRFで提供される継承したシリアライザークラスの実装
（/usr/local/lib/python3.10/site-packages/rest_framework/serializers.py）

```
class BaseSerializer(Field):
...
    def __init__(self, instance=None, data=empty, **kwargs):
        self.instance = instance
        if data is not empty:
            self.initial_data = data
        self.partial = kwargs.pop('partial', False)
        self._context = kwargs.pop('context', {})
        kwargs.pop('many', None)
        super().__init__(**kwargs)
```

getメソッドのときには、引数にquerysetで生成されたモデルに対応するインスタンスを渡していました。__init__の第一引数のselfは無視されるので、2つ目の仮引数：instanceにquerysetのインスタンスが入っていました。

それに対して、今回はキーワード引数により、第三引数のdataに値が入っています。この場合は、モデルの入力値として正しいかどうかはわからないものの、一旦初期データとしてinitial_dataにrequestのデータが代入されています。

次にシリアライズしたい値のvalidationチェックを行っています。

```
        serializer.is_valid(raise_exception=True)
```

シリアライザーにdataキーワード引数が渡された場合は、.data表現にアクセスする前に.is_valid()を呼び出す必要があります。is_validでは先ほどrequestからinitial_dataに代入したinitial_dataのvalidationが行われます。もし、このときinitial_dataに不整合があればエラーが発生します。

コード6-6-4 DRFで提供される継承したシリアライザークラスの実装
（/usr/local/lib/python3.10/site-packages/rest_framework/serializers.py）

```
    def is_valid(self, *, raise_exception=False):
        assert hasattr(self, 'initial_data'), (
            'Cannot call `.is_valid()` as no `data=` keyword argument was '
            'passed when instantiating the serializer instance.'
        )

        if not hasattr(self, '_validated_data'):
            try:
                self._validated_data = self.run_validation(self.initial_data)
            except ValidationError as exc:
                self._validated_data = {}
                self._errors = exc.detail
```

```
        else:
            self._errors = {}

    if self._errors and raise_exception:
        raise ValidationError(self.errors)

    return not bool(self._errors)
```

そのため、モデルに対応するかどうかわからないrequestデータなどを元にseriarizeする場合は、.is_valid()を最初に呼び出すか、代わりに.initial_dataにアクセスする必要があります。また、引数にraise_exception=Trueを与えることで、erorrs情報を元にValidationErrorを生成します。

```
raise ValidationError(self.errors)
```

このErrorクラスを投げてくれるので例外を検知できます。今度はserializerの永続化です。

```
        serializer.save()
```

コード6-6-5 DRFで提供される継承したシリアライザークラスの実装
(/usr/local/lib/python3.10/site-packages/rest_framework/serializers.py)

```
    def save(self, **kwargs):
        """
        Save and return a list of object instances.
        """
        # Guard against incorrect use of `serializer.save(commit=False)`
        assert 'commit' not in kwargs, (
            "'commit' is not a valid keyword argument to the 'save()' method. "
            "If you need to access data before committing to the database then "
            "inspect 'serializer.validated_data' instead. "
            "You can also pass additional keyword arguments to 'save()' if you "
            "need to set extra attributes on the saved model instance. "
            "For example: 'serializer.save(owner=request.user)'.'"
        )

        validated_data = [
            {**attrs, **kwargs} for attrs in self.validated_data
        ]

        if self.instance is not None:
            self.instance = self.update(self.instance, validated_data)
            assert self.instance is not None, (
                '`update()` did not return an object instance.'
            )
```

```
        else:
            self.instance = self.create(validated_data)
            assert self.instance is not None, (
                '`create()` did not return an object instance.'
            )

        return self.instance
```

validateが完了したデータを元にデータベースに登録または更新を行い、その結果からインスタンスを作成します。

最後にResponseです。シリアライズされたデータが登録データになるので、それをそのままレスポンスとして返しています。また、HTTPステータスコードは登録系のためAPI設計に従い、200ではなく201で返しています。

```
return Response(serializer.data, status.HTTP_201_CREATED)
```

いろいろなクラスやメソッドが呼ばれていて混乱したかもしれません。ここまでの流れをまとめると、次のようになります（**図6-6-5**）。

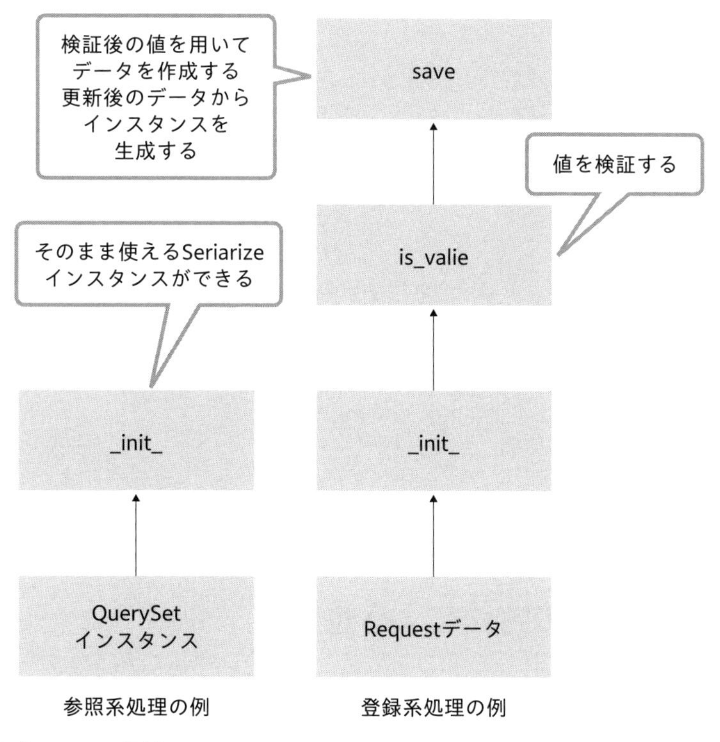

図6-6-5　シリアライザークラスの役割

では、商品の仕入れと売上の登録処理も実装しましょう。商品の登録と同様に、views.pyとurls.pyに修正を加えます（**コード6-6-6、コード6-6-7**）。画面からそれぞれ仕入れ情報や売上情報のみを参照することはないため、登録処理のみ実装しています。

コード6-6-6 ビュー（backend/api/inventory/views.py）

```
from rest_framework.views import APIView
from .models import Product, Purchase, Sales
from .serializers import ProductSerializer, PurchaseSerializer, SaleSerializer
（省略）
class PurchaseView(APIView):
    def post(self, request, format=None):
        """
        仕入情報を登録する
        """
        serializer = PurchaseSerializer(data=request.data)
        serializer.is_valid(raise_exception=True)
        serializer.save()
        return Response(serializer.data, status.HTTP_201_CREATED)

class SalesView(APIView):
    def post(self, request, format=None):
        """
        売上情報を登録する
        """
        serializer = SaleSerializer(data=request.data)
        serializer.is_valid(raise_exception=True)
        serializer.save()
        return Response(serializer.data, status.HTTP_201_CREATED)
```

コード6-6-7 URLのマッピング（backend/api/inventory/urls.py）

```
urlpatterns = [
    path('products/', views.ProductView.as_view()),
    path('purchases/', views.PurchaseView.as_view()),
    path('sales/', views.SalesView.as_view()),
]
```

6-6-2 APIView以外の方法による登録

今度は参照系APIのときと同じようにModelViewSetで登録処理を実装してみましょう。実は先ほどのコードで、すでに基本的なCRUD処理は実現されているため、views.pyファイルについては新たに実装を行う必要はありません。

コード6-6-8　ビュー（backend/api/inventory/views.py）

```
class ProductModelViewSet(ModelViewSet):
    """
    商品操作に関する関数(ModelViewSet)
    """
    queryset = Product.objects.all()
    serializer_class = ProductSerializer
```

urls.pyは次のようにパラメーターを追加します（**コード6-6-9**）。

コード6-6-9　URLのマッピング（backend/api/inventory/urls.py）

```
    path('products/model/', views.ProductModelViewSet.as_view({'get': 'list', ↵
'post': 'create'})),
```

http://localhost:8000/api/inventory/products/model/にアクセスして、結果を確認してみましょう（**図6-6-6**）。

図6-6-6　商品登録の表示例

APIViewと同じようにPOSTが追加されていることがわかります。ここでのポイントはurls.pyファイルのasViweで設定されたオプションです。今は2つの引数が設定されています。

```
{
'get': 'list',
'post': 'create'
}
```

1つ目のget、postがHTTPメソッド、2つ目のlist、createがViewSetに期待するactionになります。HTTPメソッドはわかりますが、listやcreateはどこから来たのでしょうか。ViewSetはlist、 create、retrieve、update、destroyのアクションを自動的に提供するのです※6-4。

またなぜ、新たな実装を加えなくても更新処理が実現していたのでしょうか。それは基底クラスであるViewSetが標準で用意しているためです。これによりViewSet側ではすでに、更新・削除処理まで実装されており、urls側でルーティングさえすれば、いつでも更新・削除処理を呼び出すことができます。

6-6-3 更新と削除

次は更新処理です。再び、APIVivewを使用した実装を行います。ProductViewクラスのpostメソッド以外を次のコードで上書きします（**コード6-6-10**、**コード6-6-11**）。

コード6-6-10 ビュー（backend/api/inventory/views.py）

```
from rest_framework.exceptions import NotFound
from rest_framework.response import Response
（省略）
        # 商品操作に関する関数で共通で使用する商品取得関数
        def get_object(self, pk): ――――――――――――――――――――――――― ❶
            try:
                return Product.objects.get(pk=pk)
            except Product.DoesNotExist:
                raise NotFound
        def get(self, request, id=None, format=None): ――――――――――― ❷

            # 商品の一覧もしくは一意の商品を取得する
            if id is None :
                queryset = Product.objects.all()
                serializer = ProductSerializer(queryset, many=True)
            else:
                product = self.get_object(id)
                serializer = ProductSerializer(product)
            return Response(serializer.data, status.HTTP_200_OK)

        def post(self, request, format=None):
        （中略）
        def put(self, request, id, format=None): ――――――――――――――― ❸
            product = self.get_object(id)
            serializer = ProductSerializer(instance=product, data=request.data)
            serializer.is_valid(raise_exception=True)
            serializer.save()
            return Response(serializer.data, status.HTTP_200_OK)
```

※**6-4** 「ViewSets」https://www.django-rest-framework.org/api-guide/viewsets/

コード6-6-11 (backend/api/inventory/urls.py)

```
urlpatterns = [
    path('products/', views.ProductView.as_view()),
    path('products/<int:id>/', views.ProductView.as_view()), ──── ❹
```

ブラウザのURL欄にhttp://localhost:8000/api/inventory/products/1/ と入力して実行してみてください。今度は先ほどの商品一覧の取得と違いURLに指定したidに一致数商品の情報が表示されます。後は登録の操作と同様にパラメーターを入力してPUTしてみましょう。

では、コードの内容を見ていきましょう。まず❶と❷で既存の商品取得処理であるdef getに手を加えています。パラメーターからidを取得できた場合はidの一致する商品、取得できない場合は商品の一覧を取得するようにしています。次に❸で更新処理を追加しています。登録処理と異なる点は、更新対象となる商品のidを引数idから受け取っている点です。これによりまずは更新対象となるオブジェクトを、キーを元に取得します。

このとき、更新対象が取得できない場合は例外を投げて処理を終了しています。また、追加で更新内容となるrequestデータも指定して更新データを作成します。以降の処理は登録処理と変わりません。またurls.pyでも❹のURLの指定に<int：id>という形でidをパラメーターとして渡すという指定をしています。

最後に削除処理です。ProductViewクラスに次のコードを追加します（**コード6-6-12**）。

コード6-6-12 ビュー (backend/api/inventory/views.py)

```
    def delete(self, request, id, format=None):
        product = self.get_object(id)
        product.delete()
        return Response(status = status.HTTP_200_OK)
```

こちらも更新処理と同様に、キーにより削除対象のオブジェクトを取得し、対象が存在しない場合は例外を投げます。削除対象が存在する場合は、削除をするため特にvalidationは行わず削除メソッドにて削除を行います。

登録と更新、削除処理はHTTPメソッドによって処理を区別していました。また、商品IDといったプライマリーキーによって検索された結果から操作用のインスタンスを作成し、登録と更新、削除処理を行っていました。呼び出し元となるURLや使用するシリアライザーが同じでも、異なる処理がうまく実現されていることがわかったでしょうか。

しかし、このままだとSQLでよく登場するJOINや、外部キー制約を持つ場合の処理といった複雑な処理に対応していません。次の節ではこの部分を解決していきましょう。

Part II

6-7 より複雑な参照・登録処理

6-7-1 より複雑な参照処理

テーブル単位での参照・更新処理はわかりましたが、開発ではテーブルを結合した結果やカラムのデータを加工した結果を取得することもあります。そういった場合はどうするのでしょうか。

次の仕入れ・売上テーブルから作成した在庫データを取得する処理を見てみましょう。

コード6-7-1 ビュー（backend/api/inventory/views.py）

```
from django.db.models import F, Value ――――――――――――――――――― 追加
（中略）
from .models import Product, Purchase, Sales
from .serializers import InventorySerializer, ProductSerializer, ↵ ―― 追加
PurchaseSerializer, SaleSerializer
（中略）
class InventoryView(APIView):
    # 仕入れ・売上情報を取得する
    def get(self, request, id=None, format=None):
        if id is None :
            # 件数が多くなるので商品IDは必ず指定する
            return Response(serializer.data, status.HTTP_400_BAD_REQUEST)
        else:
            # UNIONするために、それぞれフィールド名を再定義している
            purchase = Purchase.objects.filter(product_id=id).prefetch_related↵
('product').values("id", "quantity", type=Value('1'), date=F('purchase_date'), ↵
unit=F('product__price'))
            sales = Sales.objects.filter(product_id=id).prefetch_related↵
('product').values("id", "quantity", type=Value('2'), date=F('sales_date'), ↵
unit=F('product__price'))
            queryset = purchase.union(sales).order_by(F("date"))
            serializer = InventorySerializer(queryset, many=True)
        return Response(serializer.data, status.HTTP_200_OK)
```

コード6-7-2 シリアライザー（backend/api/inventory/serializers.py）

```
# 仕入れ・売上情報の一覧
# Modelに依存しないため、個別にフィールドを定義している
class InventorySerializer(serializers.Serializer):
    id = serializers.IntegerField()
```

```
    unit = serializers.IntegerField()
    quantity = serializers.IntegerField()
    type = serializers.IntegerField()
    date = serializers.DateTimeField()
```

コード6-7-3 (backend/api/inventory/urls.py)

```
    path('products/model/', views.ProductModelViewSet.as_view({'get': 'list', ↵
'post': 'create'})),
    path('inventories/<int:id>/', views.InventoryView.as_view()),
```

複雑なので1行を分解して見ていきましょう。

```
Purchase.objects.filter(product_id=id)
```

まず、filterで仕入れ情報から特定の商品データに絞り込んでいます。WHERE句のイメージです。

```
.prefetch_related('product')
```

次に.prefetch_relatedによって、外部キーとして持っているprodduct_idに紐づく商品情報をJOINしています。

```
.values("id", "quantity", type=Value('1'), date=F('purchase_date'), unit=F↵
('product__price'))
```

最後にvaluesによって取得するデータやカラム名の加工を行っています。"id"や"quantity"はそのままPurchaseに対応するカラムを取得しています。type=Value('1')は、

```
新しいカラム名 = 取得値
```

という関係で、今回は1という定数にtypeという名称をつけて取得しています。Valueによって特定の値を指定しており、ちょうどASに対応しています。

date=F('purchase_date')も上記のようにカラムの別名をつけていますが、こちらはFを指定しています。Fは特定の値を指定するValueと異なり、既存のカラム名を指定して参照するために使用します。SQLに対応させるとASにあたります。

最後にunit=F('product__price')です。先ほどのdateの指定と似ていますが、実はこれはprefetch_relatedによりJOINされたテーブルのカラムを取得しています。

```
新しいカラム名 = F('JOIN対象のテーブル名__カラム名')
```

また、Valuesと同じように使われるannotaionというものもあります。こちらもValueのように別名をつけられるのですが、新たにカラムを追加するという点が異なります。

では後続の処理をもう少し見ていきましょう。salesの処理はpurchaseと同じなので割愛します。

```
queryset = purchase.union(sales).order_by(F("date"))
```

unionによって2つのquerysetを1つにまとめています。まとめた後にorder_by(F("date")により、日付カラムにて並べ替えを行っています。それぞれSQLのUNIONとORDER BYに相当します。このように通常のSQLによって実行する機能は、一通り実装することが可能です。

6-7-2 より複雑な登録処理

売上の登録にチェックの処理を追加します。仕入れた数量よりも売上げた数量のほうが多く登録されないように、登録処理内でチェックをするようにします。SalesViewクラスのpostメソッド内を次のコードで上書きします（**コード6-7-4**、**コード6-7-5**）。

コード6-7-4 ビュー（backend/api/inventory/views.py）

```
from api.inventory.exception import BusinessException
from django.db.models import F, Value, Sum
from django.db.models.functions import Coalesce
（省略）
        """
        売上情報を登録する
        """
        serializer = SaleSerializer(data=request.data)
        serializer.is_valid(raise_exception=True)
        # 在庫が売る分の数量を超えないかチェック ―― ❶
        purchase = Purchase.objects.filter(product_id=request.data['product']).
aggregate(quantity_sum=Coalesce(Sum('quantity'), 0))  # 在庫テーブルのレコードを取得
        sales = Sales.objects.filter(product_id=request.data['product']).
aggregate(quantity_sum=Coalesce(Sum('quantity'), 0))  # 卸しテーブルのレコードを取得

        # 在庫が売る分の数量を超えている場合はエラーレスポンスを返す ―― ❷
        if purchase['quantity_sum'] < (sales['quantity_sum'] + ↵
int(request.data['quantity'])):
            raise BusinessException('在庫数量を超過することはできません')

        serializer.save()
        return Response(serializer.data, status.HTTP_201_CREATED)
```

コード6-7-5 例外（backend/api/inventory/exception.py）

```
from rest_framework import status
from rest_framework.exceptions import ValidationError

class BusinessException(ValidationError):
    status_code = status.HTTP_422_UNPROCESSABLE_ENTITY
```

それでは追加したコードの内容を見ていきましょう。❶では今まで登録した商品の仕入れ数、売上数の合計値をそれぞれ算出しています。6-7-1項より複雑な参照処理で行ったように、filterでidを元に特定の商品データに絞り込み、aggregateという集計関数のSumオプションで合計値を求めています。

次に、❷では商品の仕入れ数、売上数の合計値を比較して、売上数のほうが多かった場合は登録されないように例外をスローしています。ここでスローする例外はこの在庫管理アプリケーション特有の例外になるため、カスタム例外として新しく定義した例外をスローしています。

後続処理は他の更新処理と同様です。

ここまでの内容で、典型的なCRUD処理は実装できるようになったはずです。実際の開発では、JOIN以外にも様々なSQLの処理が必要になりますが、今回の実装のようにそのSQLに対応するDjangoのメソッドを探して対応することになるでしょう。詳しくは公式のページを参照してみてください。

さて、次の節ではCRUD処理を実行するための認証処理を実装していきます。ここまで実施してきたモデルを中核とした話から毛色が変わるので切り替えていきましょう。

Part II

6-8 ログイン用APIの作成

ここまでで通常のテーブルの参照・更新処理を学んできました。今度はそれらを実行するための認証処理を作成していきます。

6-8-1 認証処理とは

認証処理は、アプリケーションのセキュリティとユーザーや企業の重要なデータを保護するため重要になってきます。次に認証処理の役割と必要性について説明します。

認証処理の役割

アクセス制御

アプリケーションのリソースや機能へのアクセスを制御します。認証されていないユーザーは、制限されたアクセスしか許可されません。認証を通過したユーザーのみが、アプリケーションの機能を利用したり、データにアクセスしたりできます。今回はアプリケーションのAPIの実行可否という形でこのアクセス制御を行います。

ユーザー識別

ユーザーの識別を行います。ユーザーがアプリケーションにログインすると、そのユーザーの情報（ユーザー名、メールアドレスなど）が識別されます。これにより、ユーザー固有の設定やデータにアクセスできるようになります。今回はユーザー固有のデータを使って何かする、ということはありませんがアクセス可能なユーザーが登録済みユーザーかどうかという識別を行います。

ユーザーのプライバシー保護

ユーザーのプライバシーを保護する役割も果たします。ユーザーは、自分の情報やデータが他の人からアクセスされないことを期待しています。認証を通過することで、ユーザーのデータへのアクセスを制限し、権限のないユーザーからの保護を提供します。今回はこちらの機能については考慮していません。

トレースと監査

アプリケーションのトレースと監査にも役立ちます。認証を通過したユーザーのアクティビティは、ログとして記録されます。これにより、特定のアクションや変更を行ったユーザーの追跡や、セキュリティ上の問題の特定が容易になります。今回は最も簡単に最終ログイン日時というデータを登録してみます。

認証方式について

認証方法には様々な種類がありますが、Djangoはデフォルトではsession認証となっています。他の認証方法にはSNSのアカウントを利用したソーシャル認証や、一時的な文字列を発行するトークン認証があります。本アプリケーションでJWT（JSON Web Tokens）というトークンを利用するトークン認証を実装していきます。

JWTやセッションは、認証処理の手段の一部です。JWTはトークンベースの認証方式であり、セッションはサーバー側で状態を管理する方法です。これらの仕組みは、認証を効率的かつ安全に実現するために使用されます。DjangoにおいてJWTを利用することは可能ですが、デフォルトの設定では利用できないので、こちらもDRFの機能を使って実装していきます。

6-8-2 認証処理の実装

Djangoの組み込みのユーザーデータ

認証を実装する際は、アカウント情報といったデータが必要になります。本節では、6-3-4項で紹介したDjangoでデフォルトで作成されるユーザーテーブルを利用します。

JWTの作成

JWTを作成するためのDRF関連のライブラリを追加します。次のコマンドをターミナルで実行してください。

```
pip install djangorestframework-simplejwt
```

JWTを実現するためのライブラリはいくつかありますが、今回はDRFの公式で紹介されているSimple JWTを導入しました※6-5。

ライブラリを環境にインストールしただけでは、Djangoから使うことはできないため、base.pyにこのライブラリを使用する設定を追加します。認証クラスのリストに追加します（**コード6-8-1**）。

コード6-8-1 共通設定ファイル（backend/config/settings/base.py）

```
REST_FRAMEWORK = {
    'DEFAULT_AUTHENTICATION_CLASSES': (
        'rest_framework_simplejwt.authentication.JWTAuthentication',
    ),
    'DEFAULT_PERMISSION_CLASSES': ['rest_framework.permissions.IsAuthenticated']
}
```

これで、REST APIの認証時にデフォルトではJWTAuthenticationを使うという設定になりました。トークンを発行するURLをurls.pyに追加します。ViewにはTokenObtainPairViewとTokenRefreshViewを指定します（**コード6-8-2**）。

※**6-5** https://www.django-rest-framework.org/api-guide/authentication/#json-web-token-authentication

コード6-8-2 URLのマッピング（backend/api/inventory/urls.py）

```
from rest_framework_simplejwt.views import (
    TokenObtainPairView,
    TokenRefreshView,
)
…
urlpatterns = [
    path('token/', TokenObtainPairView.as_view(), name='token_obtain_pair'),
    path('token/refresh/', TokenRefreshView.as_view(), name='token_refresh'),
    path('products/', views.ProductView.as_view()),
```

views.pyにViewは追加しなくてよいのでしょうか。デフォルトの設定で利用するのであればSimpleJWT組み込みのViewだけで十分のため、新たにViewを追加する必要はありません。

このままだと、認証するためのユーザー情報がありません。そこで、ユーザー情報を追加しましょう。本アプリケーションでは独自にユーザーテーブルは作成せずに、デフォルトで用意されているDjango組み込みのユーザーテーブルを使用します。

では、ターミナルで次のコマンドを実行してスーパーユーザーを作成しましょう。パスワードの入力を求められるので任意のパスワードを入力してください。今回はpasswordと入力します。

```
$ python manage.py createsuperuser --username=t-yamada --email= ↵
t-yamada@example.com --settings config.settings.development
```

途中パスワードのポリシーに抵触する旨のメッセージが表示されますが、無視して進めます。MySQL Workbenchから次のSQLを実行してDBに登録できたか確認してみましょう（**図6-8-1**）。

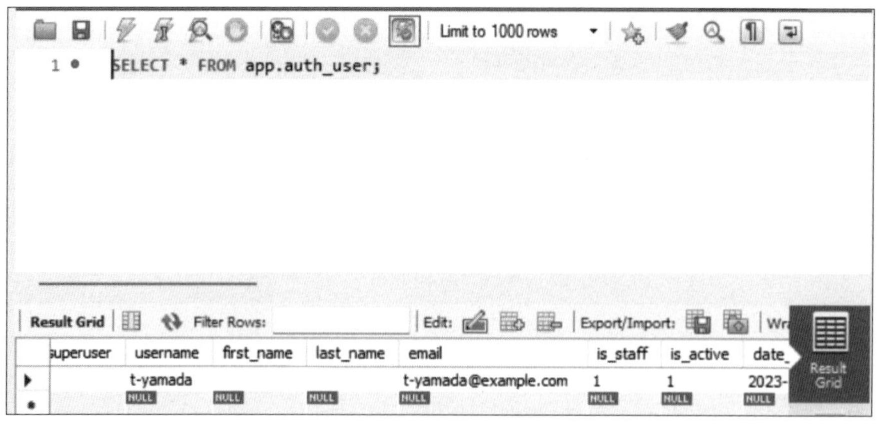

図6-8-1 SQLを実行する

t-yamadaのユーザーが取得できたでしょうか。

JWTが発行できるか確認してみましょう。http://localhost:8000/api/inventory/token/にアクセスして、実行してみてください（**図6-8-2**）。

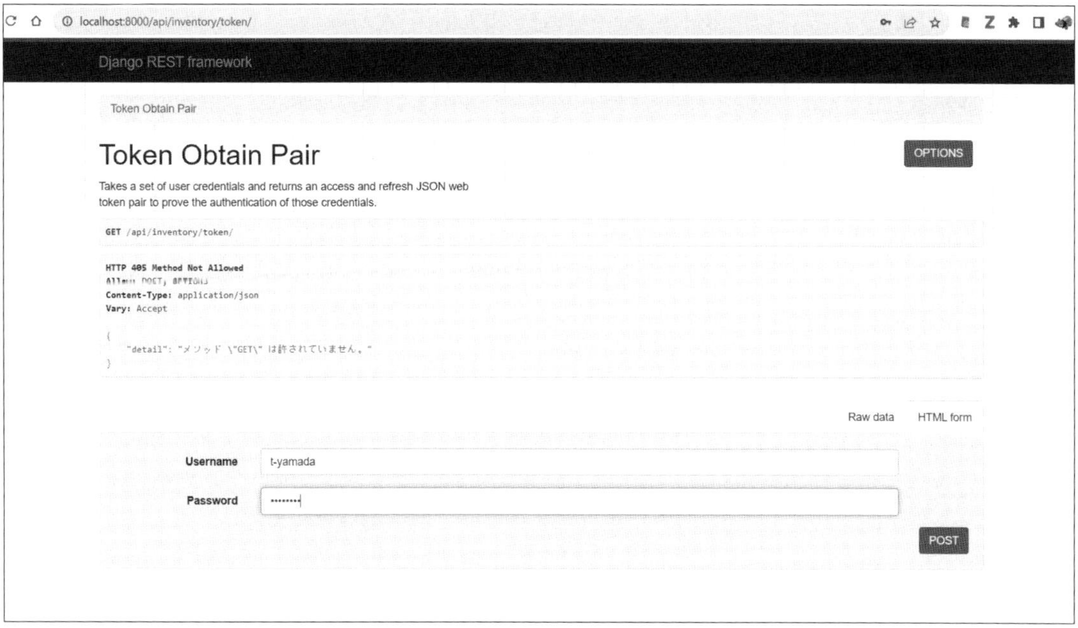

localhost:8000/api/inventory/token/

Django REST framework

Token Obtain Pair

Token Obtain Pair

OPTIONS

Takes a set of user credentials and returns an access and refresh JSON web token pair to prove the authentication of those credentials.

```
GET /api/inventory/token/
```

```
HTTP 405 Method Not Allowed
Allow: POST, OPTIONS
Content-Type: application/json
Vary: Accept

{
    "detail": "メソッド \"GET\" は許されていません。"
}
```

Raw data　HTML form

Username　t-yamada

Password　••••••••

POST

図6-8-2　認証トークン取得の表示例

Usernameに"t-yamada"、Passwordに"password"を入力してPOSTボタンを押下してください。次のようなレスポンスが得られたでしょうか。"reflesh"と"access"に紐づく文字列は都度変わるので異なっていても問題ありません。

```
{"refresh":"eyJhbGciOiJIUzI1NiIsInR5cCI6IkpXVCJ9.eyJ0b2tlbl90eXBlIjoicmVmcmVzaCIsIm↵
V4cCI6MTY4Nzg0MzUxNywiaWF0IjoxNjg1MjUxNTE3LCJqdGkiOiI1ZGY0YTcxYTcwYmU0YWM2OWMzOWUwO↵
WVmZjY1NmYzYiIsInVzZXJfaWQiOjJ9.UO_0U9s9ITl406IdV9JO4daQeNbKibII4nkU_tOxwto","acces↵
s":"eyJhbGciOiJIUzI1NiIsInR5cCI6IkpXVCJ9.eyJ0b2tlbl90eXBlIjoiYWNjZXNzIiwiZXhwIjoxNj↵
g1MjUyNDE3LCJpYXQiOjE2ODUyNTE1MTcsImp0aSI6IjZjYzUxOGVhOWUzNzQ0MTY5N2VhZDg4NDA0ZDU4O↵
TU0IiwidXNlcl9pZCI6Mn0.Ym1AjxytsBu3DGk7x2DHEcwxKXVSbEnOqkNXcsvKdkY"}
```

もし、次のようなレスポンスであれば、ユーザー情報に誤りがあるかもしれません。もう一度、入力内容もしくはDBへの登録内容を確認してみてください。

```
{"detail":"No active account found with the given credentials"}
```

リフレッシュトークンとアクセストークンを取得することができました。それぞれ次のような役割を持っています。

access

APIの認証に試用し、リクエストを行ったときデータへのアクセス権限を制御するトークンです。通常はRequest HeaderのAuthorizationフィールドにBearerトークンとしてセットして、リクエストに付与します。サーバーはこのトークンを検証して、トークンが有効であればサーバーへのアクセスが許可されます。トークンには有効期限が設定されており、この有効期限が切れると同じトークンでも検証が通らなくなります。一般にアクセストークンの有効期限は短めに設定されています。

refresh

アクセストークンの再発行するために使用するトークンです。アクセストークンの有効期限が切れた場合に使用されます。クライアントはユーザーIDやパスワードを用いて再度認証を行うのではなく、リフレッシュトークンを使用して新しいアクセストークンを取得するリクエストを送信します。サーバーはリフレッシュトークンを検証し、新しいアクセストークンを発行します。これにより、ユーザーは改めてユーザー情報など入力することなくアクセストークンを再発行してリソースにアクセスできます。こちらのトークンにも有効期限は設定されていますが、一般的にアクセストークンより長期間に設定さることが多く、アクセストークンが失効した後もこのトークンを用いてアクセストークンを再発行してアプリケーションに再接続するという風に用いられます。

次はこのトークンをカスタマイズしてみましょう。トークンには有効時間の長さやどういった情報を含めるかなどの設定ができます。base.pyに次のコードを追加しましょう（**コード6-8-3**）。

コード6-8-3　共通設定ファイル（backend/config/settings/base.py）

```
from timedelta import datetime
from pathlib import path
…
SIMPLE_JWT = {
    'ACCESS_TOKEN_LIFETIME': datetime.timedelta(minutes=15),
    'REFRESH_TOKEN_LIFETIME': datetime.timedelta(days=30),
    'ROTATE_REFRESH_TOKENS': True,
    'UPDATE_LAST_LOGIN': True,
}
```

様々な設定をすることができますが、今回は次のような設定をしています。

- アクセストークンの有効期限：15分
- リフレッシュトークンの有効期限：30日
- リフレッシュトークンのローテート：新しいリフレッシュ トークンを返す
- 最終ログイン：ログイン時にauth_userテーブルのlast_loginフィールドが更新する

もし、timedeltaがインストールされておらずエラーが発生する場合は、次のようにインストールしてください。

```
pip install timedelta
```

'UPDATE_LAST_LOGIN': でトークンの有効期限とログイン時の日時を更新する設定を加えました。この設定をした状態で再度リクエストを実行してみてください。その後、authユーザーの該当レコードのlast_loginカラムを見てみてください。最終ログイン日時に相当するlast_loginの値が更新されています。

```
id|password  ....    |last_login                    |is_s ....   |
--+--------- .... ---+------------------------------+---- .... --+
 2|pbkdf2_sh .... aI=|2023-06-25 07:00:27.214563000|     .... 00|
```

認証の流れ

先ほど作成したJWTを利用して、APIが本当に認証が必要になっているか確かめてみましょう。ログイン以外の各APIはJWT必須にします。以前に追加した、次の設定で独自のViewを利用したAPIは全て認証が必要となっています（**コード6-8-4**）。

コード6-8-4 共通設定ファイル（backend/config/settings/base.py）

```
    'DEFAULT_AUTHENTICATION_CLASSES': (
        'rest_framework_simplejwt.authentication.JWTAuthentication',
    )
```

もし各Viewで認証設定を分けて設定したい場合は、リクエストを処理するAPIViewを継承したクラスごとに認証設定を追加します（**コード6-8-5**）。

コード6-8-5 ビュー（backend/api/inventory/views.py）

```
from rest_framework import generics, status, views, viewsets
from rest_framework.permissions import IsAuthenticated ―――― 追加
from rest_framework.response import Response
from rest_framework_simplejwt.authentication import JWTAuthentication ―――― 追加
...
class ProductView(APIView):
```

```
    # 認証クラスの指定
    authentication_classes = [JWTAuthentication]
    # アクセス許可の指定
    # 認証済みのリクエストのみ許可
    permission_classes = [IsAuthenticated]

    # 商品操作に関する関数で共通で使用する商品取得関数
    def get_object(self, pk):
```

追加

後ほど実装しますが、ログイン処理などで全てのユーザーがアクセスすることが可能なAPIなどには、次のように指定を空にします。

```
    authentication_classes = []
    permission_classes = []
```

authentication_classesでどのような認証を行うか、permission_classesでどのような許可を必要とするか、という2種類の設定を指定します。今回使用したJWTAuthenticationはJWTによるトークン認証を行い、IsAuthenticatedは認証が行われたユーザーのみアクセスを許可しています。

これらの指定自体はDRFの機能ですが、JWTAuthenticationは今回追加したSimpleJWTの機能になります。

本当に認証が必要になったのか確認してみましょう。今まで商品一覧を表示できていたhttp://localhost:8000/api/inventory/products/を開いてみてください（**図6-8-3**）。

図6-8-3　商品一覧を取得できずに認証エラーになる表示例

次のようなレスポンスが得られるはずです。

```
{"detail":"認証情報が含まれていません。"}
```

リクエスト時にJWTを含めなかったため想定通り商品一覧は表示されず、エラーメッセージが返ってきました。認証が必要なAPIに対してリクエストヘッダーにJWTを含めずにAPIを叩こうとしたため、認証エラーとなりました。

今度はリクエストヘッダーにJWTを含めてリクエストを送ってみましょう。先ほどの画面からはリクエストヘッダーに含めるための機能がついていないため、curlを利用してリクエストを送ります。curl（カール）は、コマンドラインからHTTPやHTTPSを含む様々なプロトコルを使用してデータの送受信を行うためのツールです。もちろんpostmanといったAPIクライアントを使用しても構いません。

また、json形式が1文で返ってきて少し見づらいので、jqというコマンドラインでJSONデータの解析と操作を行うためのツールも使います。パイプ「|」でコマンドの出力を次のコマンドの引数として渡しています。まずは、トークンなしで実行し、ブラウザと同じレスポンスが得られることを確認しましょう。VSCodeで新しいターミナルをもう1つ開き、次のコマンドを実行してください。

```
curl \
  -X GET \
  -H "Content-Type: application/json" \
  http://localhost:8000/api/inventory/products/ | jq
```

GETメソッドでレスポンスの形式をJSON形式でhttp://localhost:8000/api/inventory/products/にHTTPリクエストを送信する、という意味の指定です。次のような実行結果が表示されます。

```
{"detail":"認証情報が含まれていません。"}
```

ブラウザと同じレスポンスが得られました。それではリクエストヘッダーにアクセストークンをつけてリクエストを送信してみましょう。アクセストークンがわからなければ**図6-8-2**の箇所を参考に再度取得してください。

```
curl \
  -X GET \
  -H "Content-Type: application/json" \
  -H 'Authorization: Bearer （取得したアクセストークン）' \
  http://localhost:8000/api/inventory/products/ | jq
```

次のレスポンスが得られました。

```
[
  {
    "id": 1,
    "name": "コットン100%バックリボンティアードワンピース(黒)",
    "price": 6900,
```

```
    "description": "大人の愛らしさを引き立てる、ナチュラルな風合い。↵
リラックス×トレンドを楽しめる、上品なティアードワンピース。"
  },
  {
    "id": 2,
    "name": "ライトストレッチカットソー（ネイビー）",
    "price": 2980,
    "description": "しなやかな肌触りが心地よい、程よいフィット感のカットソー。↵
ビジネスカジュアルにも普段使いにも使える、ベーシックなデザイン。"
  }
]
```

先ほどは認証エラーになりAPIが実行されませんでしたが、今度は実行され商品データを取得することができました。確かにトークンによって認証が行われたことが確認できました。

JWTの有効期限の更新

今度は設定ファイルを修正してアクセストークンの有効期間を短くし、しばらく時間をおいてから同じリクエストを投げてみましょう（**コード6-8-6**）。

コード6-8-6 共通設定ファイル（backend/config/settings/base.py）

```
SIMPLE_JWT = {
    'ACCESS_TOKEN_LIFETIME': datetime.timedelta(minutes=1),    「15」を「1」に修正
    'REFRESH_TOKEN_LIFETIME': datetime.timedelta(days=30),
```

同じcurlコマンドを実行してみます。

```
curl \
  -X GET \
  -H "Content-Type: application/json" \
  -H 'Authorization: Bearer （取得したアクセストークン）'  http://localhost:8000/↵
api/inventory/products/ | jq
```

先ほどと同じトークンを利用したのに今度はエラーになってしまいました。

```
  % Total    % Received % Xferd  Average Speed   Time    Time     Time  Current
                                 Dload  Upload   Total   Spent    Left  Speed
100   183  100   183    0     0   5382      0 --:--:-- --:--:-- --:--:--  5382
{
  "detail": "Given token not valid for any token type",
  "code": "token_not_valid",
```

```
    "messages": [
      {
        "token_class": "AccessToken",
        "token_type": "access",
        "message": "Token is invalid or expired"
      }
    ]
  }
```

エラーメッセージにはトークンが不正か失効したと出ています。これはbase.pyで設定したトークンの有効期限を超過したため、トークンが失効し利用ができなくなったためです。ユーザー名とパスワードを使って再度トークンを取得してもよいですが、refreshトークンを利用して有効期限を更新してみましょう。

```
curl \
  -X POST \
  -H "Content-Type: application/json" \
  -d '{"refresh":"(取得したリフレッシュトークン)"}' \
  http://localhost:8000/api/inventory/token/refresh/ | jq
```

リクエストヘッダーにはトークンは指定せず、代わりにHTTPメソッドをPOSTメソッドに変更して、データとしてrefreshトークンを指定しています。次のリクエストが得られます。

```
  % Total    % Received % Xferd  Average Speed   Time    Time     Time  Current
                                 Dload  Upload   Total   Spent    Left  Speed
100   726  100   483  100   243  16655   8379 --:--:-- --:--:-- --:--:-- 25034
{
  "access": "eyJhbGciOiJIUzI1NiIsInR5cCI6IkpXVCJ9.eyJ0b2tlbl90eXBlIjoiYWNjZXNzIiwiZ↵
XhwIjoxNjg1MjU1ODMxLCJpYXQiOjE2ODUyNTE1MTcsImp0aSI6ImY1ZTY0ZTNhZDQzNDQ4MThiZjU3MTI0↵
ZTY0OTRhYmVjIiwidXNlcl9pZCI6Mn0.Jq2Ku9ptEF5M1ZaO1-KeEgPQQ-v0O-XrJX5nXeMrA0A",
  "refresh": "eyJhbGciOiJIUzI1NiIsInR5cCI6IkpXVCJ9.eyJ0b2tlbl90eXBlIjoicmVmcmVzaCIs↵
ImV4cCI6MTY4Nzg0NjkzMSwiaWF0IjoxNjg1MjU0OTMxLCJqdGkiOiJlYzUyNjA3MjhjYjA0YzA4YTQzOGM↵
zNjU0MmRkODBhNyIsInVzZXJfaWQiOjJ9.UHg9AnYrJsQpZyVpB77btInz7x9Q0gdAZROEAuEr7XM"
}
```

新たなaccessトークンとrefreshトークンを取得することができました。ユーザー情報を利用しなくても、リフレッシュトークンを利用すれば、利用期限が更新された新しいアクセストークンを取得することができます。

6-8-3 認証トークンの保存

accessトークンの自動セット

アクセストークンを自動でセットしなければいけないことはわかりましたが、リクエストのたびに設定するのは少し面倒です。よくある実装としてはフロントエンドからのリクエストの際にヘッダーに付与する方法ですが、今回は認証機構の仕組みの勉強も含めてバックエンドで自動的にセットするようにしましょう。まずinventory配下にauthentication.pyを作成してください（**コード6-8-7**）。

コード6-8-7 認証トークンハンドリング（api/inventory/authentication.py）

```
from rest_framework_simplejwt.authentication import JWTAuthentication

class AccessJWTAuthentication(JWTAuthentication):
    def get_header(self, request):
        token = request.COOKIES.get('access')
        request.META['HTTP_AUTHORIZATION'] = '{header_type} ↵
{access_token}'.format(
                header_type="Bearer", access_token=token)   ❶
        return super().get_header(request)

class RefreshJWTAuthentication(JWTAuthentication):
    def get_header(self, request):
        refresh = request.COOKIES.get('refresh')
        request.META['HTTP_REFRESH_TOKEN'] = refresh
        return super().get_header(request)
```

ポイントはもともと個別で使っていたJWTAuthenticationを継承することです。このクラスの中にheaderを生成するメソッドがあるので、このメソッドをオーバーライドして❶のようにリクエストヘッダーにトークンを追加する処理を記載しています。トークンはリクエスト内のcookieに含まれるようにします。cookieが含まれる前提になっているので、apiでのトークン生成時にcookieにトークンをセットするようにします。

認証の結果、取得したトークンをクッキーに保存するLoginViewクラスを追加します。

コード6-8-8 ビュー（backend/api/inventory/views.py）

```
from django.conf import settings
from rest_framework_simplejwt.authentication import JWTAuthentication
from rest_framework_simplejwt.serializers import TokenObtainPairSerializer
（中略）
class LoginView(APIView):
    """ユーザーのログイン処理
```

```
    Args:
        APIView (class): rest_framework.viewsのAPIViewを受け取る
    """
    # 認証クラスの指定
    # リクエストヘッダーにtokenを差し込むといったカスタム動作をしないので素の認証クラ⏎
スを使用する
    authentication_classes = [JWTAuthentication]
    # アクセス許可の指定
    permission_classes = []

    def post(self, request):
        serializer = TokenObtainPairSerializer(data=request.data)
        serializer.is_valid(raise_exception=True)
        access = serializer.validated_data.get("access", None)
        refresh = serializer.validated_data.get("refresh", None)
        if access:
            response = Response(status=status.HTTP_200_OK)
            max_age = settings.COOKIE_TIME
            response.set_cookie('access', access, httponly=True, ⏎
max_age=max_age)
            response.set_cookie('refresh', refresh, httponly=True, ⏎
max_age=max_age)
            return response
        return Response({'errMsg': 'ユーザーの認証に失敗しました'}, status=status.⏎
HTTP_401_UNAUTHORIZED)
```

❶

コード6-8-9 URLのマッピング（backend/api/inventory/urls.py）

```
urlpatterns = [
    path('token/', TokenObtainPairView.as_view(), name='token_obtain_pair'),
    path('token/refresh/', TokenRefreshView.as_view(), name='token_refresh'),
    path('login/', views.LoginView.as_view()),  追加
    path('products/', views.ProductView.as_view()),
```

コード6-8-10 共通設定ファイル（backend/config/settings/base.py）

```
REST_FRAMEWORK = {
    'DEFAULT_AUTHENTICATION_CLASSES': (
        'api.inventory.authentication.AccessJWTAuthentication',
        'rest_framework_simplejwt.authentication.JWTAuthentication',
    ),
（中略）
# クッキーの有効期限に使用する
COOKIE_TIME = 60 * 60 * 12
```

まず認証・認可の形式についてです。

```
authentication_classes = [JWTAuthentication]
permission_classes = []
```

認証方法は特別な方法は使わないので、JWTAuthenticationを指定します。一方、認可についてはどのユーザーでもアクセス可能にするため、空の配列にして未指定の状態にします。

次にメソッド名ですが、こちらはAPIViewに従いHTTPメソッドpostで受けるようにするのでdef postとしています。シリアライザーはSimpleJWTで定義されるシリアライザーを使用します。その後同様にis_validでデータを検証します。validateが通ると、validate_dataにaccessトークンとrefreshトークンのそれぞれが保存されます。そして、次の❶でそれぞれ取り出したトークンをレスポンスにクッキーとして保存します。改ざんを防ぐためにhttponlyのオプションを付与します。またcookieに保存期間を設定し、セキュリティ性を高めています。

先ほどは対応していないと説明した、ブラウザで動作確認をしていきます。まずhttp://localhost:8000/api/inventory/loginで認証を行ってみましょう（**図6-8-4**）。

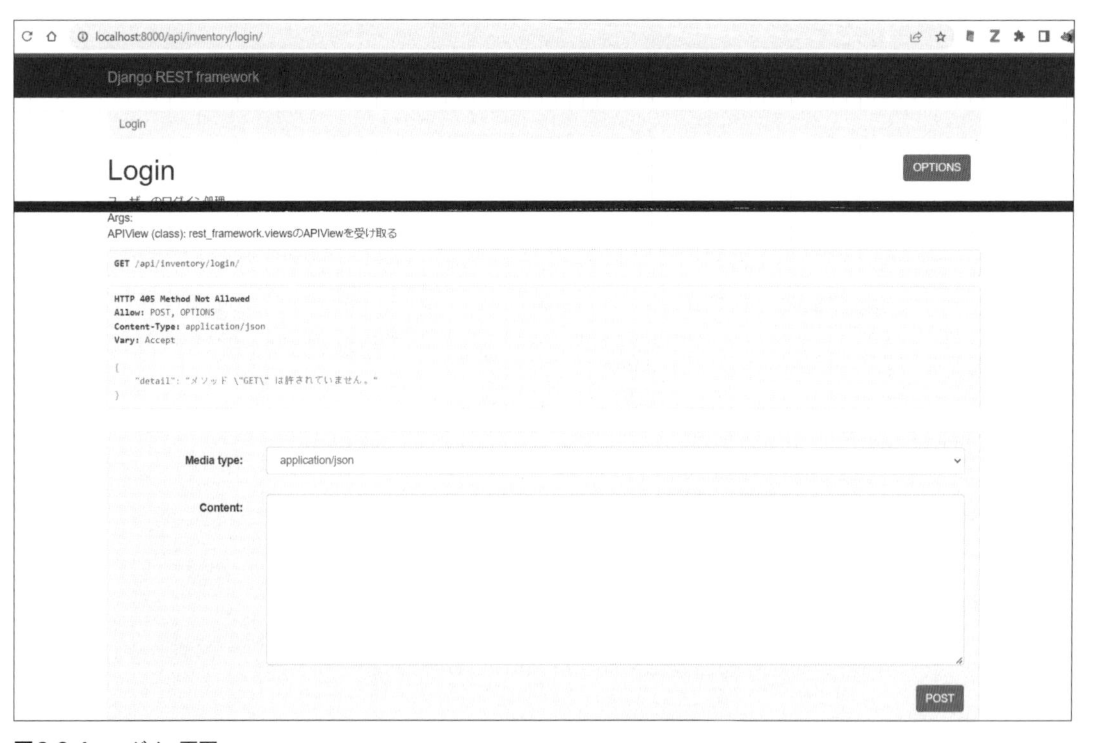

図6-8-4　ログイン画面

ログイン処理の入力値には、**図6-8-1**でも使用した、次のt-yamadaの情報を入力してPOSTボタンを押下してください。

```
{
    "username": "t-yamada",
    "password": "password"
}
```

次に、http://localhost:8000/api/inventory/products/で商品一覧を検索してみます（**図6-8-5**）。

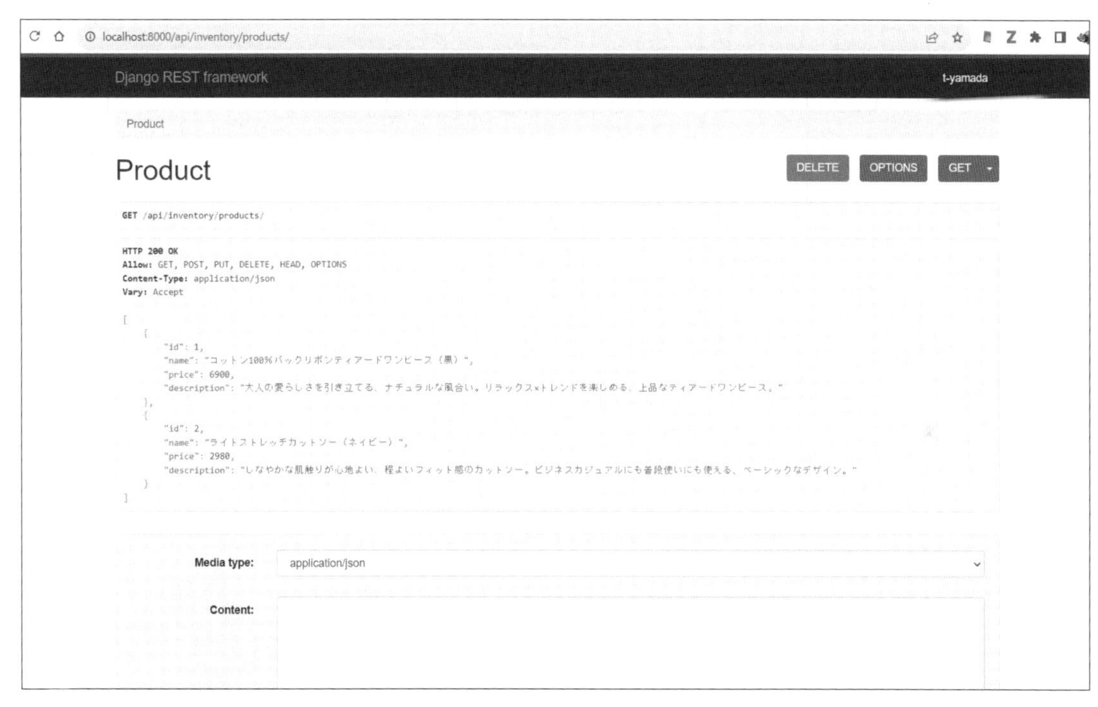

図6-8-5　商品一覧画面

先ほどは認証エラーになっていましたが、今度はcookieからトークンを渡し、認証処理の過程でリクエストヘッダーにトークンをセットしているので正常に認証が行われ、エラーになりません。

最後にトークンの再発行とログアウト処理も見てみましょう。RetryViewクラスを追加します。

コード6-8-11　ビュー（backend/api/inventory/views.py）

```
from rest_framework_simplejwt.serializers import TokenObtainPairSerializer, ↵
TokenRefreshSerializer
from api.inventory.authentication import RefreshJWTAuthentication
（中略）
class RetryView(APIView):
    authentication_classes = [RefreshJWTAuthentication]
    permission_classes = []
```

```
    def post(self, request):
        request.data['refresh'] = request.META.get('HTTP_REFRESH_TOKEN')  ─┐
        serializer = TokenRefreshSerializer(data=request.data)           ─┴─❶
        serializer.is_valid(raise_exception=True)
        access = serializer.validated_data.get("access", None)
        refresh = serializer.validated_data.get("refresh", None)
        if access:
            response = Response(status=status.HTTP_200_OK)
            max_age = settings.COOKIE_TIME
            response.set_cookie('access', access, httponly=True, max_age=max_age)
            response.set_cookie('refresh', refresh, httponly=True, max_age=max_age)
            return response
        return Response({'errMsg': 'ユーザーの認証に失敗しました'}, status=↵
status.HTTP_401_UNAUTHORIZED)
```

コード6-8-12 URLのマッピング（backend/api/inventory/urls.py）

```
    path('login/', views.LoginView.as_view()),
    path('retry/', views.RetryView.as_view()),
    path('products/', views.ProductView.as_view()),
```

ログインメソッドとは、❶の部分が異なります。cookieからrefreshトークンを取り出してリフレッシュ用のシリアライザーの引数に指定しています。後続処理はログインメソッドと同じになります。

```
        request.data['refresh'] = request.META.get('HTTP_REFRESH_TOKEN')
        serializer = TokenRefreshSerializer(data=request.data)
```

次はログアウト処理です（**コード6-8-13**、**コード6-8-14**）。

コード6-8-13 ビュー（backend/api/inventory/views.py）

```
class LogoutView(APIView):
    authentication_classes = []
    permission_classes = []
    def post(self, request, *args):
        response = Response(status=status.HTTP_200_OK)
        response.delete_cookie('access')
        response.delete_cookie('refresh')
        return response
```

コード6-8-14 URLのマッピング（backend/api/inventory/urls.py）

```
    path('retry/', views.RetryView.as_view()),
    path('products/', views.ProductView.as_view()),
    path('logout/', views.LogoutView.as_view()),
```

認証にはcookieに保存されたトークンを使用するため、そのトークンを削除しています。

ここまでの実装でバックエンドに必要な修正はほぼ全て行うことができました。次の節ではバックエンドの処理をフロントエンドから呼び出せるように、つなぎ込んでいきます。

Part II

6-9 フロントからのつなぎ込み

ここまででAPIを利用して基本的なデータの参照と登録をできるようになりました。次はフロントエンドとこれらの処理をつなぎ、画面からデータの参照と更新を行えるようにしましょう。

6-9-1 ログイン画面のつなぎ込み

認証処理を先に実装しないと商品一覧などの認証が必要なAPIを事項しにくいため、先にログイン処理からつなぎ込みを行います。第5章のフロントエンドの開発で使用したVSCodeで開発するので、環境を間違えないように注意してください。

コード6-9-1 ログイン画面（frontend/app/login/page.tsx）

```
import { useState } from "react";
import axios from "axios"; ──── ❶

type FormData = {
    username: string;
    password: string;
};

export default function Page() {
    const {
        register,
        handleSubmit,
        formState: { errors },
    } = useForm();
```

```
    const [authError, setAuthError] = useState("");
    const router = useRouter();
  const handleLogin = (data: FormData) => {
    axios
      .post("/api/inventory/login", data)
      .then((response) => {
        router.push("/inventory/products");
      })
      .catch(function (error) {
        setAuthError("ユーザー名またはパスワードに誤りがあります。");
      });
  };

return (
    <ThemeProvider theme={defaultTheme}>
    <Container component="main">
（中略）
        <Box component="form" onSubmit={handleSubmit(onSubmit)}>
            {authError && (
                <Typography variant="body2" color="error">
                    {authError}
                </Typography>
            )}{" "}
            <TextField
```

追加
❷
追加

❷の中のpost先のURLでトークンを生成するAPIを指定しています。ここで1つ疑問が湧きます。この画面からしていしているURLは/api/inventory/loginとなっており、実際にはhttp://localhost:3000/api/inventory/loginに対してリクエストが送られるようになっています。

そのため、ポート番号が異なっておりバックエンドでAPIを叩くためのURL（http://localhost:8000/api/inventory/login）と一致していません。

なぜこれでバックエンドと疎通可能なのでしょうか。実はフロントエンドのサーバーで任意のURLに変換されバックエンドにリダイレクトされています。

次のファイルで設定しています（**コード6-9-2**）。

コード6-9-2　設定ファイル（frontend/next.config.js）

```
/** @type {import('next').NextConfig} */
const nextConfig = {}

module.exports = {
    async rewrites() {
        return [
            {
```

```
                source: '/api/:path*',
                destination: 'http://host.docker.internal:8000/api/:path*/',
            },
        ]
    },
};
```

async rewrites()の関数がリダイレクトの設定になります。「/api/任意の文字列」で指定された一致するURLを「http://host.docker.internal:8000/api/任意の文字列/」に転送しています。反対に一致しないURLはリダイレクトされないため、Linkコンポーネントやpushで指定されているURLには影響がありません。

本当に転送されているかブラウザを見て確認してみましょう。デベロッパーツールの開発者モードを開き、ログインボタンを押したときのリクエストのURLを見てみてください。http://localhost:3000/api/inventory/login になっていることでしょう。一方、Djangoのログを見てみてください。ログインAPIが実行されていることが確認できます。

図6-9-1のようなイメージです。

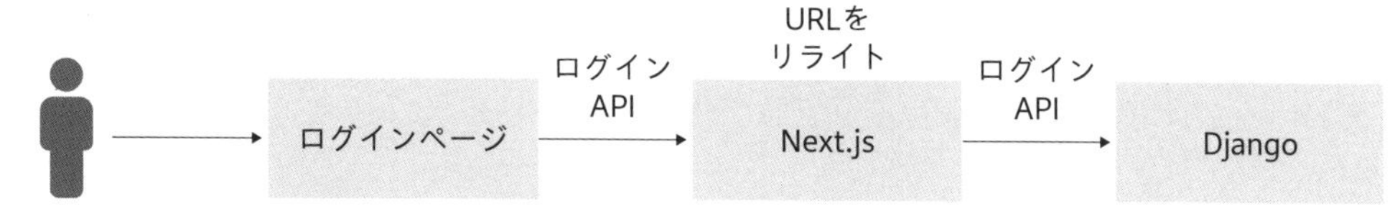

図6-9-1　画面とAPIの対応関係

6-9-2 参照系機能のつなぎ込み

参照系API

次は商品一覧と商品在庫画面、それぞれにDBから取得した値を表示させます。先ほどのコードにREST APIを実行するコードを追加します（**コード6-9-3**、**コード6-9-4**)。

コード6-9-3　商品一覧（/fronted/app/inventory/products/page.tsx）

```
'use client'

import axios from 'axios';  ← 追加
( 中略 )

  const handleClose = (event: any, reason: any) => {
      setOpen(false);
```

```
  useEffect(() => {
    axios.get('/api/product')
      .then((res) => res.data)
      .then((data) => {
        setData(data)
      })
  }, [open])
```

修正

コード6-9-4 商品在庫（fronted/app/inventory/products/[id]/page.tsx）

```
'use client'

import axios from 'axios';
（中略）
  const handleClose = (event: any, reason: any) => {
      setOpen(false);
  };
  useEffect(() => {
    axios.get(`/api/inventory/products/${params.id}`)
        .then((response) => {
            setProduct(response.data);
     });
    axios.get(`/api/inventory/inventories/${params.id}`)
        .then((response) => {
            const inventoryData: InventoryData[] = [];
            let key: number = 1;
            let inventory: number = 0;

            response.data.forEach((e: InventoryData) => {
                // 売るときは在庫数から引く
                inventory += e.type === 1 ? e.quantity : e.quantity * -1;
                const newElement = {
                    id: key++,
                    type: e.type,
                    date: e.date,
                    unit: e.unit,
                    quantity: e.quantity,
                    price: e.unit * e.quantity,
                    inventory: inventory,
                };
                inventoryData.unshift(newElement);
            });
            setData(inventoryData);
        });
  }, [open])
```

今度は第5章とは異なり、DBに登録したデータが表示されたでしょうか。こちらは先ほどのログイン画面と異なり、ボタンイベントに紐づいてAPIが実行されるのではなく、画面読み込み時に処理が実行されています。またaxiosの第二引数にopenという引数が指定されている点が大きく異なります。

```
const [open, setOpen] = useState(false);
```

ステートのopenが更新されると、useEffectで指定しているopenも更新されます。そして、再度useEffectの処理が実行され、結果的に更新されたデータが再描画されます。

6-9-3 更新系機能のつなぎ込み

参照系APIが完了したので、今度は更新系APIのつなぎ込みも行います。今回は、商品一覧には登録と更新、削除ボタン、商品在庫には仕入れと卸しボタンがあるため、それぞれの更新機能をつなぎ込みます。

まずは新規登録処理から実装しましょう。この処理は画面イメージの通り、一覧画面から行います。入力欄と登録ボタンを追加して、イベントに登録APIを紐づけてみます（**コード6-9-5**）。

コード6-9-5　商品一覧（/fronted/app/inventory/products/page.tsx）

```
import axios from 'axios';
（中略）
    const handleAddCancel = () => {
        setId(0);
    };
    const handleAdd = (data: ProductData) => {
        axios.post("/api/inventory/products", data).then((response) => {
            result('success', '商品が登録されました')
        });
        setId(0);
    };
```

修正

さっそく動作を確認してみましょう。新たに登録したデータが一覧に追加されたでしょうか。次はこちらのデータを更新してみましょう（**コード6-9-6**）。

コード6-9-6　商品一覧（/fronted/app/inventory/products/page.tsx）

```
    const handleEditCancel = () => {
        setId(0);
    };
    const handleEdit = (data: ProductData) => {
        axios.put(`/api/inventory/products/${data.id}`, data).⏎
then((response) => {
            result('success', '商品が更新されました')
        });
        setId(0);
    };
```

修正

一覧の表示も変わったでしょうか。では最後に削除処理です（**コード6-9-7**）。

コード6-9-7　商品一覧（/fronted/app/inventory/products/page.tsx）

```
  const handleDelete = (id: number) => {
    axios.delete(`/api/inventory/products/${id}`).then((response) => {
      result('success', '商品が削除されました')
    });
    setId(0);
  };
```

修正

ここでaxiosについてもう少し深掘します。このライブラリが何をやっているかわからないと他のライブラリに置き換えるときや、自前で同様の動作を実装しようとしたときに困ってしまうからです。まずaxiosは何をやってくれているのでしょうか。公式のドキュメントでは、次のような特徴が挙げられます※6-6。

- ブラウザからXMLHttpRequestを作成する
- Node.jsからhttpリクエストを行う
- Promise APIをサポート
- リクエストとレスポンスをインターセプトする
- リクエストとレスポンスのデータを変換する
- リクエストのキャンセル
- JSONデータの自動変換
- データオブジェクトの自動シリアル化multipart/form-dataとx-www-form-urlencoded本体エンコーディング
- XSRFから保護するためのクライアント側のサポート

※**6-6**　https://github.com/axios/axios#features

この中で、実装の際にポイントになるところは次のような点です。

- Promise APIをサポート
- リクエストとレスポンスをインターセプトする
- リクエストとレスポンスのデータを変換する
- JSONデータの自動変換

まずはXMLHttpRequestから見ていきましょう。これはJavaScript を使ってブラウザと WEBサーバー間でデータの送受信を行う際に利用できるオブジェクトです。この中にはHTTPRequestのパラメーターやResposeのデータが入っています。これにより、バックエンドとなるAPIサーバーとのやり取りが実現します。

次にPromiseです。これは非同期通信を処理するためのオブジェクトです。Promiseがベースとなっているので、async awaitを使用することができます。インターセプトはリクエストやレスポンスの前後に共通の処理を挟み込みたい場合に使用します。

次はデータの変換です。バックエンドではシリアライザーを利用してjson形式からオブジェクトへの変換を行っていました。フロントエンドではaxiosがこの変換を担います。

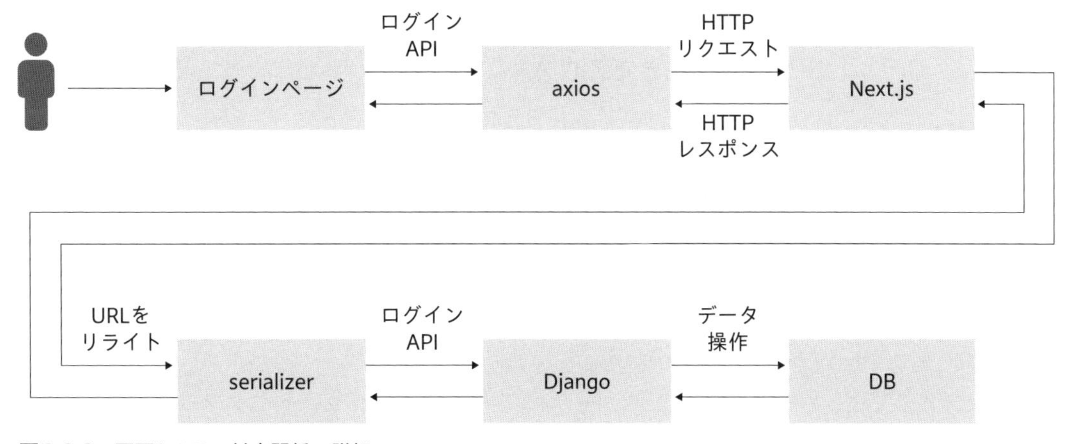

図6-9-2 画面とAPIの対応関係の詳細

このようにライブラリを導入することで、アプリケーションの様々な機能の実装を省略できます。導入するライブラリの選定の1つとして考えてみてください。

残りの商品在庫の更新処理も追加していきましょう（**コード6-9-8**）。

コード6-9-8 商品在庫（/fronted/app/inventory/products/[id]/page.tsx）

```
// 仕入れ・卸し処理
const handlePurchase = (data: FormData) => { ——— ❶
    const purchase = { ——— ❷
```

```
            quantity: data.quantity,
            purchase_date: new Date(),
            product: data.id,
        };
        axios.post("/api/inventory/purchases", purchase).then((response) => {
            result('success', '商品を仕入れました')
        });
    };

    const handleSell = (data: FormData) => {
        const sale = {
            quantity: data.quantity,
            sales_date: new Date(),
            product: data.id,
        };
        axios.post("/api/inventory/sales", sale).then((response) => {
            result('success', '商品を卸しました')
        });
    };

    return (
```

商品一覧と異なり、登録用のメソッドが受け取った引数❶をAPIにそのまま登録用のパラメーターとして渡していません。❷で現在の日時と商品IDを入れ直してから、渡しています。

6-9-4 再認証処理のつなぎ込み

それでは認証処理も連携させていきましょう。ログイン時のトークン周りの処理はバックエンド側に寄せてあるため、リトライの処理を実装します。次のような処理になります。

- リクエストに成功したら、何も行わない
- リクエストに失敗したら、リフレッシュトークンを取得し、アクセストークンの更新を行う
- アクセストークンの更新に成功したら、再度失敗したAPIリクエストを実行する
- アクセストークンの更新に失敗したら、APIリクエストは実行しない
- 再度APIリクエストの実行に失敗したら、処理を終了する
- その他処理に失敗したらログイン画面にリダイレクトさせる

ではさっそく実装してみましょう。frontendフォルダの直下にpluginsフォルダを作成し、その中にaxios.tsファイルを作成してください。そして**コード6-9-9**の内容を追加してください。

コード6-9-9 HTTP クライアント (frontend/plugins/axios.ts)

```
import axios from "axios";
const axios_instance = axios.create({ ──── ❶
  headers: {
    "Content-Type": "application/json",
  },
});

axios_instance.interceptors.request.use( ──── ❷
  function (config) {
    return config;
  },
  function (error) {
    return Promise.reject(error);
  }
);

axios_instance.interceptors.response.use( ──── ❸
  function (response) {
    return response;
  },
  function (error) { ──── ❹
    const originalConfig = error.config;
    if (
      error.response &&
      error.response.status === 401 &&
      !originalConfig.retry
    ) {
      // 認証エラーの場合は、リフレッシュトークンを使ってリトライ
      originalConfig.retry = true;
      // 以下の場合はリトライしない
      // ログイン処理の場合
      if (originalConfig.url === "/api/inventory/login") {
        return Promise.reject(error);
      }

      return axios_instance
        .post("/api/inventory/retry", { refresh: "" })
        .then((response) => {
          return axios_instance(originalConfig);
        })
        .catch(function (error) {
          return Promise.reject(error);
        });
    } else if (error.response && error.response.status !== 422) {
      // 認証エラーまたは業務エラー以外の場合は、適切な画面に遷移
      window.location.href = "/login";
    } else {
      return Promise.reject(error);
```

```
    }
  }
);

export default axios_instance;
```

また各画面でこの再認証できるようにカスタマイズしたaxiosを使用するように修正します。

コード6-9-10 ログイン画面（frontend/app/login/page.tsx）

```
import axios from "../../plugins/axios"; ―― 修正
```

コード6-9-11 商品一覧（/fronted/app/inventory/products/page.tsx）

```
import axios from "../../../plugins/axios"; ―― 修正
```

コード6-9-12 商品在庫（fronted/app/inventory/products/[id]/page.tsx）

```
import axios from "../../../../plugins/axios"; ―― 修正
```

バックエンドでの認証に成功した場合、accessトークンとrefreshトークンをcookieにセットしたレスポンスを取得できます。また、cookieへのセットや削除はバックエンドへの認証処理に任せているため、フロントエンドでは実装していません。これは、ReactやNext.jsではなく、あくまでaxiosの機能の説明になるので気をつけてください。ReactやNext.jsに限らず今回axiosで実装した内容は使用できます。

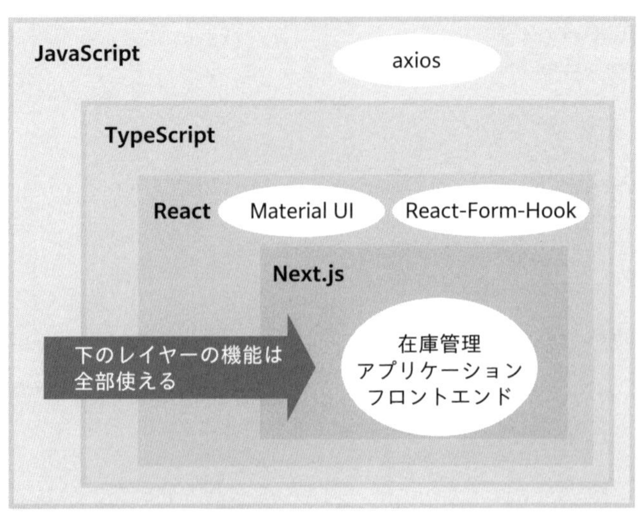

図6-9-3 フロントエンドで使用する技術要素の関係図

まず❶のaxios.createでリクエスト実行時に使用するaxiosオブジェクトを生成しています。オブジェクトの生成時にデフォルトの設定として、コンテンツタイプを指定しています。他にもベースURLなど様々なデフォルト値を設定することができます。今回URL関連の処理は、Next.jsのrewrite処理に任せているため、axiosでは指定していません。次に、❷のリクエスト送信前と❸のレスポンス取得後に対するインターセプトの設定をする場所があります。

```
axios_instance.interceptors.request.use(
```

リクエスト送信前はデフォルトの記述で、特に何もしていません。

```
axios_instance.interceptors.response.use(
```

レスポンス取得後は成功の場合はそのまま処理を継続し、失敗の場合はその状態に応じて❹以降のリトライ処理を実施します。

```
    if (
      error.response &&
      error.response.status === 401 &&
      !originalConfig.retry
    ) {
```

認証エラーの場合のみリトライしたいので、認証失敗時に返ってくるHTTPStatusコード：401かつ、初回の認証失敗時のみという条件にしています。また初回かどうかを判定するために、レスポンスのエラーに含まれていたconfigオブジェクトを取得し、retryプロパティを追加しています。

```
      if (originalConfig.url === "/api/inventory/login") {
        return Promise.reject(error);
      }
```

また、ログインをするAPIについてはリトライをしても同じなのでリトライ対象から除外しています。

```
      axios_instance
        .post("/api/inventory/retry", { refresh: "" })
        .then((response) => {
          return axios_instance(originalConfig);
        })
```

リトライ対象として問題がなければ、リトライAPIを実行します。パラメーターにはrefleshトークンを指定するようになっていますが、実際には空を渡しています。これは問題ないのでしょうか。

実は**コード6-8-11**で実装した通り、refleshトークンはリクエストが持っているcookieをバックエンドで取り出して使用するので、パラメーターとしては指定する必要のない作りにしています。そのため空で渡しています。リトライAPIの処理に成功すればthen側の処理に進み、axios_instance(originalConfig)で再度originalConfigの内容に基づいて、リクエストを送信します。本当にリトライされて、再度同じAPIが実行されるか試してみましょう。

ログイン後に一定時間が経過し、accessトークンの有効期限が失効した、という想定で動作確認してみます。まず、事前準備として早くaccessトークンが失効するように、次のコードを変更してみましょう（**コード6-9-13**）。

コード6-9-13　共通設定ファイル（backend/config/settings/base.py）

```
SIMPLE_JWT = {
    "AUTH_HEADER_TYPES": ("Bearer",),
    'ACCESS_TOKEN_LIFETIME': datetime.timedelta(minutes=1), # 15 → 1分に変更
    'REFRESH_TOKEN_LIFETIME': datetime.timedelta(days=30),
```

http://localhost:3000/loginからログインしてください。

ログイン後に商品一覧画面が表示されます。1分待ってから、画面をリロードしてみてください。リトライ処理を導入する前であれば、認証に失敗し再度ログイン画面に遷移しますが、今回は認証失敗してもrefreshトークンによりaccessトークンが再取得され、そのトークンにより認証を行うことができました。

フロントエンドとバックエンドで連携することはできたでしょうか。このつなぎ込みをしていく過程で、フロントエンドはあくまで処理を呼んで画面を描画する役割で、処理の中核になる部分はバックエンド側にまとまっていることが実感できたと思います。

第7章

非同期処理とバッチ処理の実装

第7章からは、これまでの応用・実践編として、実プロジェクトにおける要件や仕様を、実際にフルスタックの開発で実現する方法を解説していきます。まず第7章では、フルスタックの開発を選択する理由として、最も多く挙げられるであろう「非同期処理」がテーマです。同期処理・非同期処理とは何かといった基礎から始まり、実践的な実装方法を学習していきます。

Part II

7-1 同期処理・非同期処理

7-1-1 アーキテクチャを分ける理由

ここまで、フロントエンドとバックエンドを、1つのWebシステムとして実現することを目指してきました。しかし、なぜフロントエンドとバックエンドのアーキテクチャを分けて開発する必要があるのか考えてみましょう。

アーキテクチャを分ける理由の1つは、フロントエンドアーキテクチャとバックエンドアーキテクチャ、それぞれの強みを生かすことです。特にフロントエンドでは、ユーザーインターフェース（UI）とユーザーエクスペリエンス（UX）の向上が重要です。例えば、スマートフォン上でアプリケーションを使う場合、スワイプによってスムーズに画面を移動できるなど、使いやすさが求められます。ユーザーが次のページに移動する際に、逐一「次へ」ボタンを押して待たなければならないとしたら、ユーザーは不便を感じ、評価も低くなる可能性があります。

そこで、スムーズな画面移動を可能にする**非同期処理**を実現できることは、アーキテクチャを分ける大きなメリットの1つです。本章では、この非同期処理について解説します。非同期処理による「リアルタイム・ユーザーインターフェース」はフルスタック開発においても、最もユーザーニーズが高い機能です。非同期処理、同期処理について学びながら、開発を進めていきます。

同期処理・非同期処理とは

特にスマートフォンなどで、いちいち送信ボタンを押さなくても、スムーズに画面間を行き来できるサービスを見たことはないでしょうか。

これまでの「トランシーバー型」のWebシステムは**同期処理**といい、「商品を表示」ボタンを押したら商品情報を取りに行って、画面を作成し、取得した商品を一度に表示していました（**図7-1-1**左）。

これに対して、**非同期処理**では、画面の遷移と非同期でデータを取りに行きます。そのため、まず画面が遷移してから、データを取りに行き、データが届くごとに表示をしていきます（**図7-1-1**右）。

この方式であれば、利用者を待たせることなく画面はスムーズに動き、一件目の商品情報をユーザーが閲覧しているうちに、他の商品の情報を取得できるため、非常にスムーズな画面遷移になります。

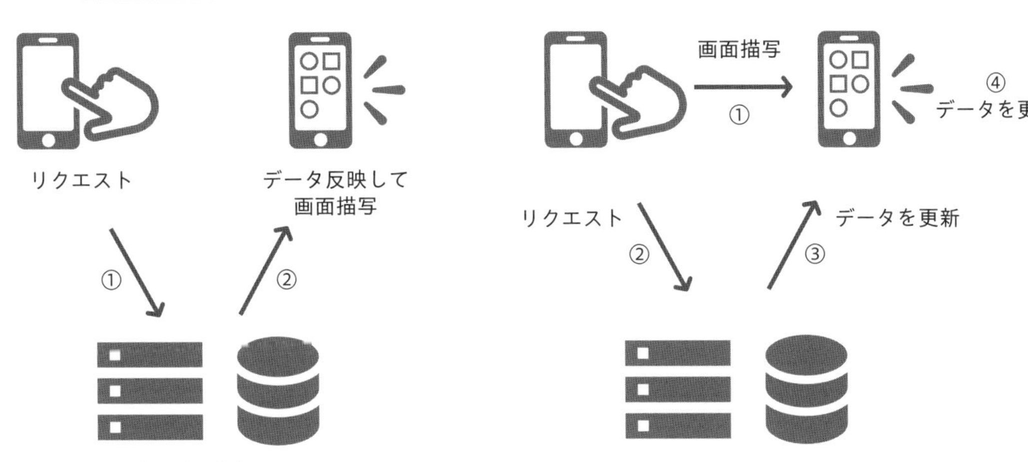

図7-1-1　同期・非同期処理

非同期処理の実現は、ReactのようなJavaScriptフレームワークとDjnagoでのAPIの組み合わせを採用する大きな動機になります。一般的なサーバーサイドフレームワークは同期処理を前提としており、非同期処理の実装には手間がかかることが多いのです。

本書ではフルスタック開発としてフロントエンドとバックエンドのアーキテクチャを分けていますが、その最大の理由は、こうしたアーキテクチャの「いいとこ取り」のためです。他にも、様々な「いいところ」がReactやDjangoにはありますが、本書では、非同期処理とバッチ処理に焦点を当てて解説していきます。

7-1-2 同期処理の処理概要

同期処理とは、**「送信」→「実行」→「結果」がシーケンシャル（順番）に処理される方式**です（**図7-1-2**）。図の例に当てはめると「①アップロード」→「②ファイルの取り込み処理」→「③結果」が表示される流れになります。この処理の特徴は「取り込み処理が終わるまで待ってから、結果を表示する」ことです。

同期処理は、例えばカード決済の機能などに用いられています。決済処理が終わっていないのに「ありがとうございました」といった画面を表示しては、利用者に混乱を招くことになります。それを防ぐために、同期処理を用いることで、決済処理が終わってから「ありがとうございました」の画面を表示するようにしています。こうした「トランザクション一貫性」を求められる要件には同期処理が向いています。

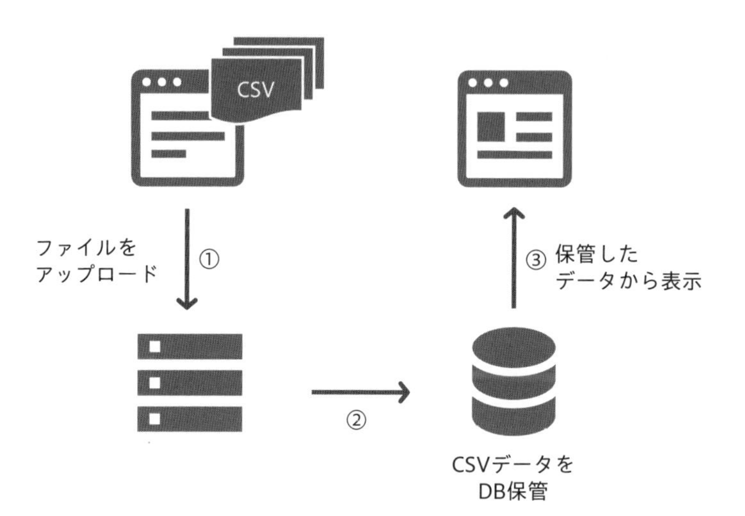

図7-1-2　csvアップロード同期処理

実際に同期処理を作ってみよう

まずは、同期処理のシステムを構築します。構築の手順は以下の通りです。

① アップロードするファイルの用意。
② アプリケーションのルーティングの用意
③ データを格納するモデルの準備
④ ファイル取り込み処理の開発

1. アップロードするファイルの用意

ファイルをアップロードする機能を作成します。まずは、アップロード元となるファイルを用意しましょう。次のCSVファイル（sales_data.csv）を作成してください（**コード7-1-1**）。

コード7-1-1　sales_data.csv

```
product,date,quantity
1,2023-03-01,300
1,2023-03-15,100
1,2023-04-03,200
```

これから作成するものは次の2つです。

① アップロードされた売上ファイルをデータベースに取り込むプログラム
② 取り込んだ売上データを月ごとに集計して画面に表示する機能

この2つを含んだクライアント→サーバー→DBのデータの流れを図にすると、次の通りになります（**図7-1-3**）。

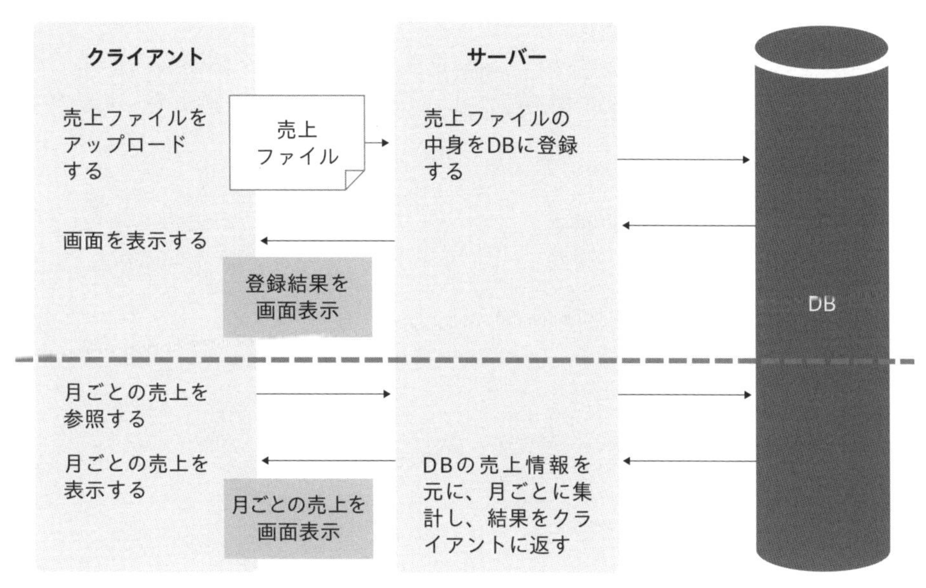

図7-1-3　クライアント→サーバー→DBのデータの流れ

2. アプリケーションのルーティングの用意

6-2節で、Djangoのdjango-adminコマンドを使って「inventory」というアプリケーションを作成しました。本章では、そのinventory（在庫管理）を使用します。それではinventoryのurlsファ

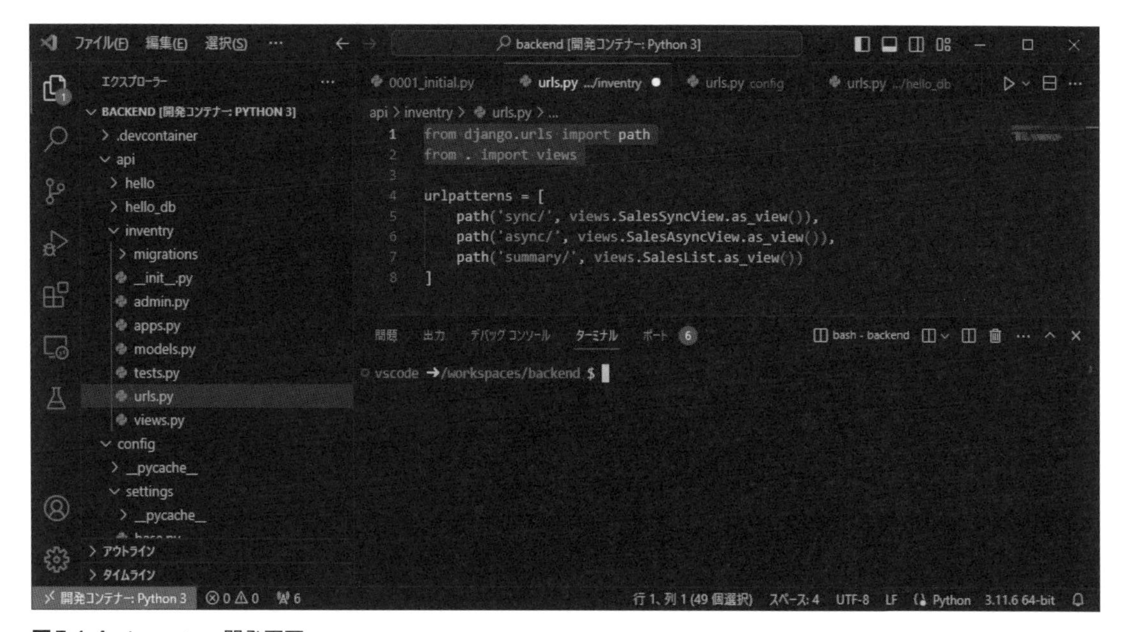

```
from django.urls import path
from . import views

urlpatterns = [
    path('sync/', views.SalesSyncView.as_view()),
    path('async/', views.SalesAsyncView.as_view()),
    path('summary/', views.SalesList.as_view())
]
```

図7-1-4　inventory開発画面

イルにルーティングを追記しましょう。バックエンドのVSCodeを立ち上げてエクスプローラーよりurlsファイル（api/inventory/urls.py）を開いてください。VSCodeで作業する際は、最初にコンテナに接続されているか、確認してください。

該当する下記のルーティングを開いたのち、urlsファイルに**コード7-1-2**のように追記してください。なお、ルーティングは今作業中の同期処理の他、以降で使用する非同期処理や集計データの表示部分も全て作っておきます。

コード7-1-2 ルーティング（api/inventory/urls.py）

```
from django.urls import path
from . import views

urlpatterns = [
    （中略）
    path('sync/', views.SalesSyncView.as_view()),
    path('async/', views.SalesAsyncView.as_view()),
    path('summary/', views.SalesList.as_view())
]
```

追加

それぞれ、次の意味のルーティングとしています。

- 'sync/' …… 同期処理用のルーティング
- 'async/' …… 非同期処理用のルーティング
- 'summary/' …… 売上画面表示用のルーティング

上記の記述は以前学習したルーティングの定義の通りです。例えば/api/inventory/syncにアクセスすることで同期処理が実行されます。

実行されるクラスはapi/inventory/views.pyの中のclass SalesSyncViewというクラスです。なお、最後のas_view()は関数をveiwとして実行しているクラスベースビューという書き方です。よって、以降はapi/inventory/views.pyの中に上記のクラスを作成していきます。

api/inventory/urls.pyだけに追加した状態だとマイグレーションや起動の際、次のようなエラーになります。

```
AttributeError: module 'api.inventory.views' has no attribute 'SalesSyncView'
```

これは、api/inventory/urls.pyに定義しているviews.SalesSyncViewが、views.pyに未定義であるためです。views.pyは後で本実装しますが、エラーとならないよう、次のコードを仮で実装しておきましょう（**コード7-1-3**）。

コード7-1-3 仮で追加（api/inventory/views.py）

```
class SalesAsyncView(APIView):
    pass

class SalesSyncView(APIView):
    pass

class SalesList(APIView):
    pass
```

7-1-3 バックエンドでモデルを定義する

ファイルの用意、ルーティングの準備に続き、ファイルを取り込むモデル部分を用意しましょう。本項で作成するアプリケーションの概念図は次の通りです（**図7-1-5**）。先ほどのファイルをモデルに保管し、表示するまでの一連の構造をフロントエンドとバックエンドに分け、フルスタックで作成します。

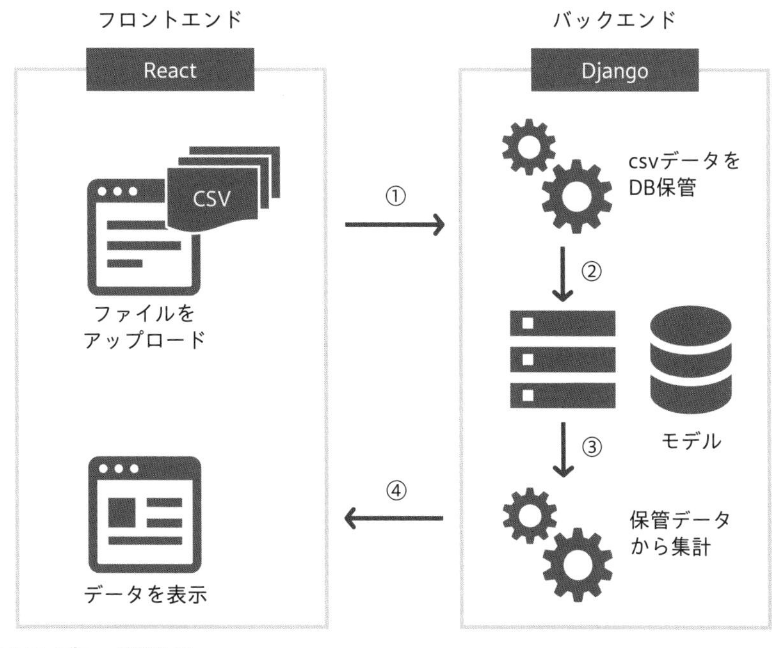

図7-1-5 ファイルアップロード概念図

モデルの作り方

この項では、モデルの作り方だけではなく「外部キーの管理の仕方」と「Djangoならではのモデル機能」についても学んでいきます。これから作成するものは、次の2つです。

① アップロードしたファイル（データ）を格納するデータベースのテーブル
② 上図の②で使用するデータの保管先

作成に入る前に、ER図でこれから作成するモデルの概要を確認していきましょう。
まず、論理ER図を見るとわかるように、売上と売上ファイルは「1対N」の関係です。売上（Sales）には複数件の売上データがアップロードされて、取り込んだファイルの名前がSalesFileに保管されます。
前の章では、売上データを保持するためのモデルとして売上（Sales）を定義していました。この節では、そのモデル（Sales）はそのまま使い、新たにSalesFileを作成します。「物理ER図」が実際のモデルのプロパティなどの名前を表しています。なお、ER図の詳しい説明は第10章の設計図をご覧ください。

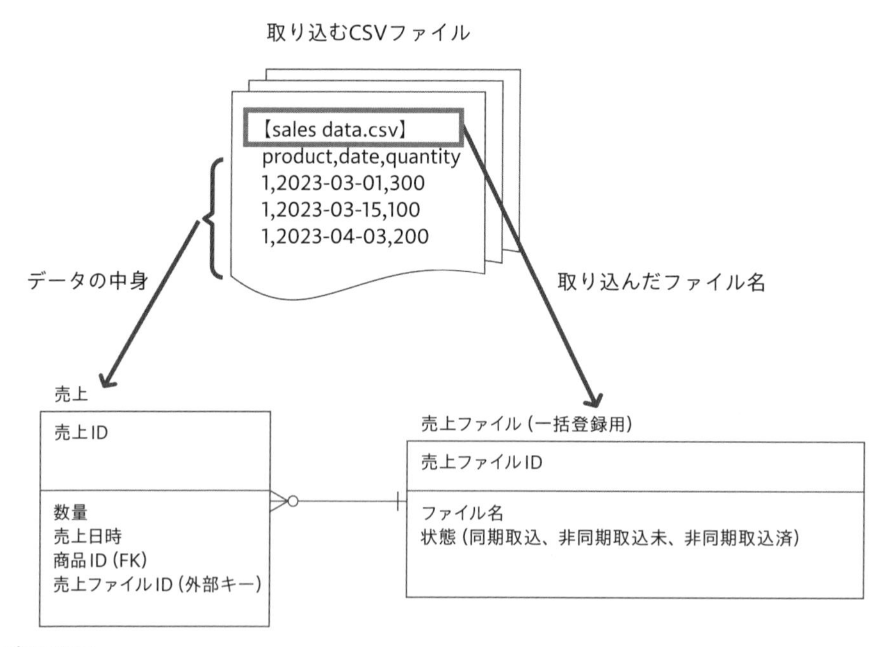

図7-1-6 論理ER図

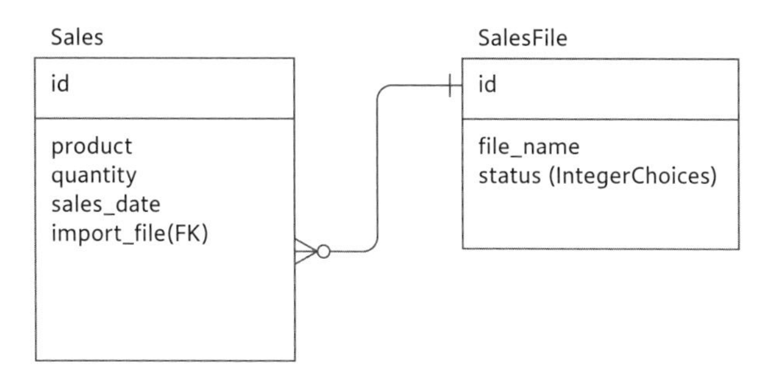

図7-1-7 物理ERモデル

外部キー

モデルの親子関係を示すのに、外部キーというものを使用します。今回の例だと、SalesFileを親、Salesを子という関係で定義しています（**コード7-1-4**）。Sales（子）側に、SalesFile（親）への外部キー（models.ForeignKey）を❶のように定義します。外部キーを使用することで、複数のテーブル間で関連性を確立し、データの整合性を維持することができます。外部キー制約では、「親のモデルがいない子のモデル」は存在できません。SalesFileがない状態で、Salesが存在することはできないのです。制約を設けることで、データの整合性を維持することができます。

コード7-1-4 モデル定義の抜粋（api/inventory/models.py）

```
from django.db import models

class Sales(models.Model):
    """
    売上
    """
    product = models.ForeignKey(Product, on_delete=models.CASCADE)
    quantity = models.IntegerField(verbose_name='数量')
    sales_date = models.DateTimeField(verbose_name='売上日時')
    import_file = models.ForeignKey(
        SalesFile, on_delete=models.CASCADE, verbose_name='売上ファイルID') ──── ❶

    class Meta:
        db_table = 'sales'
        verbose_name = '売上'
```

Djangoならではの機能（choices）

SalesFileモデルには、取り込みの状態を管理するステータス（status）の項目を保持します。ステータスなど選択肢を定義する際に便利なのが、choicesというDjangoの機能です。Statusクラスには、次の値が設定されています（**表7-1-1**）。

表7-1-1　Statusクラスの値

実際の値	意味	定数名
0	同期	SYNC
1	非同期_未処理	ASYNC_UNPROCESSED
2	非同期_処理済	ASYNC_PROCESSED

下記のモデル定義ではStatusクラスに数値（IntegerChoices）の形で選択肢を定義しています（**図7-1-5**）。実際のモデルのレコードには0,1,2という数値が入ります。

なお、プログラム上では、同期はSYNC、非同期未処理はASYNC_UNPROCESSEDのように定数で扱うことができます。わざわざ定数にするには意味があります。実際のプログラム上で0,1,2といった値を判定していると、プログラムを読んだだけでは「何を判定しているかわからない」状態になってしまい、プログラムの保守性が下がり、メンテナンスがしづらくなってしまいます。メンテナンスを他の人に引き継ぐ際はもちろん、何年かして見返したときに自分でも意味がわからなくなる、といったことになってしまいます。

こうした「作成者にしか意味がわからない」数値で処理を行うことを「マジックナンバー」といい、一般的なプログラミングでは非推奨とされています。

コード7-1-5　モデル定義の抜粋（Status）（api/inventory/models.py）

```
from django.db import models

class Status(models.IntegerChoices):
    """
    状態
    """
    SYNC = 0, '同期'
    ASYNC_UNPROCESSED = 1, '非同期_未処理'
    ASYNC_PROCESSED = 2, '非同期_処理済'
```

SalesFileモデルを作る

すでにSalesモデルは前章で作成していますので、次にSalesFileモデルを作成しましょう（**コード7-1-6**）。SalesFileモデルは図の通り、file_name項目とstatus項目を保持します。status項目には先ほど説明したchoicesを指定しています。choicesを設定することで、status項目には0,1,2のいずれかが設定されることが明確になります。

コード7-1-6 モデル定義の抜粋（SalesFile）（api/inventory/models.py）

```
from django.db import models

class SalesFile(models.Model):
    """
    売上ファイル
    """
    file_name = models.CharField(max_length=100, verbose_name='ファイル名')
    status = models.IntegerField(choices=Status.choices, verbose_name='状態')

    class Meta:
        verbose_name = '売上ファイル'
        db_table = 'sales_file'
```

choicesを指定

今回はsales_fileテーブルを追加するので、前の章までのテーブル構成から変わります。そのため、モデルも再作成する必要があります。

途中でテーブル構成が変わった場合の対応については、第8章で説明します。今回は、一度、データベースを削除して再作成した後に、最初からマイグレーションしていきます。

それではMySQL Workbenchを起動してください。メニューで「Create new SQL」（一番左のアイコン）を選択し、次のSQLを入力してください。入力後はエディターの稲妻形の実行アイコンで実行してください。

```
DROP DATABASE app;
```

同じ手順で以下のSQLを入力し、実行してください。

```
CREATE DATABASE app;
```

マイグレーションの実行

マイグレーションの実行の仕方については、4-3-1項の「モデルの作成」で学びました。その際に説明したように、まずmodeles.pyファイルを作成し、makemigrationコマンドでマイグレーションファイルを作ってから、migrateコマンドを実行します。

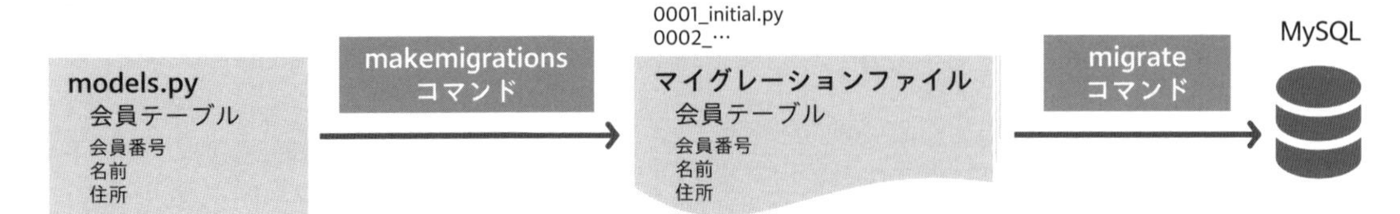

図7-1-8 マイグレーションの構造図（再掲）

それでは今回作成するmodeles.pyを確認しましょう（**コード7-1-7**）。

コード7-1-7 モデル定義の全体（api/inventory/models.py）

```
from django.db import models
class Status(models.IntegerChoices):
    """
    状態
    """
    SYNC = 0, '同期'
    ASYNC_UNPROCESSED = 1, '非同期_未処理'
    ASYNC_PROCESSED = 2, '非同期_処理済'


class Product(models.Model):
    """
    商品
    """
    name = models.CharField(max_length=100, verbose_name='商品名')
    price = models.IntegerField(verbose_name='価格')

    class Meta:
        db_table = 'product'
        verbose_name = '商品'


class Purchase(models.Model):
    """
    仕入
    """
    product = models.ForeignKey(Product, on_delete=models.CASCADE)
    quantity = models.IntegerField(verbose_name='数量')
    purchase_date = models.DateTimeField(verbose_name='仕入日時')

    class Meta:
        db_table = 'purchase'
        verbose_name = '仕入'


class SalesFile(models.Model):
    """
```

```
    売上ファイル
    """
    file_name = models.CharField(max_length=100, verbose_name='ファイル名')
    status = models.IntegerField(choices=Status.choices, verbose_name='状態')

    class Meta:
        verbose_name = '売上ファイル'
        db_table = 'sales_file'


class Sales(models.Model):
    """
    売上
    """
    product = models.ForeignKey(Product, on_delete=models.CASCADE)
    quantity = models.IntegerField(verbose_name='数量')
    sales_date = models.DateTimeField(verbose_name='売上日時')
    import_file = models.ForeignKey(
        SalesFile, on_delete=models.CASCADE, verbose_name='売上ファイルID')

    class Meta:
        db_table = 'sales'
        verbose_name = '売上'
```

次にVSCodeのターミナルを使用し、マイグレーションファイルを作成します。

```
python manage.py makemigrations --settings config.settings.development
```

inventory/migrations/0001_initial.pyというマイグレーションファイルが作成されたでしょうか。それでは、ターミナルを使用し、マイグレーション処理を実施します。

```
python manage.py migrate --settings config.settings.development
```

MySQL Workbenchを起動して確認しましょう。sales_fileテーブルとsalesテーブルが、**図7-1-9**のように作成されていれば成功です。

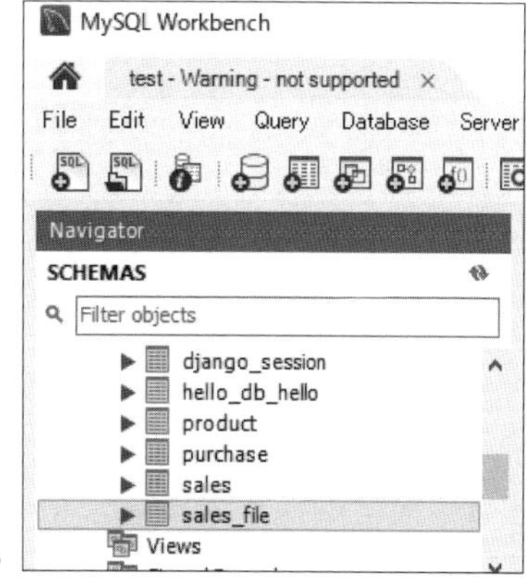

図7-1-9　テーブルが追加されている

7-1-4 ファイルをバックエンドで登録する

ここまでで、インポートするファイルの作成、ルーティングの設定、バックエンドにモデルの定義が完了し、プログラムを作成、実行するための準備が終わりました。次は、バックエンドのファイルを取り込む部分（**図7-1-5**中の②）を実装します。

本項での作業はバックエンド側で行うため、VSCodeはバックエンド側で利用してください。まずは、ファイルを取り扱うためのシリアライザーというものを定義します。シリアライザーとは、入力データをバリデーション（入力チェック）したり、Djangoで扱いやすいよう変換したりするクラスのことです。今回はシリアライザーにfileというフィールドを追加し、ファイルを取り扱えるようにします（**コード7-1-8**）。

コード7-1-8 シリアライザー（/api/inventory/serializers.py）

```
class FileSerializer(serializers.Serializer):
    file = serializers.FileField()
```

それでは、SalesFilesテーブルにデータを入れていきましょう。

ファイルの登録処理

ファイルの登録処理を実装します。先ほど仮実装したSalesSyncViewクラスに、次のように実装します（**コード7-1-9**）。

コード7-1-9 ファイル登録処理（api/inventory/views.py）

```
from api.inventory.models import Sales, SalesFile, Status
from api.inventory.serializers import FileSerializer
from rest_framework.views import APIView
from rest_framework.response import Response
import pandas

class SalesAsyncView(APIView):
    pass

class SalesSyncView(APIView):

    def post(self, request, format=None): ──── ❶
        serializer = FileSerializer(data=request.data)
        serializer.is_valid(raise_exception=True)
        filename = serializer.validated_data['file'].name

        with open(filename, 'wb') as f: ──── ❷
```

```
            f.write(serializer.validated_data['file'].read())

        sales_file = SalesFile(file_name=filename, status=Status.SYNC) ──── ❸
        sales_file.save()

        df = pandas.read_csv(filename) ──── ❹
        for _, row in df.iterrows():
            sales = Sales(
                product_id=row['product'], sales_date=row['date'], ↵
quantity=row['quantity'], import_file=sales_file)
            sales.save()

        return Response(status=201)

class SalesList(APIView):
    pass
```

コードの中身を具体的に見ていきましょう。

リクエストされたデータは、引数のrequest（❶）に設定されており、その中のrequest.dataにファイル内容が設定されています。request.dataをFileSerializerでシリアライズします。serializer.is_validでバリデーションを行います。serializer.validated_data['file']にファイルの中身が設定されるので、open→f.write（❷）でファイルを開き、次の行で実行環境に保存（write）します。

コードの③の部分を確認してください。SalesFileモデルには「file_name」と「status」の項目があります。まずfile_nameには、先ほど取得したファイル名を設定します。statusは同期処理を実装するので、前項で作成した定数を用いてStatus.SYNC（0:同期処理）とします。

次に、最初に作成したCSVファイルのデータ（3行）をpandasというライブラリで読み取り、1行ずつSalesモデルに設定していきます（❹)。

最後に、処理が終了したことを返すためにHTTPステータス＝201でレスポンスを返却します。

pandasライブラリ

Pythonの**pandas**ライブラリは、データを取り扱うためのライブラリです。CSVデータを「データフレーム（dataframe)」として扱うことができます。

コード7-1-10　変換対象のsales_data.csv

```
product,date,quantity
1,2023-03-01,300
1,2023-03-15,100
1,2023-04-03,200
```

表7-1-2　変換後のデータフレーム

product	date	quantity
1	2023-03-01	300
1	2023-03-15	100
1	2023-04-03	200

pandasという新しいライブラリを追加します。まずrequirements.txtにpandasを追加します。

コード7-1-11　ライブラリ（requirements.txt）

```
（中略）
pandas
```

次に、pip installでpandasをインストールします。

```
pip install -r requirements.txt
```

そして、pip freezeで依存関係を固定化します。

```
pip freeze > requirements.lock
```

7-1-5 フロントエンドからAPIを呼び出してファイルを登録する

ここまででバックエンドの部分を実装しました。次に、フロントエンドからファイルをアップロードする部分を作成します（**図7-1-5**中の①）。

ここからはフロントエンドのVSCodeに切り替えてください。画面左下のアイコンで「開発コンテナー」が起動しているかを確認しましょう。「><」と表示されている場合は、コマンドパレットから「コンテナーで再度開く」を選択してください。まず、ファイルをアップロードするために、mui-file-inputというパッケージをインストールします。3-2-4項で実施したように、下記のコマンドをフロントエンドのVSCodeのターミナルで実行してください。

```
yarn add mui-file-input
```

正常にインストールされ、次の設定が追加されていることを確認してください（バージョン内容は、執筆時のものです）。package.jsonには、今回追加したmui-file-inputのパッケージが追加されています。yarn.lockには、パッケージのバージョンが固定化されています。

コード7-1-12　パッケージ追加（frontend/package.json）

```
"mui-file-input": "^3.0.2",
```

コード7-1-13　パッケージバージョン固定化（frontend/yarn.lock）

```
mui-file-input@^3.0.2:
  version "3.0.2"
  resolved "https://registry.yarnpkg.com/mui-file-input/-/
mui-file-input-3.0.2.tgz#e3c13d0e7688d7e8b7caa240438d942cf2b53629"
  integrity sha512-58Jp3+f5MUXjhZjlLfYFOEOBICnLoFC4x0G1+y411JsGBjZQ1lgICv7KQVgP5aF+↵
IRvhJ1vfI6KpbnmqwRKXoA==
  dependencies:
    pretty-bytes "^6.1.1"

pretty-bytes@^6.1.1:
  version "6.1.1"
  resolved "https://registry.yarnpkg.com/pretty-bytes/-/
pretty-bytes-6.1.1.tgz#38cd6bb46f47afbf667c202cfc754bffd2016a3b"
  integrity sha512-mQUvGU6aUFQ+rNvTIAcZuWGRT9a6f6Yrg9bHs4ImKF+HZCEK+plBvnAZYSIQztkn↵
ZF2qnzNtr6F8s0+IuptdlQ==
```

パッケージが追加されているのを確認したら、フロントエンド側のVSCodeを使用して、app/inventory/に「import_sales」フォルダを作成してください（**図7-1-10**）。そこに新規ファイルで「page.tsx」を作成し、次のコードを書いてください（**コード7-1-14**）。

①作成

②コードを記載

図7-1-10　フロントエンドのファイル登録

コード7-1-14　フロントエンドからファイル登録（app/inventory/import_sales/page.tsx）

```
'use client';

import { useState } from 'react';
import axios from '../../../plugins/axios';
import {
    Alert,
    AlertColor,
    Box,
    Button,
    Snackbar,
    Typography,
} from '@mui/material';
import { MuiFileInput } from 'mui-file-input'

export default function Page() {
    const [open, setOpen] = useState(false);
    const [severity, setSeverity] = useState<AlertColor>('success');
    const [message, setMessage] = useState('');
    const result = (severity: AlertColor, message: string) => { ――― ❷
        setOpen(true);
        setSeverity(severity);
        setMessage(message);
    };

    const [fileSync, setFileSync] = useState()
    const onChangeFileSync = (newFile: any) => { ――― ❸
        setFileSync(newFile)
    }

    const doAddSync = ((e: any) => { ――― ❹
        if (!fileSync) {
            result('error', 'ファイルを選択してください')
            return
        }
        const params = {
            file: fileSync
        }
        axios.post(`/api/inventory/sync`, params, {
            headers: {
                'Content-Type': 'multipart/form-data'
            }
        })
            .then(function (response) {
                console.log(response)
                result('success', '同期ファイルが登録されました')
            })
            .catch(function (error) {
                console.log(error)
```

```
                result('error', '同期ファイルの登録に失敗しました')
            })
    })
    const handleClose = (event: any, reason: any) => {
        setOpen(false);
    };

    return (
        <Box>
            <Snackbar open={open} autoHideDuration={3000} onClose={handleClose}> ― ❶
                <Alert severity={severity}>{message}</Alert>
            </Snackbar>
            <Typography variant="h5">売上一括登録</Typography>
            <Box m={2}>
                <Typography variant="subtitle1">同期でファイル取込</Typography>
                <MuiFileInput value={fileSync} onChange={onChangeFileSync} />
                <Button variant="contained" onClick={doAddSync}>登録</Button>
            </Box>
        </Box>
    )
}
```

コードの中身を見ていきましょう。実行結果を表示する際に、❶の箇所にてMUIのSnackbar※7-1、Alert※7-2という機能を使用しています。Snackbarsは、画面の特定の位置に表示される小さなエリアで、通知をユーザーに伝えるために使われます。

通知するメッセージや重要度（Severity）をAlertで指定しています。SnackberやAlertの設定値については、❷のresult関数で設定できるようにしています。実行結果表示のような、機能にまたがって使用される機能については、共通化を検討するとよいでしょう。

MuiFileInputでアップロードするファイルを設定します。ファイルが設定されるとonChangeイベントにより❸のonChangeFileSyncイベントが呼び出されます。setFileSyncにより、fileSyncにファイルが設定されます。

登録（Add）ボタンが押されると、❹のdoAddSyncが呼び出されます。fileSyncステートをリクエストパラメーターに設定して、前項で作成した"/api/inventory/sync"をaxiosの機能を使って呼び出します。結果、前項で実装したバックエンド側の処理が呼び出されます。ファイルを送信してテーブルにデータが入ったことを確認できれば成功です。

それでは、画面からファイルを登録してみましょう。frontendとbackendを起動してhttp://localhost:3000/inventory/import_salesをブラウザで開きます。画面が開いたら、「同期でファイル取込」を選択する箇所で、先ほど作成したsales_data.csvを選択して「登録」ボタンを押下します。「同期ファイルが登録されました」と表示されたら登録成功です（**図7-1-11**）。

※**7-1**　「Snackbar」https://mui.com/material-ui/react-snackbar/

※**7-2**　「Alert」https://mui.com/material-ui/react-alert/

在庫管理システム

売上一括登録

同期でファイル取込

sales.csv 77 B × 登録

非同期でファイル取込

登録

年月ごとの売上数集計

売上月	合計数量
2023-03	38800
2023-04	19400

同期ファイルが登録されました

図7-1-11　結果メッセージ

MySQL Workbenchを開いて、Schemasタブを開き、tablesを表示します。その中からsalesテーブルもしくはsales_fileテーブルを選択し、右クリックで「Select Rows」を選択してください(**図7-1-12**)。データの中身が表示されます。2つのテーブルにデータが入っているか確認しましょう。

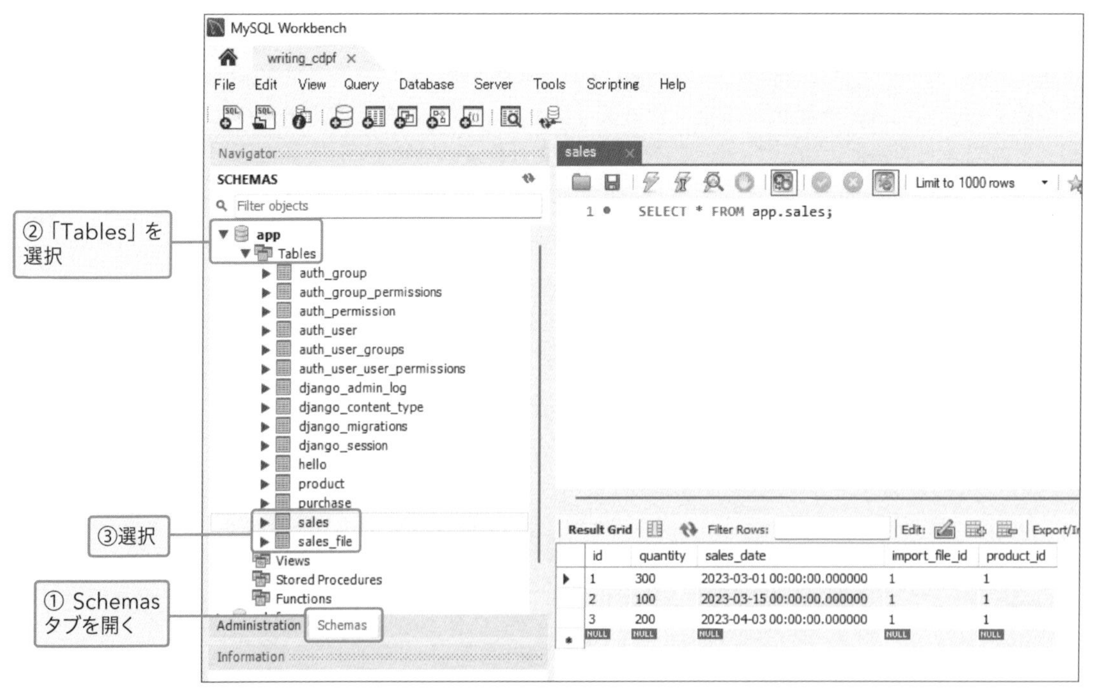

図7-1-12　MySQL Workbenchによるデータ登録確認方法

7-1-6 データベースの売上数を年月ごとに返却する

それでは次に、データベースの売上データを年月ごとにバックエンドで集計してAPIレスポンスでフロントに返却する処理を作成しましょう（**図7-1-5**中の③）。再び、バックエンド側のVSCodeに戻って作業を続けてください。先ほど仮実装したSalesListクラスについて、**コード7-1-15**のように実装します。importも追加しています。

コード7-1-15　売上数を年月ごとに返却（api/inventory/views.py）

```
from .serializers import SalesSerializer
from api.inventory.models import Sales, SalesFile, Status
from api.inventory.serializers import FileSerializer
from django.db.models import Sum
from django.db.models.functions import TruncMonth
from rest_framework.generics import ListAPIView
from rest_framework.views import APIView
from rest_framework.response import Response
import pandas

（中略）

class SalesList(ListAPIView):
    queryset = Sales.objects.annotate(monthly_date=TruncMonth('sales_date')).
values('monthly_date').annotate(monthly_price=Sum('quantity')).order_by↵
('monthly_date')
    serializer_class = SalesSerializer
```

TruncMonth('sales_date')で年月ごとにデータを集計します。annotate(monthly_price=Sum('quantity'))で年月ごとの売上数を合計します。最後にorder_byで年月の昇順に並び替えてレスポンスに返却します。

SQLに直すと**コード7-1-16**のようになります。

コード7-1-16　売上を年月で集計するSQL

```
SELECT
    CAST(DATE_FORMAT(`sales`.`sales_date`,
            '%Y-%m-01 00:00:00')
        AS DATETIME) AS `monthly_date`,
    SUM(`sales`.`quantity`) AS `monthly_price`
FROM
    `sales`
GROUP BY CAST(DATE_FORMAT(`sales`.`sales_date`,
        '%Y-%m-01 00:00:00')
    AS DATETIME)
ORDER BY `monthly_date` ASC;
```

年月ごとの売上数を'%Y-%m'のフォーマットに直してAPI返却できるよう、シリアライザーに追加しておきます（**コード7-1-17**）。

コード7-1-17 シリアライザー（backend/api/inventory/serializers.py）

```
class SalesSerializer(serializers.Serializer):
    monthly_date = serializers.DateTimeField(format='%Y-%m')
    monthly_price = serializers.IntegerField()
```

7-1-7 売上データを表示する

ここまでで、**図7-1-5**の概念図における①から③までの処理を作成しました。続いて、④の処理を実装します。ここまでできれば、同期処理でファイルをアップロードしてモデルに取り込み、集計結果を表示する一連の機能が完成します。

前の項で作成したバックエンドAPIを通じて、売上数を取得して表示します（**コード7-1-18**）。フロントエンド側のVSCodeに戻って作業を続けてください。

コード7-1-18 売上数を表示（app/inventory/page.tsx）

```
import { useState, useEffect } from 'react';
import axios from '../../../plugins/axios';
import {
    Alert,
    AlertColor,
    Box,
    Button,
    Paper,
    Snackbar,
    Table,
    TableBody,
    TableCell,
    TableContainer,
    TableHead,
    TableRow,
    Typography,
} from '@mui/material';
import { MuiFileInput } from 'mui-file-input'

:

const [data, setData] = useState([])

useEffect(() => {
    axios.get('/api/inventory/summary')
```

```
        .then((res) => res.data)
        .then((data) => {
            setData(data)
        })
}, [open])

 :

<Box>
    <Snackbar open={open} autoHideDuration={3000} onClose={handleClose}>
        <Alert severity={severity}>{message}</Alert>
    </Snackbar>
    <Typography variant="h5">売上一括登録</Typography>
    <Box m={2}>
        <Typography variant="subtitle1">同期でファイル取込</Typography>
        <MuiFileInput value={fileSync} onChange={onChangeFileSync} />
        <Button variant="contained" onClick={doAddSync}>登録</Button>
    </Box>
    <Box m={2}>
        <Typography variant="subtitle1">年月ごとの売上数集計</Typography>
        <TableContainer component={Paper}>
            <Table>
                <TableHead>
                    <TableRow>
                        <TableCell>処理月</TableCell>
                        <TableCell>合計数量</TableCell>
                    </TableRow>
                </TableHead>
                <TableBody>
                    {data.map((data: any) => (
                        <TableRow key={data.monthly_date}>
                            <TableCell>{data.monthly_date}</TableCell>
                            <TableCell>{data.monthly_price}</TableCell>
                        </TableRow>
                    ))}
                </TableBody>
            </Table>
        </TableContainer>
    </Box>
</Box>
```

/api/inventory/summaryをaxiosの機能を使って、GETによりリクエストし、先ほどのバックエンド処理を呼び出します（**コード7-1-19**）。@mui/materialのimport（Tableなど）を増やし、/api/inventory/summaryの呼び出し結果をdata変数に設定して表示しています。summary自体は、7-1節でルーティングを作成しています。その結果、前の項で作成したSalesListを参照しています。

コード7-1-19　ルーティング（api/inventory/urls.py）

```
urlpatterns = [

    path('sync/', views.SalesSyncView.as_view()),
    path('async/', views.SalesAsyncView.as_view()),
    path('summary/', views.SalesList.as_view()) ———— SalesListを参照
]
```

レスポンス内容をsetDataでdataステートに設定します。data.mapにより、dataステートの内容をループしてHTMLのテーブルに出力します。データベースから月ごとの売上数が表示されたら成功です（**図7-1-13**）。http://localhost:3000/inventory/import_salesをブラウザで表示してみましょう。

年月ごとの在庫数集計

処理月	合計数量
2023-03	38400
2023-04	19200

図7-1-13　月ごとの売上数表示

売上ファイルをアップロードして、売上データを表示することができました。

Part II

7-2 非同期処理を取り入れる

第７章、冒頭の**図7-1-1**を思い出してみましょう。処理を一本の流れのように順番に行うことを同期処理、同時並行的に他の処理の完了を待たずに進めることを非同期処理と呼ぶのでした。

例えば、今回例に挙げたようなファイルアップロードの機能の場合、少量のデータ量であれば、リアルタイムで行う処理で問題ありません。では、中身が10万行、100万行にも及ぶファイルだったらどうでしょうか。バックエンドの処理が終わるまで、フロントエンドは待つことになり、画面上はずっと処理待ちの状態となってしまいます。

こういった場合には、非同期処理が有効な方法となります。ここからは非同期処理の具体的な実装方法を学んでいきましょう。

7-2-1 同期処理と非同期処理に分ける（バックエンド）

まず、今回のファイルアップロード処理で非同期にする機能を検討しましょう。先ほどの説明の通り、ファイルが巨大になった場合を考慮してみます。実際にデータが大きくなった場合に時間がかかると考えられるのは、ファイルを1行ずつ処理してモデルに登録する部分です。

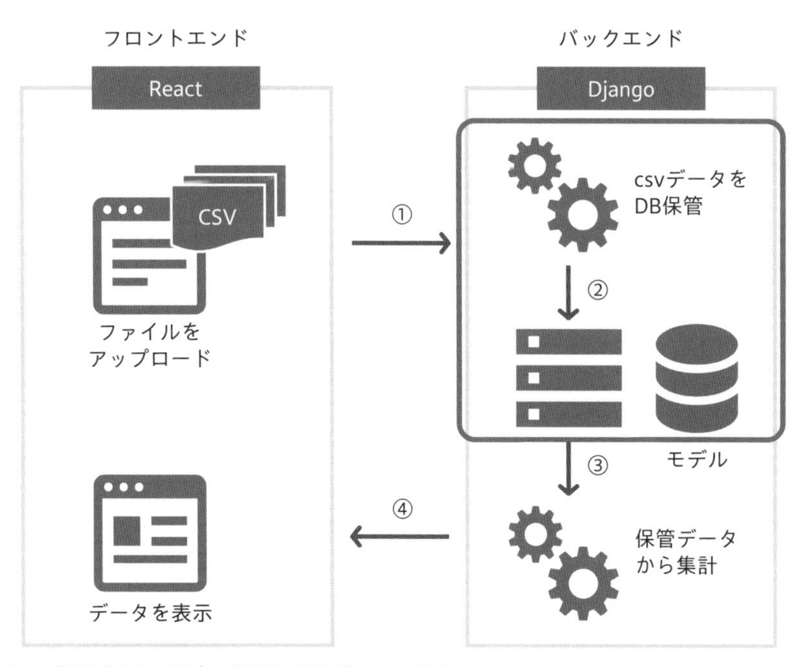

図7-2-1 ファイルの容量が大きい場合、処理に時間がかかる部分

api/inventory/views.pyのファイル登録同期処理API（class SalesSyncView）を参考にして、ファイル登録非同期処理（APIclass SalesAsyncView）を作成しましょう。バックグラウンドのVSCodeで作業を続けてください。

先ほどの処理を次の2つに分けてみます。

① ファイルを所定の場所に配置して、データベースにファイル名を登録する処理（同期処理）
② データベースのファイルから、売上データをデータベースに登録する処理（非同期処理）

①の処理は同期処理なのでブラウザ上で結果を待っている必要があります。ただ、②の時間がかかる処理は非同期で行われるため、全体としてブラウザ前での待ち時間は短くなります。

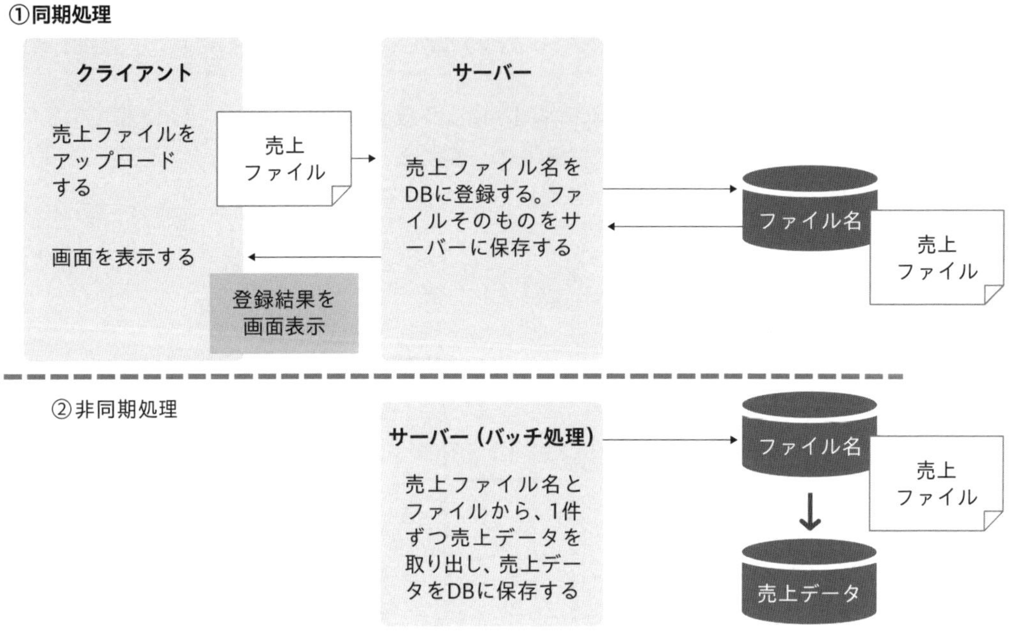

①同期処理

クライアント

売上ファイルをアップロードする

売上ファイル

サーバー

売上ファイル名をDBに登録する。ファイルそのものをサーバーに保存する

ファイル名

売上ファイル

画面を表示する

登録結果を画面表示

②非同期処理

サーバー（バッチ処理）

売上ファイル名とファイルから、1件ずつ売上データを取り出し、売上データをDBに保存する

ファイル名

売上ファイル

売上データ

図7-2-2 同期処理／非同期処理のイメージ

同期処理部分（ファイル登録）の実装

少しわかりにくいかもしれませんが、非同期処理に変更するコードのうち、ファイル登録の部分は同期処理にします。基本的には、これまでに作成したファイル登録の処理と同じですが、クラスの名前が非同期になっており、また、ステータスに非同期を書き込んでいる点が異なります。先ほど仮実装したSalesAsyncViewクラスについて、次のように実装します（**コード7-2-1**）。

コード7-2-1 ファイル登録処理（api/inventory/views.py）

```
class SalesAsyncView(APIView):  ── クラスの名前が非同期になっている
    def post(self, request, format=None):
        serializer = FileSerializer(data=request.data)  ── ❶
        serializer.is_valid(raise_exception=True)

        filename = serializer.validated_data['file'].name  ── ❷

        with open(filename, 'wb') as f:
            f.write(serializer.validated_data['file'].read())  ── ❸

        sales_file = SalesFile(
            file_name=filename, status=Status.ASYNC_UNPROCESSED)  ── ステータスに非同期を描き込んでいる
        sales_file.save()

        return Response(status=201)
```

コードの中身を具体的に見ていきましょう。

ファイル登録処理

基本的な実装は7-1-3項で行った同期処理と同じです。ファイルを所定の場所に配置して、データベースにファイル名を登録します。

request.dataをFileSerializerでシリアライズします（❶）。serializer.is_validでバリデーションを行います（❷）。serializer.validated_data['file']にファイルの中身が設定されるので、ファイルを実行環境に保存します（❸）。SalesFileモデルに、先ほど取得したファイル名を設定します。今回は非同期処理を実装するので、ステータスをStatus.ASYNC_UNPROCESSEDとします。最後に、HTTPステータス＝201でレスポンスを返却します。

フロントエンドからの実行

続いて、次のようにコードを書きます（**コード7-2-2**）。

コード7-2-2 フロントエンドからファイル登録（app/inventory/import_sales/page.tsx）

```
const [fileAsync, setFileAsync] = useState()

const onChangeFileAsync = (newFile: any) => {
  setFileAsync(newFile)
}

const doAddAsync = ((e: any) => {
  if (!fileAsync) {
    result('error', 'ファイルを選択してください')
    return
  }

  const params = {
    file: fileAsync
  }
  axios.post(`/api/inventory/async`, params, {        ❶
    headers: {
      'Content-Type': 'multipart/form-data'
    }
  })
    .then(function (response) {
      console.log(response)
      result('success', '非同期ファイルが登録されました')        ❷
    })
    .catch(function (error) {
      console.log(error)
```

```
      result('error', '非同期ファイルの登録に失敗しました')
    })
  })

 (中略)


    <Box m={2}>
      <Typography variant="subtitle1">非同期でファイル取込</Typography>
      <MuiFileInput value={fileAsync} onChange={onChangeFileAsync} />
      <Button variant="contained" onClick={doAddAsync}>登録</Button>
    </Box>
```

同期処理の実装では、フロントエンド側から/api/inventory/syncにアクセスして、バックエンドのAPI（SalesSyncView）を呼び出していました。フロントエンド側から/api/inventory/asyncにアクセスして、今回作成したバックエンドAPI（SalesAsyncView）を呼び出すようにします（❶）。/api/inventory/syncのときの実装をコピーして、変数／関数名と、メッセージを変更（Sync→Async、同期→非同期）します（❷）。

それでは、ファイルを登録してみましょう。frontendとbackendを起動してhttp://localhost:3000/inventory/import_salesをブラウザで開きます。画面が開いたら、「非同期でファイル取込」を選択する箇所で、先ほど作成したsales_data.csvを選択して「登録」ボタンを押下します。「非同期ファイルが登録されました」と表示されたら登録成功です。MySQL Workbenchを開いて、schemaタブからappデータベースを開き、その中のsales_ fileテーブルにデータが入っているか確認してください（**図7-2-3**）。

図7-2-3　レコードが追加されている

7-2-2 非同期処理（バッチ処理）の構築

7-1-3項で行ったように、CSVファイルから売上データをモデルに登録します。こちらは非同期で行うのでバッチ処理を作成します。

バッチ処理の作成は初めてなので、バックエンドのVSCodeを立ち上げてエクスプローラーより「batch/management/commands/」フォルダを作成、import_sales.pyファイルを作成する必要があります。VSCodeで「batch」ディレクトリを作成し、その配下に「management」ディレクトリを作成、さらにその配下にcommands」ディレクトリを作成して、次のimport_sales.pyファイルを作成してください（**コード7-2-3**）。

コード7-2-3 売上数登録処理（batch/management/commands/import_sales.py）

```
import pandas
from django.core.management.base import BaseCommand
from django.db import transaction

from api.inventory.models import Sales, SalesFile, Status


@transaction.atomic
def execute(download_history): ──────────────────── ❷
    entry = SalesFile.objects.select_for_update().get(pk=download_history.id)
    if entry.status != Status.ASYNC_UNPROCESSED:
        return

    filename = entry.file_name

    df = pandas.read_csv(filename)
    for _, row in df.iterrows():
        sales = Sales(product_id=row['product'], sales_date=row['date'],
                      quantity=row['quantity'], import_file=entry)
        sales.save()

    entry.status = Status.ASYNC_PROCESSED
    entry.save()


class Command(BaseCommand):
    def handle(self, *args, **options): ──────────────── ❶
        while True:
            download_history = SalesFile.objects.filter(
                status=Status.ASYNC_UNPROCESSED).order_by('id').first()

            if download_history is None:
                # 実行中に未処理以外になった場合はスキップ
                break
```

```
        else:
            execute(download_history)
```

カスタムコマンド

バッチ実行には、Djangoの**カスタムコマンド**※7-3という仕組みを使用しています。カスタムコマンドとは、python manage.py “任意のコマンド”というように、オリジナルのPythonコマンドを作成できる機能です。

アプリケーションディレクトリ（今回だとbatch）に「management/commands」ディレクトリを作成し、その配下にバッチ処理のファイルを配置することで、カスタムコマンド（バッチ処理）が使用できます。

カスタムコマンドをDjangoにアプリケーションとして認識させる必要があるので、INSTALLED_APPSに「"batch"」を追加しておきます（**コード7-2-4**）。

コード7-2-4　INSTALLED_APPSの追加（backend/config/settings/base.py）

```
INSTALLED_APPS = [
    :
    "batch",
]
```

コード7-2-3の❶にあるCommandクラスのhandle関数からスタートします。対象が複数ある場合もあるので、whileループを使用しています。SalesFileモデルのStatus.ASYNC_UNPROCESSEDである対象をid順に取得します。何らかの要因で実行中に未処理以外になる場合を考慮し、スキップ処理を実装します。スキップしなかった場合は❷のexecute関数を呼び出し、本処理を実施します。

execute関数でSalesFileモデルを取得します。実施中にモデルに変更されると不整合が発生するので、排他処理のためにselect_for_updateを実施します。こちらも、何らかの要因で実行中に未処理以外になる場合を考慮し、スキップ処理を実装します。実行環境に保存したファイルをpandasというライブラリで読み取り、1行ずつSalesモデルに設定していきます。最後に、StatusをASYNC_PROCESSEDにして処理終了となります。

※7-3 「How to create custom django-admin commands」
https://docs.djangoproject.com/en/4.1/howto/custom-management-commands/

バッチの実行

カスタムコマンドの実行は前述の通りpython manage.py "任意のコマンド"で実行できます。作成したバッチ処理を実行してみましょう。コマンド引数("--settings config.settings.development")は環境設定ファイルに/config/settings/development.pyを使用することを意味しています。

カスタムコマンドの任意のコマンドは「batch/management/commands/」フォルダ下に作成されたpyファイルの名前で決まります。今回は、import_sales.pyであるため、「import_sales」が任意のコマンド名となります。先ほどの「非同期でファイル取込」を実行した後に、次を実行してください。正常終了したら、MySQL Workbenchを開いてapp.salesテーブルにレコードが登録されていることを確認しましょう。

```
python manage.py import_sales --settings config.settings.development
```

このように、非同期処理を活用することで、画面での操作待ちの時間を減らし、利便性の高いシステムを構築するための選択肢が増えるのです。

なお、集計処理の非同期対応は本書では割愛していますが、非同期にした分「未処理・処理済」を考慮して集計し、表示する必要が出てくることになります。

非同期処理としてバッチを利用する

今回は「python manage.py」コマンドによりバッチ処理を手動で実行しました。この方法だと、オンライン処理でファイルを登録するたびに、逐一実行する必要があります。他のバッチ実行方法もあるので、紹介します。実践は割愛しますが、こんな方法があるということを把握しておくとよいでしょう。非同期処理の実行方法の検討の際には以下の2点の考慮が必要です。

- 処理のタイミング
- ファイルの大きさや、一貫性など非機能要件

処理のタイミングがリアルタイムに近いのか、データ反映が翌日以降などで構わないのかといった問題は設計に大きな違いを及ぼします。今回のファイル処理を例に説明します。

即時性が高い場合(リアルタイムに近い場合)

1つは、プログラムのプロセスを常に動かしておく方法です。例えば「ファイルがフォルダにあったら処理する」として、普段はファイルがないので、ただ待っている(無限ループなど)だけのプログラムを用意します。この方法はファイル以外にも「データベースの特定項目を監視して処理する」などの方法も可能です。

もう1つはAWSのS3などのクラウドサービスにはファイルが配置された場合に特定のバッチを

起動するといった設定が可能です。

即時性が低い場合

一般的なのは、決まった時間に起動する方法です。Linuxサーバーであればcronを使用できます。Linux上の「crontab」コマンドで、時間起動の表示・設定ができます。cronは「* * * * * (コマンド)」という形式で設定します。「*」の位置（左端から）分・時・日・月・曜日を表します。例えば「20 10 1 * * (コマンド)」であれば、毎月1日の10時20分に実行する設定になります。任意の時間に実施できるので、システム負荷が少ない深夜にバッチ処理を実行したい場合などに向いています。

また、バッチを作成する際には前述の処理の一貫性を設計考慮に入れなければいけません。同時に処理するファイルが2つ作成された場合には「処理順」は保証されません。例えば、予約のキャンセルデータを先に処理してしまい、予約データを後から取り込むようなことになれば、予約キャンセルデータは反映されないでしょう。

第7章では、同期処理と非同期処理を実装しました。同期処理のメリットとしては順番通り処理されるというわかりやすさと、技術コストが低いことです。非同期処理のメリットは、高い操作性と大量データの処理が両立できることです。処理量やユーザビリティを考慮して、同期処理／非同期処理のどちらにするかを検討していくとよいでしょう。

また、今回はオンライン処理とバッチ処理を、同じリポジトリの中で実装しました。そうすることで、オンライン処理／バッチ処理のどちらでも使用するコードを共通化することができます。今回の例では、モデルについて共通化しています。モデル以外にも、ロジックを共通化することも可能です。その際は、共通化したソースコードをどこに配置するかについて、プロジェクトごとに決めておくとよいでしょう。

第8章

データ構造・マスタデータの管理

この章ではアプリケーションのDB管理についてより深堀していきます。機能の実装からは少し離れて管理のパターンを学びましょう。

Part II

8-1 データ構造（DDL）の管理

第4章～第7章まではモデルを生成する際には、Djangoのマイグレーションの仕組みを利用してDDLを作成していました。この章では、これ以外の方法も取り上げ、この仕組みの立ち位置を確認しつつ管理方法を見ていきましょう。

8-1-1 なぜDDLを管理するか

まずDBの役割を考えてみましょう。DBがあることで、アプリケーションで扱うデータの一貫性を保ちながら保管や共有ができます。また、適切な粒度でデータを扱うことで、効率よくデータを使用することができます。これらのデータ構造はDDLを元に作成されます。

DDL

では、そもそもDDLとは何でしょうか。私たちが普段よく実行しているSQLを分類してみましょう。**図8-1-1**のように2種類のSQLが存在します。

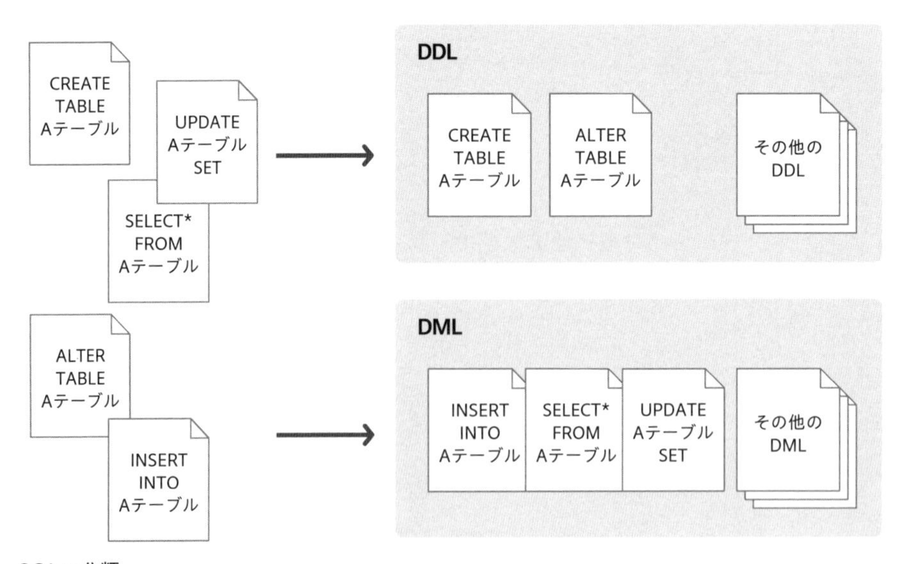

図8-1-1　SQLの分類

1つはCREATE 文やALTER文といった、新しいテーブルやビューを作成・変更するSQLです。こういったデータベースの構造を決めるSQLを**DDL**（データ定義言語）といいます。データを集め、保存するために、データの保存先となるデータベースやテーブルは必ず作成します。DBを作成する上でDDL（データ定義言語）はとても重要な役割を担っているのです。

DML

もう1つはSELECT文やINSERT文といった、保存されたデータを参照・変更するSQLです。データを操作するSQLで、**DML**（データ操作言語）と呼ばれます。プロジェクトによってはGRANT文といった、権限設定を作成するDCLという分類もありますが、本書では設定を行わないため、割愛します。

管理方法

DBはアプリケーションの機能の追加や修正などの過程で、日々変更が加えられていきます。アプリケーション開発当初からデータ構造が変わらないケースは稀でしょう。同じようにデータ定義を管理するDDLも日々変更が発生します（**図8-1-2**）。

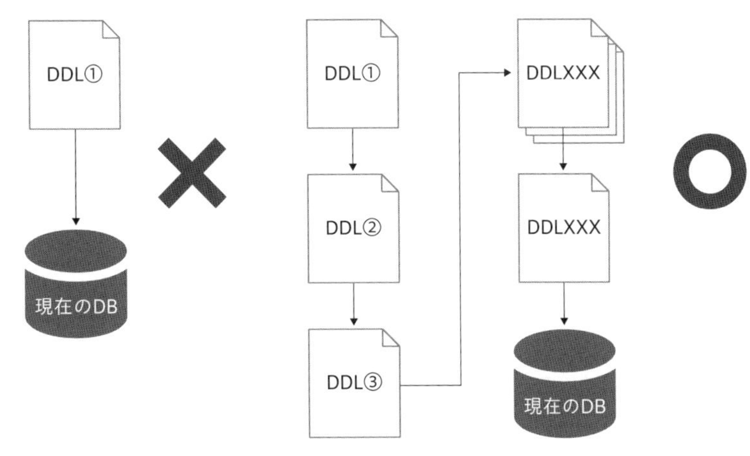

図8-1-2　DDLの適用のイメージ

もし、DDLが管理されていないとどうなってしまうでしょうか。そのDBの状態が最新だということはどうすればわかるでしょうか。こういったDBの状態を正しく保つためにはDDLの管理が不可欠になってきます。

8-1-2 DDLの管理のバリエーション

DDLの管理の必要性がわかったところで、次はその管理方法について考えていきます。次のようなバリエーションがあります。

SQLを自分たちでテーブル定義して、自分たちでフォルダ管理していくパターン

- レガシーなシステムで見かける
- フォルダの作成やDDLの適用は、人もしくは人がオリジナルで作成したプログラムなどを用いる

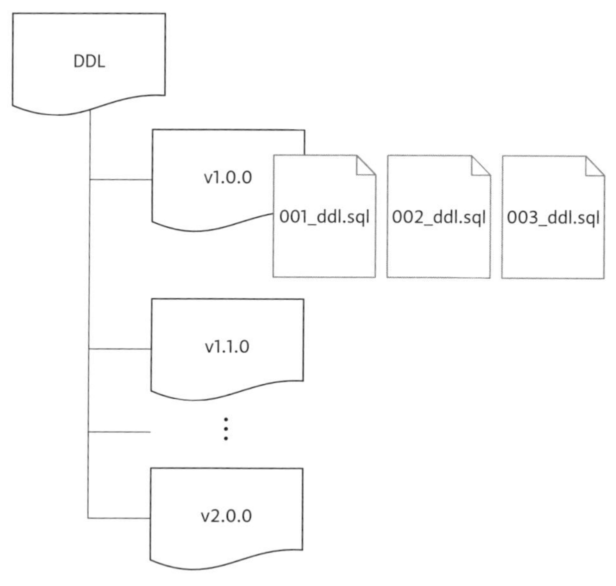

図8-1-3 手動による管理

SQLを自分たちでテーブル定義して、ツールで管理していくパターン

- 管理はDDLを管理するためのフレームワークが行う
- デプロイ時に自動的に適用するといった人の手を介さない管理ができる
- SQL自体は自前で作成する必要がある

コードを元にテーブル定義を生成して、フレームワークで管理していくパターン

- 上記2つのパターンと異なり、DDL自体もフレームワーク側で生成する
- ユーザーはデータ定義のみを考えればよい

それぞれの違いをまとめると**表8-1-1**のようになります。

表8-1-1 各管理方法の比較

	フォルダ管理	SQLのみ管理	データ定義のみ管理
管理の容易さ	△	○	◎
管理の柔軟性	◎	○	△
学習コスト	○	△	△

評価は大きく2つの観点で行っています。

① フレームワークまたは特定のライブラリによって管理されているか
② SQLそのものを開発者が記述するか

それぞれの評価指針について、簡単に見ていきましょう。

まず、①についてです。フレームワークを使うと、そのフレームワークのルールに従った管理を行わなければいけません。そのため管理の柔軟性は、フォルダ管理に比べるとどうしても劣ってしまいます。また、フレームワークに沿った記載方法を学ぶ必要もあり、学習コストもかかります。しかし、管理方法がフレームワークに沿ってさえいれば常に一貫した運用を行うことができ、長期的に見れば管理自体は容易になります。

次に、②についてです。SQLをそのまま記述する場合は、普段記載しているSQLを記載することができるため、柔軟性も高く学習コストも小さくて済みます。一方、SQLを生成する別の言語で記載する場合は、①の場合と同様にルールに従って記載しなければいけないため、柔軟性は劣り、追加の学習も必要になります。ただ、SQLを生成してもらうと、SQLによる違いをプログラム側で吸収できるというメリットがあります。

8-1-3 DjangoにおけるDDL管理

上述の通り、Djangoはフレームワークで管理していくパターンです。第6章の内容と重複するところもありますが、復習も兼ねて振り返ってみましょう。

新規にDBを作成する場合

図8-1-4はDjangoのDDL管理の全体像です。

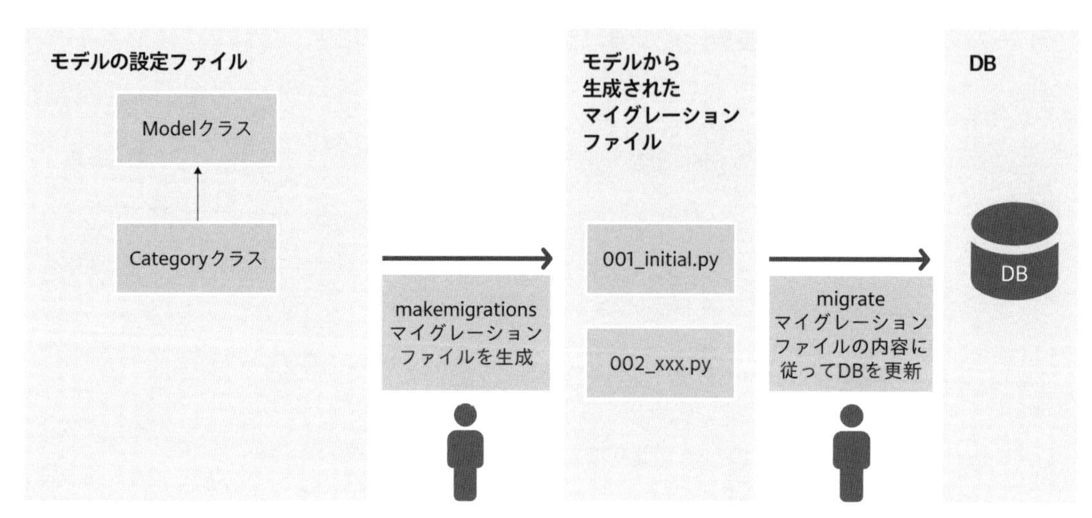

図8-1-4 DjangoにおけるDDLの適用イメージ

本稿では以下の①〜④の流れで管理を進めます。実際はモデルの設定ファイルを作成する前に、DBの設計を行うといった作業もありますが、Djangoの作業とは異なるので省いています。

① config/settings直下のbase.pyにモデル定義を含むアプリケーションを追加する
- デフォルトのプロジェクト構成であればsettings.pyになる

② ①で追加したアプリケーションのモデルファイルを修正する
③ makemigrationsコマンドにより、モデルファイルに従ってマイグレーションファイルが生成される
④ migrateコマンドにより、マイグレーションファイルに従ってDBが更新される

この章までは、この流れのように新規のDBにテーブルを追加するケースを扱いました。しかし前述したように、実際のアプリケーション開発ではデータ構造は日々変わっていきます。その場合、このDjangoのDDL管理ではどうなるでしょうか。

DB定義を更新する場合

新規にDBを利用した場合のDBに、次の変更を段階的に加えてみましょう。

① テーブルProductを追加する
② テーブルCategoryを追加し、テーブルProductに新規カラム：categoryを追加する
③ テーブルCategoryを削除する

まずは①ですが、第7章までの操作で、すでにProductを作成する0001_initial.pyは実行されています。未作成の方は、第7章の手順を確認し実行してください。次に②を実施していきます。以下のmodels.pyに、Categoryクラスを追加します（**コード8-1-1**）。また、Productクラスにもcategoryの設定を追加します。前提として、この章でのモデルに対する変更はDDLやDMLの動作を理解するための変更なので、これまでに作成した商品在庫機能としての使用はしません。そのため、バックエンドのビューファイルやフロントエンドの修正も行いません。

コード8-1-1 モデル（backend/api/inventory/models.py）

```
from django.db import models

class Category(models.Model):
    """
    カテゴリー
    """
    name = models.CharField(max_length=100, verbose_name='カテゴリ名')
    parent_category = models.ForeignKey('self', null=True, blank=True, on_delete=↵
models.CASCADE)

    class Meta:
        db_table = 'category'
        verbose_name = 'カテゴリー'

class Product(models.Model):
    """
    商品
    """
    name = models.CharField(max_length=100, verbose_name='商品名')
    price = models.IntegerField(verbose_name='価格')
    description = models.TextField(verbose_name='商品説明', null=True, blank=True)
    category = models.ForeignKey(Category, null=True, blank=True, on_delete=↵
models.CASCADE)

    class Meta:
        db_table = 'product'
        verbose_name = '商品'
```

このファイルからマイグレーションファイルを生成してみましょう。

```
$ python manage.py makemigrations --settings config.settings.development
```

次のような実行結果が表示されます。

```
Migrations for 'inventory':
  api/inventory/migrations/0002_category_product_category.py
    - Create model Category
    - Add field category to product
```

migrationsフォルダ配下に次の新しいマイグレーションファイル：0002_category_product_category.pyが作成されます。マイグレーションファイルの適用状態について確認しましょう。

```
$ python manage.py showmigrations inventory --settings config.settings.development
```

次のような実行結果が表示されます。

```
inventory
 [X] 0001_initial
 [ ] 0002_category_product_category
```

migrationのオプション

初めて使用するオプションが2つ出てきました。showmigrationsはプロジェクト内のマイグレーション状態を表示するコマンドです。マイグレーション済みのファイルには[X]が指定され、未対応のものは空になっています。invnentoryはコマンドの対象となるアプリケーションです。全てのマイグレーション結果を表示すると見づらいので、今回対象としているアプリケーションのinvnentoryのみに絞っています。では、このマイグレーションファイルをDBに適用しましょう。

```
$ python manage.py migrate inventory --settings config.settings.development
```

意図した変更が適用されたか、MySQL Workbenchで確認しましょう。詳しい使い方は2-3-3項「MySQL Workbenchの使い方」を参照してください。

次のように今回定義したCategoryテーブルとcategory_idカラムが追加されています（**図8-1-5**）。

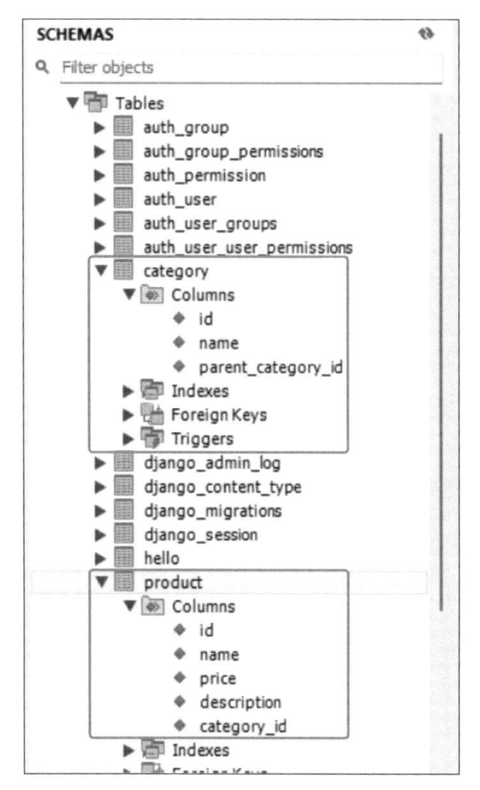

図8-1-5 MySQL Workbenchの表示イメージ

migrationファイルの適用状態についても確認してみましょう。

```
$ python manage.py showmigrations inventory --settings config.settings.development
```

次のような実行結果が表示されます。

```
inventory
 [X] 0001_initial
 [X] 0002_category_product_category
```

migrationファイルの実行時の区別

横道にそれますが、ここで1つ気になることがあります。migrateコマンドの実行時、実行対象となるマイグレーションファイルはどうやって区別されているのでしょうか。migrationsフォルダの中には0001_initial.pyと0002_category_product_categoryの2つのファイルがありました。このとき、0001_initial.pyは実行されなかったのでしょうか。

showmigrationsコマンドの実行結果からもわかる通り、Djangoではマイグレーションファイルの適用状態について管理しているため適用済みのものは再実行されません。

カラムとテーブル削除

DB定義更新の流れに戻りましょう。次は③の「Categoryテーブルを削除する」を進めます。models.pyの②で追加したCategoryに関するコードを削除しましょう（**コード8-1-2**）。

コード8-1-2 モデル（backend/api/inventory/models.py）

```
from django.db import models

class Category(models.Model):  ――― この行は削除する

class Product(models.Model):
    """
    商品
    """
    name = models.CharField(max_length=100, verbose_name='商品名')
    price = models.IntegerField(verbose_name='価格')
    category = models.ForeignKey(Category, null=True, blank=True, on_delete=↵
models.CASCADE)  ――― 追加したコードを削除する
    class Meta:
        db_table = 'product'
        verbose_name = '商品'
```

さっそく、マイグレーションを行い、変更を確認しましょう。

```
$ python manage.py makemigrations --settings config.settings.development
…
Migrations for 'inventory':
  api/inventory/migrations/0003_remove_product_category_delete_category.py
    - Remove field category from product
    - Delete model Category
```

```
$ python manage.py showmigrations inventory --settings config.settings.development
…
inventory
 [X] 0001_initial
 [X] 0002_category_product_category
 [ ] 0003_remove_product_category_delete_category
```

```
$ python manage.py migrate inventory --settings config.settings.development
```

```
$ python manage.py showmigrations inventory --settings config.settings.development
…
inventory
 [X] 0001_initial
 [X] 0002_category_product_category
 [X] 0003_remove_product_category_delete_category
```

意図した変更が適用されたか、MySQL Workbenchで確認しましょう（**図8-1-6**）。②で追加したCategoryテーブルとそれに関連するカラムは削除されていたでしょうか。

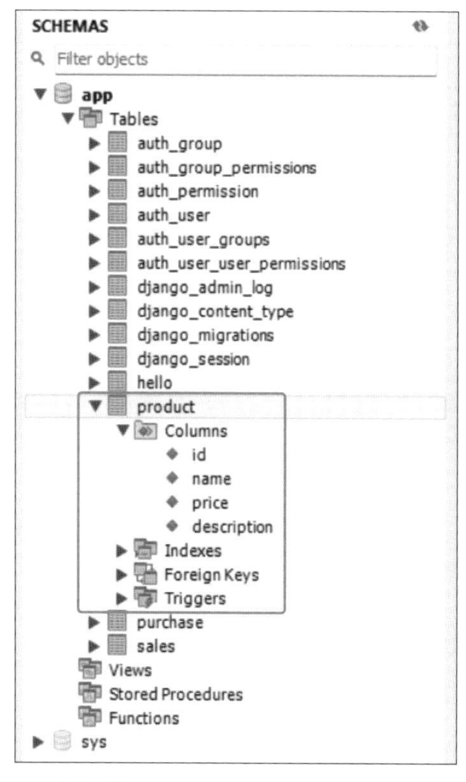

図8-1-6　MySQL Workbenchの表示イメージ

既存のDBを利用する場合

今回はDBを含め新規開発を行っていますが、プロジェクトによってはすでにDBが存在しているということもあるでしょう。

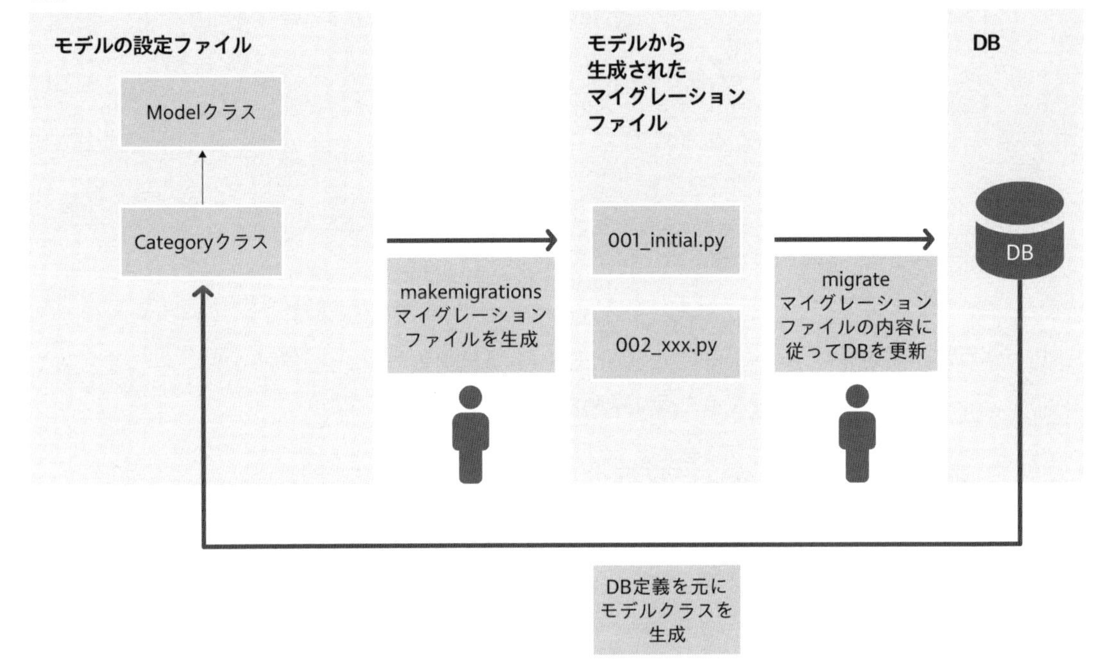

図8-1-7 Djangoにおける DDLの適用イメージ

大きな違いとして、新規にテーブルを追加する場合は手動でモデルクラスを作成していましたが、既存テーブルが存在する場合はDB定義からモデルクラスを自動生成します。本項のアプリケーションは新規に作成した場合を想定しているため、この既存DBの例は紹介のみにとどめておきます。

具体的には次の流れで進めていきます。

① inspectdb コマンドにより、DB定義からモデルクラスを生成する
② base.pyにモデルクラスを含むアプリケーションを追加する
③ ②に追加したアプリケーションに①で生成したモデルファイルを追加する
④ makemigrations コマンドにより、モデルファイルに従ってマイグレーションファイルを生成する
⑤ migrate コマンドにより、マイグレーションファイルに従ってDBを更新する

④でマイグレーションファイルを生成すると、既存のテーブル定義が再度適用されると思うかもしれません。実はデフォルトの動作ではモデルクラスがマイグレーション対象とならないように、アンマネージドモデルとして作成されるため、既存テーブルのマイグレーションは行われません。

ただし、1つ問題があります。この状態だと、今回だけでなく次回以降もマイグレーション対象とならないため、マネージドモデルに変更する必要があります。

8-1-4 頻繁なリリースやデータ定義のやり直しへの対応

運用を進めているとマイグレーション実施後に誤りに気づき、前のバージョンに戻したいというシーンも出てきます。どうしたらよいでしょうか。

migrationのロールバック

前項のshowmigrationsコマンドで確認した通り、Djangoではマイグレーション履歴を管理しています。このmigration履歴に従って任意の履歴までロールバックすることができます。

次のような流れで実施します。

① migration履歴を確認し、ロールバック対象を決める
② 履歴のロールバックを行う
③ ロールバックされた履歴に対応するファイルを削除する

まず履歴を確認してみましょう。

```
$ python manage.py showmigrations inventory --settings config.settings.development
…
inventory
 [X] 0001_initial
 [X] 0002_category_product_category
 [X] 0003_remove_product_category_delete_category ── 今回ロールバック対象にする履歴
```

この戻りたい履歴を指定してロールバックします。今回の例では0003_remove_product_category_delete_categoryのmigrationを取り消し、その1つ前の0002_category_product_categoryまでロールバックします。それでは次のコマンドを実行してみましょう。

```
python manage.py migrate inventory 0002_category_product_category --settings ↵
config.settings.development
```

汎用的に記載すると次のようになります。

```
python manage.py migrate <アプリケーション名> <前のmigrationファイル名> ↵
<環境設定ファイル名>
```

もう一度、migration履歴を確認してみましょう。

```
$ python manage.py showmigrations inventory --settings config.settings.development
```

次のような出力が得られたと思います。

```
a inventory
 [X] 0001_initial
 [X] 0002_category_product_category
 [ ] 0003_remove_product_category_delete_category ——— 未適用に戻っている
```

履歴からチェックマークのXが消え、空欄になっていることがわかります。これで履歴のロールバックは完了しました。また、テーブルの状態も確認してみてください。0003で削除されたproductのcategoryカラムおよびCategoryテーブルが復活していることがわかります。

データ状態はどうでしょうか。あくまで履歴を戻しただけのため、DBの適応状態は戻すことはできません。DBはバックアップから戻しましょう。また、モデルファイルはどうでしょうか。こちらも0002の生成したモデルに戻るわけではなく、最新のマイグレーションファイルである0003を生成した状態から変わっていません。**コード8-1-2**のカテゴリーを削除したコードは、**コード8-1-1**を参考にして削除前の状態に戻してください。

さて、ただマイグレーションされた状態を戻したいだけであれば、ここまでの操作で十分です。しかし、開発では適用したマイグレーションファイルそのものが間違っていたため、取り消した部分を新たに作り直したいということもあるでしょう。次はマイグレーションファイルそのものを再作成してみましょう。

まずは誤った内容のマイグレーションファイルを削除します。1点注意しなければならないのは、キャッシュファイルも作成されているのでそれも削除しなければいけない点です。キャッシュファイルはマイグレーション関連のコマンドを実行すると自動的に生成されます（**コード8-1-3**）。

コード8-1-3 自動生成されたキャッシュファイル

```
api/inventory/migrations
...
 ├── __pycache__
 |    ├── 0001_initial.cpython-310.pyc
 |    ├── 0002_category_product_category.cpython-310.pyc
 |    ├── 0003_remove_product_category_delete_category.cpython-310.pyc ——— 削除する
 |    └── __init__.py
 |   0001_initial.cpython-37.pyc
 |   0002_category_product_category.py
 |   0003_remove_product_category_delete_category.py ——— 削除する
 |   __init__.py
```

履歴を確認してみてください。

```
$ python manage.py showmigrations inventory --settings config.settings.development
…
inventory
 [X] 0001_initial
 [X] 0002_category_product_category
```

これで完全に履歴を戻すことができました。後は今までと同じようにモデルファイルを更新し、マイグレーションファイルを新たに生成していく流れになります。

8-1-5 環境（開発／ステージング／本番）ごとのデータ構造の管理

次に、環境ごとのmigration方法について考えます。2-1節で説明したように、開発時には多くの環境をまたがってリソースの管理が必要となります。

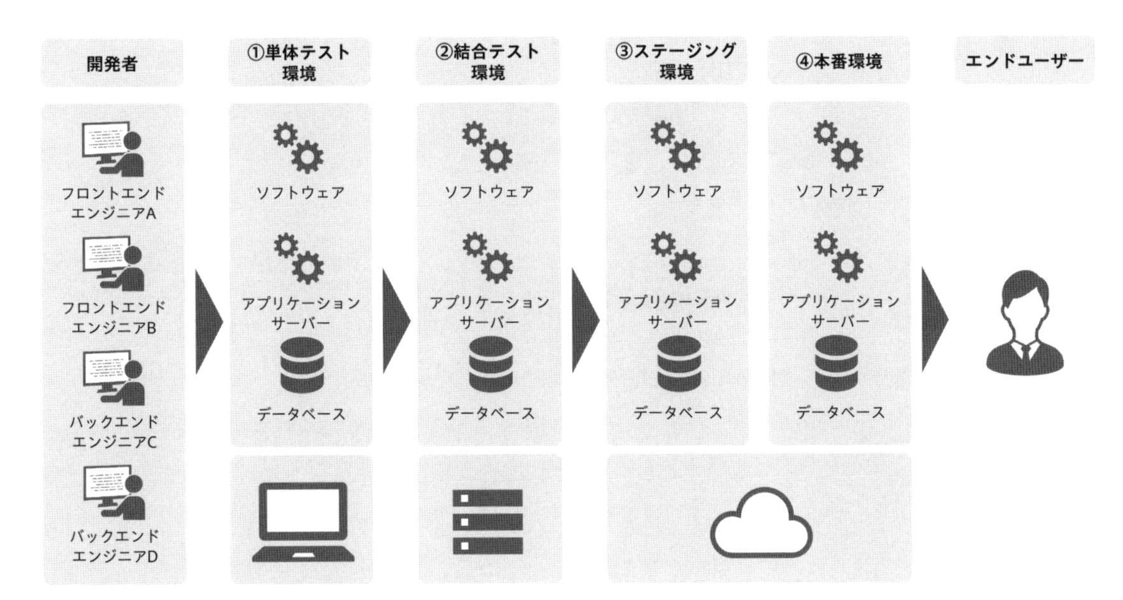

図8-1-8　開発環境構成図（再掲）

基本的に開発環境とステージング環境、本番環境は別々のDBで管理されています。これらの環境で管理を分けたい内容には、次のようなものが挙げられます。

- DBの接続先
- DDLの適用の進捗

Djangoではsettings.pyといった環境設定を記載するファイルがあります。本稿ではsettings.py

をbase.pyという名前に変えて、共通の設定と環境ごとの設定を分けて管理できるように、次のように設定しています。

```
backend/config/settings/base.py // 環境ごとに共通の設定
backend/config/settings/development.py // 環境ごとの設定
```

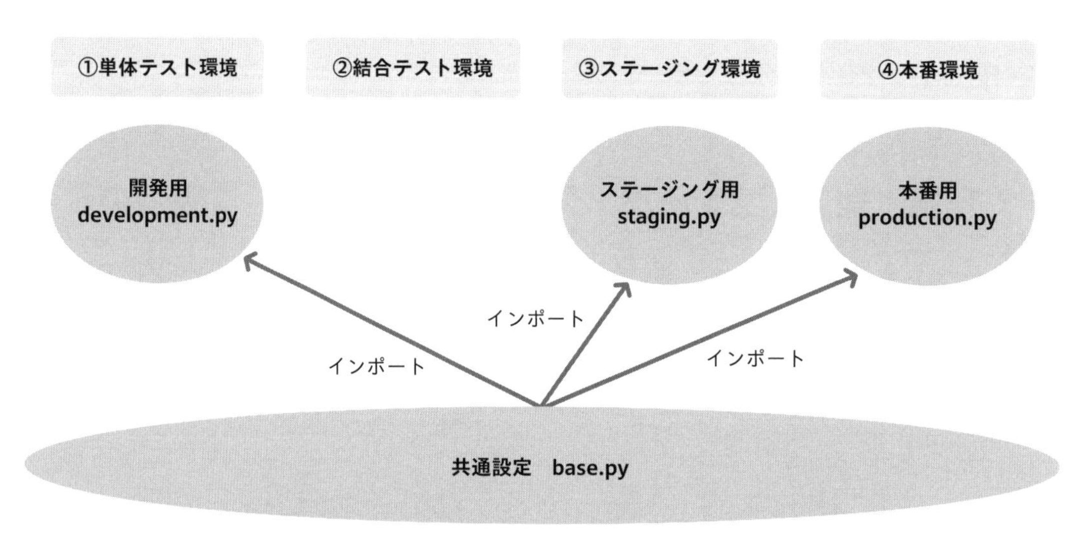

図8-1-9　各環境にインポートするファイル（再掲）

開発環境ごとの設定となるdevelopment.pyには、次のような開発環境で使用するDBの設定を記載しています（**コード8-1-4**）。第3章の環境構築で作成したものです。

コード8-1-4　開発環境設定ファイル（backend/config/settings/development.py）

```
from .base import *

DATABASES = {
    'default': {
        'ENGINE': 'django.db.backends.mysql',
        'NAME': 'app',
        'USER': 'root',
        'PASSWORD': 'password',
        'HOST': 'host.docker.internal',
        'PORT': '53306',
        'ATOMIC_REQUESTS': True
    }
}
```

ステージング環境、本番環境を作成して設定ファイルによって使い分けてみましょう。今は開発環境用のDBしかないため、それぞれの環境のDBを作成します。スキーマの作成の方法については、2-3-3項を参考にしてください。この操作ではapp_stagingとapp_productの2つのスキーマを追加で作成します。

SQLクライアントでそれぞれデータベースを追加できたか確認しましょう（**図8-1-10**）。

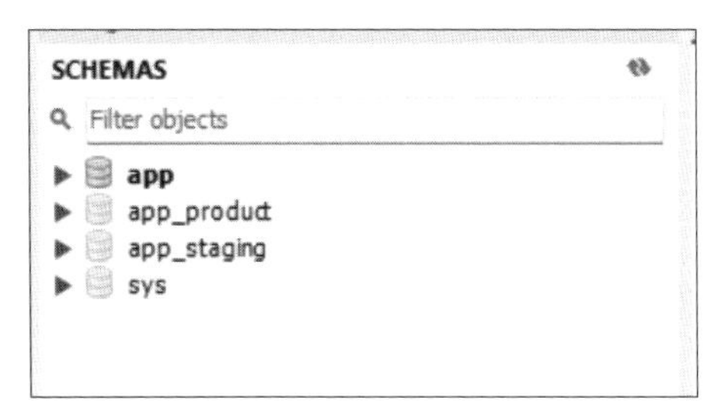

図8-1-10　MySQL Workbenchの表示イメージ

今回はDockerという共通のホスト上に、複数のデータベースを作成したため、異なるデータベース名となっていますが、実際の開発では同一の名前のデータベースを、異なるホスト上に作成することが多いでしょう。

では、ステージング環境や本番環境用の設定ファイルも追加してみましょう（**コード8-1-5**）。

コード8-1-5　ステージング環境設定ファイル（backend/config/settings/staging.py）

```
from .base import *

DATABASES = {
    'default': {
        'ENGINE': 'django.db.backends.mysql',
        'NAME': 'app_staging',      この指定がdevelopmentと異なる
        'USER': 'root',
        'PASSWORD': 'password',
        'HOST': 'host.docker.internal',
        'PORT': '53306',
        'ATOMIC_REQUESTS': True
    }
}
```

本番環境用のファイルは一部省略して記載します。データベース名の指定のみが異なります。

コード8-1-6　本番環境設定ファイル（backend/config/settings/product.py）

```
        'ENGINE': 'django.db.backends.mysql',
        'NAME': 'app_product',      この指定がdevelopmentと異なる
        'USER': 'root',
```

環境ごとの管理方法

以前から実行コマンドの末尾には、設定ファイルを指定していました。実はこの設定ファイル名を適用したい環境に応じて切り替えることで、環境ごとの管理をすることができます。次に示すのは、ステージング環境のマイグレーション履歴を確認する例です。

```
$ python manage.py showmigrations inventory --settings config.settings.staging
…
inventory
 [ ] 0001_initial
 [ ] 0002_category_product_category
```

今回は、staging環境用のDBに0002_category_product_categoryまで、production環境のDBに0001_initialまでを適用し、同一のマイグレーションファイルを使用して各環境別に適用できているか確認します。

```
$ python manage.py migrate inventory 0002_category_product_category --settings ↵
config.settings.staging
$ python manage.py migrate inventory 0001_initial --settings config.settings.product
```

それぞれの環境の履歴を確認しましょう。

```
$ python manage.py showmigrations inventory --settings config.settings.staging
…
inventory
 [x] 0001_initial
 [x] 0002_category_product_category
$ python manage.py showmigrations inventory --settings config.settings.product
…
inventory
 [x] 0001_initial
 [ ] 0002_category_product_category
```

それぞれの環境にマイグレーションファイルが適用されました。最後に全てのmigration履歴を戻すコマンドを紹介しておきます。

```
python manage.py migrate <アプリケーション名> zero
```

ここまで、データ構造を管理するDDLに相当する部分をDjangoのモデルによって管理する方法を学びました。次の節では保管したデータを操作するDMLの管理方法を学びます。

Part II

8-2 マスタデータ（DML）の管理

データ定義が決まっても、実際に参照するデータがなければアプリケーションを使うことはできません。本節では、一覧画面などで実際に画面に映るデータを操作するDML（データ操作言語）について学習します。

8-2-1 なぜDMLを管理するか

前節のデータ定義で解説した内容と同じように、DBに保存されているデータも運用の過程で日々変更されていきます。データ定義は変わらないが新しいマスタデータが必要になった、他のシステムからデータ移行する必要が生じた、といったときにアプリケーションではなくデータメンテナンスの一環としてDMLを扱うケースもあります。そのため、DDLと同じように変更を管理する必要があります。

DDLと同様に、DMLの管理方法も考えてみましょう。こちらは8-1-2項で挙げた、DDLと同じ管理方法を用いることができます。Djangoにおける管理方法は次の項から考えていきましょう。

8-2-2 DjangoにおけるDML管理

Djangoはマイグレーションファイルを使ってDDL操作を管理していました。しかし、Djangoではフレームワークの標準の機能として、DML操作についてはマイグレーションで提供されていません。機能としてはDDLの操作に特化しています。そこで今回は、Djangoのマイグレーションファイルの仕組みを利用してDML管理も可能になるようカスタマイズしてみます。

マイグレーションファイルの分析

カスタマイズ方針を考えるために、生成されるマイグレーションファイルの中身を少し分析してみましょう。**コード8-2-1**は8-1節で生成したマイグレーションファイルの一部を抜粋したものです。

コード8-2-1 マイグレーションファイル（backend/api/inventory/migrations/0002_category_product_category.py）

```
# Generated by Django 4.1.3 on 2022-11-13 14:58

from django.db import migrations, models


class Migration(migrations.Migration):  ──── ❶Migrationクラスを継承

    dependencies = [
        ("inventory", "0001_initial"),
    ]  ──── ❷処理の依存関係の注入

    operations = [  ──── ❸DB操作に関する指定
        migrations.CreateModel(
            name="Category",
…
        ),
        migrations.AddField(
            model_name="product",
…
        ),
    ]
```

まず❶からdjango.db.migrations.Migrationクラスを継承していることがわかります。マイグレーションファイルになる条件だと予想できます。Djangoの実装は公開されているので、コードの詳細を確認してみましょう（**コード8-2-2**）。英語の箇所は日本語に置き換えています。

コード8-2-2 マイグレーションファイルの説明

```
import re

from django.db.migrations.utils import get_migration_name_timestamp
from django.db.transaction import atomic

from .exceptions import IrreversibleError


class Migration:
    """
    すべての移行の基本クラス。
    移行ファイルはこれを django.db.migrations.Migration からインポートします
    Migration というクラスとしてサブクラス化します。1つ以上
    次の属性の:
     - 操作: おそらくからの操作インスタンスのリスト
       django.db.migrations.operations
     - 依存関係: (app_path, migration_name) のタプルのリスト
     - run_before: (app_path, migration_name) のタプルのリスト
```

```
  - 置換: migration_names のリスト
  すべての移行は移行から始まり、ローダーまたは
  アプリのラベルと名前で初期化されたインスタンスとしてグラフ化します。    """

  # この移行中に適用する操作
  operations = []

  # この移行の前に実行する必要があるその他の移行。
  # (app, migration_name) のリストである必要があります。
  dependencies = []
(中略)
```

コード8-2-1に戻ると、❷でどのDDLの次に実行するか指定し、❸でDMLの操作を記載できればカスタマイズしたマイグレーションファイルとして組み込めそうです。

❷の部分は次のように、直前に実行されるマイグレーションファイルを指定しています。

```
class Migration(migrations.Migration):

    dependencies = [
        (<アプリケーション名>, <直前に実行されるmigrationファイル名>),
    ]
```

では❸はどうでしょうか。Operationsで指定できる動作は決まっていそうなのでMigration Operationsを確認してみましょう。以下の2つがテーブルのレコード操作に使用できそうです。

- RunSQL
- RunPython

RunSQL

今回は次のような構成でOperationsからレコード操作する関数を呼び出し、DMLとして使用してみます。

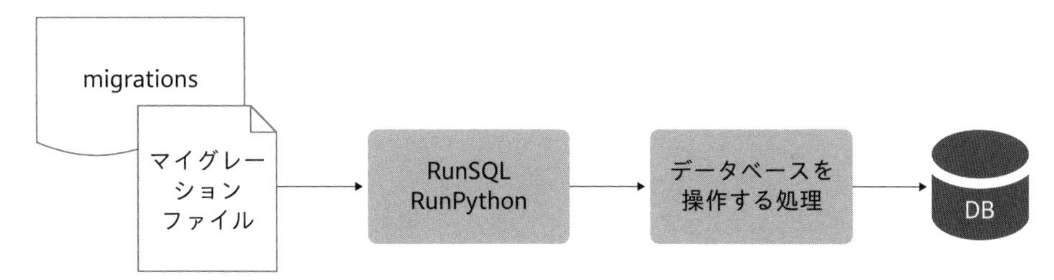

図8-2-1 Djangoにおける DMLの適用イメージ

RunSQLでは実行したいSQLを直接記述できます。次のように、0003_dml_insert_catagory_data.pyを作成してください（**コード8-2-3**）。

コード8-2-3 マイグレーション（backend/api/inventory/migrations/0003_dml_insert_catagory_data.py）

```
from django.db import migrations

class Migration(migrations.Migration):
    dependencies = [
        ("inventory", "0002_category_product_category"),
    ]

    operations = [
        migrations.RunSQL(
            "INSERT INTO category( name, parent_category_id ) VALUES( 'メンズ', ↵
null ) ;",
        )
    ]
```

categoryテーブルにデータを追加するSQLが記載されています。さっそく、実行してみましょう。

```
$ python manage.py migrate inventory 0003_dml_insert_catagory_data --settings ↵
config.settings.development
…
Operations to perform:
  Target specific migration: 0003_dml_insert_catagory_data, from inventory
Running migrations:
(0.004) SHOW FULL TABLES; args=None; alias=default
  Applying inventory.0003_dml_insert_catagory_data...INSERT INTO category( name, ↵
parent_category_id ) VALUES( 'メンズ', null ) ;; (params None)
(0.014) INSERT INTO category( name, parent_category_id ) VALUES( 'メンズ', null ) ↵
;; args=None; alias=default
…
```

想定された通り、INSERT文が実行されました。Categoryテーブルの中に意図したデータが登録されたかどうかも確認しましょう（**図8-2-2**）。

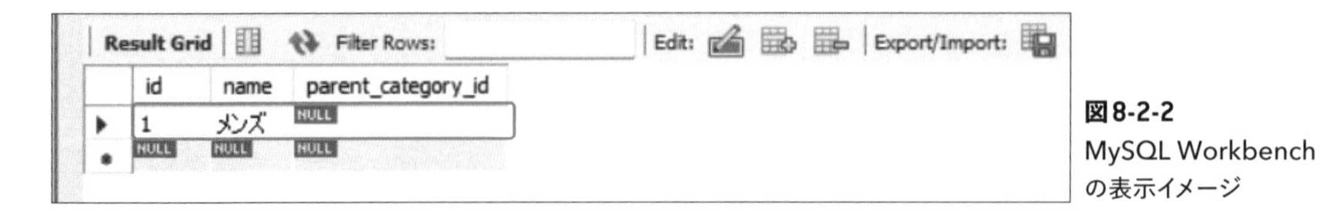

図8-2-2 MySQL Workbenchの表示イメージ

このようにマイグレーションファイルを自分で新たに作成し、RunSQLを使うことで、任意のSQLを実行できることがわかりました。

RunPython

しかし、1点問題があります。8-1節でせっかくモデルに依存したテーブル管理が実現したのに、このようにSQLを直接書いてしまうと、そのモデルファーストな管理の利点を生かすことができません。また、SQLで書くことは、DBの種類によっては実行SQLの依存にもつながります。もう少しモデルに依存した書き方はできないでしょうか。

そこでもう1つの、RunPythonを使用します。こちらは先ほどのSQLを実行するためのRunSQLとは異なり、Pythonを実行することができます。これを使えばモデルを操作することができそうです。次のファイルを追加してみましょう（**コード8-2-4**）。

コード8-2-4 マイグレーション（backend/api/inventory/migrations/0004_dml_insert_catagory_data_by_model.py）

```
from django.db import migrations

def insert_category(apps, schema_editor):
    Category = apps.get_model('inventory', 'Category')
    Category.objects.create(name='レディース', parent_category=None)

class Migration(migrations.Migration):
    dependencies = [
        ("inventory", "0003_dml_insert_catagory_data"),
    ]

    operations = [
        migrations.RunPython(insert_category),
    ]
```

RunPythonから呼び出されている関数insert_categoryのappsとschema_editorという2つの引数の値は、どこから渡されているのでしょうか。実はこの2つの引数は自動的に入れられていて、1つ目のappsにはmigrationに関連するモデルの情報、2つ目のschema_editorにはデータベースの変更や実行を管理するインスタンスが渡されます。

そのため、1つ目のインスタンスに対して操作を加えたいモデルのインスタンスを、アプリケーション名とモデル名を指定して取得し、その後、第6章のAPIViewの例で操作したようにモデルにデータを追加しています。さっそく、実行してみましょう。

```
$ python manage.py migrate inventory 0004_dml_insert_catagory_data_by_model ↵
--settings config.settings.development
…
Operations to perform:
  Target specific migration: 0004_dml_insert_catagory_data_by_model, from inventory
Running migrations:
(0.004) SHOW FULL TABLES; args=None; alias=default
```

```
  Applying inventory.0004_dml_insert_catagory_data_by_model...(0.006) INSERT INTO ↵
`category` (`name`, `parent_category_id`) VALUES ('レディース', NULL); ↵
args=['レディース', None]; alias=default
…
```

想定した通り、INSERT文が実行されました。Categoryテーブルの中に意図したデータが登録されたかも確認しましょう（**図8-2-3**）。

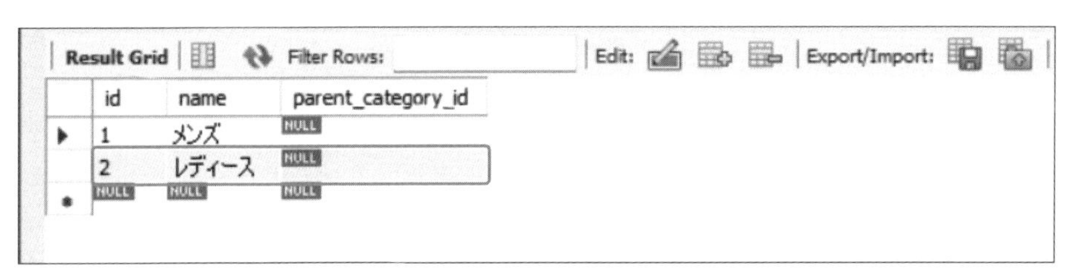

図8-2-3　データ確認

また、RunSQLもRunPythonもデフォルトではマイグレーション履歴を元に戻すことはできません。もし戻せるようにしたい場合は、引数reverse_sql、もしくはreverse_codeに元に戻す用のコードを実装する必要があります。わかりやすいSQLの対応を載せておきます（**コード8-2-5**）。こちらは実装をする必要はなく、説明を見るだけで大丈夫です。

コード8-2-5　マイグレーション（backend/api/inventory/migrations/0003_dml_insert_catagory_data.py）

```
        migrations.RunSQL(
            "INSERT INTO category( name, parent_category_id ) VALUES( 'メンズ', ↵
null ) ;",
            "DELETE FROM category WHERE name = 'メンズ';",
        )
```

コードだけだとわかりにくいので、図と対応させて整理してみましょう。まず次の3つのマイグレーションファイルがそれぞれmigrateコマンドによって実行されたと思ってください。

コード8-2-6　マイグレーションファイル（0001_dml.py）

```
from django.db import migrations

def forwards_func(apps, schema_editor):
    print("0002_dmlに進む")

def reverse_func(apps, schema_editor):
    print("0001_dmlに戻る")
```

```
class Migration(migrations.Migration):
    initial = True

    dependencies = []

    operations = [
        migrations.RunPython(forwards_func, reverse_func),
    ]
```

コード8-2-7　マイグレーションファイル（0002_dml.py）

```
from django.db import migrations

def forwards_func(apps, schema_editor):
    print("0003_dmlに進む")

def reverse_func(apps, schema_editor):
    print("0002_dmlに戻る")

class Migration(migrations.Migration):

    dependencies = [
        ("examlple", "0001_dml"),
    ]

    operations = [
        migrations.RunPython(forwards_func, reverse_func),
    ]
```

コード8-2-8　マイグレーションファイル（0003_dml.py）

```
class Migration(migrations.Migration):

    dependencies = [
        ("examlple", "0002_dml"),
    ]

    operations = [] # 説明のために用意した実行しないファイルなので処理を記載していません
```

内部的には若い番号のファイルから実行されます。順番に見ていきましょう。

まずmigrationファイル（0001_dml）のRunPythonの第一引数に指定されている関数forwards_funcが実行され、「0002_dmlに進む」という出力が得られます。マイグレーションなのにテーブルやデータ操作を行っていないのでは、と気になるかもしれませんが、RunPython自体は任意のPythonの処理を実行するだけなので、今回のように出力するだけでも大丈夫です。

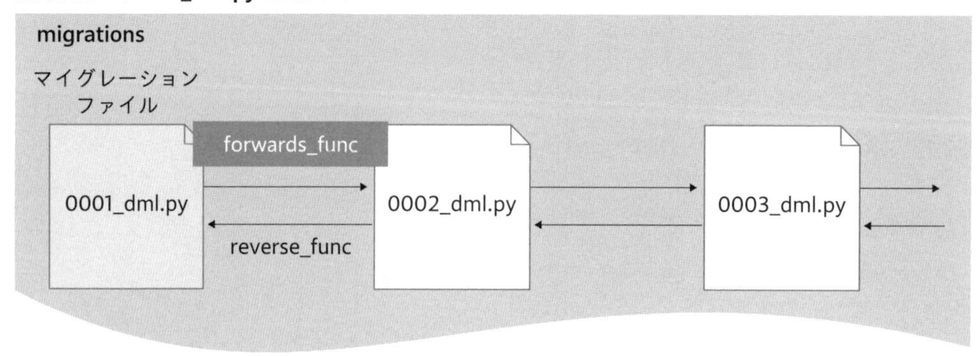

図8-2-4　初期状態から0001_dml.pyが実行

次にマイグレーションファイル（0002_dml）のRunPythonの第一引数に指定されている関数forwards_funcが実行され、「0003_dmlに進む」という出力が得られます。

さて、今度はこれまでのマイグレーション操作を戻してみましょう。

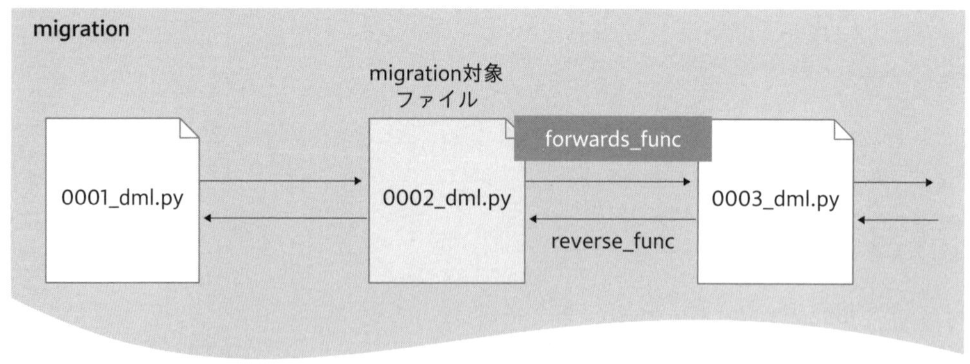

図8-2-5　0001_dml.pyを実行後に0002_dml.pyが実行

直前のmigrationファイル（0002_dml）のRunPythonの第二引数に指定されている関数reverse_funcが実行され、「0002_dmlに戻る」という出力が得られます。次に0001_dmlのreverse_funcが実行されると、「0001_dmlに戻る」という出力が得られ、処理が終了します。

このようにマイグレーションはSQLのロールバックのように、単純にある地点までデータベースの状態を戻しているのではなく、期待した状態になるように戻るための操作をしてあげなければいけません。DDLのマイグレーションファイルの場合は、その操作をフレームワークが解決してくれているため意識をする必要がなかったのです。

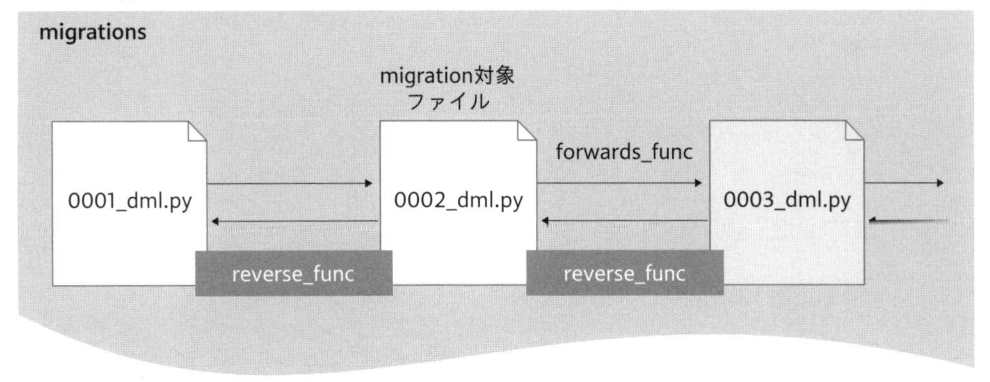

図8-2-6 0002_dml.pyを実行後に初期状態に戻す

8-2-3 環境（開発／ステージング／本番）ごとのマスタデータの管理

DDLの場合は、開発／ステージング／本番環境と全ての環境についてDDLを適用していました。ではDMLの場合はどうでしょうか。下記の3種類のデータについて分けて考えてみましょう。

① マスタデータ
② トランザクションデータ
③ テストデータ

マスタデータ

データベースやそのアプリケーションにおいて基本的な参照データになるものを指します。本章でいえば、カテゴリがこれにあたります。よくある例としては、国や都道県といった情報を持つ地域マスターや、製造業や宿泊業といった業種マスターなどがあります。基本的なデータになるため、全ての環境に適用させます。

トランザクションデータ

マスタデータと対象的に、随時利用者によってメンテナンスされていくデータをトランザクションデータと呼びます。例えば、社員データや商品のデータなどアプリケーションの機能によって頻繁に変更されるデータなどです。利用者の操作によってデータが登録されるため、環境によって異なるデータになります。

そうした場合に、画面からの変更ができないが値の変更をしたい、メンテナンスをしたいといったレコードが発生してきます。特定の環境にのみ適用させるDMLが必要でしょう。

テストデータ

2つ目のトランザクションデータの派生したデータになります。テスト環境などのテストデータを大量に登録する場合などがあります。また開発環境では、アプリケーションの基本的なマスタデータ以外にも、新たにプロジェクトに参加した開発者がすぐアプリケーションを動かすことができるようにサンプルデータを用意する場合もあります。この場合は、開発環境にのみ適用させるDMLが必要でしょう。

適用するシーンに違いはあるものの、環境別にDMLを適用する仕組みが必要です。環境ごとへの適用方法とマスタデータの用意方法の2つに分けて作成してみましょう。

環境ごとへの適用方法

8-1節でマイグレーションコマンドの引数で、実行対象の環境を分けられることを説明しました。しかし、この方法だと**図8-2-7**のようにマイグレーションフォルダ配下にある全てのマイグレーションファイルが実行されてしまうため、適用対象を選択できても個別のマイグレーションファイル単位で適用の要否を設定することができません。

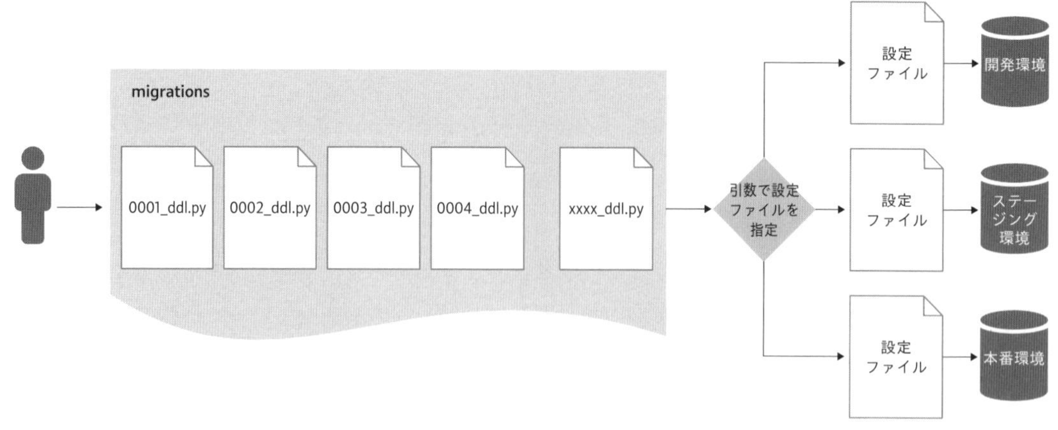

図8-2-7　環境ごとのマイグレーションの切り分け

例えば、上記のようにマイグレーションファイルは全ての環境に適用されます。そのため、**図8-2-8**のように特定のDMLをステージング環境にのみ反映させることができません。

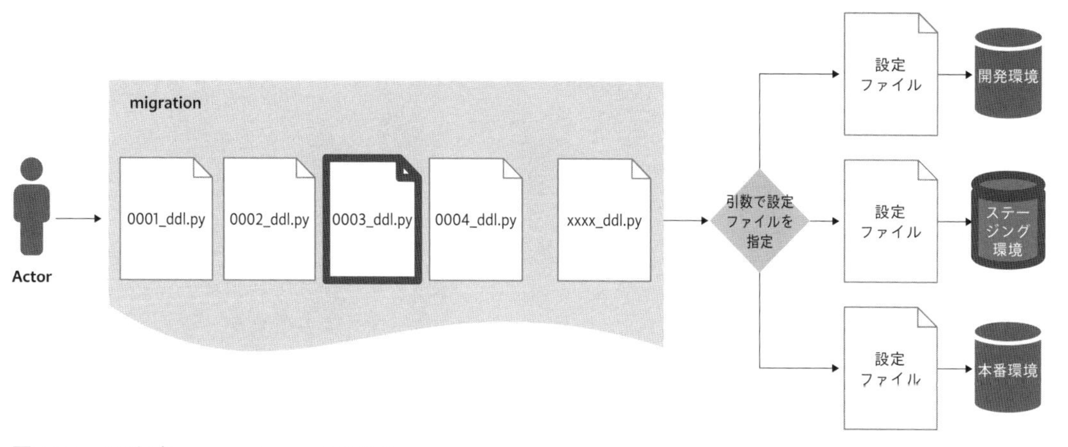

図8-2-8 環境ごとのmigrationの切り分け

この問題を解決するために、発想を少し変えて、マイグレーションファイルが適用されても特定の環境でしか処理が実行されないような実装をしてみましょう（**コード8-2-9**）。

コード8-2-9 マイグレーション
（backend/api/inventory/migrations/0005_dml_insert_catagory_data_by_environment.py）

```
from django.conf import settings
from django.db import migrations

def insert_category(apps, schema_editor):
    # 環境に依存する名称の設定ファイルを作成しているため、そこから環境を特定する
    setting_file = settings.SETTINGS_MODULE
    env_name = setting_file.split('.')[-1]

    # 環境ごとに処理を分ける
    if env_name == 'development':
        # 開発環境での処理
        Category = apps.get_model('inventory', 'Category')
        Category.objects.create(name='開発環境用のカテゴリ', parent_category=None)
    else:
        # ステージング環境や本番環境での処理
        pass

class Migration(migrations.Migration):
    dependencies = [
        ("inventory", "0004_dml_insert_catagory_data_by_model"),
    ]
    operations = [
        migrations.RunPython(insert_category),
    ]
```

さっそくコードを見てみましょう。前項で説明した通り、このアプリケーションではmanage.py

に引数として渡す設定ファイルで、環境を切り分けています。そのため、プログラムも設定ファイル名を利用して環境別の実装を実現します。具体的には次のコードです。

```
setting_file = settings.SETTINGS_MODULE
env_name = setting_file.split('.')[-1]
```

ここで、設定ファイル名を加工して、変数env_nameに環境名を代入しています。またDjangoの環境変数が格納されるsettingsのSETTING_MODULEにはファイル名が入ってきます。その環境名を元にした条件分岐で処理を切り分けています。

```
if env_name == 'development':
```

また、ここで出てきたpassとは、Pythonの何もしないという意味のコードです。構文法的には文が必要なものの、コードとしては何も実行したくない場合に使用します。この例では、開発環境以外であるelse側では何も処理をしない、というのを強調する意味で使用しています。

もちろん早期リターンといった書き方もあるので1つの実装例として紹介します。

```
# 開発環境以外は早期returnし何もしない
if env_name != 'development':
    return

Category = apps.get_model('inventory', 'Category')
Category.objects.create(name='開発環境用のカテゴリ', parent_category=None)
```

さて、開発環境とステージング環境のそれぞれに実行してみましょう。

```
$ python manage.py migrate inventory --settings config.settings.development
…
Operations to perform:
  Apply all migrations: inventory
Running migrations:
(0.003) SHOW FULL TABLES; args=None; alias=default
  Applying inventory.0005_dml_insert_catagory_data_by_environment...(0.004) INSERT ↵
INTO `category` (`name`, `parent_category_id`) VALUES ('開発環境用のカテゴリ', ↵
NULL); args=['開発環境用のカテゴリ', None]; alias=default
…
```

```
$ python manage.py migrate inventory --settings config.settings.staging
…
```

```
Operations to perform:
  Apply all migrations: inventory
Running migrations:
(0.002) SHOW FULL TABLES; args=None; alias=default
  Applying inventory.0005_dml_insert_catagory_data_by_environment...(0.003)
```

開発環境とステージング環境のCategoryテーブルをそれぞれ確認してみてください。開発環境のCategoryテーブルのみにデータが追加されていることが確認できます。

マスタデータの用意方法

環境ごとに適用するマイグレーションファイルを分けることができました。次はマスタデータの用意方法について考えてみましょう。同じような方法で用意しようとすると**コード8-2-10**のようになります。

例えば8-1節でカテゴリテーブルを追加しました。画面から登録されていく商品と異なり、カテゴリは登録機能を想定していないため、最初からデータを用意しておかないといけません。次に示すのはサンプルです。内容を見るだけでよいので実装をする必要はありません。

コード8-2-10　マイグレーション（backend/api/inventory/migrations/0006_dml_insert_catagory_master_data）

```
from django.db import migrations

def insert_category(apps, schema_editor):
    Category = apps.get_model('inventory', 'Category')
    categories = [
        {'name': 'メンズ', 'parent_category': None},
        {'name': 'レディース', 'parent_category': None},    ❶
        {'name': 'キッズ', 'parent_category': None},
    ]
    for category in categories:
        Category.objects.create(**category)

class Migration(migrations.Migration):
    dependencies = [
        ("inventory", "0003_dml_insert_catagory_data"),
    ]

    operations = [
        migrations.RunPython(insert_category),
    ]
```

大きく変更したのは、登録データを❶のcategoriesという変数で定義し、createを用いた登録処理と分離したことです。2つのアスタリスクがついた見慣れない引数**categoryは可変長引数といいます。前の項までは、createメソッドの引数を一つ一つ指定していましたが、本例では可変長引数を用いてfor文で展開した登録データをそのまま渡しています。

前の項までは、データ数が少なくあまり気になりませんでしたが、例えばこのcategoryの件数が100件あったらどうでしょうか。大量のデータと処理が1つのファイルに同居することで見通しが悪くなりますし、データと処理それぞれの再利用性も下がります。

これをフレームワークの機能であるfixtureを利用してファイル単位でデータと処理を分離しましょう。

fixture

図8-2-9はfixtureを使用するときのフォルダ構成のイメージです。

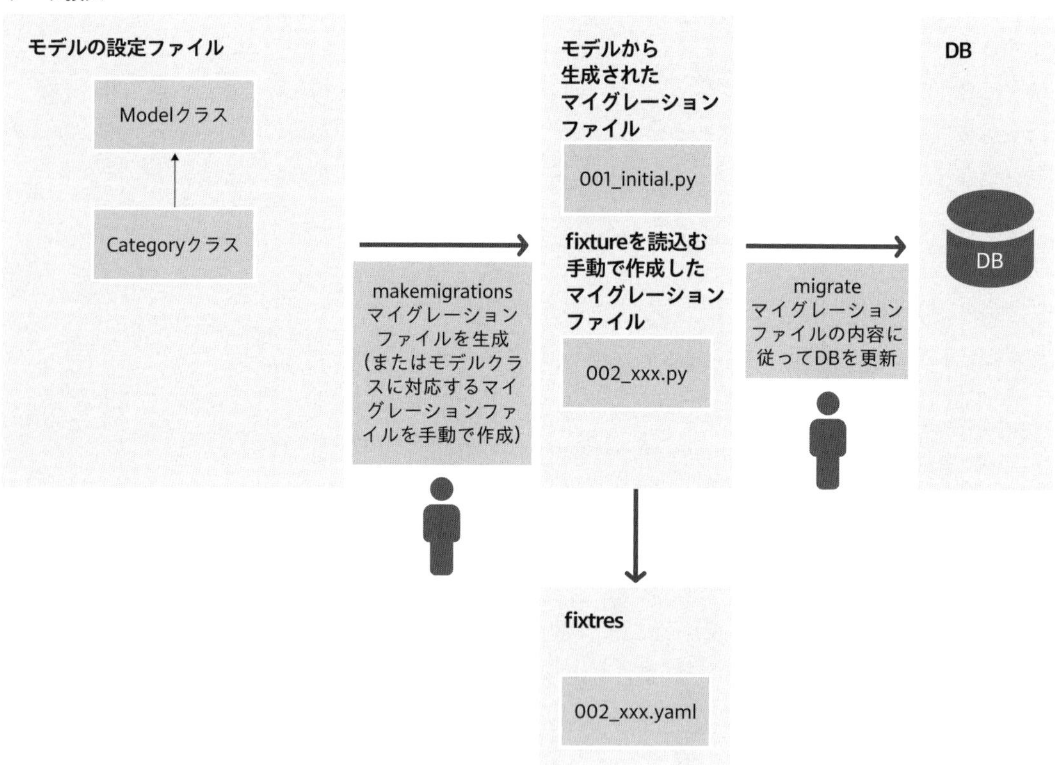

図8-2-9　fixtureのイメージ

fixture自体はマイグレーションとは独立した機能なので、まずfixture単体でのマスタデータの登録を行い、その後マイグレーションファイルに組み込んでみます。

まずはfixturesフォルダを作成して、そのフォルダ直下に登録データを記載したfixtureファイルを作成しましょう（**コード8-2-11**）。

コード8-2-11 マイグレーション（backend/api/inventory/fixtures/catagory_initial_data.yaml）

```
- model: inventory.category
  fields:
    name: メンズ
    parent_category: null
- model: inventory.category
  fields:
    name: レディース
    parent_category: null
- model: inventory.category
  fields:
    name: キッズ
    parent_category: null
```

3件のデータを登録します。いずれもデータ構造は同じフォーマットなので、1件目の構成を見てみましょう。

まずmodelが指定されています。ここにはModelクラスを継承して作成したモデルを指定します。モデルはアプリケーション配下で定義するためアプリケーション名も含めています。

次はモデルで操作する対象をfieldsで指定しています。プライマリーキーとなるidは自動採番されるため、それ以外のfieldsに登録するデータを記載しています。もしプライマリーキーも指定して登録したい場合は、modelやfieldsと同じレベルでpkキーを指定してください。

```
- model: <アプリケーション名>.<モデルクラス名>
  pk: <操作したいプライマリーキー>
  fields:
    <変数1>: <操作したいデータ1>
    <変数2>: <操作したいデータ2>
…
```

また今回はyaml形式で記載していますが、json形式もサポートされています。

データを登録してみましょう。マイグレーションファイルの場合はmigrateコマンドで処理を実行しましたが、fixtureの場合はloaddataコマンドを使用します。

```
$ python manage.py loaddata api/inventory/fixtures/catagory_initial_data ↵
--settings config.settings.development
…
    import yaml
ModuleNotFoundError: No module named 'yaml'
```

yamlファイルを扱うためのモジュールがないとエラーが出ました。次のコマンドを実行してインストールしましょう。

```
$ pip install pyyaml
```

それでは改めてデータを読み込んでみましょう。

```
$ pytpython manage.py loaddata api/inventory/fixtures/catagory_initial_data ↵
--settings config.settings.development
…
(0.006) INSERT INTO `category` (`name`, `parent_category_id`) VALUES ('メンズ', ↵
NULL); args=['メンズ', None]; alias=default
(0.002) INSERT INTO `category` (`name`, `parent_category_id`) VALUES ('レディース', ↵
NULL); args=['レディース', None]; alias=default
(0.002) INSERT INTO `category` (`name`, `parent_category_id`) VALUES ('キッズ', ↵
NULL); args=['キッズ', None]; alias=default
…
Installed 3 object(s) from 1 fixture(s)
```

migrateコマンドでは、引数にアプリケーション名を指定していましたが、fixtureの場合はパスを含めたfixtureファイル名を指定しています。もちろんアプリケーション名を指定して読み込ませることもできます。もし、ファイル名のみで指定した場合は、全てのfixtureフォルダの中を探して同名のfixtureファイルを見つけて実行します。

マイグレーションファイル経由でのfixtureファイルの利用

コマンド単位でマスタデータを登録できることはわかりました。しかし、このままだと運用時に複雑なオペレーションになってしまい、ミスが起こりやすくなりそうです。マイグレーションファイルのように読み込ませることはできないでしょうか。

そこでRunPythonコマンドを使って、上記の処理をマイグレーションファイルに組み込みます。前の項ではモデルの操作にRunPythonを利用しました。実はRunPythonはモデル操作に限らず、いろいろなPython処理を実行できます。ここではRunPython を経由してloaddata処理を呼び出し、fixtures配下に置いたyaml形式のデータをマイグレーション時に読み込ませて登録します。作成したyamlファイルを元にfixtureを使ったマイグレーションファイルを作成してみましょう。

コード8-2-12 マイグレーション
(backend/api/inventory/migrations/0006_dml_insert_catagory_data_by_fixture.py)

```
from common.migrate_util import common_load_fixture
from django.conf import settings
from django.core.management import call_command
from django.db import migrations
```

```
def load_fixture(apps, schema_editor):
    common_load_fixture(__file__) ──── ❷

class Migration(migrations.Migration):

    dependencies = [
        ('inventory', '0005_dml_insert_catagory_data_by_environment'),
    ]

    operations = [
        migrations.RunPython(load_fixture), ──── ❶
    ]
```

コード8-2-13 マイグレーションユーティリティ（backend/common/migrate_util.py）

```
import os

from django.conf import settings
from django.core.management import call_command


def common_load_fixture(migration_filename):

    setting_file = settings.SETTINGS_MODULE ──── ❶

    target = os.path.splitext(migration_filename)[0].replace('migrations', ↵ ──── ❷
'fixtures')
    base_yaml_name = target + '/base.yaml'

    call_command('loaddata', '--settings', setting_file, '--format=yaml', ↵
base_yaml_name) ──── ❸
```

最後にfixturesフォルダ配下に、新たに「0006_dml_insert_catagory_data_by_」フォルダを作成し、その中にbase.yamlファイルを作成します。base.yamlの内容は**コード8-2-11**で使用したcatagory_initial_data.yamlと同じです。

機能単位でファイルを分割しています。ファイルごとに次に示す役割を持っています。

- 0006_dml_insert_catagory_data_by_fixture.py
  - migrateコマンド実行時に呼び出されるマイグレーションファイル
  - ここからfixtureを実行するための関数を呼ぶ

- migrate_util.py
    - 本項でのポイントとなるloaddataを実行するファイル
    - fixtureファイルの保存場所を解決する
    - Pythonプログラムからloaddataコマンドを呼び出す
    - fixtureファイルパスを動的に生成する

- 0006_dml_insert_catagory_data_by_fixture/base.yaml
    - fixtureファイル本体
    - マイグレーションファイルからの読込対象を特定できるファイル名にしている

まずは、0006_dml_insert_catagory_data_by_fixture.pyから見ていきましょう。❶で今まで通り、処理を行う関数load_fixtureを呼んでいます。❷では引数は特に利用せず、common_load_fixtureという共通の関数に__file__という変数を渡しています。__file__にはその関数が実行されているファイルの絶対パスを取得します。こういった2つのアンダーバーで囲まれた変数やメソッドを特殊メソッドといいます。以前出てきた__init__もこれに該当します。

では、この絶対パスが渡されたmigrate_util.pyファイルでは何をしているか見ていきましょう。❶ではこの処理で使用する設定ファイル名を取得しています。❷ではこの処理で使用するfixtureファイルのパスを取得しています。マイグレーションファイル名と対応するようなfixtureファイルを用意しているため、直前のフォルダ名と拡張子のみ置き換えています。最後に❸です。Djangoの管理コマンドをコードから実行するcall_command関数を用いてloaddataコマンドを実行しています。

それでは、さっそくマイグレーションを実行してみましょう。

```
$ python manage.py migrate inventory --settings config.settings.develop
ment
…
Operations to perform:
  Apply all migrations: inventory
Running migrations:
(0.004) SHOW FULL TABLES; args=None; alias=default
  Applying inventory.0006_dml_insert_catagory_data_by_fixture...(0.002) SAVEPOINT ↵
`s139721006020416_x1`; args=None; alias=default
…
Installed 3 object(s) from 1 fixture(s)
…
```

catagoryテーブルのデータを確認してください。**図8-2-10**のように、データを登録することはできたでしょうか。これでデータと処理を分割し、お互いに再利用性の高いコードにすることができました。

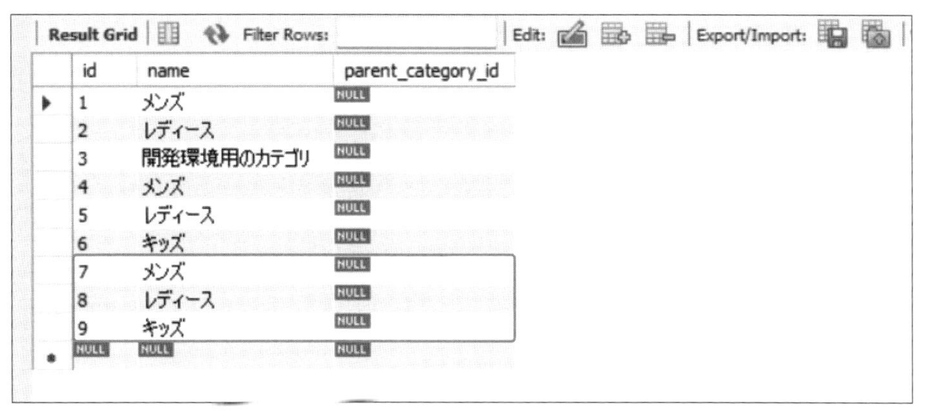

図8-2-10 データ確認

環境ごとの適用方法

fixtureの読み込み時に引数によって適用環境を区別するような作りにしてみましょう。

コード8-2-14 マイグレーション（backend/api/inventory/migrations/0007_dml_insert_catagory_data_by_fixture_environment.py）

```
// 0006_dml_insert_catagory_data_by_fixture.pyと同様
dependencies = [
    ('inventory', '0006_dml_insert_catagory_data_by_fixture'),
]
// 0006_dml_insert_catagory_data_by_fixture.pyと同様
```

こちらの内容は、前項の0006_dml_insert_catagory_data_by_fixture.pyのdependenciesの指定を変えただけです。

コード8-2-15 マイグレーションユーティリティ（backend/common/migrate_util.py）

```
    setting_file = settings.SETTINGS_MODULE
    env_name = setting_file.split('.')[-1] ──── ❶追加

    target = os.path.splitext(migration_filename)[0].replace('migrations', ↵
'fixtures')

    base_yaml_name = target + '/base.yaml'
    env_yaml_name = target + '/' + env_name + '.yaml' ──── 追加

    # 共通データ
    if os.path.isfile(base_yaml_name): ──── ❷追加
```

第8章 データ構造・マスタデータの管理

```
        call_command('loaddata', '--settings', setting_file, '--format=yaml', ↵
base_yaml_name)

    # 環境別データ
    if os.path.isfile(env_yaml_name): ──── ❸追加
        call_command('loaddata', '--settings', setting_file, '--format=yaml', ↵
env_yaml_name)
```

コード8-2-16 各環境共通の登録データ（backend/api/inventory/fixtures/0007_dml_insert_catagory_data_by_fixture_environment/base.yaml）

```
- model: inventory.category
  fields:
    name: 共通
    parent_category: null
```

コード8-2-17 ステージング環境用の登録データ（backend/api/inventory/fixtures/0007_dml_insert_catagory_data_by_fixture_environment/staging.yaml）

```
- model: inventory.category
  fields:
    name: ステージング
    parent_category: null
```

マイグレーションユーティリティに修正を加えました。❶でstaging.pyといった環境設定ファイルの名称から実行対象の環境を判別します。その後、❷で各環境に共通のデータはbase.yaml、❸でstaging.yamlといった環境に応じたデータを利用します。

次のコマンドをターミナルで実行し、base.yamlの内容は開発環境とステージング環境の両方、staging.yamlの内容はステージング環境にのみ適用されていることを確かめてみましょう。

```
python manage.py migrate inventory 0007_dml_insert_catagory_data_by_fixture_↵
environment --settings config.settings.development
```

```
python manage.py migrate inventory 0007_dml_insert_catagory_data_by_fixture_↵
environment --settings config.settings.staging
```

それぞれの環境の登録されたデータを確認しましょう。

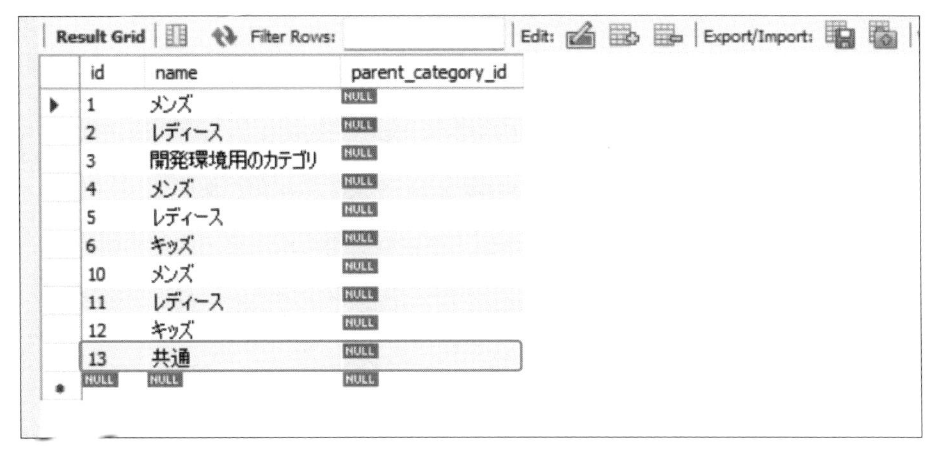

id	name	parent_category_id
1	メンズ	NULL
2	レディース	NULL
3	開発環境用のカテゴリ	NULL
4	メンズ	NULL
5	レディース	NULL
6	キッズ	NULL
10	メンズ	NULL
11	レディース	NULL
12	キッズ	NULL
13	共通	NULL
NULL	NULL	NULL

図8-2-11　開発環境のデータ確認

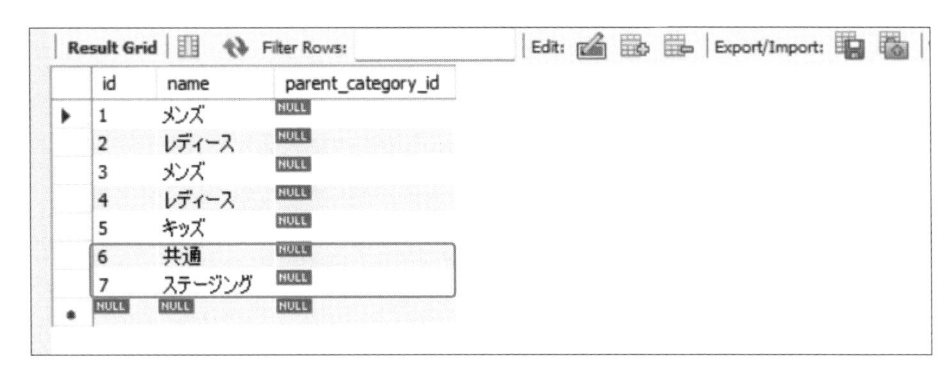

id	name	parent_category_id
1	メンズ	NULL
2	レディース	NULL
3	メンズ	NULL
4	レディース	NULL
5	キッズ	NULL
6	共通	NULL
7	ステージング	NULL
NULL	NULL	NULL

図8-2-12　ステージング環境のデータ確認

staging.yamlに用意した登録データがステージング環境のみに登録されていたでしょうか。これで実行するコマンドの引数によって適用環境を選択できるようになりました。

8-2-4 変更の反映方法

DDLやDMLを環境に応じて柔軟に実行できることがわかりました。この実行のタイミング自体はどう管理すればよいでしょうか。

まず、重複して変更処理が実行されないかについてです。showmigrationsの結果からわかる通り、Djangoではフレームワークの機能としてマイグレーション履歴を管理しており、マイグレーションの未済についても記録しています。この履歴により、すでに実行済みのマイグレーションファイルは実行されることがありません。

開発環境であれば開発者本人が任意のタイミングで手動にてマイグレーションを実行しています。しかし、ステージング環境や本番環境においては次の理由から頻繁に利用することはありません。

- 適用のタイミングで作業者が対象の環境で実行しなければいけないという手間
- コマンドの実行誤りなどの運用上のリスク

一般的にはデプロイツールやCI/CDパイプラインを使用して、マイグレーションの実行も自動化することが多いです。いくつかツールの例を挙げます。

- Jenkins
- CircleCI
- CodePipeline (AWS)

これらはDjangoとは別の個別のツールなので詳しい説明は行いません。ただ、いずれのツールについてもその機能の1つを利用して、本番環境へのデプロイ時に自動的にmigrationを実行するといったことが実現可能です。

また手動・自動にかかわらず、デプロイ時にはバックアップを作成しておくことが重要です。テーブル定義の切り戻しは可能ですが、データの状態は復元されないためです。テーブル定義の変更によりデータが変更や破棄される場合には、リストアでないと対応することができません。

こういった運用はDjangoで構築したアプリケーションに限らず、一般的なアプリケーション全般に共通する対応です。

この章ではDDLとDMLに相当するファイルの管理方法と環境別の運用方法について学びました。ここまでの内容でアプリケーションの実装は一通りできるようになりました。しかし、実際の開発の現場ではプログラムの実装以外にも設計やプロジェクトの運営など、より幅広い知識が求められます。次の第III部からは、そういった現場で活きてくる様々な知識について広く見ていきます。

第III部

現場で役立つ周辺知識

C 第Ⅲ部の流れ

第Ⅲ部では実際に開発プロジェクトを実施・運営している執筆陣の経験を元に、「実務を進める上で必要な知識」を取り上げていきます。現場で役立つ知識として、実務上の課題やノウハウを交えながら説明しています。

第Ⅲ部は、第Ⅱ部までの説明やハンズオンを前提としていないので、興味のあるテーマ、実務での課題がある章から読み始めても構いません。

まず、第9章ではチームビルディングとアーキテクチャ選定の方法について解説します。フロントエンド、サーバーサイドに分かれたチームの構築・運営ノウハウ、開発プロセス、レイヤーごとの様々なアーキテクチャの選定方法を紹介します。

第10章では、フロントエンド、サーバーサイドごとの視点による仕様書・設計書の概要と作り方を解説します。

第11章では、リポジトリ管理を扱います。ソースコードや設計図書のリポジトリをどのように管理するのか、GitやGitHubの活用と合わせて解説をします。

第9章
チームビルディング

第III部では「現場で役立つ知識」がテーマです。第1章では、フルスタックエンジニアの要件として、フロントエンドとバックエンド双方の技術が理解できるだけではなく、システムの設計・開発からリリースまでの様々な技術要素やタスクに広く取り組めるスキルが必要だと説明しました。以降の章では、実際にアプリケーションを開発しシステムをリリースするまでに必要な様々な知識を解説し、スキルを身につけていきます。第9章では「チームビルディング」を取り上げます。

Part III

9-1 フルスタック開発における アーキテクチャの特徴

筆者は実プロジェクトに長く携わってきた経験の中で、フルスタックエンジニアとして活躍していくために、チームビルディングやアーキテクチャ選定は「重要なスキル」であると感じます。

Webシステムの開発では5人程度のチームで半年程度の期間のプロジェクトを進めるケースが非常に多くなっています。数百人が開発に関わる金融の基幹系プロジェジェクトなどと異なり、こうした数名規模のプロジェクトではチーム運営や仕様策定、外部設計などのロール一つ一つに専任を置くことは不可能です。チームメンバーはプログラムを作成するだけではなく、様々なロールを分担しプロジェクトを支えなければなりません。

第9章では、そうした様々なロールを支え合うチームビルディングを説明します。

フルスタック開発では「フロントエンド」と「バックエンド」のアーキテクチャを分けて設計・開発を行うと説明しました。ここからは、まずそれぞれのアーキテクチャの特性を深堀して理解していきます。

9-1-1 フロントエンドとバックエンドの特性の違い

フロントエンド開発

フロントエンド開発の舞台となるWebブラウザは、数年程度でメジャーバージョンが変わり、表現の仕方やふるまいが変わってしまいます。さらに、スマートフォンは毎年画面の大きさや構成、表示のされ方やUIなどが変化します。結果として、開発側が何も変更を加えていなくても、ある日突然「重要なボタンが見切れてしまい押せなくなった」といった問題が頻発します。

あるいはCookieに対する法規制のようなエンドユーザーコンピューティングに関する法制度の改正※9-1が行われ、短期間での対応を迫られることもあります。

つまり、フロントエンド開発では、自分たちの開発スケジュールやリリース計画とは関係なく、短期間で修正を行わなければならない「柔軟なアーキテクチャ」を前提とし、開発や保守を行う必要があります。

さらに、UI/UXは「仕様変更の的」ともいっていい領域です。開発作業中もユーザーに画面を見せるたびに要望が変わり、ボタンやテキストボックスの配置を変えたり、確認ダイアログの出す／出さ

※9-1 主にEUなどで始まったクッキー法と呼ばれるWebサイトの訪問者の訪問履歴や操作情報などが保存されている“cookie”に対する法規制は2023年6月より日本でも「改正電気通信事業法」として規制されることになりました。クッキー法は、Webサイトがユーザーの情報を保存・取得する際の透明性と同意を求めることを定めています。

ないを変更したり、といった要望に晒され続けます。

開発もテストも終え、いよいよ経営陣へのお披露目の場で「修正要望」が経営陣から出されることもしばしばです。もちろん、品質を担保できないような修正要望に応じるのはよいマネジメントとはいえませんが、可能な限り「Customer Satisfaction」（顧客満足度）を高めつつ、よりよいエンドユーザーコンピューティングを提供したいと考えるなら、特にフロントエンドは「**変化を前提として設計・開発する**」ことは非常に重要です。

バックエンド開発

バックエンドの開発では、フロントエンドのような「変化や改善に柔軟であること」よりも、「変わらずに正しく早く動き続けること」が要求されます。

図9-1-1で例にしているのは、「商品情報」を提供するWebAPIの例です。汎用的なXML（JSON）で商品情報を提供する機能を想定しています。そのAPIは「商品」を扱うあらゆるシステムから呼び出されています。

逆にいえば、もしこの「商品情報API」の仕様が大きく変わると、販売サイト、販売サイト（スマートフォン）、オペレーター向け管理システム、在庫管理システム……など、あらゆるシステムや機能を修正し、仕様変更しなければいけません。よって「変化への対応」を肝としていたフロントエンドシステムと違い、バックエンドはなるべく変わらずにかつ安全で、スピーディーに「商品情報」を提供し続けることが目的になります。

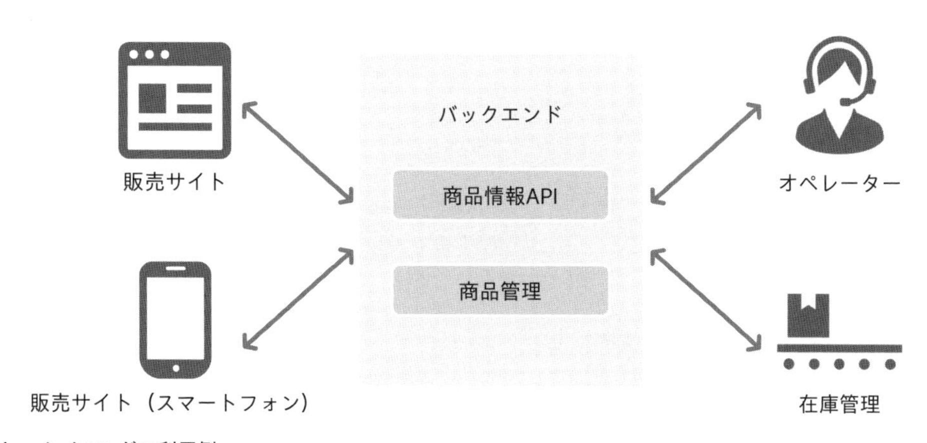

図9-1-1　バックエンドの利用例

バックエンドでは基盤のライフサイクルも、長いものではセキュリティ対策などをしつつ10年以上使われます。この点がブラウザやスマートフォンを基盤するフロントエンドとの大きな違いになります。

バックエンドでは、前述のように「変化に強いこと」を求められるフロントエンドとは異なり「**変わらずに正しく早く動き続けること**」を求められます。パフォーマンスやセキュリティはもちろん、トランザクション一貫性やセッション管理、データ保全など、非機能要件の実現に高いコストを払って開発が行われます。
結果、仕様変更をすれば、そのたびにそうした非機能要件を満たしているかを確認する「テスト全体」がやり直しとなり、コストや納期への影響が大きくなるとともに変更が困難となってしまいます。

こうした、フロントサイド、バックエンドでの開発アプローチの違いはチームビルディング、プロジェクトマネジメントに大きな影響を与えます。
そのため、本書でもこの特性の異なる役割をチーム分けすることを推奨しています。また、本書で取り上げているフルスタック・アーキテクチャがReactとDjangoになっているのも、そうした特性を生かしやすいためです。

純粋に生産性や管理工数を考えるなら、Node.jsを用いてJavaScriptでシステム全体を構成するか、Springだけでシステム全体を構成するほうが、メンバーの学習コストやメンテナンス運用性は高いでしょう。
それでもあえて、本書では、フロントエンドとバックエンドのアーキテクチャを分けることで、「フルスタックエンジニア」としての開発スタイルを推奨しています。その理由は、よりよいサービスの開発やより高いユーザー体験を生み出す開発手法の1つとして、次に示すアプローチを推奨しているためです。

- フロントエンド開発 …… 変化を前提とした柔軟なアーキテクチャ
- バックエンド開発 …… 早く正確にサービスを提供し続ける堅牢なアーキテクチャ

9-1-2 スキル特性の違い

アーキテクチャの特性の違いを、前の項で説明しました。次にそのアーキテクチャの違いが、実際の開発でエンジニアのスキルセットにどのような影響を及ぼすか見ていきましょう。

フロントエンドのスキルセット

フロントエンドではビジュアルやUIといったデザインは重要な要素です。そのため、当初のラフでは、イラストツールなどを使ってデザインを作成し、ユーザーからの合意を得ます。データを中心に設計や実装、ふるまいを検討するバックエンドに対して、フロントエンドは画面遷移やふるまいを中心に設計や実装を進めます。
フロントエンドとバックエンドでは、成果物のライフサイクルも違います。例えばTOPページのUIなどは利用者の評価を聞きながら定期的に修正やリプレイスを行います。対してバックエンドでは不具合の修正は同様にあれど、リプレイスは年単位で行われ規模も大がかりになりがちです。
そのため、よりライフサイクルの短いフロントエンドとバックエンドを疎結合にし、フロントエンドを置き換え可能にする取り組みも一般的です。
フロントエンドに求められるスキルセットについて、代表的なものをいくつか紹介します。

プログラミング・設計の知識

フロントエンドエンジニアは、主にJava Scriptを用いたフレームワーク・APIを利用したプログラミング、設計の知識が必要です。

グラフィックデザイン

Webデザインは基本的にはデジタルな視覚表現であるため、色彩理論、タイポグラフィ、レイアウトデザインなどの基本的なグラフィックデザインのスキルが必要となります。同時にそうしたデザインを具現化するための、デザインツールを使いこなす経験やスキルも求められます。

UX/UIデザイン

ユーザーエクスペリエンス（UX）とユーザーインターフェース（UI）デザインの理解はWebデザインにとって不可欠です。UXデザインではユーザーがWebサイトをどのように体験するかについての理解が求められ、UIデザインではWebサイトの見た目と感じ方についての理解が求められます。UI/UXデザインでは流行を押さえることも重要です。他のソフトウェアと操作方法が大きく異なることは、ユーザーの学習コストを上げて「使いにくい」と評されるリスクがあるためです。

スマートフォンデザイン

スマートフォンなどデバイス上のデザイン、動作、レスポンシブデザインなどに関する知識も重要です。現代のWebサイトはスマートフォン、タブレット、デスクトップPCなど、様々なデバイスで適切に表示されることが求められるため、それを実現するためのスキルが必要となります。

HTML/CSS

Webページの構築に使用される基本的な言語で、デザインを具現化するために必要となります。これに加えてJavaScriptの基本的な知識も有用で、Webページに動的な要素を追加できるかどうかも重要なポイントです。

フロントサイドの非機能要件知識

複数のブラウザの特性や、セキュリティ知識、クラッキングやクッキー、SSOや2段階認証などの知識、ドメインなどの知識です。

SEOの理解

Webサイトが検索エンジンで上位に表示されるようにするためには、SEO（検索エンジン最適化）の基本的な理解が必要です。これはWebデザイナーの主要な役割ではありませんが、デザインが検索エンジンのランキングにどのように影響するかを理解することは有益です。

バックエンドのスキルセット

バックエンドで求められるスキルセットには、システム全体のグランドデザイン（概要設計）ができること、データモデル・データフローを整理・構築できること、そして、それらを恒久的に運用できること＝パフォーマンスやセキュリティなど非機能要件を配慮したシステム基盤を構築できること、などが挙げられます。

バックエンドの代表的なスキルセットをいくつか紹介します。

プログラミング・設計の知識

バックエンドエンジニアは、Java、Python、Ruby、PHP、.NET、Node.jsなどのバックエンドプログラミング言語に、1つ以上は精通している必要があります。またAPIの設計と開発も重要です。RESTful APIやGraphQLなどのAPI設計と開発のスキルは、フロントエンドとバックエンドの間でデータを送受信するために必要です。

データ管理スキル

データモデリングによるデータ構造の設計や、データベース（あるいはNoSQLの知識）やSQLによるデータ操作のスキルが必要です。したがって、MySQL、OracleやSQLServer、PostgreSQLなどのRDBやSQLの知識、もしくはMongoDBのようなNoSQLなどの知識は必須です。

インフラ構築運営スキル

クラウド環境管理構築能力もしくはサーバーの構築やメンテナンス、運用の知識や経験が必要です。AWSやGCP、Azureなどのサービスの知識、もしくはApache、Nginx、Microsoft IISなどのWebサーバーテクノロジーについての知識が必要です。バックアップやバッチロギングや監視、災害対策なども必要です。また、サーバーのライセンスや、クラウドの課金の仕組みなどコストパフォーマンスへの理解も必要です。

開発環境のスキル

IDEやCD/CI、デプロイメントツールや複数環境を複数の開発者と共有するノウハウです。仮想化ツール、コンテナや、バージョン管理システム（Gitなど）の使用が必須となります。

テストスキル

バックエンドコードの品質を確保し、バグを事前に防ぐためには、CI/CDを用いた自動テストやユニットテストや統合テストの知識が求められます。

セキュリティやパフォーマンススキル

データの機密性、完全性、可用性を保つためには、Webセキュリティの基本的な理解が必要です。また、特にデータベースやネットワークに置いてパフォーマンスの課題解決ができることも重要です。

開発プロセスの知見

要件定義工程からリリースや運用までの、システム開発全体でのフェーズごとの役割やインプットやアウトプットを理解し、各工程を管理するスキルが必要になります。

Part III

9-2 チームビルディング

9-2-1 フルスタック開発におけるチーム構成

ここまで、フルスタック開発における「アーキテクチャの特性」と「アーキテクチャごとのスキル特性」の違いを学びました。この節では、その特性に基づいたチームビルディングについて学んでいきましょう。フルスタック開発という形で、フロントエンドとバックエンドのアーキテクチャが分かれ、ソフトウェアとしても疎結合に作られている点が、旧来のWeb開発とは異なります。その点がプロジェクト運営にどう影響するか考えてみましょう。

なぜチームで開発するのか?

チームで開発する主な理由には、次のようなものがあります。

① 規模のリソースを得るため
② 幅広いスキル特性をカバーするため
③ 不意なエンジニア個人の事情などをプロジェクトに影響させないため
④ 継続的なエンハンスなどの保守・維持・改善活動が可能になるようにするため

規模のリソースを得るため

まず「チーム開発」と聞いて最初に思い浮かぶのがこの理由でしょう。規模の大きなアプリケーションを定められた「納期」の中で開発するには、エンジニアの人数が必要です。

しかし、本質的に複数の人間が作業にあたれば「コミュニケーションロス」が必ず発生します。究極的にはスキルが必要十分に満たされているならば1人で企画、設計、開発、テストできれば効率は最大化されます。仮に1人で全てのタスクを行うと仮定すれば、仕様に行き違いや要求の食い違いなど、様々なコミュニケーションロスをゼロに近づけることができるからです。

ところが、どうあがいても1人でできることには限界があり、大規模なシステムを作ろうとすれば何年、何十年もの期間が必要になってしまいます。逆にいえばチーム開発の肝は「コミュニケーションロスをいかに低減するか」ともいえます。

幅広いスキル特性をカバーするため

フルスタック開発には、フロントエンド、バックエンド、インフラ、そして設計から実装、テスト、運用、プロジェクトマネジメントまでの多岐にわたるスキルが求められます。1人でこれら全てのスキルを持つのは難しいため、チームでの開発が必要です。

不意なエンジニアの都合に左右されないため

エンジニアとて人間です。疾病や傷病の可能性もありますし、プロジェクトの期間が長ければ退職などもありえるでしょう。そうした事情にプロジェクトが頓挫しないためには開発するアプリケーションの規模によらず、3名以上のチームで開発にあたることをおすすめします。

継続的なエンハンスや保守のため

アプリケーションの開発を終えて、システムが稼働（カットオーバー）した時点でシステムとしてのライフサイクルが終わるわけではありません。むしろ始まりです。その後何年にもわたり、不具合の対応だけでなく、新たなビジネスニーズの対応や機能改善が必要になることでしょう。そうした「将来の体制作り」のためにもチームでの対応は欠かせません。

9-2-2 チームの分け方

開発計画、すなわち要件のスコープ（工数の見積もり）やカットオーバーの予定（納期）など、期間と費用を決める際に「体制」、つまりチームに必要なリソース（人数）も決まります。その人数に合わせて「チームビルディング」を行います。チームビルディングはPMやPLだけが行うものではありません。特にWebシステム開発は3〜5名くらいの小規模なケースも多く、役割（ロール）が明確に分かれるのではなく、PMがコーディングをすることもあれば、メンバーがユーザーやクライアントと要件を詰めることもあります。チームビルディングは、メンバーとリーダー双方からの働きかけによって成し得るものです。読者の皆さん自身がよりよいチームで活躍するために、1人のメンバーとしてチームビルディングに取り組んでください。

ソフトウェア開発では、チームとロールの分け方には、大きく「機能単位チーム」と「アーキテクチャ単位チーム」の2種類があります。どちらの方法にも一長一短があるので、特徴を見ていきましょう。

機能単位チーム

機能単位チームは、開発対象となるシステムの「要求機能ごと」にチームを作る方法です。例えばログイン周りの担当はチームA、請求周りの機能の担当はチームB……といった具合です。機能単位でチームを分けるメリットとデメリットには、次のようなものが挙げられます。

チームの役割が明確になる

責任分解点がより明確になります。つまり、ログイン周りはAチームの責任、決済周りはBチームの責任……といったように、責任の所在がわかりやすくなるのです。これは、マネジメントをする上でタスクの切り出しや管理がしやすくなることにもつながります。

ただし、各チーム間にあるタスク（データ接続機能など）の責任を、どのチームも持たない状況が生じやすいというデメリットもあります。

情報共有が少なくて済む

仕様を伝えるべき対象がチーム単位で閉じることから、情報共有の効率がよいというメリットがあります。例えば、ログインを周り担当するチームAでは、チームメンバーは「ログインだけ詳しく」あればよく、他チームの仕様は最小限度の知識で済みます。ただし、「システムの全体像が見えている人が少ない」というデメリットもあります。

エンジニアのスキル特性を生かしにくい

機能単位でチームを分けた場合は、機能のフロントエンドからバックエンドまでを、1つのチームが全て担当します。結果、アーキテクチャの柔軟さ・堅牢さといった特徴や、フロントエンドとバックエンドのスキルセットの違いを、吸収しにくいというデメリットがあります。例えば、UI/UXに得意なエンジニアを各チームに均一に配するのは難しいため、チームにもスキル特性のばらつきが出ます。

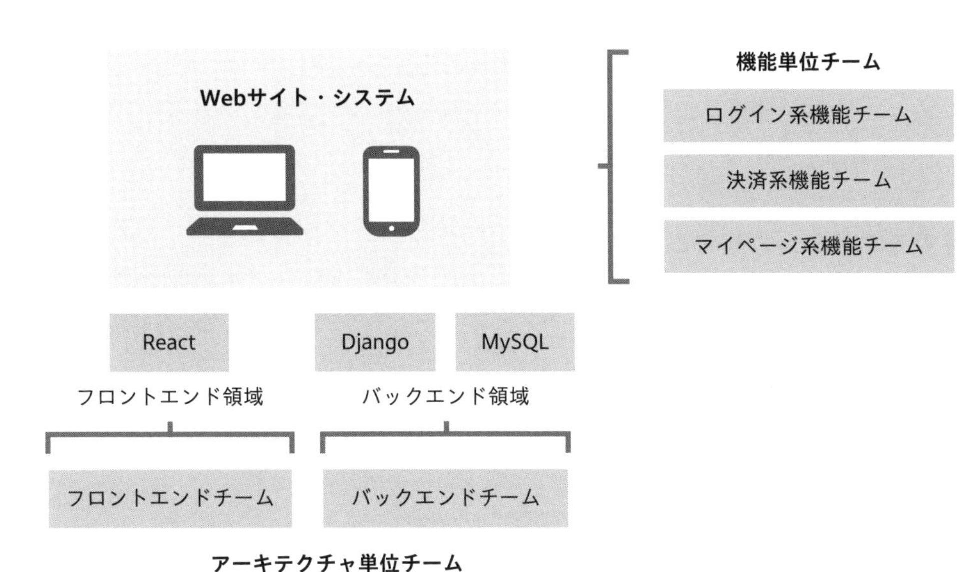

図9-2-1　チーム分け概念図

アーキテクチャ単位チーム

アーキテクチャ単位チームは、アーキテクチャのレイヤーで構成するチームです。**図9-2-1**のように「フロントエンドチーム」「バックエンドチーム」「クラウド・インフラチーム」といったアーキテクチャ層ごとにチームを分けます。

このチームのメリットは、次のようなものが挙げられます。

フロントエンドとバックエンドのスキル特性を生かしやすい

フロントエンドとバックエンドでは大きくスキル特性が異なります。「スマートフォンのUI開発が得意」なエンジニアと、データモデリングやデータベースの構築が得意なエンジニアは、多くの場合で異なるタイプのエンジニアとなります。

変化に対する基本的な姿勢の違いに基づいて開発プロセスを運営できる

「変化に柔軟なアーキテクチャ」を求められるフロントエンドと「堅牢なアーキテクチャ」を求められるバックエンドでは、ソフトウェア開発に対する基本的な姿勢が異なります。そのため、それぞれのチームの運営は異なるアプローチで取り組んだほうがよい場合が多いです。

一方でデメリットは、下記のようなものが挙げられます。

広く情報共有を図る必要がある

機能単位でチームを分けていないため、多くの機能の仕様をメンバー全体に共有する必要が生じます。その分、メンバーは仕様の全体像を把握するようになるため「仕様起因のバグ」は発生しづらくなるメリットもあります。

本書でのオススメのチーム体制

本書では以下の理由から、フルスタック開発をテーマにした場合「アーキテクチャ分けチーム」のほうが最適化しやすいと考えています。

- フロントエンドとバックエンドのエンジニアスキル特性が大きく異なる
- UI/UXデザインとビジネスロジック構築では個人の特性が大きく異なる
- 要件や設計のブレやすさのような「作業の堅さ」が異なる
- アーキテクチャのライフサイクルが異なる

画面設計とデータモデル設計には共通点もありますが、技術的にも役割的にも全く別物です。結果、アサインするチームメンバーの特性や保有スキルも変わってしまいます。「何でもできるスーパーマン」だけでチームが構成されているなら、そうした「メンバーの特性」は無視できるかもしれませんが、実際のプロジェクトでは様々な「得意・不得意」を持つメンバーが集まります。
また、「変化に対する姿勢」がフロントエンドとバックエンドで異なるため、開発プロセスも別々の形での運用が望ましいでしょう。

Part III

9-3 チームの動かし方（開発プロセス）

ここまでで、アーキテクチャの違いからくるスキルセットの違い、その違いに基づいたチームビルディングについて説明してきました。
本節では、そのチームビルディングに基づいた開発プロセスの運用の仕方を説明していきます。

9-3-1 フロントエンド／バックエンド開発プロセス

Webシステム開発における、開発プロセスには代表的な2種類のアプローチがあります。1つは「アジャイル型」と呼ばれるアプローチ、もう1つは「ウォーターフォール型」と呼ばれるアプローチです。本書は開発プロセスの解説をテーマにしていないため詳細な説明は省きます。
その上で、厳密な「アジャイルプロセス」とは異なりますが、本書中はわかりやすくするために、あえて「アジャイル型」「ウォーターフォール型」アプローチと呼ぶこととします。

開発プロセス

開発プロセスにはソフトウェア工学的な理論から、アジャイルのような取り組み・実践メソッドの集合体まで、様々な種類があります。本書ではWebシステムのフルスタックチーム開発に特化して説明していきます。
ソフトウェア開発プロセスでは、プロジェクトのスタートからゴール（カットオーバーしてメンテナンスフェーズに移行）するまでの工程やタスクを定義します。その工程間の進め方（あるいは戻り方）を定義し、ゴールに対する進捗を管理可能にします。ゴールに至るまでのQCD（品質・コスト・納期）の管理を適切に行うことが目的です。

ウォーターフォール型アプローチ

本書では以下の開発アプローチをウォーターフォール型アプローチと呼びます。

① 開発合意前に事前合意した設計を目標とし、実装やテストを進めていく
② 開発後に現れるリスクや課題への対応は行うが、初期に設計したシステムを基盤としたアウトプットを目指す
③ 設計の事前合意にコストをかける。設計は必要十分に詳細な資料に起こして、両者で合意してから開発に着手する

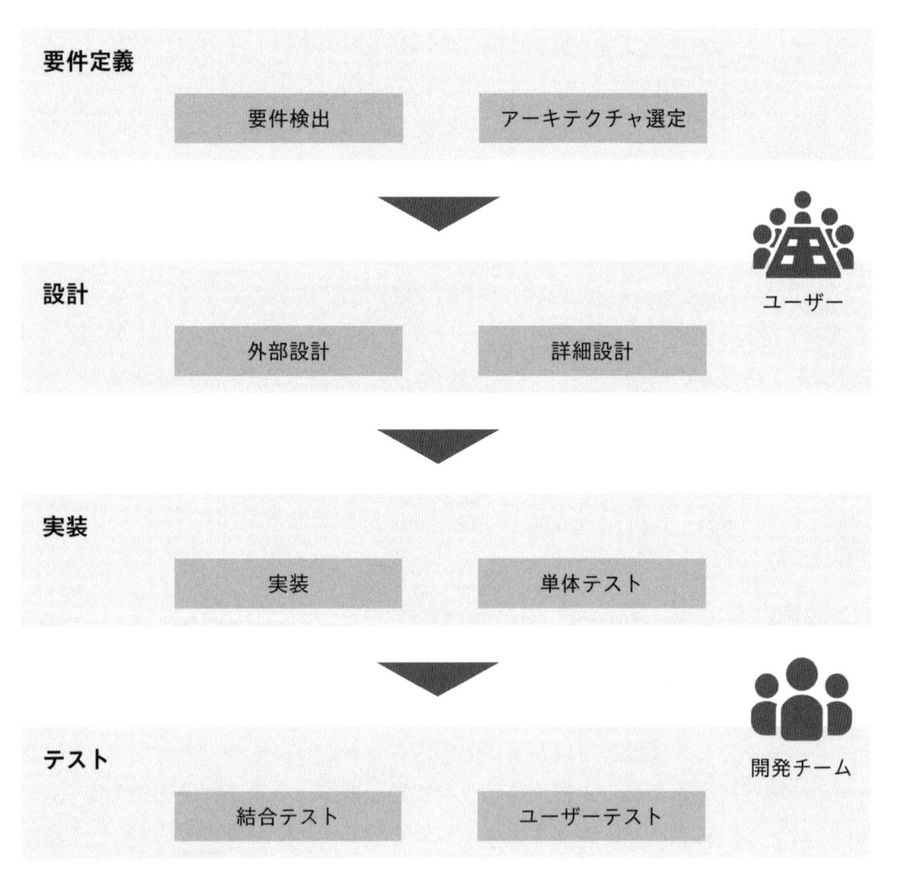

図9-3-1 ウォーターフォール概念図

アジャイル型アプローチ

本書では次の開発アプローチをアジャイル型アプローチと呼びます。

① 開発合意前に事前合意した設計は「叩き台」として活用し、機能要件を満たす利用者（クライアント）が満足する設計をゴールとして目指す
② 動作する画面を利用者と共有し「よりよい形」を目指して変更し続ける
③ 短期間で開発して修正し続けることにコストをかける※9-2

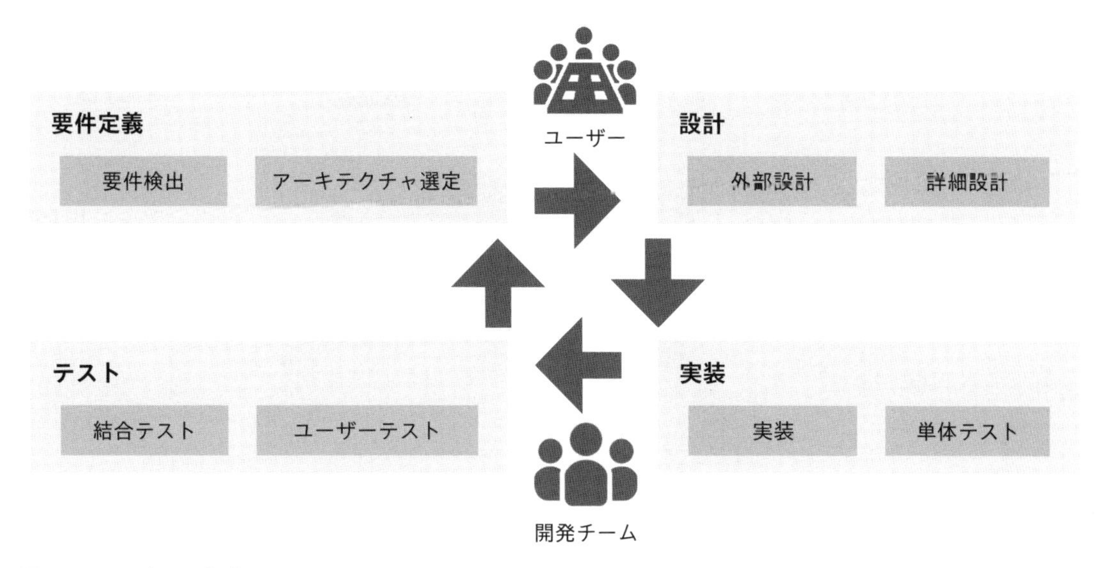

図9-3-2 アジャイル概念図

なぜ、先にシステム開発アプローチについて定義し、説明したかというと「フルスタックWebシステム開発」において、このアプローチの違いは大きくチームビルディング、マネジメントに影響してくるからです。

9-3-2 フルスタック開発における開発プロセス

フロントエンドのアプローチ

フロントエンドの開発領域には、アジャイル型アプローチが向いています。対してバックエンドの開発領域には、ウォーターフォール型アプローチが向いています。

フロントエンド開発では、前述のように技術や基盤、仕様のライフサイクルが短く不安定です。さらに前述のように仕様も固まりにくく、揺らぎやすいという特徴を持っています。このことは「変化を許容する」前提で考案されている、アジャイル型アプローチのほうが向いていることを意味します。

イテレーションを繰り返す際に、画面のプロトタイプを提示し、より高いユーザー利便性やビジネスニーズを掘り起こしながら開発を進めます。このほうが効率よくビジネスニーズを満たせるでしょう。

※9-2 開発して見せて修正する繰り返しをプロトタイプ・イテレーションと呼びます。

さらには、変化に強いプロセスにしておくことで、前述のような「ブラウザやスマートフォンなどの変化」や、「エンドユーザーコンピューティングに対する法改正」などにも適切に対処ができます。

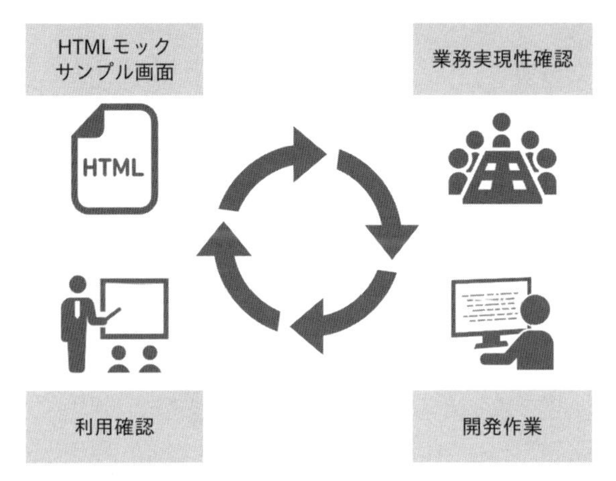

図9-3-3　イテレーティブ開発

バックエンドのアプローチ

対して、バックエンドの開発にはウォーターフォール型アプローチが適しています。その理由としては、次のようなものが挙げられます。

- バックエンドは「変化せず、正しく早く動き続けること」が求められるため
- バックエンド開発はデータモデルと密接に関連しており、一度カットオーバーすると、データが蓄積され、その「過去のデータ」の修正は簡単ではないため

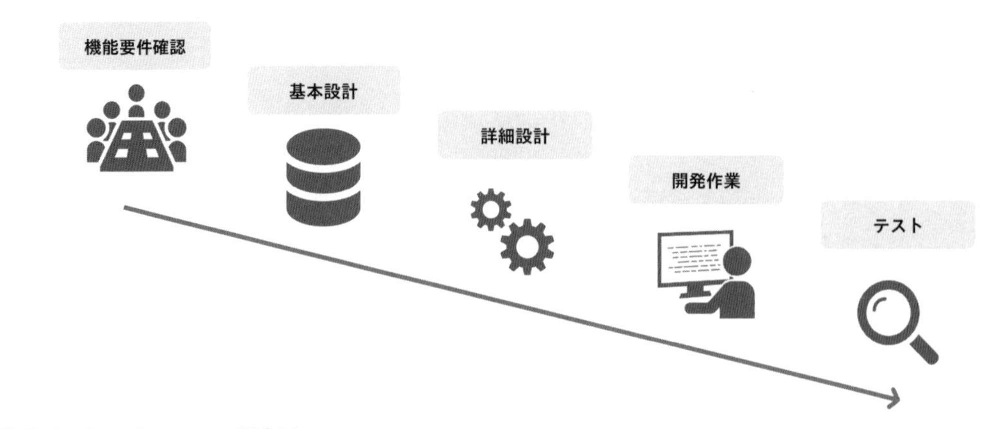

図9-3-4　ウォーターフォール概念図

9-3-3 実プロジェクトの進め方

ここからは、実際にチーム運用のイメージを、事例を元に、フェーズに分けて進めてみましょう。6人程度のチームを例に、フルスタックでのチームWeb開発プロセスを考えてみます（**図9-3-5**）。6人としたのは「フロントエンドチーム」「バックエンドチーム」で各々2〜3人のチームができるようにするためです。

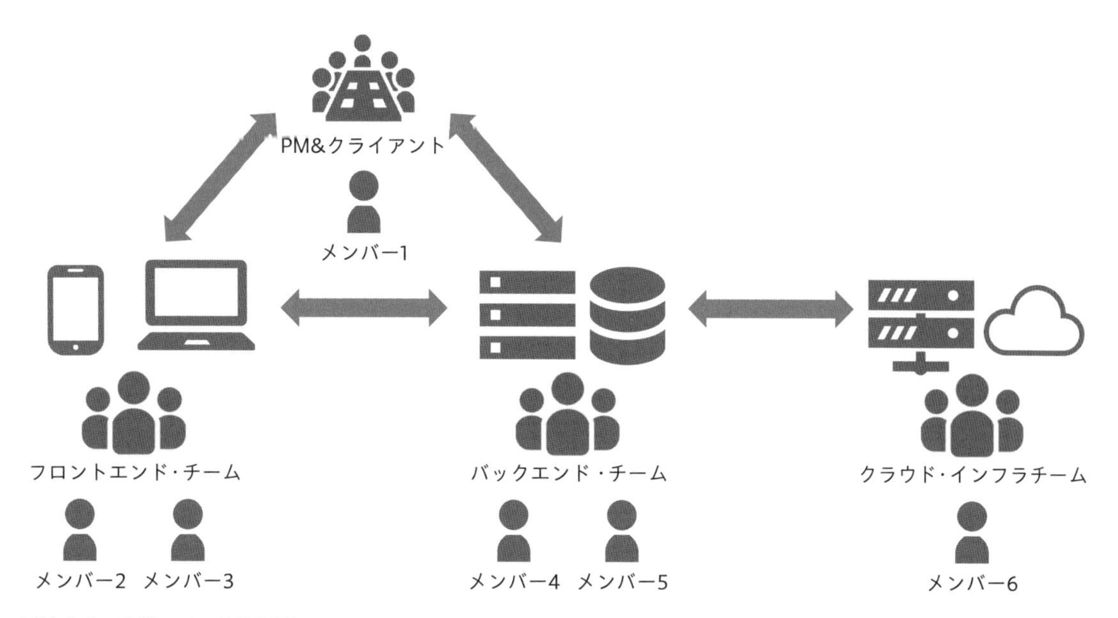

図9-3-5 実際のチーム体制図

フロントエンドチームとバックエンドチームでは、開発プロセスにおいて適した取り組みは異なります。UI/UXを中心とし「ユーザーの使い勝手」が最優先であるフロントエンドと、データモデルの構成を検討し、セキュアにかつ高パフォーマンスで画面に提供するバックエンドでは、達成すべき目的が異なるためです。

フロントエンドチームの開発プロセス

フロントエンドでは「アジャイル型アプローチ」が向いていると説明しました。一例として次のような進め方をします。

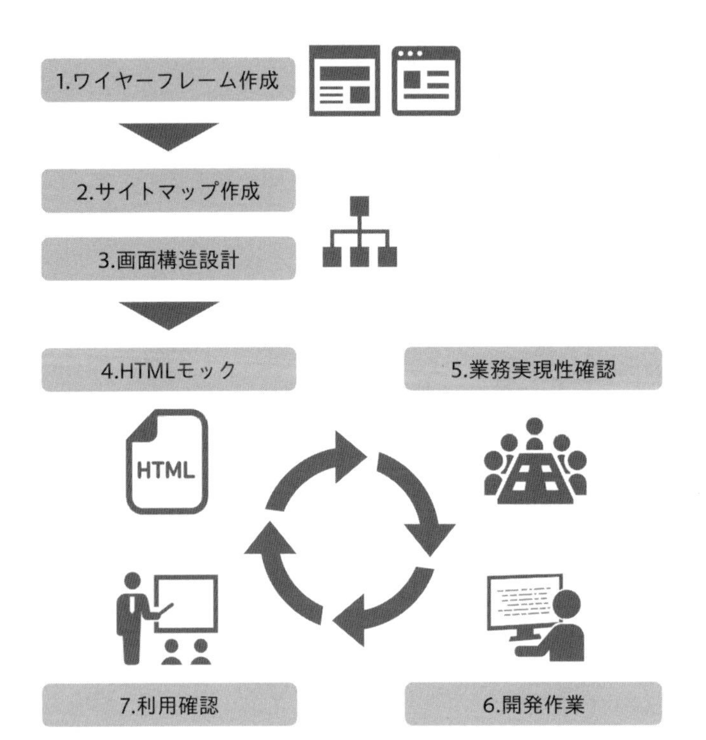

図9-3-6　フロントエンドのプロセス図

① 主要画面の画面デザイン案（ワイヤーフレーム）
② 画面構成をつないだサイトマップ（ビジネスフィジビリティや使い勝手のユーザーサイド検討）
③ 戻るボタンやポップアップの扱い、ヘッダーフッターの構成など画面構造設計
④ 画面モックの提供（HTML,CSSベース）
⑤ モックアップデータなどを反映しより詳細な業務フローの確認（★）
⑥ 実画面の作成＋非機能要件の検討
⑦ 利用して確認（★）

フロントエンドでの設計は「見た目や操作感」といった「実際に使ってみないことにはわからない」要素が沢山あります。そのため、「★」のついている工程では特に、その操作感の確認を経て「手戻り」が多くなります。もちろんビジネスベースでは「一度合意した設計変更は認めない」という意見も多いです。

ところが、実際の開発では「変更を一切認めない」進め方は難しいです。柔軟に変更を取り入れる仕組みにしておくほうが現実的な場合が多く、ユーザー満足度も高まりやすいです。そのため、上記のフロントエンドの開発プロセスでは、確認と変更を繰り返してユーザーの要望に近づけていくアプローチを採用するほうが、プロジェクトはスムーズに進むでしょう。そのため、**図9-3-6**のように「④～⑦」を繰り返すイメージが適しているといえます。こうした開発を「イテレーティブな開発」と呼んで採用している開発組織も多いです。

バックエンドチームの開発プロセス

バックエンドでは「データモデルの構成を考え、それをセキュアに高パフォーマンスに提供する」ために以下のような進め方をします。

① ユーザーヒアリングによるデータベース全体と主要なデータモデルの設計
② アーキテクチャモデルの設計＋非機能要件の検討
③ 主要画面の画面デザイン案を踏まえた主要テーブル・カラムの設計
④ フロントとバックを連携させるAPIやサービスのインプット、アウトプットの設計
⑤ 実装モデルを作成し、雛形としてチーム全体に伝搬させる。同時にコーディングルールを作る
- 例外処理やロギングの仕組みの設計
- 単体テスト方法の決定

⑥ フロントエンドチームからの画面モックの提供（HTML/CSS）を受けて実施する個別の詳細設計

バックエンドの開発では、非機能要件（セキュリティやパフォーマンス）がより重要な要素になります。フロントエンドのように「何度も仕様を見直す」よりも、セキュリティやパフォーマンスのテストを繰り返し、品質向上にリソースやコストを使うほうが、利便性やユーザー満足度の向上につながります。そのため、フロントエンドのように「手戻り前提」で開発プロセスを運営するのではなく、手戻りはない前提で、品質の向上に努めたほうが望ましいです。

フロントエンドとバックエンドのプロセスを分ける意味

開発（プログラミング実装）まで進んでくると、仕様が固まりがちなバックエンドチームと、確認と設計・実装を繰り返すフロントエンドチームでは設計の完了度に差が出ていることが多くなります。そのため、一方のチームの進捗に影響されにくい、実装フェーズの進め方を行うと、全体の進捗がスムーズになります。

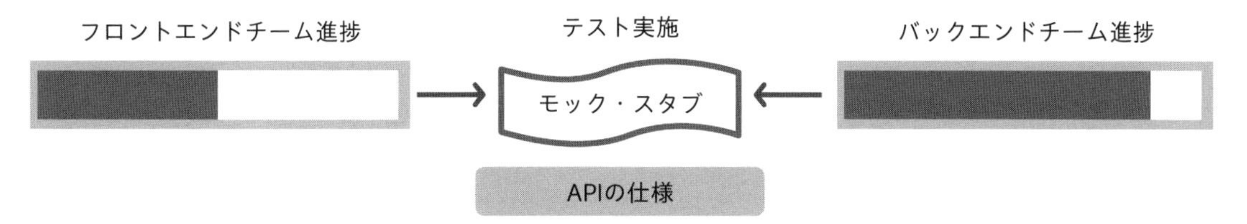

図9-3-7 モックやスタブ

具体的には、モックやスタブを使用し、相手側の完成を待たずに実装や詳細設計を進められるようにします。フルスタック開発では、これまで学んできたようにAPI（JSON）を使用してフロントエンドとバックエンドを連携します。そのため、APIの仕様を満たすモックやスタブを用意すれば、お互いの進捗と関係なく開発を進められます。

フロントエンドチームではブラウザやスマートフォン、タブレットなどで、実装した画面やふるまいが正しく実現できているかは最終的にはテストをしてみないとわかりません。動作は正しくても「途中で切れてしまってうまく操作できない」といった問題も頻発します。

こうした経緯から、フロントエンドチームは実装に入ってからも設計に手戻りするケースが多く、そうした「手戻り」にバックエンドが巻き込まれないように役割分担をしておくのが有効となります。

そこで、アーキテクチャ分けチームが、Webシステムのフルスタック開発では向いているアプローチということになります。

情報共有・コミュニケーション

「アーキテクチャ（技術）」を基にチームを構成すると、多くの場合、複数の人が同じ機能を実装することになります。このため、開発の効率は「実装、設計仕様、課題の共有」によって大きく左右されます。現在のWebフルスタック開発では、情報共有を促進する様々なツールが活用されています。

本書では、主要なWebシステム開発の際に役立つ情報共有やコミュニケーションツールを紹介します。

Webシステムの開発チームが共有すべき情報は、大きく「進捗状況」や「問題点」などの「フロー」情報と、「仕様」や「サーバー環境」などの「ストック」情報に分けられます。まずそれぞれの情報の具体例を見てみましょう。なお、設計の仕方は第10章で説明します。

- プロジェクトのステータス（ゴールやQCD指標、進捗）
- 課題やインシデント、レビュー
- 環境情報やアカウント情報
- 設計や仕様
- 依頼や作業（Git含む）
- 労務やメンバーの稼働状態
- コーディングルールや手順の共有

これらを上記の情報特性に再分類してみましょう（**表9-3-1**）。

表9-3-1 情報の種類

情報の内容	情報の種類	共有相手
プロジェクトのステータス	フロー	ユーザー、チーム
課題やインシデント、レビュー	フロー	ユーザー、チーム
環境情報やアカウント情報	ストック	チーム
設計や仕様	ストック	ユーザー、チーム
労務やメンバーの稼働状態	フロー	チーム
ルールや手順の共有	ストック	チーム

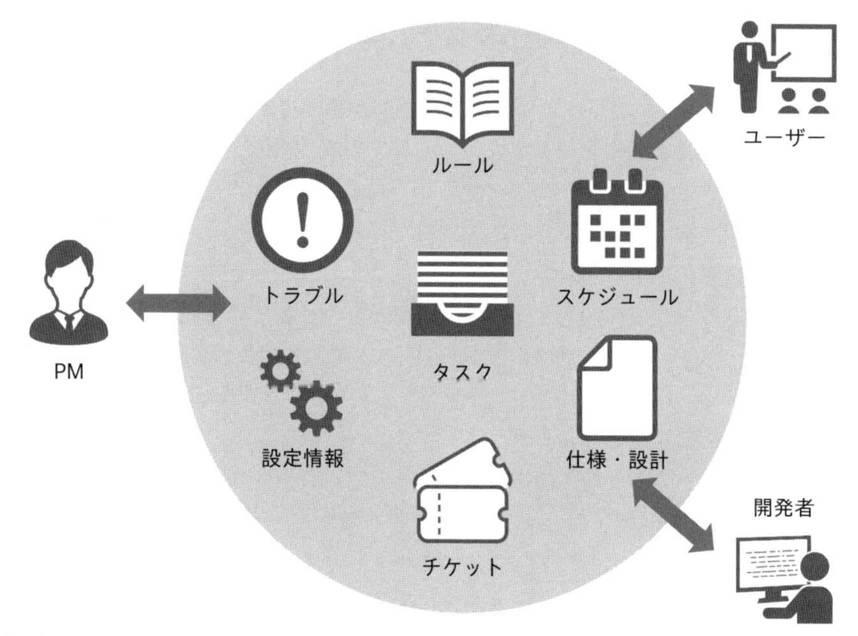

図9-3-8　プロジェクト内の情報共有

コミュニケーションの手段（例）を情報の種類で分けると、次のようになります。

- ミーティング（定期・不定期・オンラインなど）
- チャット・メール
- Web掲示、マークダウンテキストツールやWikなど
- フォルダ・ファイルによる共有
- RedmaineやBacklogなどのタスク・チケット管理ツール
- Git（GitHub）などの構成管理

表9-3-1と**表9-3-2**で、利用可能なコミュニケーション手段の組み合わせを導けます。後は最適であろうツールを選定し、チームメンバーやユーザーなどプロジェクト参加者の反応を見ながら運用していきましょう。

表9-3-2　コミュニケーション分類

コミュニケーション	分類
ミーティング	フロー
チャット・メール	フロー
Web掲示	ストック
フォルダ・ファイルによる共有	ストック
タスク・チケット	フロー
構成管理	ストック

リモートワークとフルスタックWebシステム開発

近年Webシステム開発にかかわらずリモートワークが話題です。実際に開発現場ではどのように取り入れているのか、あくまで一例ですが筆者の周りでの取り組みを紹介します。

まず、リモートワークにもいくつかの種類があり、大まかに、フルリモートと呼ばれる原則リアルでのミーティングを行わない進め方と、特定の曜日だけリアルのミーティングを行う進め方があります。筆者の周りでは後者の採用事例が多いです。

その上で、リモートワークでの開発と従来の職場で顔を合わせてする開発との違いを、本書のテーマ「フルスタックでのWebシステム開発」に当てはめて考えてみましょう。

人材や工数が確保しやすくなる

結局のところ、リモートワーク導入の最大のメリットは、リソース（エンジニア）の確保と考えられます。「作業に集中できる環境が得られる」という声を聞くこともありますが、それはオフィスでもコンセントレーションルームの確保などで解決できます。あるいは、子供のいる家庭や部屋数のない住宅など、在宅時に必ず集中できる環境があるとは限りません。

リソース（エンジニア）の確保という点に関して、「子育てしながら働ける」「場所を問わず参加できる」（国境の外でさえ）ことは、大きなメリットです。また、通勤時間の削減による一人一人の作業可能時間の拡大というメリットもあります。労務管理上、通勤時間が減れば直ちに作業できる労働時間が増えるわけではありません。しかし、「休むのも仕事の一部」と考えた場合には、間接的に一人一人が仕事に投入できるリソースが増えたといえるでしょう。

コミュニケーションコスト・ロスが大きくなる

コミュニケーションコストの高いタイミングとは、プロジェクトにおいてどこでしょうか。ここで参考になるのはV字モデルと呼ばれるプロジェクトに関する考え方です（**図9-3-9**）。ヒアリングなどを行う上流工程初期の要件定義段階で、最もプロジェクトにおけるコミュニケーションコストが高いことは容易に想定できます。「何をしたいのか？」「予算や期間の想定はどうか？」「どんな方法でやりたいのか？」それらをゼロから組み上げる要件定義工程では「対話とアウトプット」がタスクのほとんどを占めます。

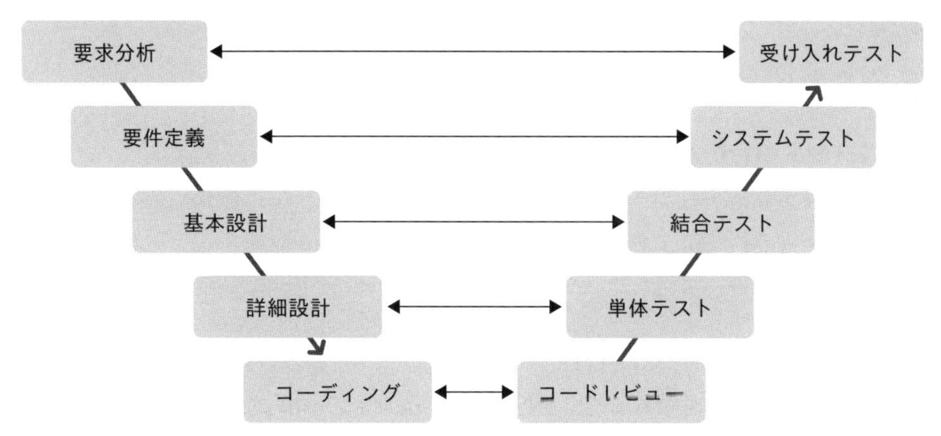

図9-3-9 V字モデル図

その点をV字モデルに勘案して見直すと、「要求分析と受け入れテスト」、「要件定義とシステムテスト」の4つの工程が、最もコミュニケーションコストが高いといえます。

これらの工程をリモートで実現しようとする場合にはコミュニケションロスを防ぐ取り組みを特に重点的にすべきです。

もう1つ「アジャイル型アプローチ」が向いていると説明した、フロントエンドのプロトタイプの提示と改善を繰り返すイテレーションも、ユーザーとのコミュニケーションが大きな比重を占めます。

例えば、配置が使いにくい、空白のバランスが悪いといったデザインや画面のふるまいなどはテキストコミュニケーションでは非常にコミュニケーションコストが高くなりがちになります。

つまり、初期の上流工程と、フロントエンドのイテレーション時など「ユーザーヒアリング」が重要な工程ではコミュニケーションロスが大きく、リモートがあまり向いていない工程といえます。

他メンバーの課題・問題を感知しにくくなる

チケットやSlackだけで分散作業をしていると、他のプロジェクトメンバーのつまづきや課題に気づきにくくなります。特にフルスタック開発で、フロントエンド、バックエンドチームがモックを介して別々に作業を進めている場合には、いざ結合を行う段階で、初めて進捗に大きな差ができていると知ることもあります。

こうした問題には「あえて雑談を行う」など様々な取り組みが行われていますが、リモートでの課題の1つといえます。

仕様書の文書化が進む、あるいはより必要になる

遠隔で主たるコミュニケーションがテキストになります。そのため仕様や指示をテキスト化する必要が出てきます。

メールやグループチャットで細かい仕様などを都度調整するのはとても便利で、リモートでの作業を進捗させます。一方でメールやグループチャットで打ち合わせた内容が仕様として散在すること

で、管理が難しくなり「仕様的な不具合」を招く原因になったりします。リモートでこそ、仕様の文書化とその管理・保管はルール化し、意識的に取り組みましょう。

タスクマネジメントがしにくい

リモートでは相手の状況がわからず、チームメンバーの稼働状況などを逐次確認し、労務管理情報などをプロジェクトマネージャーやリーダーが自ら収集しなければ、メンバーのタスクの混み具合が把握できません。さらには、プロジェクト外のタスクや在宅勤務がゆえの業務外の作業に時間を取られているのかも判別できません。

依頼したチケットが本当に3人日で終わるのか。あるいは1人日で終わってしまったのか。さらに、実は5人日かかりそうなのかを知るすべは自己申告しかなくなります。細かに自己申告してくれるメンバーならいいですが、現実には、いつもそうというわけではありません。その結果、タスクを「手に空いている人」に無理なくバランスよく配分することはとても難しくなります。

第10章
設計

「現場で役立つ知識」として、設計という要素を外すことはできません。本章ではフルスタックエンジニアとして押さえておくべき設計の知識を解説するとともに、フルスタックWeb開発ならではのポイントを説明していきます。その上でフロントエンドとバックエンドが分かれているなどの特徴に沿った、フルスタック開発ならではの実プロジェクトにおける注意点を解説します。実プロジェクトに沿っての説明となるため、Web開発の設計の広範な知識も紹介します。

Part III

10-1 Webシステム設計

10-1-1 フルスタックWebシステム開発の設計の基本

ここまで、フロントエンドからバックエンドまで幅広い技術を用いた様々な開発手法を学んできました。開発に合わせて、設計面も同じように幅広いスキルが求められます。本書では第1章に説明したように設計から、開発、テストまでを主なフルスタックエンジニアのスキルと定めています。

フルスタック開発の設計手法やスキルは、根本的には従来のWeb開発の手法やスキルを土台としたものになります。その上で、第9章で説明したように、フロントエンドではアーキテクチャやシステムのライフサイクルが短く、スクラップ&ビルドでの開発要素が強くなり「イテレーティブ」な開発（あるいはアジリティなプロセス）が適していることを説明しました。対して、バックエンドはアーキテクチャの寿命やシステムライフサイクルが長く、ウォーターフォールなど「仕様を固める開発」が適していることを説明しました。

こうした「柔軟なアーキテクチャ」を求められるフロントエンドと、「堅牢なアーキテクチャ」を求められるバックエンドの違いが、設計にも影響します。

設計書を作る意味

ではそもそも、設計書を作る目的とは何でしょうか。

チーム開発では、第9章で説明したように、効率的な情報共有によるコミュニケーションロスの低減が鍵を握ります。要件や設計、実装の情報をいかに効率よく共有するかが最大の課題になり、チームの生産性を決定する最も大きな要因になります。

設計書は「ユーザー（クライアント）との仕様合意書」としての側面が目立ちがちですが、実際の目的は非常に多岐にわたります。そうした機能要件を合意するためだけではなく、例外処理などを記載することで品質の基準を定め、アーキテクチャやツールを規定することで開発効率を高めます。また、開発完了、リリース以後に、保守運用活動やメンバーの引き継ぎなどにも利用されます。

下図のように大きく分けて「開発のゴール」に向けてのツール・プロセスの役割と、「保守や運用のための引き継ぎの資料」としての役割が存在します。

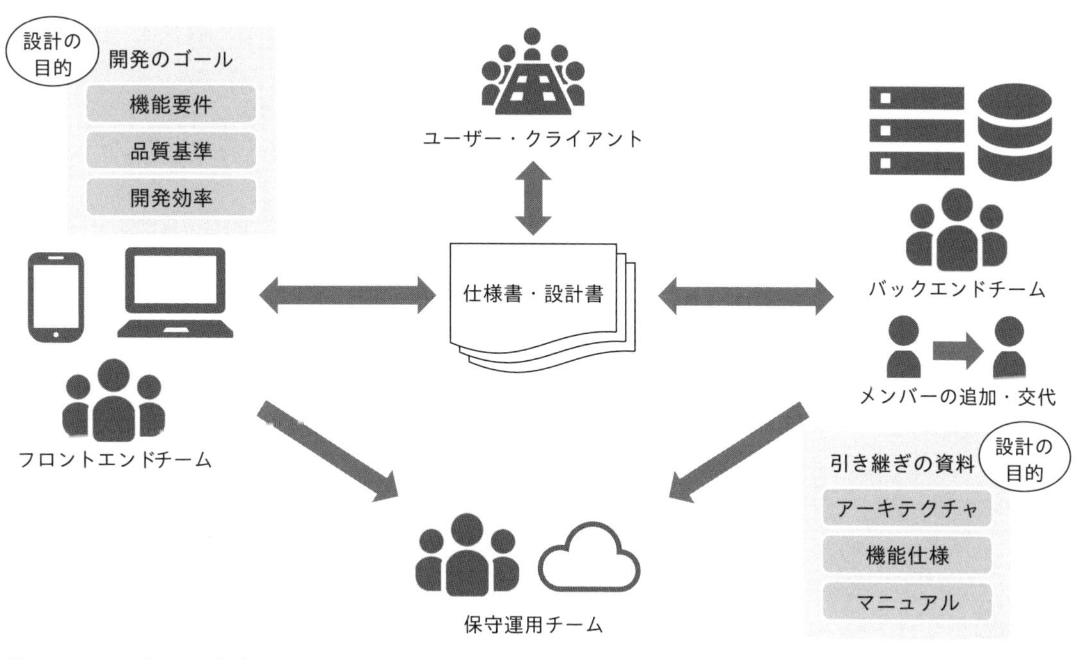

図10-1-1 設計書・仕様書の目的図

設計書の具体例

上図のようにシステム開発における設計書には、開発ゴールに向けての中間成果物としての側面と、開発後の保守やメンテナンスための情報共有手段としての役割があります。

各工程の主要な設計書をまとめてみましょう（**表10-1-1**）。

表10-1-1 工程ごとの主要な設計書

工程	設計書	概要	フロントエンド	バックエンド
要件定義	機能要件定義書	システムの開発範囲を定義する。「ログイン」であればパスワードリマインドがあるのか程度の粒度が望まれる	○	○
	非機能要件定義書	セキュリティやパフォーマンスに対する指針や基準を定める	○	○
	プロジェクト計画書	プロジェクトの責任者やチーム体制、期間などを記載する	○	○
	システム・業務フロー図	アクター（利用者）とシステム・業務の流れを図示する	○	○
	システム構成図	フロントエンド、バックエンド、データベースなどの大きな粒度のシステム構成を図示する	○	○

工程	設計書	概要	フロントエンド	バックエンド
基本設計	画面構成図	サイトマップとも呼ばれ、主要な画面とそのつながりを図示する	○	
	EntityRelationship図	データモデルを図示する		○
	画面モック・仕様書	主要な機能の画面のスケルトンを作成する	○	
	サーバー仕様書	サーバーの設定や権限などを定める		○
	外部連携（WebAPI）仕様書	JSONなどのWebAPI仕様を定める		○
	共通処理仕様書	共通の画面仕様や確認などのふるまい、エラー時のログ処理やログインのふるまいなどを定める	○	○
開発工程（詳詳細設計・実装・テスト	プログラミングコード規約	命名規約やパッケージ構成などプログラミングの仕方を定める	○	○
	クラス・シーケンス図	ソフトウェアの構造を図示する	○	○
	DBテーブル・カラム仕様書	データベースの実装レベルを定める		○
	画面項目仕様書	画面の項目レベルの仕様を定める	○	
	テスト仕様書	各段階のテスト仕様書。単体テストは含まない	○	○
	非機能試験仕様書	パフォーマンス・セキュリティなどの試験仕様書	○	○
リリース・運用	サーバー構成図	運用などで使用するためのクラウド上のIPアドレスやVPC、バックアップサーバー等の構成図	○	○
	バッチ仕様書	夜間ジョブバッチなどのスケジュールや起動条件などを記載する		○
	運用手順書	障害時やバックアップ手順、復旧の方法などを記載する		○
	監視要件書	監視する項目や対象ログ、障害発生時の対処方法などを記述する		○

設計と工程について

上記で挙げた20点ほどの設計書の例は、筆者が会社の実務で作成しているものの一例です。他にもユーザーマニュアルのような、利用者向けドキュメントや、保守で使われる障害管理表など、プロジェクトの特性に応じて必要なドキュメントの種類や粒度は変わります。開発するシステムの規模、ミッションクリティカル性などの影響も大きいでしょう。あくまで「基本的な一例として」参照してください。

第9章ではチームの構成と開発プロセスを取り上げ、フロントエンドチームとバックエンドチームでは、適した開発プロセスが異なることを説明しました。開発プロセスの違いが設計書にどんな影響を与えるでしょうか。

フロントエンドでは前述の通り、プロトタイピングによるイテレーティブな開発手法が有効です。変化し続ける要件に対して設計書・仕様書を先に作り込んでも無駄になる工数が多くなってしまいます。そのため、設計書は「案」程度にとどめて、仕様合意に最低限必要なものだけを作るほうが合理的です。最終納品物はメンテナンスのために、後から作るほうが現実的です。

例えば、画面項目仕様書は、ユーザーのニーズや、スマートフォンやタブレットなどのデバイス・ブラウザの変化に応じて、柔軟に変える必要があります。ブラウザのメジャーバージョンアップで、ダイアログの表示方法などのふるまいが変わるため、詳細な記載を行っても意味のないケースが多いのです。そのため、ワイヤーフレームで大枠の仕様が合意できれば、後は画面を見ながらユーザーと協議を重ねて開発を進めることも多いです。

逆にバックエンドには「先に仕様を固める」ウォーターフォール型アプローチが向いていると説明しました。例えば、バックエンドで設計する「データモデル」(ER図やテーブル設計書)は、開発工程の初期から、運用保守までシステムのライフサイクル全体に対して最も長く使用されます。ER図やテーブル設計書は長くメンテナンスされ続けるため、正確な記載が要求されます。

前述のようにバックエンドの設計は、例えばデータモデルのようにフロントエンド側や外部連携システム、バッチ処理など多方面に影響を与えます。逆にフロントエンドの仕様が変わってもバックエンドは影響を受けにくい特徴があります。そのため、まず設計を固めることでフロントエンドや他の開発作業への影響を最小限にします。このように、設計書・仕様書もフロントエンドの仕様書か、バックエンドの仕様書かで作成するプロセスやアプローチが異なります。

Part III

10-2 設計の実務

10-2-1 要件定義工程の設計図書

前の節では、フロントとバックエンドの設計書に対するアプローチの違いと、設計書の種類と概要を確認しました。この節では、設計の実務で求められる具体的な設計書を確認していきましょう。

システム構成図・アーキテクチャ概要図

システム構成図は、コンピューターシステムの構造や要素、およびそれらの相互関係を視覚的に表現する図です。一般的に次のような要素から構成されます。

- ハードウェア
  - サーバーやコンピューターなど物理的な機器
  - 例えば、ラックやサーバー本体、PC、NASやハードディスクドライブなど
- ソフトウェア
  - 実行されるプログラムやアプリケーション
  - 例えば、開発するシステムそのもの。OS、データベース、Webアプリケーションなど
- ネットワーク
  - ロードバランサやルーター、スイッチなどのハードウェア、コンピューター同士が通信するための接続やプロトコル
  - 例えば、LAN、WAN、TCP/IP、HTTPなど
- セキュリティ
  - システムや、データ、リソースを保護するセキュリティ機器やソフトウェア、サービス
  - 例えば、ファイアウォール、暗号化、アクセス制御など
- デバイス（ユーザーインターフェース）
  - ユーザーがシステムを操作するためのインターフェース
  - 例えば、パーソナルコンピューター、スマートフォン、タブレットやブラウザ、Webページ、アプリケーションのGUI、コマンドラインインターフェースなど

システム構成図は、これらの要素を図で表現し、要素間の関係や相互作用を示します。例えば、ハードウェアがソフトウェアを実行し、ソフトウェアがネットワークを介して他のシステムと通信する関係などを示すことができます。

システム構成図があると、開発者やシステム管理者が短時間で全体構成を把握することができ、開発計画や障害やアップグレードの対応が検討しやすくなります。

本書ではクラウド上でのWebシステムの提供を想定して解説しています。そのため、**図10-2-1**のようにパブリッククラウド（AWS）の図を用いながら説明します。

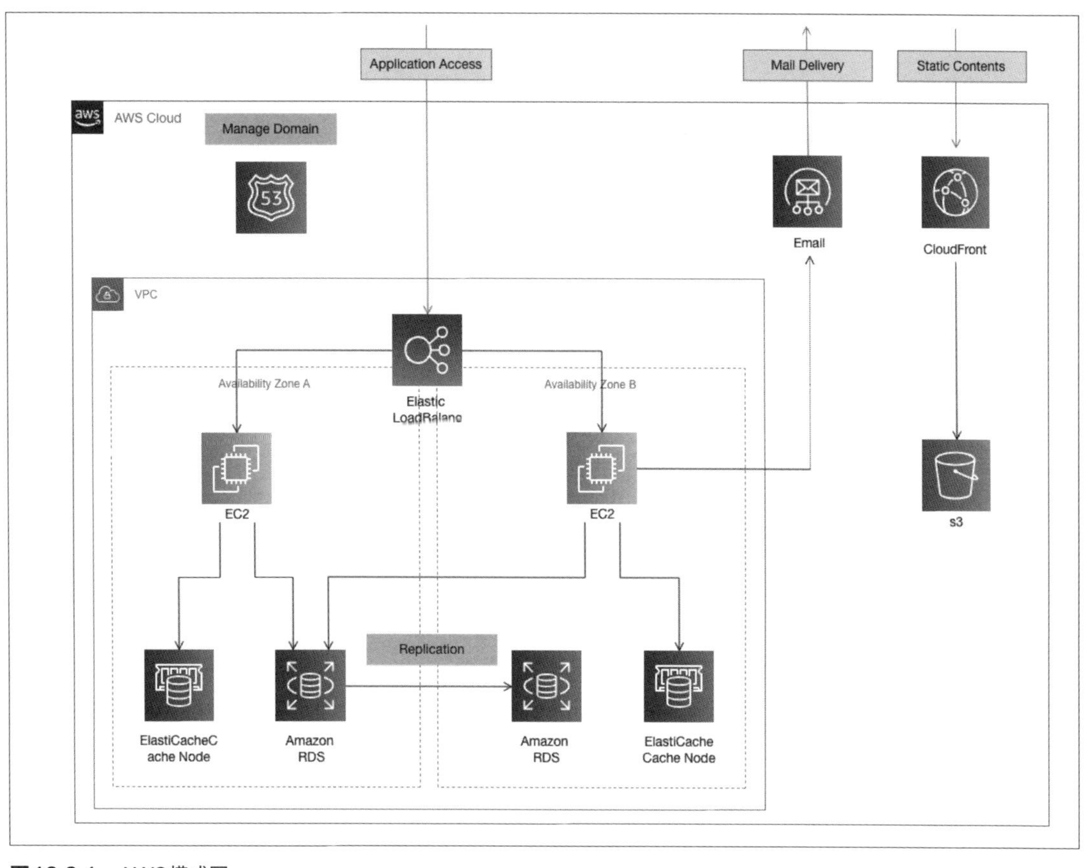

図10-2-1　AWS構成図

本書ではパブリッククラウドを前提としてシステム構成を構築しているので、前段で説明したような物理的なハードウェアの構成などは出てきません。代わりにクラウド空間上のネットワーク構成（VPCやロードバランサ、メールサービスやS3など）を図示します。

例のように、RDS（データベース）やEC2（アプリケーションサーバー）の配置や、レプリケーションによって可用性の担保が行われていることも図で示されます。

10-2-2 基本設計工程

画面構成図（サイトマップ）

画面構成図（サイトマップ）は、Webサイトやアプリケーションのページの構成や階層構造を示す図です（**図10-2-2**）。

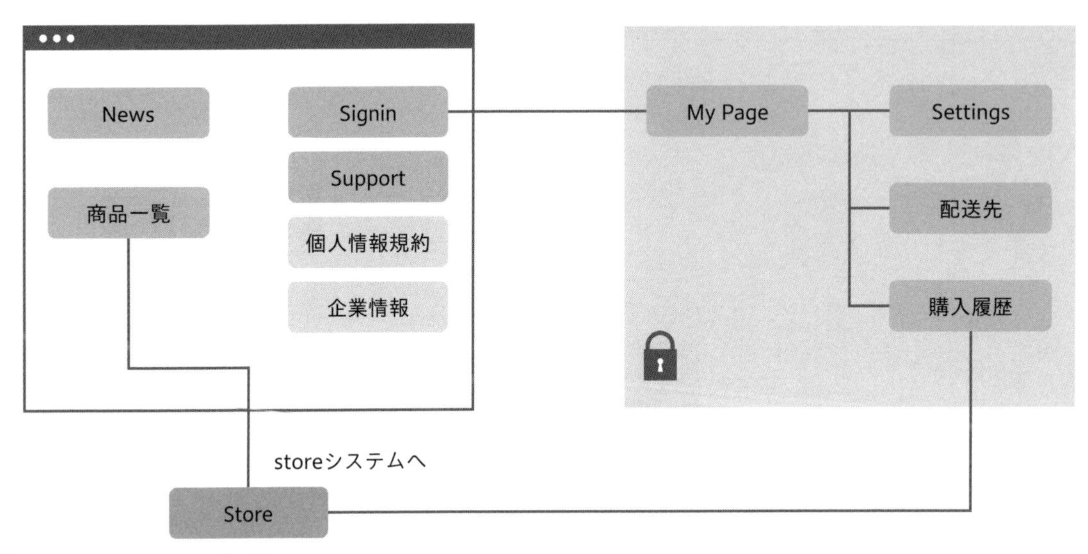

図10-2-2　サイトマップの例

画面構成図は以下のような要素から構成されます。本書ではWebシステムに絞って説明します。

- カテゴリページ
  - TOP（ホーム）ページに始まり、会員マイページ、商品ページ、決済ページなど「機能単位」である程度まとめたWebページ群
- サブページ
  - カテゴリページに紐づく、より詳細な情報や機能を提供するページを示す要素。確認ダイアログや、住所の検索など
- ナビゲーション
  - ページ間の移動を可能にするリンクやメニューを示す要素。例えば、ヘッダーメニュー、フッターメニューなど
- ふるまい（機能）
  - ページやサブページで提供される機能を示す要素。例えば、送信されるフォーム（ログインフォーム、ショッピングカートなど）やバリデーション（エラーチェックや表示されるメッセージなど）

画面構成図は、これらの要素を図で表現し、カテゴリページやサブページ間の階層構造やナビゲーションの関係を示します。例えば、ホームページから製品ページに移動し、製品詳細ページに遷移する際の関係を示すことができます。そのため、Webシステムの全体像を把握し、開発や改善、業務フローを組み立てる際に役立ちます。

サイト管理者やビジネス面でのステークホルダーにとっても重要で、開発チームや関係者間での意見共有や、要件定義、設計などを詰める上で非常に役立ちます。また、画面構成図を作成することで、

ユーザーがWebサイトやアプリケーションをどのように使用するかを理解し、ページ間の移動関係、ナビゲーションを整理できる使いやすいインターフェースの設計に役立てることができます。

ER図

ER図（Entity Relationship Diagram）とは、データベース（データモデル）の設計を行う際に使用される図です。

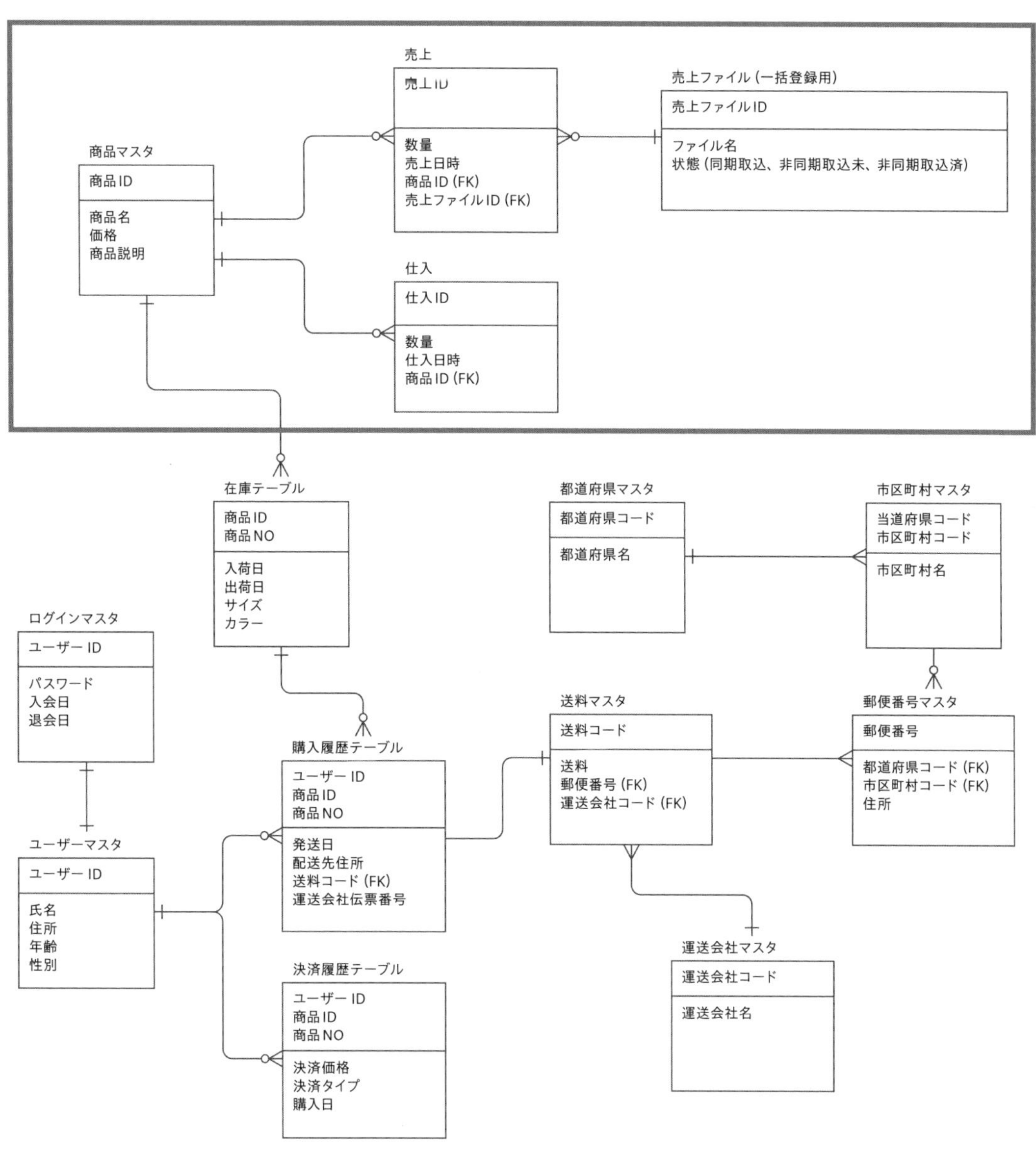

図10-2-3 ER図の例

図10-2-3のグレーの線で囲んだ部分が、第5章以降で使用している「ERの論理モデル」になります。

ERやデータベースの項目には論理設計と物理設計（実装）の両面があります。例えば上図は論理設計であり、「ログインマスタ」のように文章として直感的に人がイメージできる名前になっています。「ログインマスタ」の中に「ユーザーID」という項目がありますが、このまま実際のデータベースに日本語でテーブルや項目が作られるわけではありません（実際には日本語のカラム名でも実装できますが、通常はメンテナンス性やプログラムとのデータオブジェクトの連携の観点から英数字で作成されます）。

そのため、ER図には「論理」と呼ばれる設計ベースのものと、「物理」と呼ばれる実装ベースのものの2種類があります。ビジネスチームとの要件詰めや、オペレーションチームとの運用の検討に際しては、通常「論理モデル」で議論や検討を行います。このように最初に論理モデルで設計し、開発が進む際に詳細設計で物理モデルに変えていくのが一般的です。

自動生成とMySQL Workbench

MySQL Workbenchではデータベースの情報を読み取って、**図10-2-4**のように物理ER図を自動生成することもできます。物理ER図の自動生成機能は、システムの完成後、あるいは保守フェーズで資料がない場合や、最新化されていない場合などには非常に役立ちます。

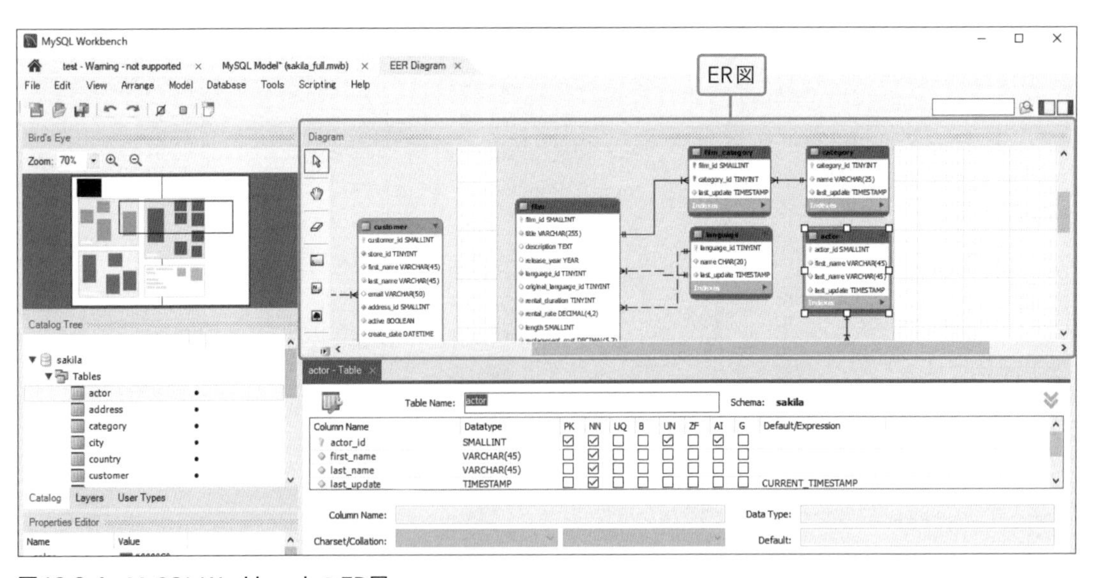

図10-2-4　MySQL WorkbenchのER図

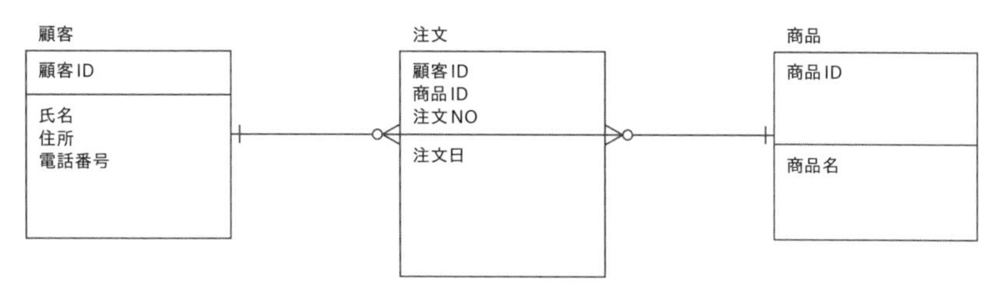

図10-2-5 注文ER図

ER図は、次の3つの主要な要素から構成されています。

- エンティティ（Entity）
  - データベースに含まれる実体（例えば、顧客、商品、注文など）を表す要素。エンティティは、図上に長方形で表現される
- 属性（Attribute）
  - エンティティに含まれるデータ項目（例えば、顧客名、住所、電話番号など）を表す要素。属性は、図下に長方形で表現され、エンティティから線で結ばれる
- リレーションシップ（Relationship）
  - エンティティ間の関係を表す要素（接続線）。例えば、顧客が注文を行うという関係や、商品がカテゴリに属するという関係などがある。リレーションシップは、図上に十字と鳥足で表現され、関係を示す線でエンティティと結ばれる

ER図には著名な記法としてIDEF1X記法とIE記法があります。本書では俗に「鳥足」とも呼ばれるIE記法を採用します。1人の顧客は複数の注文を出せます。顧客から見ると、注文は1：Nなので複数に紐づくことを意味するリレーションシップが引かれます（この見た目が鳥の足に見えることが呼称の由来です）。また、注文から見て顧客は複数います。よってN：Nの関係のため、十字で表されます。1：1の場合は単なる実線が引かれます。

ER図は、データベースの設計において、データの関係を分析し、表現するために使用されます。具体的には、ER図を用いて次のことが行われます。

- データの関係性の可視化
  - データベース内のエンティティや属性の関係性を可視化し、設計者や開発者がデータベースを理解し検討しやすくする
- データの正規化
  データの関係を分析することで、重複するデータの削減や、データの整合性を高める正規化が行われる

ER図は、データベースの設計に欠かせないツールであり、設計者や開発者がデータベースの設計や

開発を行う際に、必ず使用される図です。前述の一覧表にあるようにバックエンドがオーナーとなる設計図で、ウォーターフォールで「早めに仕様を固める」必要があります。

画面モック・仕様書

画面仕様書とは、ソフトウェア開発プロジェクトにおいて、ユーザーインターフェース（UI）の設計や実装に必要な情報をまとめた文書のことです。Webシステムにおいては基本的にブラウザ上で表現されるWebページの仕様を表したものになります。

一般的には、主だった画面数枚のUI/UX設計を行い、その際に下記の項目を決めていきます。画面仕様書には、次のような情報が含まれます。

- 画面のレイアウト
    - 画面の各要素（ボタン、テキストボックス、画像など）の配置やサイズ、フォント、色などが記載される。これにより、UIの見た目やデザインに関する情報が明確になる。ボタンもOK・キャンセルの並べ方や表現などを、規定しておかないと、システム内でバラバラになり品質を低下させる要因になる
- 画面の動作
    - ユーザーが画面上でどのような操作を行えるか（クリック、ドラッグ、スクロールなど）や、その操作に対する応答（画面遷移、メッセージ表示、エラー表示など）が記載される。これにより、UIの動作や挙動（ふるまい）に関する情報が明確になる
- 入力・出力データ
    - ユーザーが画面上で入力するデータや、画面が出力するデータ（テキスト、画像、動画など）が記載される。これにより、UIが扱うデータの種類や形式に関する情報が明確になる
- エラー処理
    - ユーザーが画面上で誤った操作を行った場合に、どのようなエラーメッセージやエラー処理が行われるかが記載される。これにより、UIのエラーハンドリングに関する情報が明確になる

画面仕様書は、UIの設計や実装を行う際に、開発者やデザイナーが必要とする情報をまとめた文書です。UIの見た目や動作、扱うデータの種類や形式、エラーハンドリングに関する情報が明確になるため、開発プロジェクトの品質向上や効率化につながります。

画面モックは画面のスケッチや図で作成されます。本書で説明しているようなイテレーティブな開発プロセスで進めるのであれば、HTMLを実際に起こすのも1つの方法です。画面の遷移の仕方なども表現できるため、ユーザーや仕様策定者、あるいは開発者はより実際のシステムイメージを見ながら検討できます。

前述の一覧表にあるようにフロントエンドがオーナーとなる設計図であり、プロトタイピングを行い、イテレーティブに「徐々に仕様を固める」必要があります。

サーバー仕様書

サーバー仕様書は設定シートとも呼ばれ、物理や論理のサーバーの構築内容が記されています（**図10-2-6**）。サーバー全体の設定やセッキュリティ、アカウント、バックアップ、コストポリシーなどの資料に加えて、データベースやアプリケーションサーバー、Webサーバーなどの設計や実装に必要な情報をまとめた文書のことです。現在はクラウドで環境構築することが多く、従来の非機能要件設定に加えて「コストポリシー」（オートスケーリングなどを行う際の設定）も設計要件に含まれるようになっています。

AWSアカウント	環境	OS	CIDR（Local）	Instance Type	GIP	region	Multi-AZ	Multi-region	service time	Out of Service time
XXXXX11111	本番	CentOS 8.5	192.168.0.1/16	m7g.12xlarge	202.xxx.64.11	TOKYO	None	None	365 / 24H	sun 0:00-4:00
XXXXX22222	ステージング	CentOS 8.5	192.168.0.1/16	c7g.large	202.xxx.64.12	TOKYO	None	None	mon-fri 8-20h	-
XXXXX33333	開発	CentOS 8.5	192.168.0.1/16	c7g.medium	202.xxx.64.13	TOKYO	None	None	mon-fri 8-20h	-

AWSアカウント	ELB	DNS	Time Server
XXXXX11111	Yes	Route53	AWS
XXXXX22222	Yes	Route53	AWS
XXXXX33333	None	Route53	AWS

AWSアカウント	OS Ptach(high)	OS Ptach (middle)	OS Ptach (low)	Middle ware Patch(high)	Middle ware Patch(middle)	Middle ware Patch(low)	Reboot (OS)	Reboot (Service)
XXXXX11111	計画停止	OST	OST	計画停止	OST	OST	OST	OST
XXXXX22222	OST	OST	OST	OST	OST	OST	OST	OST
XXXXX33333	随時	随時	随時	随時	随時	随時	随時	随時

AWSアカウント	ユーザーアカウント	通信	データ	Inspector	GuardDuty	Security Hub	CloudTrail	CloudWatch
XXXXX11111	IAM管理シート参照	HTTPS	暗号化	Yes	Yes	Yes	Yes	Yes
XXXXX22222	IAM管理シート参照	HTTPS	暗号化	Yes	Yes	Yes	None	Yes
XXXXX33333	IAM管理シート参照	HTTPS	暗号化	None	None	None	None	Yes

図10-2-6 サーバー設定シート例

インスタンス（クラウドアカウント）単位での設定や構築内容を記載しています。上記の例ではサーバー仕様書を掲載しています。主な記載内容は次の通りです。

- 基本的な構成内容
  - OSのバージョンやIPアドレス、性能（リソースプラン）やレプリケーションについてなど
- 可用性についての記載
  - サービスタイムや、パッチなどの適用ルール
- 構成管理についての記載
  - 使用しているサービスに関する記載
- 監視についての記載
  - ログの取得ポリシーや保管期間、監視項目など
- ネットワークについての記載
  - ポートやIP、VPNやVPCについて

- セキュリティについての記載
  - 侵入や改ざん検知、実行ログなど
- アカウント管理についての記載
  - IAMグループや作成されるアカウントポリシーなど
- バックアップポリシー
  - バックアップの対象や頻度、保管場所の他、復旧の方法など
- サービスやアカウント・ロールなどの命名規約
- ログポリシー
  - OSやミドルウェア、開発しているシステムなどのログポリシー

外部連携（WebAPI）仕様書

外部連携仕様書は、WebAPIを用いたシステム間の通信に必要な情報をまとめた文書のことです(**図10-2-7**)。具体的には、WebAPIが提供する機能やデータ形式、エラー時の処理などが記述されます。

リクエストパラメーター

zip_code	7桁の郵便番号。ハイフンなし

レスポンス

フィールド名	項目名	備考
status	ステータス	正常時は200、エラー時にはエラーコード
message	メッセージ	通常は空白、エラー時に、エラーメッセージ
results	--- 複数件時繰り返し項目 ---	
zipcode	郵便番号	7桁の郵便番号。ハイフンなし
address1	都道府県名	
address2	市区町村名	
address3	町域名	
kana1	都道府県名カナ	
kana2	市区町村名カナ	
kana3	町域名カナ	

図10-2-7　WebAPI仕様書例

上記は簡単な、郵便番号から住所を返すようなAPIを例にしています。例えば、「https://hogehoe.com/zip_search/?zipcode=1010041」というリクエストパラメーターがあったとして、レスポンスは次のようになります。

```
{
  "status": 200
  "message": null,
  "results": [
    {
      "address1": "東京都",
      "address2": "千代田区",
      "address3": "神田須田町",
      "kana1": "ﾄｳｷｮｳﾄ",
      "kana2": "ﾁﾖﾀﾞｸ",
      "kana3": "ｶﾝﾀﾞｽﾀﾞﾁｮｳ",
      "zipcode": "1010041"
    }
  ],
}
```

以下は、外部連携仕様書に含まれる情報です。

- APIの概要
    - APIが提供する機能や利用目的、アクセスするためのエンドポイント（URL）などが記述される
- APIのパラメーター
    - APIを呼び出す際に必要なパラメーター（クエリパラメーター、ヘッダー、ボディなど）が記述される。APIのレスポンス：APIから返されるレスポンス（成功時・エラー時）のデータ形式や内容が記述される
- エラー処理
    - APIの呼び出し時にエラーが発生した場合の処理方法が記述される

外部連携仕様書は、複数のシステム間でデータのやり取りを行うための基本的なルールを記述する文書です。APIの概要やパラメーター、レスポンス、エラー処理などを明確にできます。元々外部システムでは、開発組織も他の会社やチームだったりするため、組織間・開発者間の情報共有を可能にし、システム間の連携を実現できます。

共通処理仕様書

共通処理仕様書は実装を行う際に「共通のふるまい」などを定義します。

例えば、「タイムアウトが起きた際に、どんなメッセージを出し、どの画面に遷移するか」などを共通の仕様として決めておきます。他にも入力データのnullの処理方法や、大文字・小文字の取り扱い、空白や記号の許可など、共通の処理仕様をあらかじめ決めておきます。「ログの書き方」なども典型ですが、そうした共通処理はできるだけ、アノテーションなどでプログラミングに参加するチームメン

バーが個々に実装できないような仕様にしておくことを推奨します。

ログの項目や内容をタスクスケジューラーなどにハンドリングさせて、運用を構築できます。それにより大規模なシステムの継続的な運用も可能になります。

主に決めておくべき共通処理仕様としては次のようなものがあります。

- アプリケーションログ仕様
    - ログ取得するイベントの種類や内容、書き込む項目、メッセージの内容、ログレベルの規定などが盛り込まれる
- パーミッション仕様
    - ユーザーの権限などの取得・管理方法や権限エラー時などの例外処理のふるまい
- 入力データルール
    - システム内のデータで許可する記号や空白の扱いなど
- 例外処理ルール
    - エラーの発生時にどんなメッセージを表示してどこに遷移するかなど

上記のような共通仕様を定めずに複数のチーム、メンバーで同時に開発を進めると、実装後のテスト段階で、ふるまいや動作がバラバラになり、品質課題となってしまいます。

10-2-3 開発工程（詳細設計・実装・単体テスト）工程

プログラミングコード規約

プログラミングコード規約とは、複数の開発者が同じプログラムを作成する場合に、一定のルールに従ってコードを書くことで、コードの品質や可読性を高め、保守性を向上させるための規約です。

一般的にはマークダウンなどを使い、推奨記法、禁止記法の説明と、コードのサンプルなどをつけているのが一般的です。下記は例としてGoogleが発表・公示しているJavaのコーディング規約です。{}の使い方の良い例と悪い例を示しています。

> 4.1.3 Empty blocks: may be concise
>
> An empty block or block-like construct may be in K & R style (as described in Section 4.1.2). Alternatively, it may be closed immediately after it is opened, with no characters or line break in between ({}), unless it is part of a multi-block statement (one that directly contains multiple blocks: if/else or try/catch/finally).

```
Examples:
// This is acceptable
 void doNothing() {}

 // This is equally acceptable
 void doNothingElse() {
 }
// This is not acceptable: No concise empty blocks in a multi-block statement
 try {
   doSomething();
 } catch (Exception e) {}
```

その他、記述の例としては次のようなものが挙げられます。

- スタイル
  - コードのインデントやかっこのつけ方、折り返しの仕方などのルールを定める
- 命名規則
  - 変数や関数、クラスなどの命名に関するルール。例えば、英語名にするとか、ローマ字の日本語名を使うなど。キャメルケースやスネークケースなどの使い方、ハンガリアン記法を使用する方法もある
- パッケージ（ファイル）の構成
  - プログラムのパッケージ構成に関するルール。例えば、システム名・組織名をどのようにつけるか、役割ごとのクラス群をどのようにディレクトリに分けるかなどがある
- コメントの書き方
  - コードにコメントをつける際のルール。コメントの書き方の例文などがある
- エラー処理
  - 例外処理やエラーハンドリングに関するルール。例えば、try-catch文の使い方や、エラー処理の基本方針などがある
- アノテーションの使用
  - 依存性の注入（Dependency Injection(DI)）などを行い、ログの出力などを汎用化・統一化して保守性や可読性を高める際の書き方などを定義する

プログラミングコード規約は、チームで協力して開発を進める場合に非常に重要な文書です。一貫性のあるコードを書くことで、コードの保守性や可読性を高め、開発の効率が向上します。また、コード規約は開発者間でのコミュニケーションをスムーズにし、コードレビューの時間を短縮することができます。

コード規約は、IDEのプラグインなどでチーム参加者に強制できたり、コードのスケルトンの自動生成で取り込むことができたりします。

Linter（リンター）

本書でも使用している「リンター」はコードを分析し、規則に違反している部分を指摘します。これにより、プログラマーは自分のコードを改善し、問題を早期に発見できます。

例えば、Pythonのリンターである「pylint」は、使われていない変数、使われていない引数、空白行の不適切な使用、適切でないインデント、曖昧な変数名などを指摘します。JavaScriptのリンター「ESLint」も同様に、未使用の変数、未定義の関数、不適切なスペースの使用などを検出します。

また、リンターはチーム全体で使うと特に有用です。全員が同じコードスタイルを守ることで、コードの可読性が上がり、バグの発見が容易になります。これはプロジェクトの品質を向上させ、開発速度を上げるのに役立ちます。

クラス図

クラス図とは、オブジェクト指向プログラミングにおけるクラスの設計を視覚的に表現するための図です。クラス図では、クラスの属性やメソッド、クラス間の関係性などが示されます。

例えば、次のようなクラス図を考えてみましょう。

```
Copy code
+-----------------------+
|        Person         |
+-----------------------+
| - name: string        |
| - age: int            |
| + get_name(): string  |
| + get_age(): int      |
+-----------------------+
```

この図では、Personというクラスが定義されています。Personクラスには、nameとageという属性があり、それぞれの型はstringとintです。また、Personクラスには、get_name()とget_age()という2つのメソッドがあります。

クラス図やシーケンス図（後述します）は、全機能を網羅的に作成しようとすると量が多くなり、メンテナンスもコードとクラス図の全てに行わないといけなくなります。そのため、主要な機能のみに絞って作成することをおすすめします。また、網羅的に全ての図を作る場合には自動生成のツールの検討をおすすめします。

シーケンス図

シーケンス図は、フローチャートの代わりにも使われる「流れ図」にあたります。要件定義レベルで「人」や「スマホ」などをオブジェクトのように定義することで、ビジネスフロー図としても使用できます。

図10-2-8は、第4章でフロントエンドから、バックエンドを介し、データベースから「123」を取ってきて「Hello123!」を表示する処理を図示したものです。

シーケンス図では、オブジェクトの生存期間、オブジェクト間の関係性、メッセージの送信時期などが示されます。

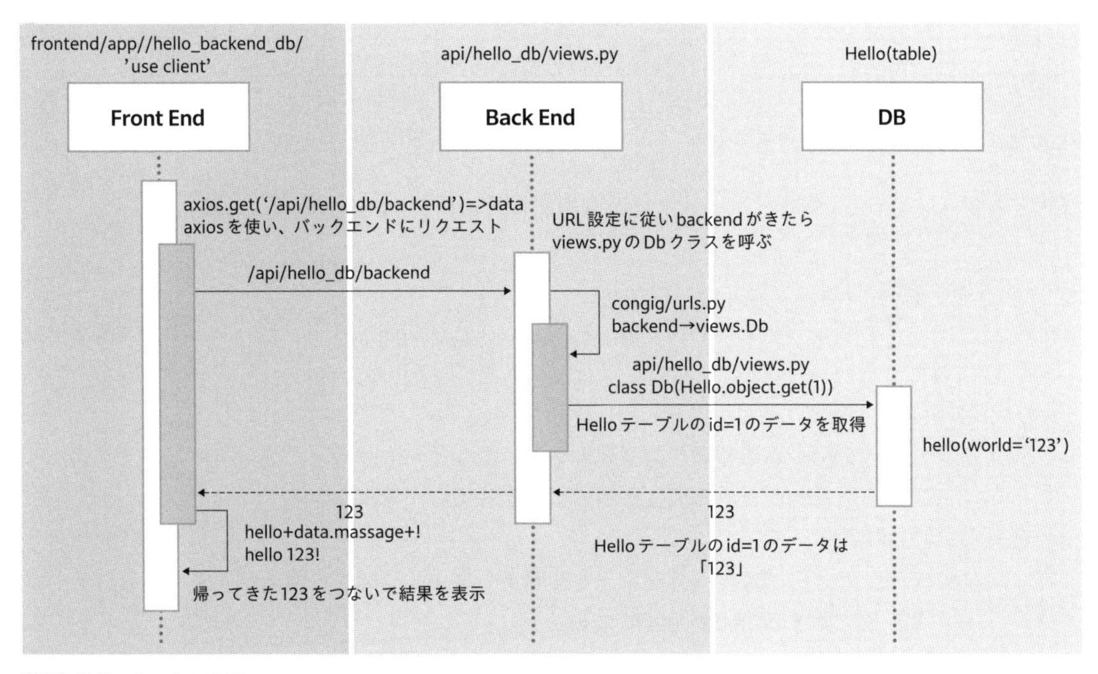

図10-2-8　シーケンス図

DBテーブル・カラム仕様書

DBテーブル・カラム仕様書とは、データベースのテーブルやカラムに関する情報をまとめた文書のことです（**図10-2-9**）。前述のデータベース仕様書に比べて物理的なテーブル・カラムレベルの細かい粒度になります。本書ではRDB（リレーショナルデータベース）を前提に説明していきます。

論理テーブル名　発注テーブル
物理テーブル名　order
テーブル説明　商品の注文データ（トランザクション）を保管しています。

項番	論理項目名	項目名	属性	桁数	not Null	PK	FK	IDX	備 考
1	発注ID	order_id	char	20	○	○		1	
2	商品コード	order_record_no	char	10	○		○	1	商品マスタのFK
3	商品名	commodity_name	char	500	○				発注時点の商品名
4	執行日	execution_date	timestamp		○				実際に注文が行われる日
5	発注Lot数	order_lots	number		○				
6	発注者コード	employee_code	char	100	○		○		社員マスタのFK
7	発注日	order_date	timestamp		○				注文データの入力日

図10-2-9　テーブル・カラム仕様書例　作図

DBテーブル・カラム仕様書には、次のような情報が含まれます。

- テーブルの概要
  - テーブルが扱うデータの種類や量、利用目的などが記載される。テーブルの全体像が把握できる
- カラムの定義
  - テーブル内のカラムの種類（文字列型や日付型など）やサイズ、制約条件（一意制約）などが記載される。データの属性や制約に関する情報が明確になる
- テーブル間の関係性
  - 他のテーブルとの関係性（外部キーや関連テーブル）に関する情報が記載される。テーブルの関係性に関する情報が明確になる
- データのインデックス
  - データに対するインデックスの設定に関する情報が記載される。データの検索性や処理速度に関する情報が明確になる

テーブル・カラム仕様書にも前述のER図と同じく、論理と物理の要素があります。上記では「項目名」が論理にあたります。また、備考欄にも人間がシステムをメンテナンスするために必要な情報が書き込まれています。データベースは複数のシステムが利用することもよくあるので、こうした設計情報の外部共有はシステムの運用の観点で重要です。

MySQL Workbenchによる自動生成

MySQL Workbenchには、実際のデータベースやSQLからテーブル設計を生成する方法があります。ER図のテーブルをクリックするとそのテーブルの項目定義を見ることができます。

特にスキーマの管理をSQL文（DDL文）で行うのではなく、本書のようにmigrationを使用する場合は都度文書でデータベース定義を管理するのではなく、MySQL Workbenchのようなツールでの管理が有効でしょう。

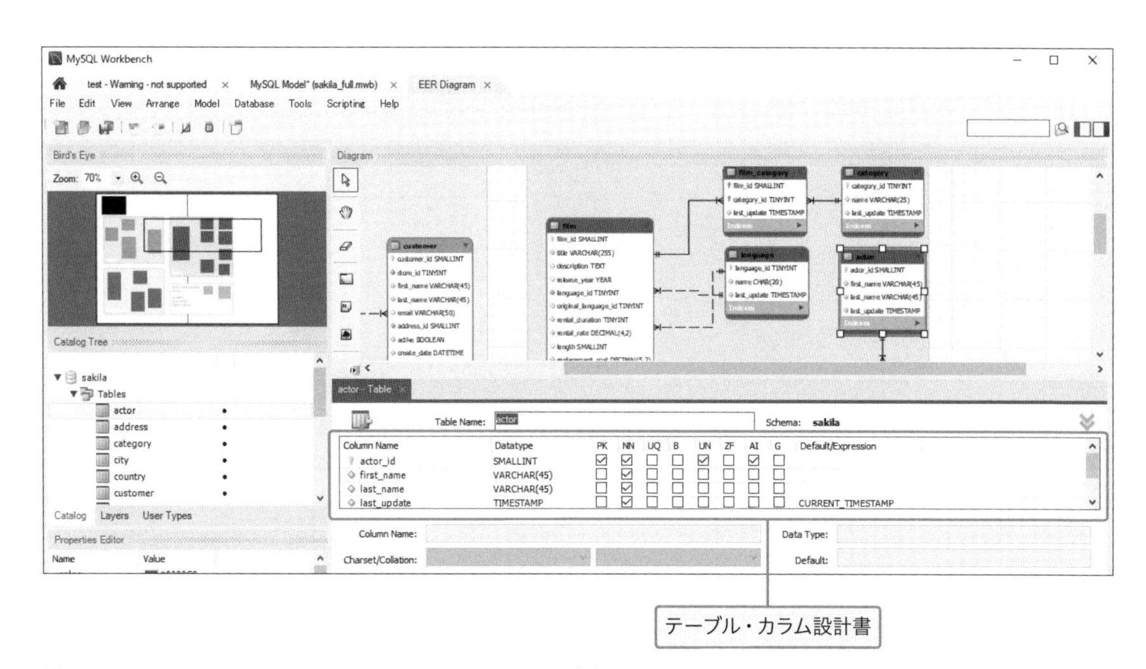

図10-2-10　MySQL　Workbenchのテーブル・カラム設計書

DBテーブル・カラム仕様書は、データベースの物理設計や実装を行う際に、開発者や管理者が必要とする情報をまとめた文書です。テーブルの概要やカラムの定義、関係性、インデックスに関する情報が明確になるため、データベースの運用効率化につながります。また、テーブル・カラム仕様書は、データベースの変更や修正を行う際にも重要な役割を担っています。

画面項目仕様書

画面項目仕様書とは、Webサイトやアプリケーションなどの画面に表示される項目（フォーム、ボタン、テキストなど）に関する情報をまとめた文書のことです。画面項目仕様書には、**図10-2-11**のような情報が含まれます。

画面名： 出退勤打刻画面（スマートフォン）

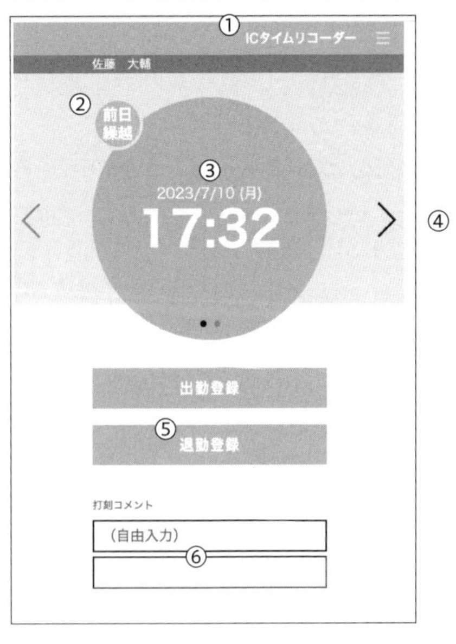

項番	項目名	アクション	種別	サイズ	ふるまい	データ	備考
①	メニュー	タップ	メニュー表示	-	メニュー展開（画面仕様1-2-2）	Now()	
②	24時表示	クリック	ラベル	-	12時間表記と24時間表記を切り替える		
③	打刻	タップ	テキストボックス	-	⑤のボタンアクション成功時にOK表示		
④	モード切替	スワイプ	ラベル	-	出退勤と休憩打刻のモードを切り替える		
⑤	勤怠登録	クリック	テキストボックス	-	退勤や休憩時間を送信する		
⑥−1	コメント欄	クリック	セレクトボックス	-	電車遅延、遅刻、体調不良などの定型コメント選択	userSettinng (reason)	
⑥−2	コメント欄	クリック	テキストボックス	200		work Time (comment)	自由コメントの入力欄

図10-2-11　画面項目仕様書例

- 項目の名称
  - フォーム、ボタン、テキストなどの項目の論理・物理名称が記載される。表示・入力形式のタイプ（チェックボックかラジオボタンかなど）も規定される
- 項目のデザイン要素
  - 位置・サイズや使用する画像タイプ、使用されるフォントなど“見た目”の要素が規定される。これにより、画面レイアウトやデザインに関する情報が明確になる。全画面を通してのスタイルシートの規定などは、前述の画面仕様書などに記載される

- 入力規則・バリデーション
  - 項目の入力ルールやバリデーションに関する情報が記載される。例えば、入力必須項目であるか、文字数や形式などの制限があるかなど
- ボタンの動作
  - ボタンがクリックされた際の動作に関する情報が記載される。例えば、フォーム送信、ページ遷移などがある

画面項目仕様書には、バリデーションや動作に関する情報が明確になるため、開発者や設計者が画面の実装を行う際に役立ちます。また、画面項目仕様書は、テスト担当者がテスト項目を確認する際にも利用されます。画面項目仕様書に記載された入力規則やバリデーションに基づいて、テストを行うことで、画面の品質を向上することができます。

10-2-4 テスト工程

テスト仕様書

テスト仕様書とは、ソフトウェア開発においてテストを行うための仕様書のことです。テスト仕様書には、テスト項目やテスト条件、テスト手順などが記載されます。また、テストコードも仕様書に含まれることがあります。

テストには第2章で説明したように「多段階」あるのが一般的です。特にWebシステムの場合、「本番環境＝インターネット社会全体」であることが多く、最低でもステージング環境は用意してテストしてからリリースするのが一般的です。

一般的にJUnitやNUnitなどコードレベルの単体テストやAPIレベルの結合テストはCIツールなどによって自動化が進んでいます。

しかし、フルスタックでのWebシステム開発ではUIにおいて様々なデバイスが対象であることが多く、自動化が難しいといった事情があります。ブラウザも複数あり、デバイスもタブレットからスマートフォンまで日進月歩の中で、仮に自動化しても半年後のリリースには使えず、初期コストを払ってツールなどを導入してもコストダウンにはつながらないことが多いからです。

そのため、**図10-2-12**のようにデバイスやブラウザの種類によらない内容を記載しておいてテスト仕様書（シナリオ）としておくことが実務では一般的です。

対象システム	ICタイムリコーダー	レビュー担当者	上野
対象機能	出退勤打刻	レビュー日	2023/06/25
テストフェーズ	結合	テストNO	2

ID	観点	対象ブラウザデバイス（Android / iPhone）	試験名称	対象の画面・機能	検証内容	想定される検証結果	結果 OK/NG	確認者	確認日	備考
1	打刻正常系操作	Android	出勤、退勤打刻	出退勤打刻画面（スマホ）	出勤ボタン、退勤ボタンをタップして打刻を行う	画面が打刻済み表示になること。打刻データが出勤退勤で書き込まれること	OK	佐藤	2023/06/30	
2	画面操作性	Android	打刻画面表示スワイプ更新	出退勤打刻画面（スマホ）	スワイプを左右に行い、出退勤画面と、休憩画面の切り替わりを確認する。	時刻、文字表示、体裁が正しく表示されること	OK	佐藤	2023/06/30	
3	画面操作性	Android	12時間24時間表示切り替え	出退勤打刻画面（スマホ）	切り替えボタンをクリックし24時間表記の切り替わりを確認	現在時刻が12時間、24時間表記で表示されること	OK	佐藤	2023/06/30	
4	打刻正常系操作	Android	出勤、退勤打刻コメント有り	出退勤打刻画面（スマホ）	コメントを選択して出勤ボタン、退勤ボタンをタップして打刻を行う	画面が打刻済み表示になること。打刻データがコメントとともに出勤退勤で書き込まれること	OK	佐藤	2023/07/01	
5	画面操作性	Android	打刻コメント選択肢	出退勤打刻画面（スマホ）	打刻コメントの種類が、設定通りか確認する	管理画面からコメント種別を確認し、同じコメントが選択肢に出ること	OK	佐藤	2023/07/01	
6										
7										

図10-2-12 テスト仕様書例

なおテストには、プログラムやメソッドの単体レベルのテストから、ユーザーにビジネス視点で検証してもらう検収テスト、あるいはパフォーマンスやセキュリティに関する非機能要件テストまで、幅広い種類があります。本書では単体レベルから、機能レベルのテストまでを紹介します。

テスト仕様書には、次のような情報が含まれます。

- レビュー記録
  - 実装作業者は視野が「自分の作業場所」に限定されがちな問題があるため、チーム内やユーザー担当者など複数のレビューを受ける
- テスト観点
  - テストの網羅性（カバレッジともいいます）を向上させるために「観点」を用意しておくとよい（障害が発生した際には「観点が漏れている」ことが多いため）
- テスト項目
  - テストする機能や項目の分類に関する情報。サンプルでは「テスト名称、対象ブラウザ、試験名称、対象の機能・画面」が該当する
- テスト内容
  - テストの方法。サンプルは画面系の試験なので操作方法が記載されますが、バッチやAPIの場合には実行方法や条件が書かれる

- 期待する検証内容
  - テストの実行手順・シナリオに関する情報。例えば、テストの前提条件、操作手順、期待する結果など
- テストデータ
  本サンプルでは割愛しているものの、テストデータは別途用意する。更新前のデータを用意して操作後、期待する更新結果に変わるかを検証する
- 証跡
  テスト結果や担当者、作業日の記録。品質管理を第三者の目線でチェック可能にする

テスト仕様書は、品質の高いソフトウェアを開発するために非常に重要です。テスト仕様書により、テスト項目や条件、手順、データが明確になり、テストの品質や効率を向上させることができます。

非機能試験仕様書

非機能試験仕様書は、ソフトウェア開発において、パフォーマンスやセキュリティなどの非機能要件を満たすために実施する試験の仕様書のことです。主に、パフォーマンステストとセキュリティテストの仕様書が含まれます。

パフォーマンステスト

パフォーマンステストは、ソフトウェアの動作速度や負荷に対する性能を測定する試験です。パフォーマンステストでは主に2つの観点があります。

① 通常の操作がレスポンスの目標値の中か
② 大量データや大量アクセスによってサービスの可用性に影響がないか

一般的に①を目的としたテストは機能の大きな改修時などに行い、サービスレベルの低下が起きていないか管理するために行われます。②の大量データや大量アクセス試験は主に初期リリースなどに行われます。通常、ビジネスニーズとして目標とするユーザー数などが規定されていますので「2年後の予定ユーザー数」などを目標に行われます。

対象システム	ICタイムリコーダー	レビュー担当者	伊東
対象機能	出退勤打刻	レビュー日	2023/08/05
テストフェーズ	パフォーマンス	テストNO	5

ID	観点	試験対象機能	試験名称	事前データ 使用ツール	検証内容	目標レスポンス	結果 OK/NG	確認者	確認日	備考
1	打刻正常系操作	出退勤打刻画面（スマホ）	出勤、退勤打刻	ステージング環境データ	出勤ボタン、退勤ボタンをタップして打刻を行う	ログイン後のメニュー画面が3秒以内に表示されること	OK	佐藤	2023/08/10	
2	打刻正常系操作	勤怠管理画面明細更新機能（月間勤務表）	勤怠管理画面明細更新機能（月間勤務表）	ステージング環境データ	月間Web勤務表を更新する	月間勤務表修正が15秒以内に完了すること	OK	佐藤	2023/08/10	
3	大量データ	日次勤務時間集計	日次勤務時間集計（大量データ）	tbl_timecard（100万件）USER _MST（1万件）	集計バッチを実施し、完了時間を計測	日次出退勤時間集計が2時間以内に終わること	OK	佐藤	2023/08/10	
4	大量データ	月間勤務時間集計	月間勤務時間集計（大量データ）	tbl_timecard（100万件）USER _MST（1万件）	集計バッチを実施し、完了時間を計測	日次出退勤時間集計が4時間以内に終わること	OK	佐藤	2023/08/10	
5	同時多数アクセス	IC打刻API	IC読み取り機、同時大量打刻	JMeter（100ID同時打刻）	JMeterを使用して打刻機器用のWeb APIに大量リクエスト	各打刻が3秒以内に完了すること	OK	佐藤	2023/08/10	
6	同時多数アクセス	勤務票出力	勤務表帳票、同時大量出力	JMeter（100ID同時出力）	JMeterを使用してWeb勤務表出力をWeb APIに大量リクエスト	帳票出力が10分以内に完了すること	OK	佐藤	2023/08/10	
7										

図10-2-13　パフォーマンステスト仕様書例

ただし、パフォーマンステストは大量データのため長時間にわたることもあるので、テストの性質上本番同等の環境でなければなりません。長時間かかる試験も多く特定の環境を長期間専有し続けるため、非常にコストの高い試験といえます。

パフォーマンステストにおいては、次のような情報が含まれます。

- テストの観点
    - 主に、操作速度や大量データの同時アクセスなど
- 試験対象機能、名称
    - 画面や帳票、バッチやAPIなどの機能名
- テストケース
    - 実際に負荷をかける機能や画面などの操作方法
- 目標レスポンス
    - 画面レスポンスタイムの他、バッチの実行時間や、同時アクセス数など

セキュリティテスト

セキュリティテストでは、以下のような項目がテスト対象となります。セキュリティのテストは第三者レビューなどを通してコードやルールベースで行われるものと、実際に環境に対してポートアタックをかけるなどツールベースで行われるものがあります。

脆弱性テスト

脆弱性検査により、不正アクセスや情報漏洩などの脅威に対してセキュリティが担保されているかどうかを確認します。例えば、SQLインジェクション、クロスサイトスクリプティング、パスワードクラックなどの脆弱性に対するテストが行われます。

認証・認可テスト

セキュリティに関する機能に対するテストが行われます。例えば、ログインやログアウト、パスワード変更、アクセス権限の制御などのテストが行われます。

暗号化・SSLテスト

データの暗号化やSSL通信のテストが行われます。これにより、データの機密性が担保されているかどうかを確認します。

サーバー構築レベルでのセキュリティテスト

Webサーバーや OS・ネットワークレベルでの設定や構築、アクセス制御などのテストです。ディレクトリトラバーサルやファイルアクセスの制御などが対象です。

アプリケーションレベルのセキュリティテスト

URLの直接アクセスや、フォームの改ざん、ユーザーIDなどの類推。戻るボタンや共有端末での操作などのセキュリティや機能の不具合をテストします。

非機能試験仕様書（セキュリティ）により、セキュリティテストのテスト項目やテストケースが明確になり、セキュリティの確保や脆弱性の発見につながり品質の担保に貢献します。また、実際に情報漏洩の疑いなどが発生した場合には有効な手がかりにもなります。

Column

図面や文書の作成ツール

設計図面、文書を作成するツールやプラットフォームは多々あります。本書の執筆陣が使用しているツールを中心にご紹介します（**表10-2-A**）。

表10-2-A　図が中心となる設計書と記述や表が主な作成物となる設計書

	設計書の種類	利用するツール
図が中心のもの	システム・業務フロー図 システム構成図 画面構成図 EntityRelationship図 画面モック・仕様書 クラス・シーケンス図 サーバー構成図	Excel（スプレッドシート） スライド（PowerPoint） DrawIO Cacoo Visio asteh*UMLなど
記述や表が中心のもの	機能要件定義書 非機能要件定義書 プロジェクト計画書 サーバー仕様書 外部連携（WebAPI）仕様書 共通処理仕様書 プログラミングコード規約 DBテーブル・カラム仕様書 画面項目仕様書 テスト仕様書 非機能試験仕様書 バッチ仕様書 運用手順書 監視要件書	プレーンテキスト Word Google Document Excel（スプレッドシート） マークダウンテキスト Wikiなど

リモートワークでのチーム運営が多い場合には、Webを前提としたツールが利用しやすいでしょう。その観点では、DrowIOなどの作図ツールで作ってもWiki上などで共有しておくと、よりスムーズなチーム運営が可能です。

また、クライアントが非IT企業の場合には作図ツールをオフィスやGoogleアプリケーションで作成することで、ユーザー企業のメンテナンスが用意になるかもしれません。そのため、一概に「どのツールがよいか」は利用環境、利用者次第ということになります。

第11章
Gitによるリポジトリ管理

　Webシステムの開発では、要件定義からリリースまでの各工程で様々な成果物が作成されていきます。この章では、作成した成果物をどう管理していくか考えていきましょう。また、単純な履歴管理の視点だけではなくプロジェクトとして管理していく視点も含めて解説していきます。章の前半はリポジトリ管理という成果物の管理についての大きなくくりで前提知識や考え方の説明を行います。後半では対象を開発工程のソースコードに絞り、本項で作成したソースコードを実際にバージョン管理システムに載せていきます。

Part III

11-1 リポジトリ管理の役割

フルスタックのWebエンジニアとして、プロジェクトの成果物を扱う機会は必ずあります。継続的な運用を求められることもあるため、リポジトリ管理に関する知識を身につけておくことは重要です。この節では、開発過程で作成される成果物をどう管理していくかという観点を整理していきます。成果物と聞くと、皆さんはなじみ深いプログラムのコードが思い浮かぶでしょう。しかし、コードを書くときは、資料や設計書などドキュメントを元に実装をしていたことを思い出してください。それらのドキュメントも成果物の1つです。本章では、ソースコードやドキュメント、その他の保存する必要のある様々なファイルを総称して「成果物」と呼んでいきます。

現在、ソースコードは多くのプロジェクトで当たり前のようにバージョン管理システムであるGitを使ってソースコードの管理をしていることでしょう。それでは、その他の成果物はどのように管理されているのでしょうか。

11-1-1 リポジトリとは

そもそも「リポジトリ」とは何でしょうか。Gitですでにリポジトリという用語に慣れている方もいると思いますが、一旦はGitの用語と切り離し、原点に立ち返って考えてみましょう。リポジトリとは、元々「貯蔵庫」や「資源のありか」といった意味の英語です。IT用語としてはアプリケーション開発の環境において、ソースコードや設計、データの仕様といった情報が保管されているデータベースのことである、と説明されています。

では、リポジトリはどのように利用されるのでしょうか。リポジトリに保存されているデータや情報は、同じプロジェクトのメンバーや関係者が閲覧したり修正を行ったりします。そのため、共有がしやすいようにネットワーク上に置かれたりクラウドサービス上に置かれたりして利用されます。本章では、成果物を保管するためのサービスやサーバーを総称して「リポジトリ」と呼ぶことにします。

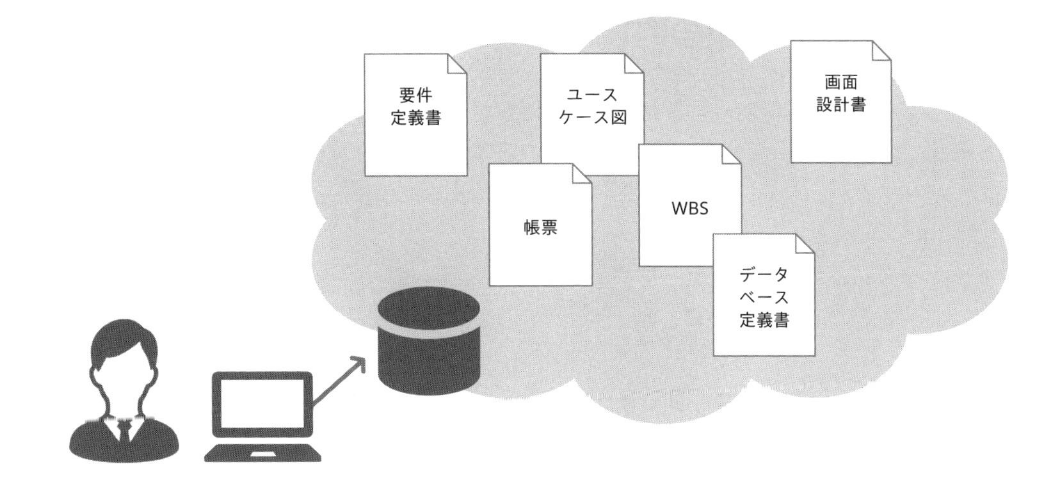

図11-1-1 リポジトリの概念図

しかし、プロジェクトの大規模化や成果物の複雑化に伴い、リポジトリに保管されるドキュメントの管理も難しくなっていきました。

そこでこれらの課題を解決するために成果物を保管し管理するためのプラクティスが生まれました。本章ではそれらを総称して「リポジトリ管理」と呼ぶことにします。

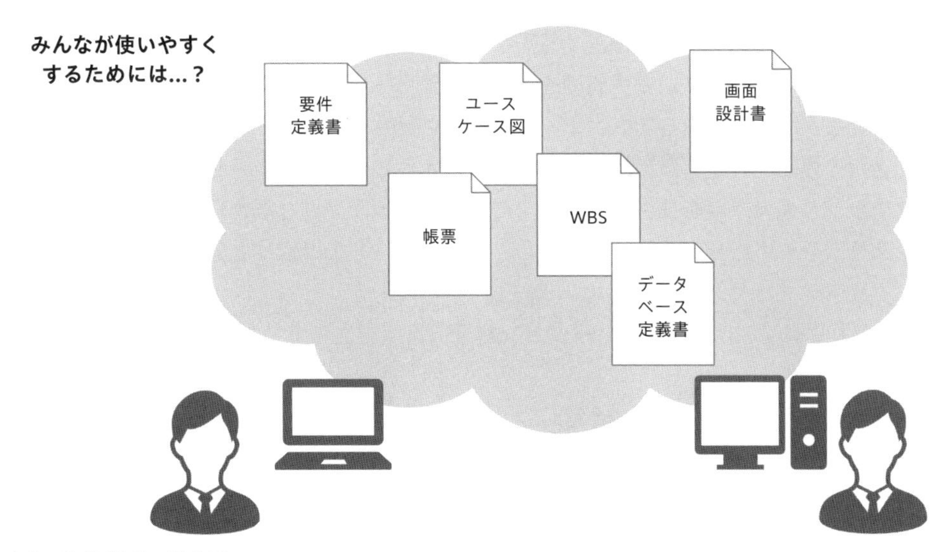

図11-1-2 リポジトリの概念図

11-1-2 リポジトリ管理の内容

私たちがリポジトリ管理に期待する内容はどのようなものでしょうか。いろいろな役割の人の立場になって考えてみましょう。例えばプロジェクトの顧客からヒアリングを行い、要件定義〜設計を行う役割の人だとするとどうでしょう。おそらく、次に挙げるようなことを期待するはずです。

- 参照しやすく、最新の情報が載っていること
- 変更の経緯などがわかりやすいこと

また、プログラムを実装しテストまで行う役割の人だとするとどうでしょうか。次のようなことを期待されるでしょう。

- 細かい修正の履歴をたどりやすいこと
- UTと連携しやすいこと

様々な役割の関係者から期待されるだろう事柄をまとめると、リポジトリ管理は主に次に挙げるような仕組みを提供するものになります。

① ソースコードや関連ファイルを中央で管理し、チーム内での共同作業を促進する
② ファイルのバージョン履歴と変更履歴を追跡し、変更の内容や経緯を確認できる
③ 複数の開発者が同時に作業しても、コードの競合や衝突を防ぎ、スムーズな協力作業を実現する
④ バグの特定と修正を容易にし、ソフトウェアの安定性と品質を向上させる
⑤ バックアップと復元機能を提供し、データの喪失や回復が必要な場合に備える
⑥ アクセス権限やセキュリティ対策を実施し、ソースコードの機密性と安全性を確保する

本章では①〜④に挙げられたようなバージョン管理に焦点を当てていきます。

11-1-3 リポジトリ管理の対象

リポジトリ管理の対象

ただドキュメントを保存するだけでなく、様々な管理が必要なことがわかりました。ではプロジェクトにおいて管理するドキュメントはどういったものがあるでしょうか。

図11-1-3は、プログラム開発プロジェクトにおいて一般的に必要とされるドキュメントを工程ごとにまとめたものです。各工程の説明やそのドキュメントについては第10章で詳しく説明しているため、そちらを参照してください。

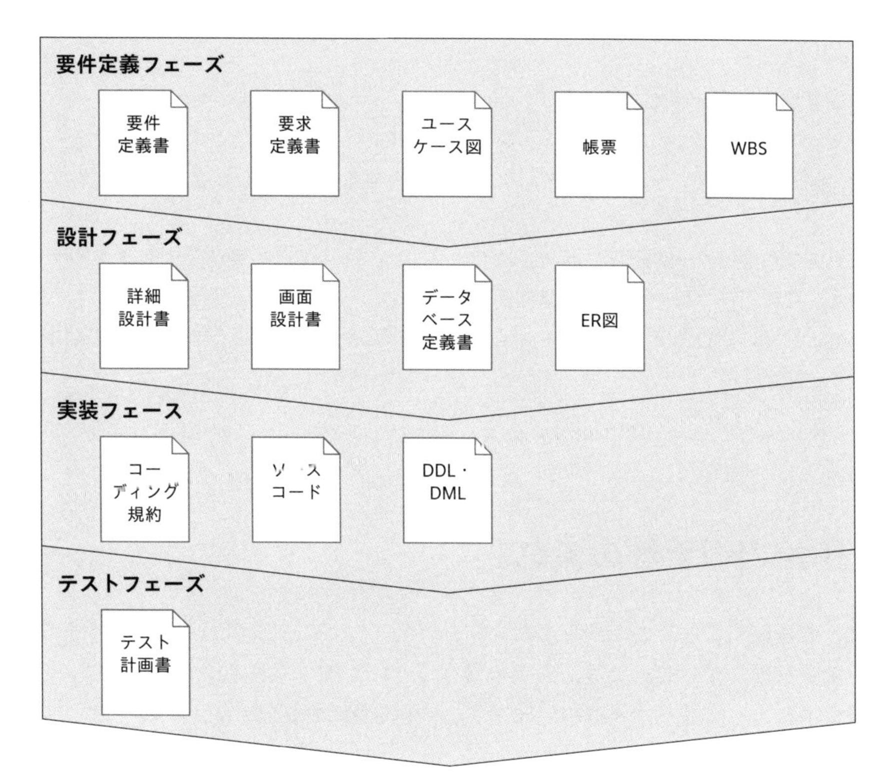

図11-1-3 プロジェクトに関わる様々なドキュメント

Column

プロジェクトに必要なドキュメントとは

上記は一般的なドキュメントの例ですが、プロジェクトの性質や規模によって必要なドキュメントは異なる場合があります。全てのドキュメントが必要という意味ではありません。不要なケースを少し考えてみましょう。例えば以下のようなケースです。

ユースケース／ユーザーストーリー

プロジェクトが小規模で、要件定義や設計の段階でユーザーの操作シナリオが詳細に明確化されている場合、ユースケースやユーザーストーリーを別途作成する必要がない場合があります。

テスト設計書

プロジェクトにおいてアジャイル開発やテスト自動化が進んでおり、テストケースやテストスクリプトがコードとしてバージョン管理されている場合、独立したテスト設計書を作成する必要がない場合があります。

リグレッションテストケース

プロジェクトが小規模で機能の変更が少なく、テストのリグレッションを手動で実施する必要がない場合、独立したリグレッションテストケースを作成する必要がない場合があります。

観点としてプロジェクトの規模や開発手法を挙げましたが、他にも受託元であるユーザーからの納品物としての要否やプロジェクトに関わる人物などによっても変わる場合もあります。プロジェクトの要件と目標に応じて、適切なドキュメントを作成し、プロジェクトの進捗と成果物を適切に管理することが重要です。

11-1-4 リポジトリ管理の流れ

ここまでで、管理することで何を実現したいか、そして、どのようなドキュメントが対象になるのか、ということを整理しました。では、実際の管理はどのような流れで進めていけばよいのでしょうか。プロジェクトによって様々だとは思いますが、一例を**図11-1-4**に示します。

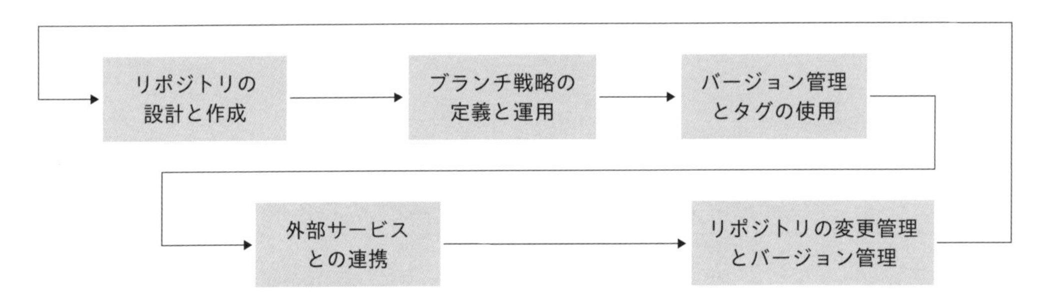

図11-1-4 プロジェクトに関わる様々なドキュメント

主に要件定義・設計フェーズより前の段階で検討することになります。本稿で作成したソースコードの管理も上記の流れに沿って考えていきます。

このように、リポジトリ管理の設計と運用の流れを確立することで、効果的な成果物の共有、バージョン管理、チームコラボレーションを実現し、開発プロジェクトの効率性と品質を向上させることができます。

11-1-5 リポジトリの設計と作成

それでは、全ての基盤になるドキュメントを保存するためのリポジトリの作成について考えていきましょう。

前項で述べたようにプロジェクトで管理するデータには様々なものがあります。これらは全て同じ保存場所・保存方法で管理するのが適切なのでしょうか。

ソースコード

いくつか具体的な対象について考えてみましょう。まずはイメージしやすいソースコードです。これは以下のような性質を持つドキュメントになります。

- 頻繁にかつ長期間にわたって変更される
- 文字がほとんど
- 変更に際してレビューが必要になる
- 自動化など様々なツールやサービスと連携する必要がある
- 社内の開発者のみに公開されている

こういったケースでは細かな管理が行うことができ、かつ拡張性の高いサービスで管理する必要がありそうです。Gitを用いてGitHubで管理するということになるでしょう。

要件定義・設計書

では次に要件定義とその関連資料を考えてみましょう。これは以下のような性質を持つドキュメントになります。

- 最初にフィックスしたら後はたまにしか更新されない
- 文字以外にも図表も多く用いられる
- 変更に際してレビューは必要
- ドキュメント単体で完結していて、他のサービスとの連携は不要
- 顧客や委託先といった社外も含めて、プロジェクトに関わる全ての関係者に共有する

先ほどとは対照的に、細やかな管理は不要そうです。半面、共有のしやすさやドキュメント形式の自由度が求められます。こういったケースではアクセス管理がしやすくWeb上でプレビューを簡単に見ることができるストレージサービスが向いているでしょう。例えばGoogleドライブなどです。

もちろん運用の負担やドキュメントの内容によっては、全て同一のサービスで管理できるケースもあります。その時々で最適な管理方法を検討しましょう。

図11-1-5は、管理を割り振った例です。ドキュメントそのものを管理しなくても、サービスからドキュメントを出力することもできます。

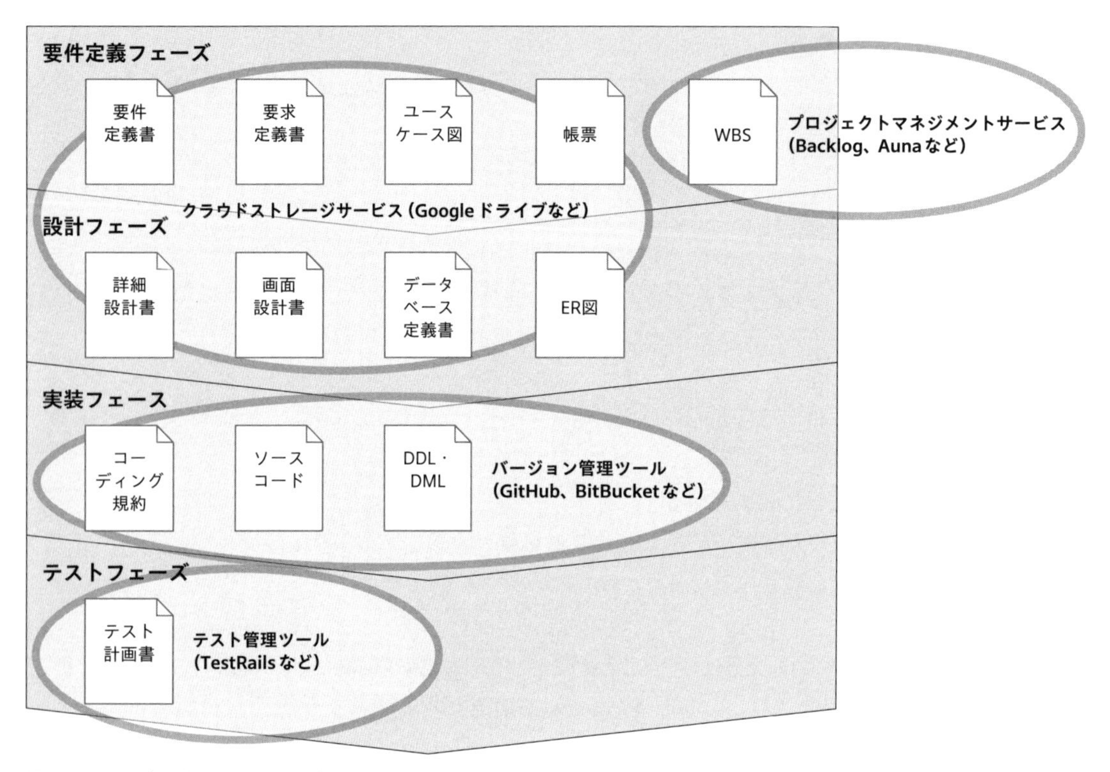

図11-1-5　プロジェクトに関わる様々なドキュメント

11-1-6 なぜバージョン管理をするのか

前項では設計書といったドキュメントを対象にリポジトリ管理の大枠について学びました。本節では、開発工程でのメインの管理対象となるソースコードのバージョン管理について、詳しく見ていきましょう。

読者の皆さんの中には、普段の業務でサービスの開発や運用に関わっている方が多くいることでしょう。プログラムに手を加えられる期間は、初回リリースまでの開発期間と、その後の運用の期間とでどちらが長いでしょうか。

期間限定で公開するサービスなどもあるため、全てのケースにはあてはまりませんが、一般的には運用期間のほうが長くなるでしょう。プログラムは一度完成したら終わりではなく、必ずメンテナンスや機能追加などが起こります。その過程では、次のようなニーズが生まれることでしょう。

- 修正の先祖がえりをなくしたい
- 複数人で作業するときにうまくコードを共有したい
- 修正の履歴を追いたい

それに加えて、次のような需要も加わってきます。

- バージョン管理に紐づけてアプリケーションのリリースも管理したい

これらの課題を解決するためにバージョン管理という考え方が出てきます。バージョン管理のコアとなる機能として、次のようなものがあります。

- 履歴管理

また、管理の仕方のバリエーションには次のようなものがあります。現在は分散型が主流になっています。

- 集中型：全員が共有して使用する１つのリポジトリで管理を行う
- 分散型：個人ごとのローカルリポジトリを持っていて、基準になるリモートリポジトリで管理を行う

一般的には次のようなツールが知られています。

- Git：分散型
- Subversion：集中型
- Mercurial：分散型

バージョン管理ツールでも、様々なツールがあることがわかりました。具体的なツールを決めておかないと話を進めにくいため、以降の解説はGitで管理をする前提で進めていきます。

本節ではバージョン管理の概要をつかみ、その役割について学びました。次章では実際にバージョン管理システムとしてGitを導入し、これまでに作成したコードをバージョン管理に載せていきます。

Part III

11-2 GitHubの構築

前節ではバージョン管理システムの概要を学びました。この節ではGitHubを利用して今まで作成してきたソースコードを実際にGitHub管理に移していきたいと思います。

11-2-1 アカウント登録〜単一リポジトリ作成

アカウント登録

まずhttps://github.co.jp/からGitHubのページにアクセスしましょう（**図11-2-1**）。

図11-2-1　GitHubのページ

最終的に自分用のGitHubリポジトリを作成するのでサインインをしましょう（**図11-2-2**）。すでにアカウントをお持ちの方はサインインを行い、まだお持ちでない方はサインアップからアカウントを作成しましょう。画面右上のサインアップボタンを押すとユーザー登録画面に遷移するので、任意の内容でユーザー登録を進めます。

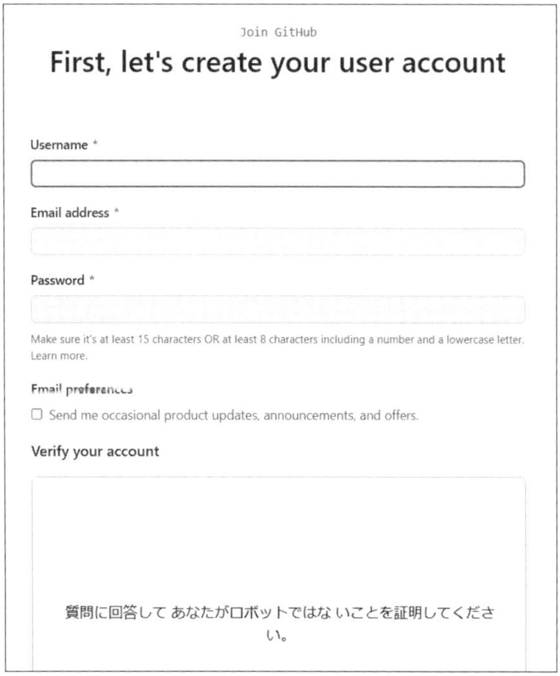

Join GitHub

First, let's create your user account

Username *

Email address *

Password *

Make sure it's at least 15 characters OR at least 8 characters including a number and a lowercase letter. Learn more.

Email preferences

☐ Send me occasional product updates, announcements, and offers.

Verify your account

質問に回答して あなたがロボットではないことを証明してください。

図11-2-2　ユーザー登録画面

ログインできると**図11-2-3**のような画面が表示されます。

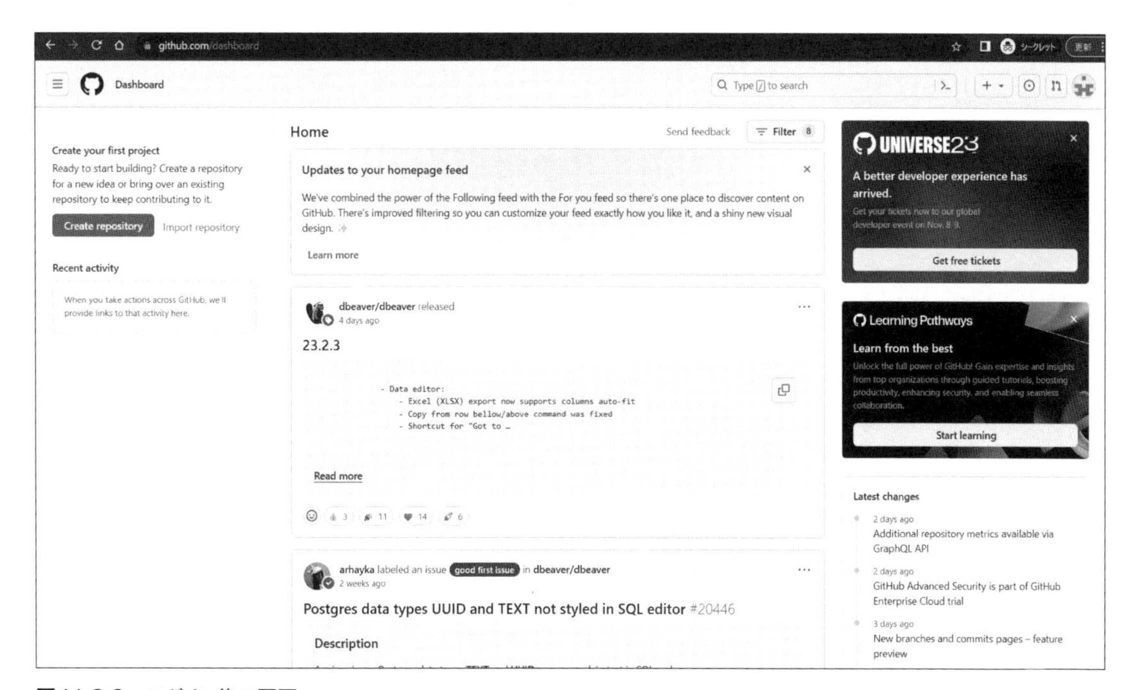

図11-2-3　ログイン後の画面

リポジトリ作成

今度は作成したソースコードを管理するためのリポジトリを作成してみましょう。GitHubにおけるリポジトリとは、ソースコードといったファイルやフォルダの情報を保存しておく場所のことです。先ほどのログイン直後の画面から、リポジトリ作成をするための「Create repository」ボタンをクリックします（**図11-2-4**）。

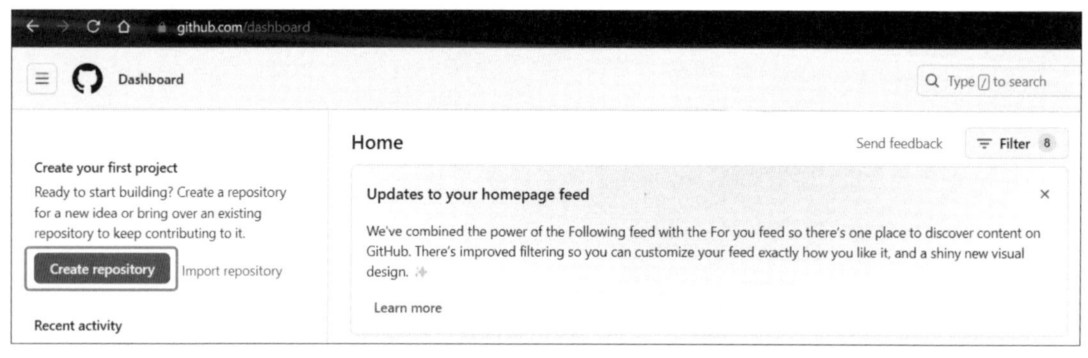

図11-2-4　リポジトリ作成画面

リポジトリの情報を入力します（**図11-2-5**）。

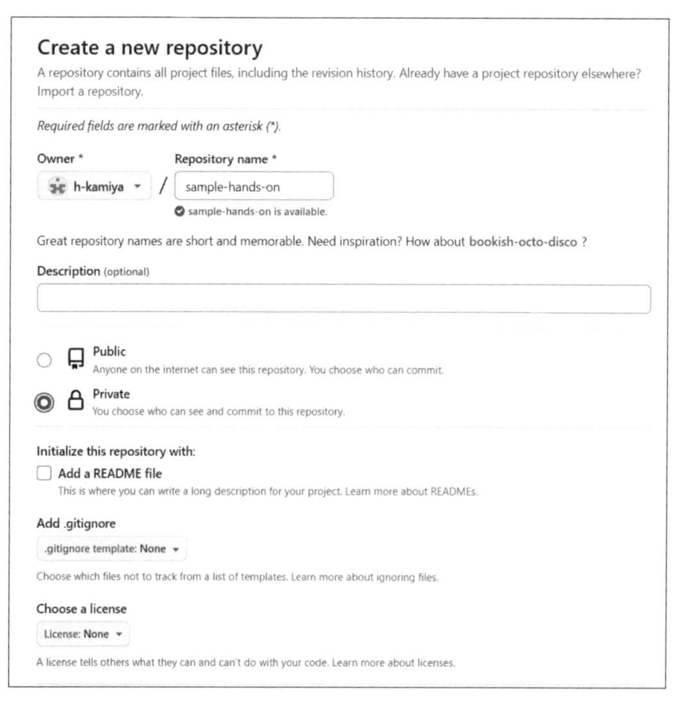

図11-2-5　リポジトリの情報入力画面

作成が完了すると初期設定をどうするか、という画面が表示されます（**図11-2-6**）。

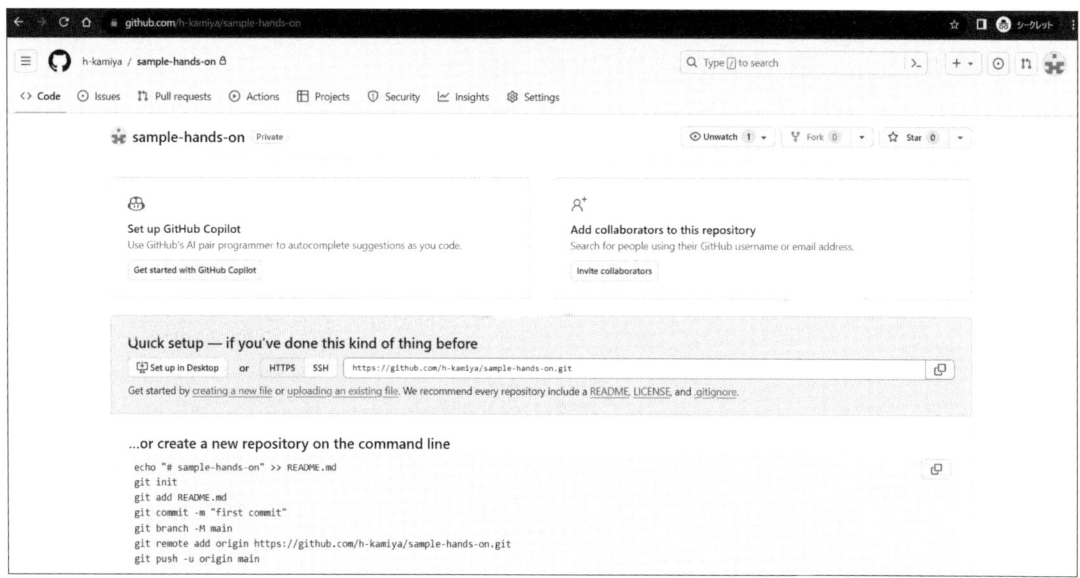

図11-2-6　リポジトリ作成完了画面

次に、後の工程でこのリポジトリにコマンドでアクセスできるようにアクセストークンを取得しておきます。まず画面右上のプロフィールアイコンをクリックし、その中のSettingsを選択してください（**図11-2-7**）。

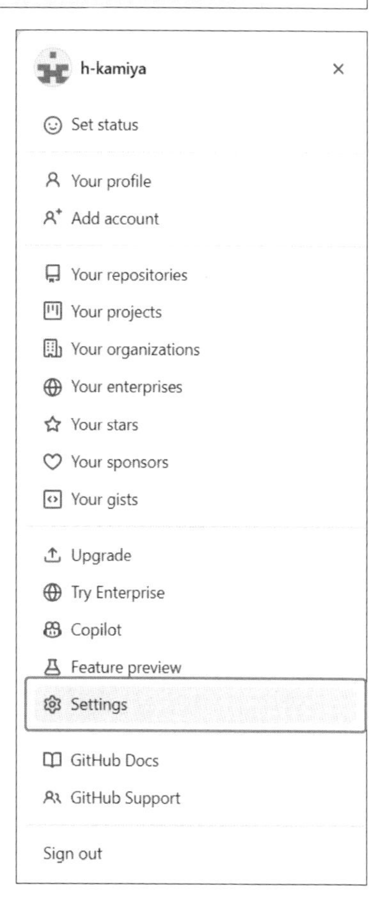

図11-2-7　Settings

画面遷移するので、次に左のメニューの一番下にあるDeveloper Settingsをクリックしてください。画面が切り替わってさらに左のメニュー内のPersonal access tokensをクリックするとTokens (classic)というものがあります。そこまで来たら右側にあるGenerate new tokenボタンを押し、Generate new token (classic)を選択してください（**図11-2-8**）。

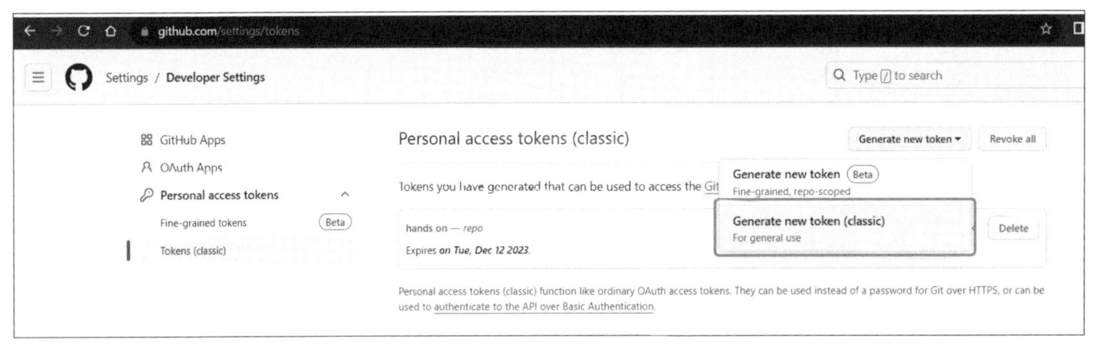

図11-2-8　Generate new token

トークンの作成画面に遷移するので、Noteにトークンの説明を記載してSelect scopes内にあるrepoにチェックを入れてください。そして画面最下部にあるGenerate tokenボタンを押してください。トークンが作成されるので、そのトークンを忘れずにコピーしておきましょう（**図11-2-9**）。パスワードの代わりとして使用します。

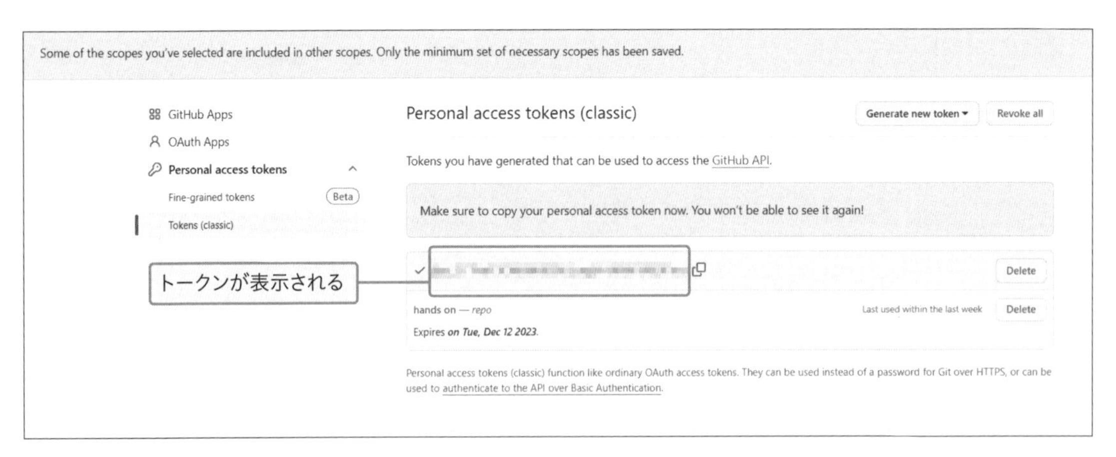

図11-2-9 Generate token

これでGitHubに空っぽのリポジトリが作成されました。次項からはこのリポジトリにソースコードを載せます。

11-2-2 Gitにおけるリポジトリ

前項で作成したGitHubのリポジトリにさっそくソースコードを載せていきます。しかし、その前にGitの操作や仕組み、機能について学んでおきましょう。

リポジトリ

Gitではどういった単位でソースコードをはじめとするドキュメントの変更履歴を管理するのでしょうか。Gitでは次の**図11-2-10**のように、あるフォルダの単位がバージョンを管理するGitのリポジトリという単位で管理されます。

このフォルダ内にあるGitの設定ファイルに全変更履歴が記録されています。また、Gitの設定ファイルは任意で追加・変更をすることもできます。

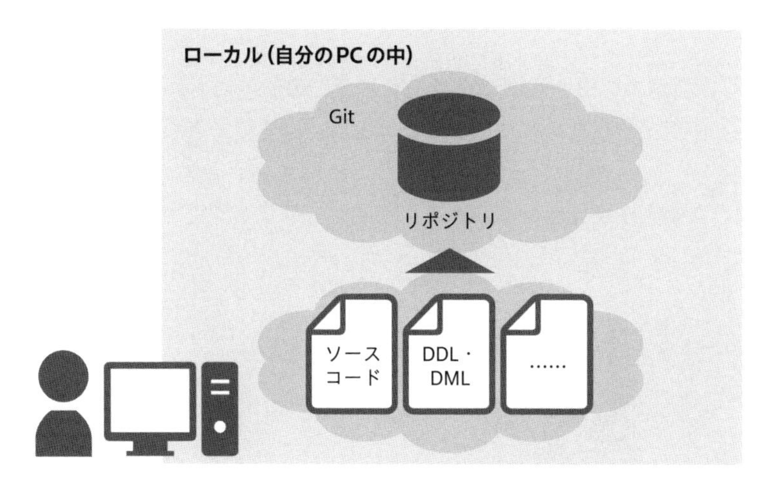

図11-2-10　Gitにおけるリポジトリのイメージ

ローカルリポジトリ・リモートリポジトリ

ただ自分の環境にリポジトリを作成しただけでは、同じプロジェクトの開発者や他の人に共有ができません。自分の環境に作成したリポジトリであるローカルリポジトリに対し、主に共有用に使用するリモートリポジトリがあります。このリモートリポジトリを利用してローカルリポジトリでの変更を他の開発者にも共有していきます。

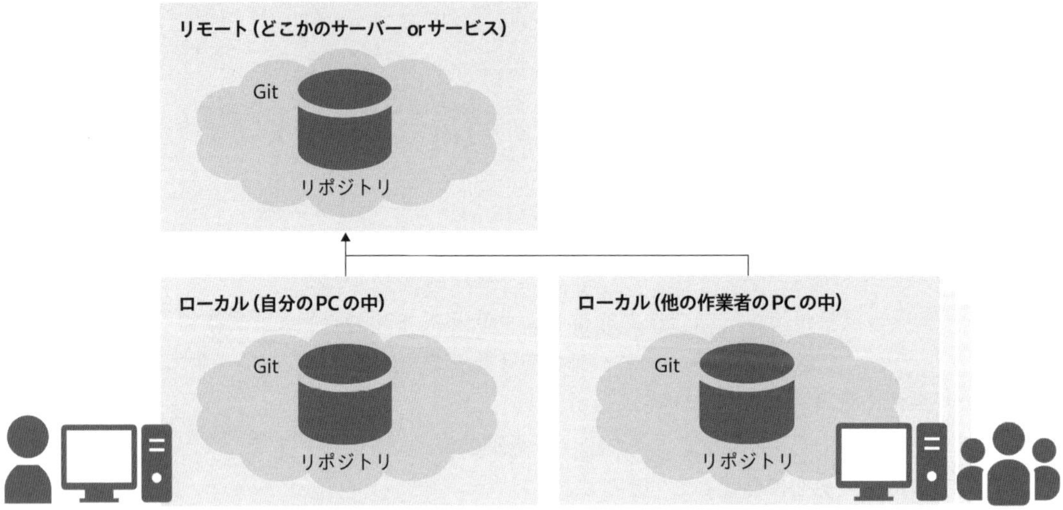

リモート（どこかのサーバー orサービス）

Git

リポジトリ

ローカル（自分のPCの中）

Git

リポジトリ

ローカル（他の作業者のPCの中）

Git

リポジトリ

図11-2-11　Gitにおけるリポジトリのイメージ

Gitのリポジトリは自身のローカル環境だけでなくどこの環境にも作成することができます。ただし、全員で共有して使用するリモートリポジトリは自身では変更できないように設定がされていることが一般的です。

リポジトリの大きな関係性が見えたところで、今度はリポジトリ内で起こる履歴管理について見てみましょう。

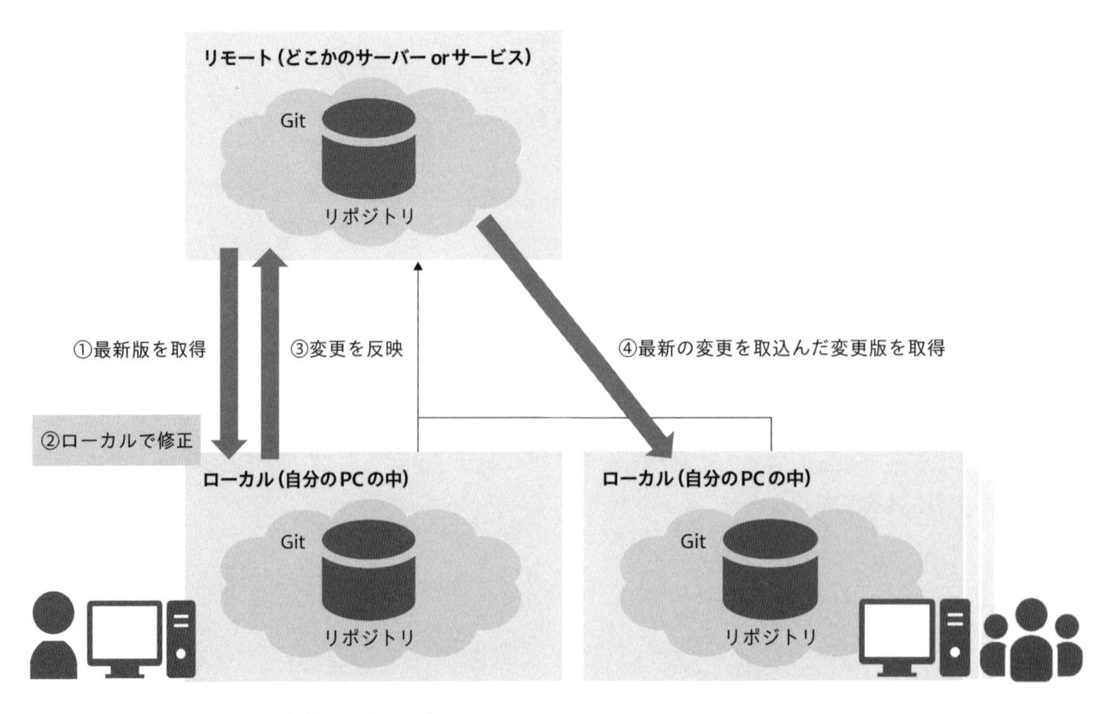

図11-2-12　Gitにおけるリポジトリのイメージ

11-2-3 GitとGitHub

次はGitとセットで名前の挙がるGitHubについて考えてみましょう。前項で開発者間で変更を共有するにはリモートリポジトリが必要なことを説明しました。開発作業のことを考えると、このリモートリポジトリは以下のような機能が期待されそうです。

- プロジェクトに関連するメンバーがアクセスできる
- 自宅などどこからでもアクセスできる

自前でサーバーを用意し、上記のような条件を実現できるように設定を行ってもよいのですが、手間がかかります。そんなときは、GitHubをはじめとするリモートリポジトリのホスティングサービスを利用します。GitHubを利用することでサーバーを自身で立てること以外に、以下のようなメリットがあります。

- GitHubアカウントベースの管理が可能になるため、外部開発者とのコードの共有管理が行いやすくなる
- pull requestやissueといったGitを運用する上で便利になる機能が利用できる
- AWSといった他クラウドサービスとの連携性の向上

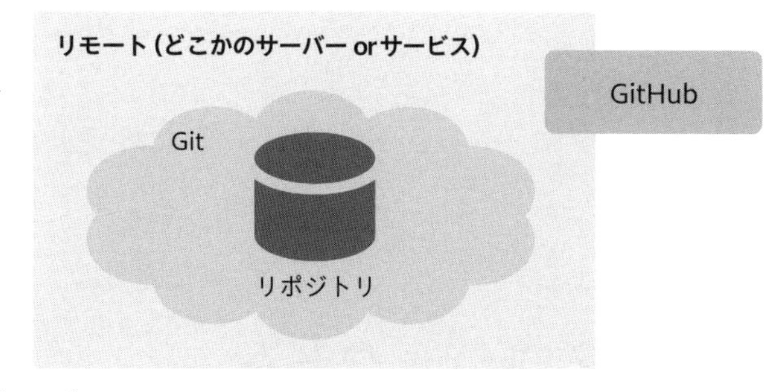

図11-2-13 GitHubのイメージ

Column

GitHub以外のサービス

今ではバージョン管理システムを提供するサービスが多くあり自前で管理するということは少ないかもしれません。GitHub以外にもGitを管理するサービスはあります。

- BitBucket
- GitLab
- Backlog

それぞれの細かいサービスの解説はしませんが、様々なサービスやツールの中心にあるので以下のような観点で選定するとよいでしょう。

- BTS/ITSと連携できるか、もしくは相当する機能を持っているか
- CI/CDツールと連携できるか、もしくは相当する機能を持っているか

最近では様々なサービスが連携し合ってアプリケーションの開発が行われています。Gitに限らずコマンドや低レイヤーの技術を使いこなすことも大切ですが、GitHubをはじめとするそれを代替するようなサービスを使いこなしていくことも大切です。

次の節では第II部で作成したソースコードをGitHubのバージョン管理に載せて、その過程でGitの操作について学んでいきます。

Part III

11-3 テストプロジェクトをGitHubに載せる

この節では前章までで作成していた、ソースコードをGitHubに載せて管理していきます。通常は、GitHubでリポジトリを作成した後、そのリポジトリをクローンしてコーディングを進めます。ただ今回は先にコーディングをしているので以下のように進めてみましょう。

① ローカルリポジトリ作成
② 既存ソースを全てコミット
③ ローカルリポジトリをGitHubに作成したリモートリポジトリにpush

見慣れない用語もあると思いますが、各用語については後半で１つずつ解説をしてきます。現時点では、とりあえずこのような流れなのだとイメージしておいてください。

11-3-1 ローカルリポジトリ作成

まずはローカル環境にリポジトリを作成します。WSL 2を開いて、コマンドラインに次のコマンドを入力してください。Git管理をするためのフォルダを作成し、初期化を行います。

```
$ cd /usr/local/src/dev
$ mkdir writing-full-stack-web-development    ← 新しいディレクトリを作成
$ cd writing-full-stack-web-development       ← ディレクトリに移動
$ git init                                    ← Git リポジトリの初期化…
```

次に、今まで作成してきたコードをこのリポジトリにコピーします。cpはファイルやフォルダをコピーするコマンドです。

```
$ cp -r ../app/* ./
```

移動した結果をコミットします。

```
$ git add *                         ← 変更をステージング（コミット対象に追加）
$ git commit -m "Initial commit"    ← ステージングされた変更をコミット
```

すると、次のようなメッセージが出力されたのではないでしょうか。

```
*** Please tell me who you are.

Run

  git config --global user.email "you@example.com"
  git config --global user.name "Your Name"

to set your account's default identity.
Omit --global to set the identity only in this repository.

fatal: empty ident name (for <k-ueno@OT20211200l.localdomain>) not allowe
```

これはGitを操作する人の情報が設定されていないため、操作を実行することができなかったというメッセージです。Gitの設定ファイルに操作する自身の情報を設定しましょう。メッセージに指示された通り以下のコマンドを実行します。

```
$ git config --global user.email "taro.yamada@example.com"
$ git config --global user.name "t-yamada"
```

その後、再度git commitのコマンドを実行してみてください。今度は実行に成功したのではないでしょうか。

```
$ git commit -m "Initial commit"
[master (root-commit) c859cfc] Initial commit
 17 files changed, 3272 insertions(+)
 create mode 100644 frontend/.devcontainer/Dockerfile
(中略)
 create mode 100644 frontend/yarn.lock
```

設定したユーザー情報はいったいどこで管理されているのでしょうか。次のコマンドを実行して結果を確認してみてください。

```
$ cat ~/.gitconfig
[user]
        email = taro.yamada@example.com
        name = t-yamada
```

少し見慣れないコマンドと記述が出てきましたね。catはファイルの内容を結果として出力するコマンドで、~は自分のホームディレクトを意味します。そのため、このコマンドは自分のホームディレクトリにある.gitconfigの内容を出力しています。ユーザー情報に限らず、Gitの設定はこの.gitconfigに記載されています。Gitコマンドを実行することで、このファイルの内容が自動的に更新される仕組みになっています。

これで今までの作成内容をGitのリポジトリに取り込むことができました（**図11-3-1**）。

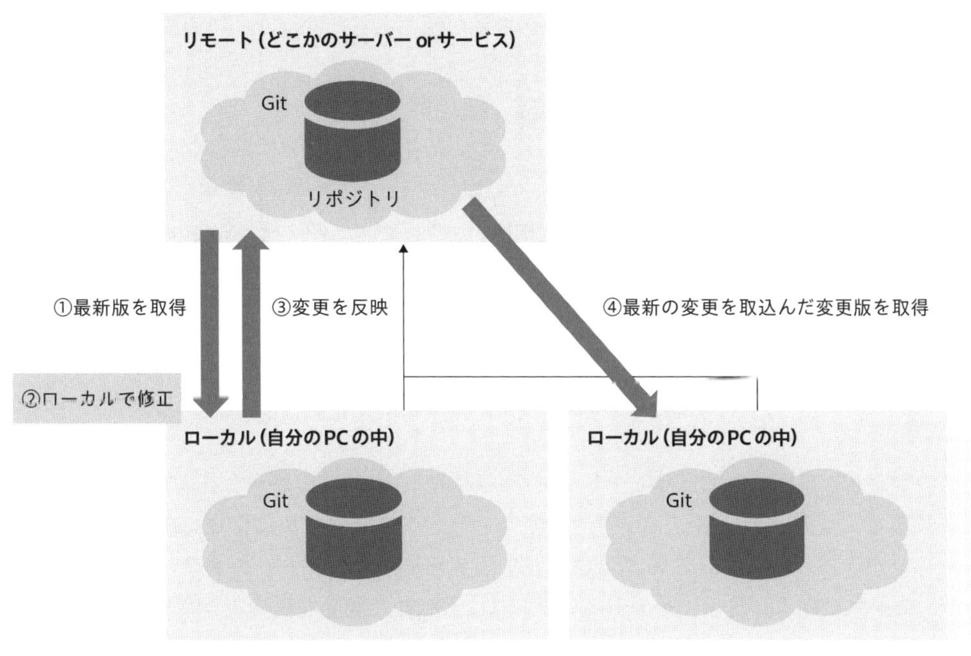

図11-3-1　作成したローカルリポジトリ

11-3-2 リモートリポジトリにpush

今度はこのローカルリポジトリをチームで共有できるように、リモートリポジトリに反映させていきます（**図11-3-1**中③、④）。作成したGitHubのリモートリポジトリに変更を反映しましょう。以下のコマンドを実行してください。URL部分は**図11-2-6**で作成したリポジトリのURLを入力してください。

```
$ git remote add origin https://github.com/xxxx/yyyyyyy.git
```

リモートリポジトリをoriginという名前で追加

このリモートリポジトリにローカルリポジトリをPushしましょう。

```
$ git branch -M main
$ git push -u origin main
```

ローカルのmasterブランチをリモートリポジトリのoriginと紐づけてプッシュ

すると、次のようなユーザー名とパスワードの入力を求められます。ユーザー名には**図11-2-1**で登録したユーザー名、パスワードには**図11-2-10**で取得したトークンを入力してください。

```
Username for 'https://github.com':
Password for 'https://t-yamada@github.com':
```

GitHubにアクセスしてローカルリポジトリの内容が反映されたか確かめてみましょう。

11-3-3 リモートリポジトリを取得

今度は先ほどとは反対に、別の作業者のつもりでリモートリポジトリを新規に取得してみましょう(**図11-3-1**中④)。まずリモートリポジトリのURLを取得します。例えば、GitHubの場合はリポジトリのページで「Code」ボタンをクリックし、HTTPSまたはSSHのURLをコピーし、ローカルにリポジトリをクローン（取得）します。

```
$ git clone https://github.com/ xxxx/yyyyyyy.git
```

上記のコマンドを実行すると、リモートリポジトリがローカルにコピーされます。コマンドが正常に実行されると、リモートリポジトリの全てのコンテンツがローカルにダウンロードされ、新しいディレクトリが作成されます。このディレクトリはリモートリポジトリの名前と同じ名前になります。ダウンロードが完了したら、そのディレクトリに移動して開発を開始できます。

```
$ cd yyyyyyy
```

11-3-4 Git操作

ここまで、Gitのコマンドを利用してバージョン管理の環境を構築してきました。新しくリポジトリ以外に登場した用語について確認していきましょう。

ブランチ

皆さんはアプリケーションの修正をする際に、新しい機能のデモコードを作成し検証してから実装したい、と思ったことはないでしょうか。ただしこのデモコードはあくまで一時的で修正履歴までずっと残したくはない、といった状況です。またもう1つの例として、開発中のコードとリリースしたコードを分けて管理したいといったことはないでしょうか。

管理したいリポジトリとしては1つだけど状態が複数あるといったときに、リポジトリ内で異なるバージョンのコードを作成することができる「ブランチ」が役に立ちます。

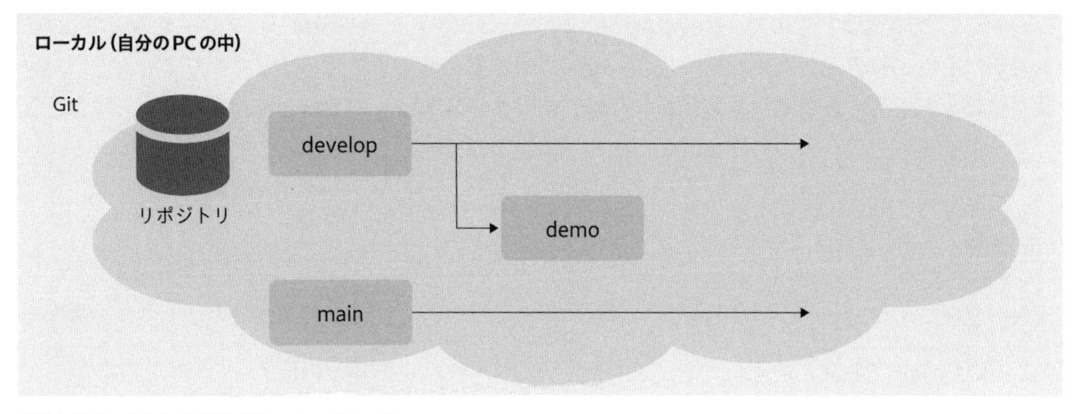

図11-3-2　Gitにおけるブランチのイメージ

開発者はどのブランチを使用するか1つだけ選んで作業をします。例えば本例ではデモコードの検証を行いたいので、demoブランチで作業を進めるようになります。検証が終わり、改めてちゃんと実装を進める場合は、またdevelopブランチ使用するかまたは新たに作業用のブランチを作成して実装を進めます。

修正履歴はリポジトリ内でさらにブランチという単位で管理されており、ブランチはリポジトリと異なりそれぞれ複数作成することができます。また作成の際は任意のブランチをベースに新しいブランチを作成します。

コミット

ブランチ内ではどのように履歴管理されるのでしょうか。これはコミットという利用者が変更を保存するタイミングで管理されます。

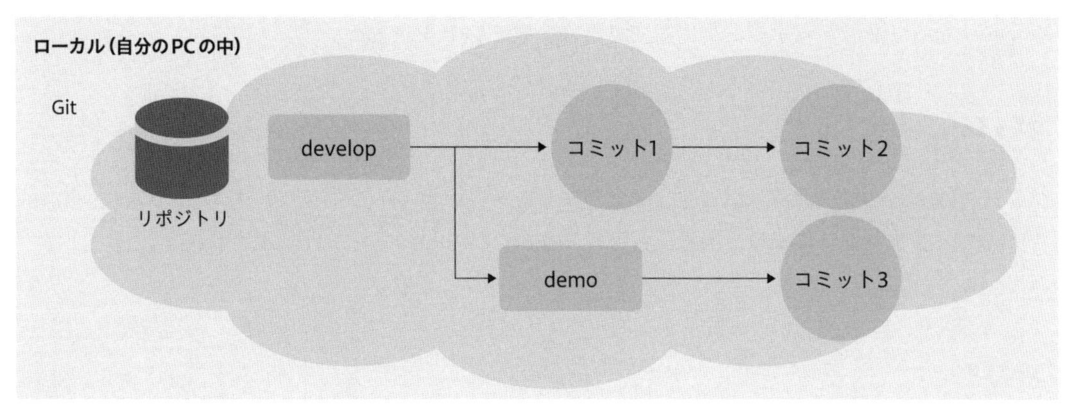

図11-3-3　Gitにおけるコミットのイメージ

ブランチごとの管理ですので、developブランチのコミット1、2とdemoブランチのコミット3はお互いに別々の世界で管理されています。そのためお互い影響を与えることもありません。

またコミットを行うとコミット履歴という修正内容の詳細を含んだ情報が保存されます。具体的なファイルの変更点と誰がいつコミットしたか、その際のコメントを確認することができます。

マージ

現在のブランチに別のブランチの修正を取り込みたくなったらどうすればよいでしょうか。異なるブランチの変更を統合する「マージ」を行います。

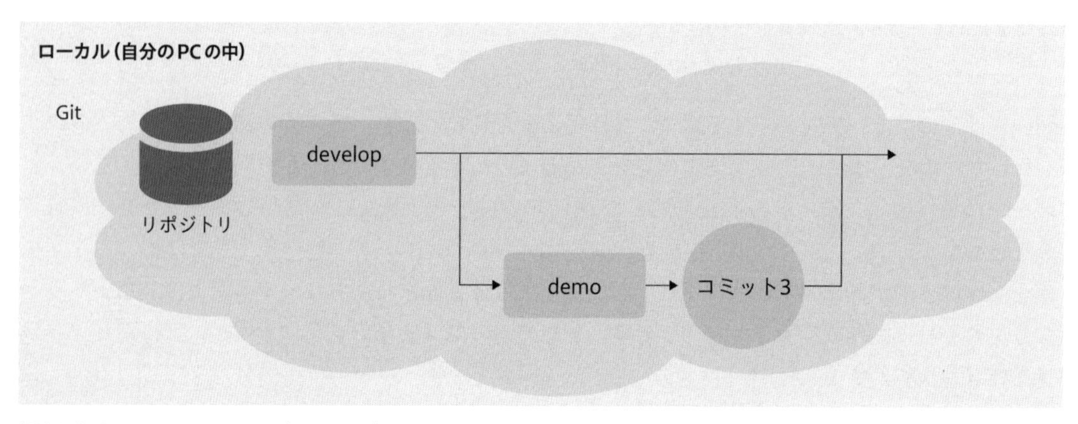

図11-3-4 Gitにおけるマージのイメージ

上記は作業中のdevelopブランチにdemoブランチをマージしたイメージ図です。developにdemoブランチでコミットしたコミット3の修正が取り込まれています。

ここまでは主にローカルリポジトリで使用される操作について説明しました。ここからはローカルリポジトリからリモートリポジトリに対する操作を見ていきましょう。

プッシュ

プッシュによってローカルリポジトリの変更をリモートリポジトリに反映します。ブランチがない場合は新たにブランチを作成し、ある場合は反映されていないコミットが反映されます。

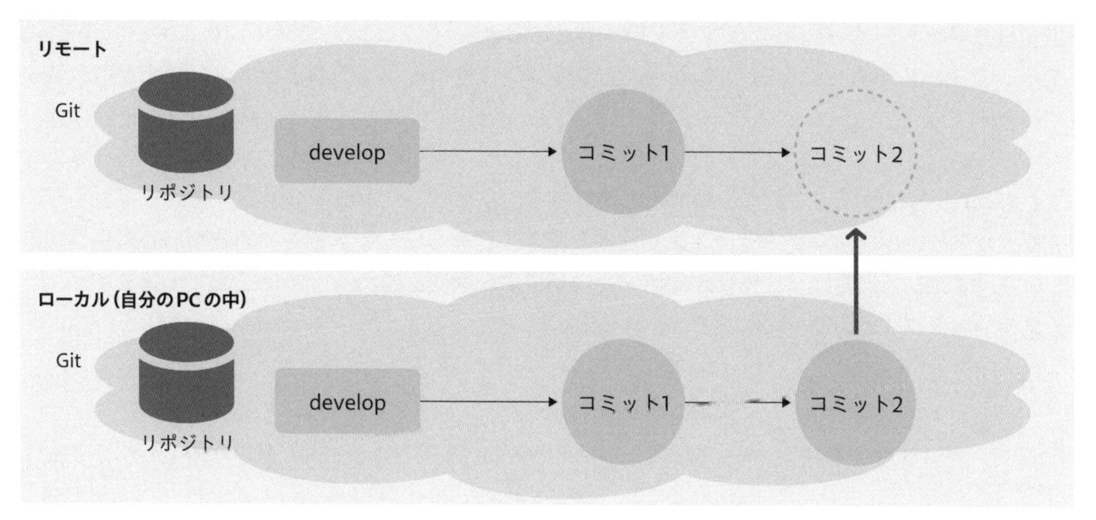

図11-3-5　Gitにおけるプッシュのイメージ

これはリモートのdevelopブランチにローカルのdevelopブランチをプッシュしたイメージ図です。リモートのdevelopにローカルのdevelopブランチでコミットしたコミット2の修正が取り込まれています。

プル

プルによってリモートリポジトリの変更をローカルリポジトリに反映します。反映されていないコミットが反映されます。ブランチがない場合はチェックアウトというブランチの切り替え操作を行って、リモートリポジトリのブランチをローカルブランチに新たに取得しましょう。

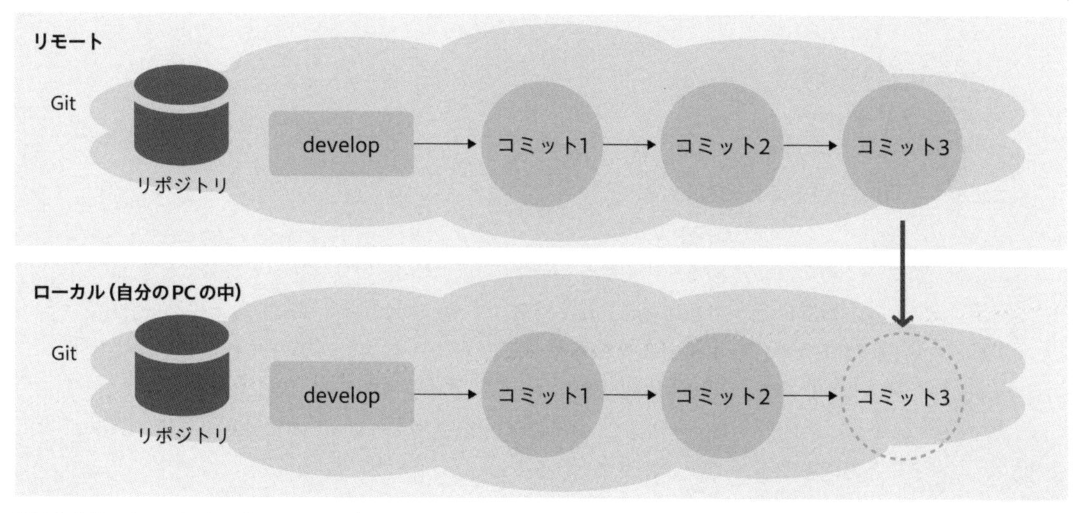

図11-3-6　Gitにおけるプルのイメージ

上記はリモートのdevelopブランチをローカルのdevelopブランチにプルしたイメージ図です。リモートのdevelopからローカルのdevelopブランチに未コミットのコミット3の修正が取り込まれています。

これらはGitの履歴操作に関する最低限の知識です。リモートリポジトリとローカルリポジトリの関係を掘り下げればプルやプッシュのより詳細な動きを理解したりできるので興味があれば調べてみましょう。また、他にも様々な操作が用意されています。開発を進める上では上記で十分ですが、リリース時やトラブル時の助けになります。

Column

どのツールを利用するか

リポジトリ管理からは少し別の話題になりますが、クライアント側で利用するツールについて検討してみましょう。サービス側と違い、クライアント側で利用するツールは開発者が自由に検討することができます。ただし、開発者と一口にいっても様々な人がプロジェクトには参加しています。Git操作を中心に例を挙げてみます。

- 開発の経験も豊富でGitコマンドもGitクライアントツールの操作にも精通している人
- 開発の経験も豊富だが、普段はGitクライアントツールでしか操作しない人
- 開発経験も浅く、いずれの操作もおぼつかない人

こういったメンバーが同じプロジェクトで開発をすることになったとき、どのように進めていくとよいのでしょうか。いくつか案を考えてみましょう。

- メンバーに自由に任せる
- Gitコマンドに統一する
- Gitクライアントツールを指定して、統一する
- 上記をメンバーごとに分けて指示する

これが正解というものはありません。それぞれの案に、メリットとデメリットがあります。

例えば、「Gitコマンドに統一する」を選択した場合、メリットとして、学習コストは高いものの、メンバーに本質的なGit操作を習得する機会を作ることができることが挙げられます。逆にデメリットには、意図しない操作もツールに比べれば発生しやすく管理しにくい点があります。

また「Gitクライアントツールを指定して、統一する」を選択すれば、CUIに比べて学習コストが低く、できることも限られるので管理しやすくなるでしょう。

そこで、例えばプロジェクトの規模が大きく社外のメンバーの入れ替わりが多いプロジェクトがあった場合は、メンバーのレベルも計りにくいので、Gitクライアントツールを指定して統一すると、管理コストの低下が期待できそうです。反対に、社内のメンバーのみで構成されて、経験が浅くても十分にフォローされる体制ができているプロジェクトであれば、各メンバーに自由に任せてもいいかもしれません。

次の節では、このバージョン管理を行う際の設計についてより踏み込んで考えていきます。

Part III

11-4 バージョン管理を深堀する

前の節までで、バージョン管理システムの構築方法と基本的な操作はわかりました。ここからはそのシステムの設計方法と運用方法について学びます。

11-4-1 リポジトリの設計

さて、ここではソースコードに関するリポジトリ設計に焦点を当てて考えてみましょう。前節ではフロントエンドのソースコードとバックエンドのソースコードを一つのリポジトリに保管しました。本稿で作成したようなアプリケーションをリポジトリ管理する場合、皆さんはどういった粒度でソースコードを管理するでしょうか。

アーキテクチャ

粒度を考えるにあたり、まずアプリケーションの設計の仕方を考えます。今回は、次のMVCモデルで作成されたアプリケーションを元に考えていきましょう（**図11-4-1**）。

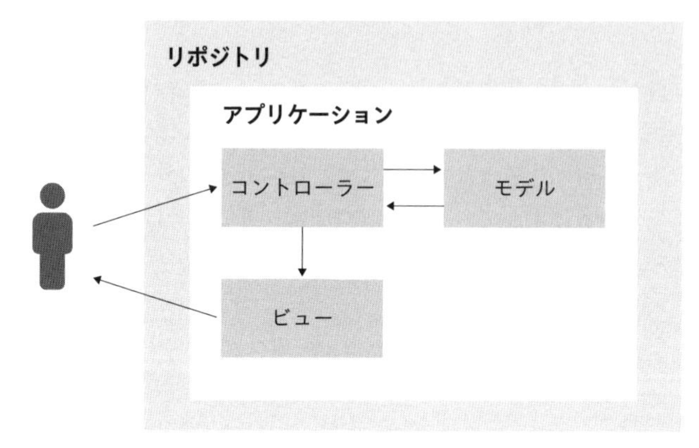

図 11-4-1　一般的なMVC

1つのアプリケーションの中では、業務的な処理から画面の生成までをこなしています。フレームワークで対応させると、LaravelやDjango単体で利用するイメージでしょうか。こういったアプリケーションはフレームワークとして各パーツの関係が強いので、例えばビューだけ切り出して別々のリポジトリで管理するということは難しいでしょう。そのため1つのリポジトリで管理したほうがやりやすいです。では、今回のようなフロントエンドとバックエンドで分かれているアプリケーションを考えてみましょう（**図 11-4-2**）。

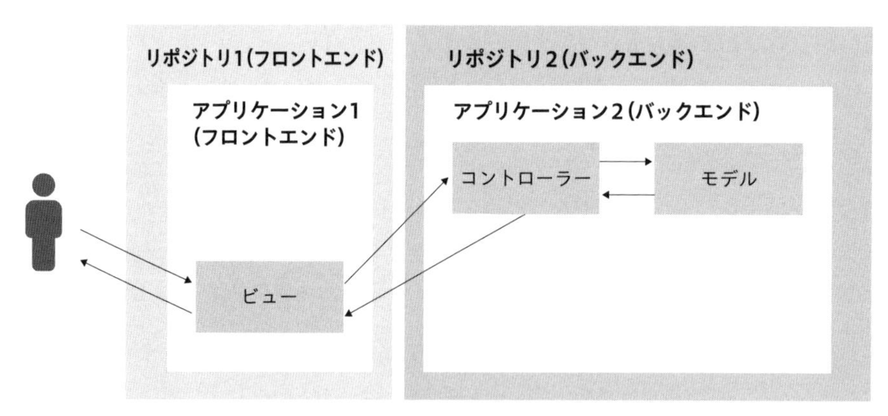

図 11-4-2　フロントエンドとバックエンドで分かれている場合のMVC

アプリケーション1（フロントエンド）とアプリケーション2（バックエンド）で、完全に役割が独立しています。またお互いのやり取りもhttpで依存関係はありません。そのため、2つのリポジトリで管理したほうがよいでしょう。

Column

必ず2つのリポジトリで管理したほうがよいか

少し話はそれますが、アプリケーション上は依存関係がなく、きれいに分割できるからといって、必ずリポジトリも分割したほうがよいのでしょうか。筆者は、ケースバイケースだと考えています。例えば、次に挙げるようなケースでは、アプリケーション1と2の間のインターフェースが定まらない、またはリクエスト・レスポンス側の実装に手戻りが多い状態で開発が進みます。

- 今まで取り扱ったことのない新規のドメイン
- 開発経験の少ないフレームワーク
- 設計者自体の経験が少ない

そういった開発体制自体が未熟な場合にリポジトリが分割されているという要素が加わると、複雑さが増し、プロジェクトのコントロールが難しくなるという側面もあります。もちろん、上記のような心配がなく、適切な舵を取ることができるリーダーがいるなら、リポジトリを分割して、依存関係が少なくきれいな構造で進めるのがベストでしょう。しかし業務においては、きれいなアプリケーションを作成すること自体が目的なのではありません。納期やアサインを考えながら設計をするとよいでしょう。

リリース

また、リポジトリの管理にはどのような単位でリリースしたいかも関わってきます。例えば、フロントエンドの改修しかしておらず、フロントエンドのみをリリースしたいというケースを考えてみましょう。

前述の一般的なMVCは必ず同時にリリースされるので、フロントエンドとバックエンドで分かれているアプリケーションを対象にします。1リポジトリのみでフロントエンドとバックエンドを管理している場合、**図11-4-3**のようなケースは実現しやすいでしょうか。ビルド・デプロイを任意のタイミングに手動で行っているならあまり問題はないでしょう。

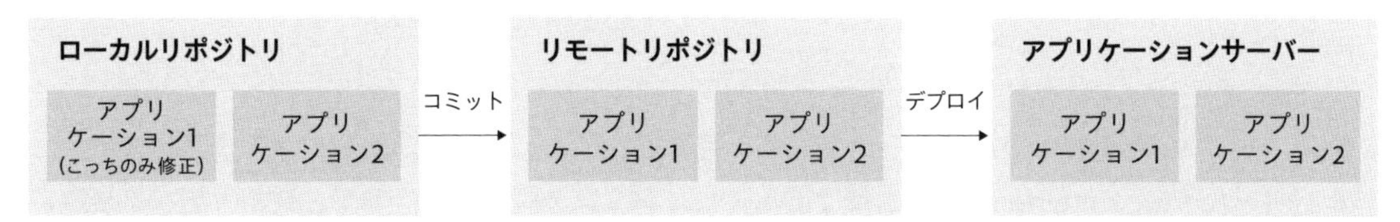

図11-4-3 リリースのケース①

反対に、コミットのタイミングなどに自動で行われる場合はどうでしょうか。コミット対象を区別すれば個別にデプロイすることも可能かもしれませんが、自動デプロイの設定の複雑さは増してしまいそうです。

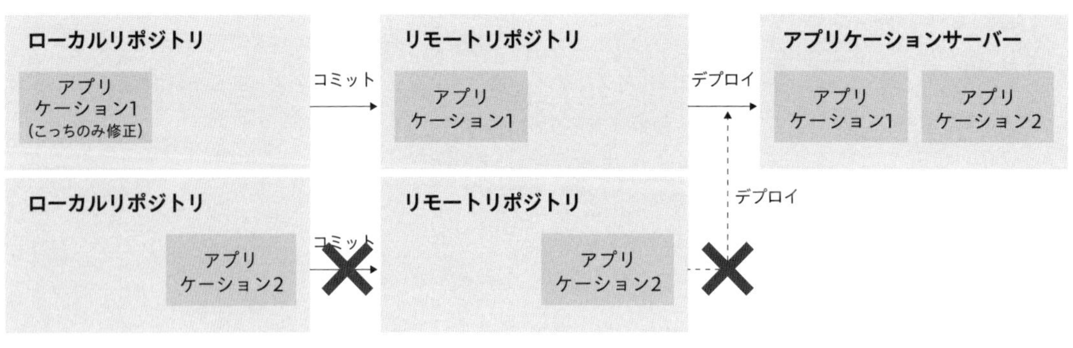

図11-4-4 リリースのケース②

11-4-2 ブランチモデル

設計方法や操作方法がわかっただけでは、具体的にどのようにGitを使って開発していけばよいかわからないでしょう。例えば、次のような課題は、どう手をつけていけばよいでしょうか。

- ブランチはいつ作成すればいいのか
- どんなブランチを作成すればいいのか
- どのブランチを成果物として扱えばいいのか

こういったことを決めずに各々がブランチを好き勝手に作成すると、収集がつかなくなります。また、どのブランチが何の役割なのか曖昧な状態で開発を進めると、意図しない修正をリリースしてしまうミスも発生しやすくなります。

そこで、上記のような共通の問題をある程度解決してくれるブランチモデルがいくつか提唱されています。以下に代表的なモデルを記します。

- git-flow
- GitHub Flow
- GitLab Flow

各フローについての細かい解説は行いません。特に有名なgit-flowだけ取り上げて説明します。

git-flowは、Vincent Driessenによって提案されたブランチ戦略の1つです。役割の異なる複数のブランチを作成しておき、開発やリリース作業を進めていきます。

① main（master）ブランチ

- 安定した状態のコードを保持するメインブランチ。リリースされたコードがマージされる場所であり、常にデプロイ可能な状態を維持する

② developブランチ

- 新機能やバグが修正されたコードがマージされる開発用のブランチ。mainブランチから派生し、開発の進捗が反映される

③ featureブランチ

- 新機能を追加するためのブランチ。developブランチから派生し、特定の機能追加作業が終了したらdevelopブランチにマージする

④ releaseブランチ

- リリースの準備を行うためのブランチ。developブランチから派生し、リリースに向けた最終的なテストが行われる。リリースが完了したら、developブランチとmainブランチにマージする

⑤ hotfixブランチ

- 緊急のバグ修正を行うためのブランチ。mainブランチから派生し、バグ修正が終了したらmainブランチとdevelopブランチにマージする

このブランチ戦略を取るときは、開発者はdevelopブランチからfeatureブランチを作成して実装を行い、実装が完了したらレビューを経てfeatureブランチをdevelopにマージしてもらうといった流れで運用を行います。

ここでポイントなのは、基準になるメインのブランチがあること、そして修正や機能追加を実装するための作業ブランチがあることは、挙げたブランチモデルのいずれの場合でも共通しているという点です。

次の項からは、この作業ブランチについて考えていきましょう。

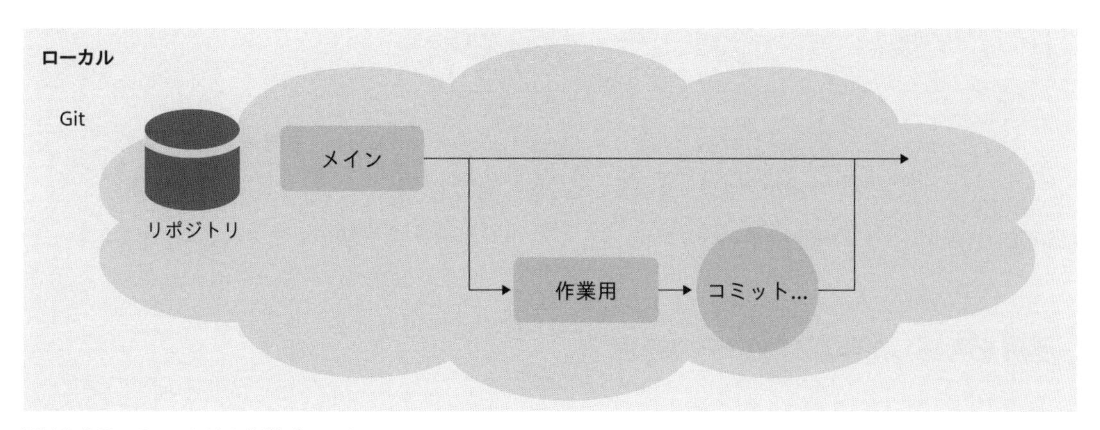

図11-4-5 Gitにおける作業ブランチ

また上記に挙げたようなブランチモデルは、あくまでいくつかあるブランチ戦略の例なので、そのまま使う必要はありません。これはプロジェクトの進め方・リリースの仕方や頻度などによって最適なブランチの運用の仕方も変わってくるからです。

所属する組織のインフラやPM・PLの考え、プロジェクトメンバーの力量によっても適した選択肢は変わります。

11-4-3 ブランチの運用ルール

前項ではリポジトリの粒度や一般的なブランチモデルを見ていきました。本稿ではより開発に近いブランチに焦点を当てていきましょう。

ライフサイクル

さて私たちがバージョン管理に関わる、ソースコードに修正を加えたり、ソースコードを使って何かしたりするというイベントは、どういったときに発生するでしょうか。例えば、次のような場面が考えられるでしょう。

- 新しく機能を開発する
- バグが発生して、修正を行う

図11-4-6は、1つのアプリケーション公開までの流れです。このサイクルの中のプログラムを修正する、プログラムをリリースするという過程でブランチが新しく作成され、そして削除されていきます。

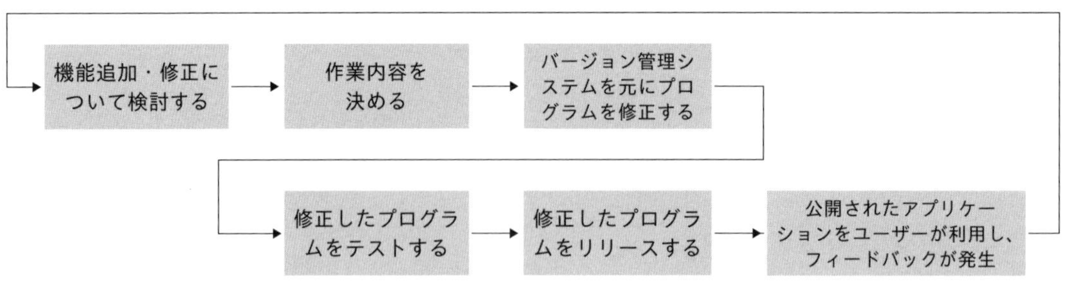

図11-4-6 アプリケーションの更新のライフサイクル

運用を考慮した作業ブランチの粒度

前項のブランチモデルやライフサイクルから、修正や機能追加に応じて作業ブランチを作成することがわかります。リポジトリの設計でもその粒度を考えて作成しましたが、ブランチにおける粒度の大小はどのような問題があるのでしょうか。

ブランチの粒度が大きすぎる例を考えてみます。例えば在庫管理アプリケーションで、以下の機能追加とバグ修正を任されたと考えてみましょう。

- カタログ登録画面の追加
- 商品一覧のバグ修正

この修正を1つのブランチで作業するとします。**図11-4-7**はメインブランチから今回の作業対象となるブランチを作成した図です。作業が完了したらメインとなるブランチ、またはそれに類するブランチにマージをすればよいだけなので、粒度は特に問題なさそうに見えます。

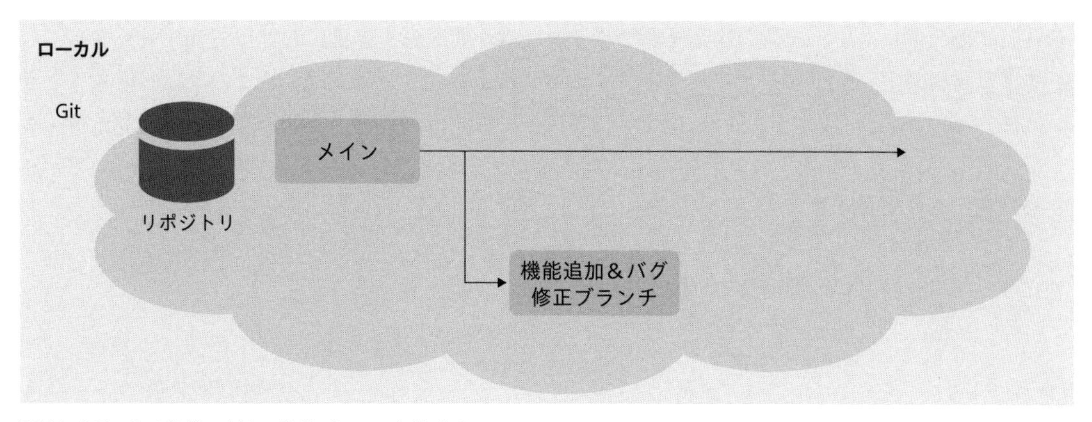

図11-4-7　ある作業に対して作業ブランチを作成する

ここにチームでの作業であること、およびリリース作業であること、という2つの観点を加えてみましょう。まずはチーム作業の観点です。1人で進めるときから3点ほど考慮するシーンが増えています。

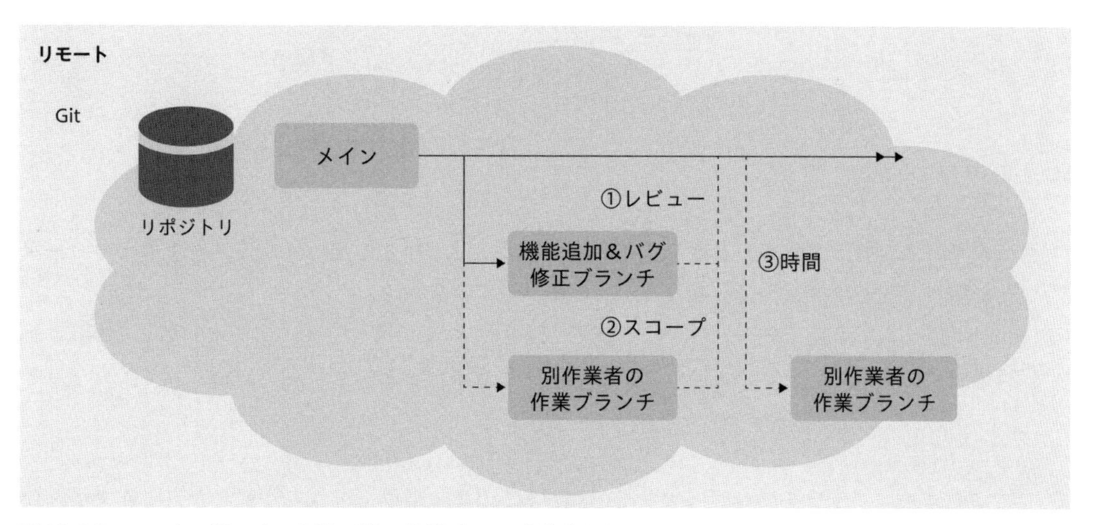

図11-4-8　メンバーごとにある作業に対して作業ブランチを作成する

始めにレビュー時（①）です。レビュアーはブランチ単位で修正されたコードのレビューを行いますが、このケースでは機能追加とバグ修正という2つの修正観点が混ざっているのでレビューの複雑さが増しています。複雑さが増せばレビュアーの負担が増し、精度が落ちるため、分けたほうがよいです。また単純にレビューボリュームが増えるという点もよくありません。

次にスコープ（②）です。複数の作業対象が発生するブランチがあると、レビュー時に確認する範囲やテストの範囲が広くなり、レビューや実装時の作業負担が増えます。またスコープが広い分、他作業者のスコープが被りやすくなり、コンフリクトが発生しやすくなります。もちろん発生してしまうことは仕方のないことですが、発生しやすい状況になることでコンフリクト解消やそれに伴う再テストなど、本来不要だった作業が発生してしまうため、できるだけ発生しにくい状況を作ることが大切です。

最後に時間（③）です。複数の作業を持つブランチは作業数分、修正にかける時間が長くなってしまいます。作業時間が長くなるとマージのタイミングも遅くなり、他ブランチとの乖離も増えてきます。乖離が多いということは、①のレビュー時の負担が増え、②のスコープが重複する機会も増えるということです。また、作業ブランチの修正を前提としているような後続タスクに着手できなくなる、といった状況も発生します。

次にリリース作業という観点です（**図11-4-9**）。

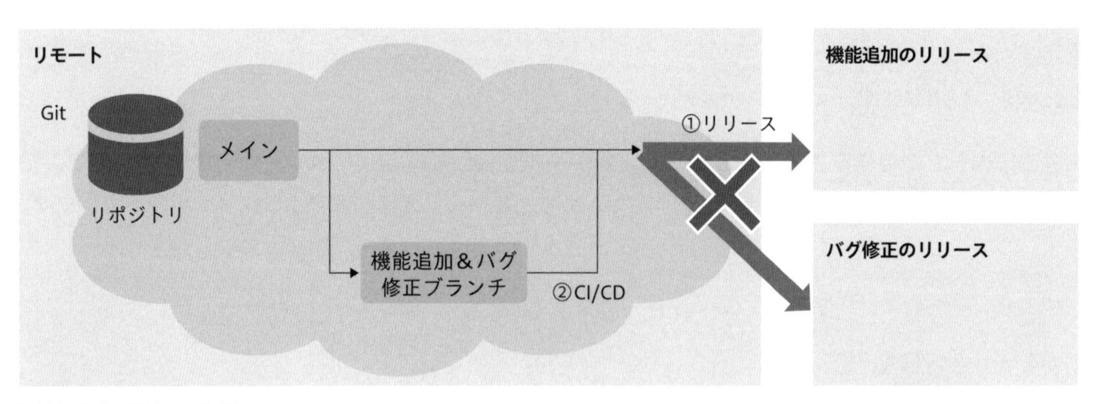

図11-4-9　リリース作業

始めにリリース対象を作成するときです（①）。この例だと、バグ修正と機能追加を別々のリリースで行いたい場合、同一ブランチで作業しているため実現できません。

次は、CI/CD（②）です。マージ時等にCI/CDが実行されてテストやデプロイが失敗した際に、細かい作業単位でブランチが分かれていれば、どの修正が原因だったのか特定・対応がしやすくなります。

ここまでの例で、ブランチの粒度は少なくとも、1つの作業単位で小さく作成したほうがよいということがわかったでしょうか。ただし、ブランチモデルでも説明した通り、あくまで例の1つです。

自身のプロジェクトに合わせて粒度を検討してください。例えばメンバーの実装スピードが速く、着手からマージまでの時間が短い場合には作業スコープの点は緩くても運用上は問題にならないでしょう。ブランチを切ること自体にも検討の時間は必要になるので、そこに時間を取られすぎては意味がありません。

履歴を考慮したコミットの粒度

私たちは、どういうときに修正履歴を振り返るのでしょうか。主に次のような場面があることでしょう。

- バグなどの調査を行うために、過去の修正履歴を確認する必要が生じたとき
- 修正を行う際に、過去の実装までの流れを確認したいとき
- プルリクエストの参考情報として

その際に、次のような2つの修正履歴がありました。どちらが調査をしやすいかと考えれば、もちろん左の修正履歴でしょう。

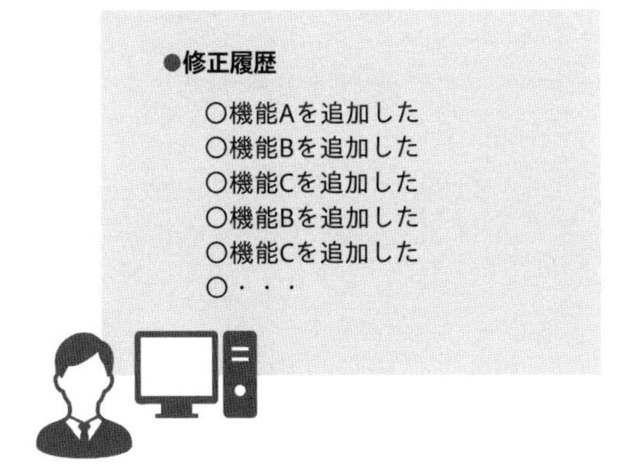

図11-4-10 いつ修正履歴を振り返ってどうするか

そのため、コミットは行った作業がわかりやすいように小さく、また別の修正作業などを混ぜないようにするとよいです。

またコミットに添えるコメントもチームでルールを決めるなどわかりやすいものにするとよいでしょう。

本章では大きなリポジトリのイメージから、コミットという細かい単位まで順に見てきました。いずれも必ずこの方法でなければいけない、という決まりはないので、何が最適かを検討する際の材料にしてみてください。

Column

課題管理

さて、作業の粒度単位でブランチを作成するとよさそうなことはわかりました。ではそのきっかけになる作業はどのように発生するのでしょうか。このとき起点になるのは、リポジトリからブランチを切るきっかけとなるバグ管理システム（BTS）／課題管理システム（ITS）です。

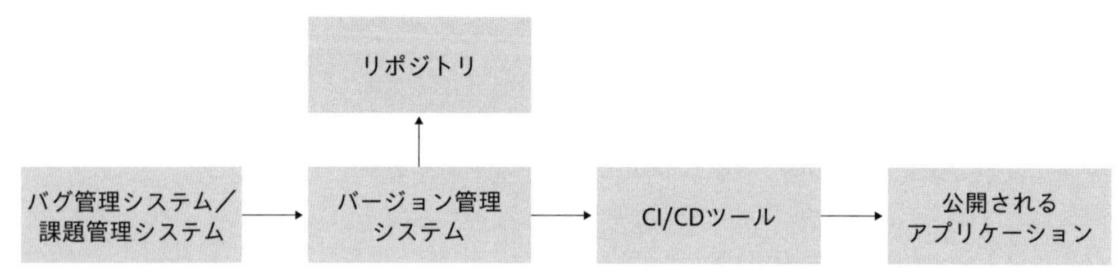

図11-4-A　課題管理

GitHubであればIssuesという機能があり、他にも様々なサービスで提供されています。ブランチはこのIssuesや起票されたバグ・課題の単位できられることになるでしょう。コミットログ以外にも、この課題に調査の背景や結果を記載することで、行われた修正の内容を把握しやすくなります。

Index

A

B

C

D

E

F

G

H

I

J

L

M

あ

か

さ

た

な

は

ま

や

ら

読者特典PDFのダウンロード

本編に入りきらなかった解説をまとめたPDFを、読者特典としてダウンロードできます。下記のURLから翔泳社サイトにアクセスし、ダウンロードをしてください。特典のダウンロードには、SHOEISHA iD（翔泳社が運営する無料の会員制度）への会員登録が必要です。詳しくは、リンク先のページをご覧ください。

- **特典A「アーキテクチャの選定」**
- **特典B「本番環境の構築」**

https://www.shoeisha.co.jp/book/present/9784798179339

※特典データに関する権利は著者および株式会社翔泳社が所有しています。許可なく配布したり、Webサイトに転載したりすることはできません。

※特典データの提供は予告なく終了することがあります。あらかじめご了承ください。

著者プロフィール

佐藤大輔（さとう・だいすけ）

株式会社オープントーン　代表取締役社長
三井情報開発にてエンジニアとして勤務した後、創業。自身でもプログラミングを行ってきた経験を持ち、プロジェクト立ち上げ・運営から企業経営まで広い視野を持つ。著書に『システム開発の見積もりのすべてがわかる本』（共著、翔泳社）がある。
【X】@satou_ot

伊東直喜（いとう・なおき）

金融や出版、医療などミッションクリティカルかつ迅速な対応が求められる現場で、エンジニアとして従事。要件定義～設計～プログラミング～テスト～リリース～運用の一連の開発工程や、開発サイクル構築、インフラ構築など、フルスタックエンジニアとして幅広い経験を持つ。特に、チームが最適なパフォーマンスを出せるように、開発サイクルの改善に力を入れている。

上野啓二（うえの・けいじ）

紙卸業や健康保険組合向けソフトウェアの開発に従事。教育にも活動の幅を広げ、Java研修講師も経験。現在は自社サービスの勤怠管理システムの設計からリリース、運用まで一貫して担当する。

株式会社オープントーン

「まだないものを、まだ届かないところへ」をテーマに2003年に創業。BtoB向けのWebソフトウェア開発において、金融機関や多国籍企業、官公庁まで直接受注によるコンサルティングから開発・保守までのワンストップサービスを提供する。受託開発から「ICタイムリコーダー」をはじめとするクラウドサービスの提供まで幅広く事業を展開している。情報サービス産業協会、日本経団連などに加盟。
【X】@OpentoneL

装丁・本文デザイン　大下 賢一郎

DTP　株式会社シンクス

・レビューをいただいた方々

鈴木智大（株式会社オープントーン）

柳澤悠介（株式会社オープントーン）

縣俊貴さま（株式会社ロカオプ CTO）

　著書：『良いコードを書く技術』（技術評論社）

橋本正徳さま（株式会社ヌーラボ 代表取締役社長）

　著書：『会社は仲良しクラブでいい』（ディスカヴァー・トゥエンティワン）

実装で学ぶフルスタックWeb(ウェブ)開発

エンジニアの視野と知識を広げる「一気通貫」型ハンズオン

2023年12月18日　初版第1刷発行
2024年 4 月 5 日　初版第3刷発行

著　者　株式会社オープントーン　佐藤大輔（さとう・だいすけ）
　　　　伊東直喜（いとう・なおき）
　　　　上野啓二（うえの・けいじ）

発行人　佐々木幹夫

発行所　株式会社翔泳社（https://www.shoeisha.co.jp）

印刷・製本　日経印刷株式会社

ISBN978-4-7981-7933-9
Printed in Japan